石油化工产品及试验方法行业标准汇编

2025·下册

塑料树脂和合成橡胶类

中国石油化工集团有限公司科技部◎编

中国石化出版社
·北京·

图书在版编目(CIP)数据

石油化工产品及试验方法行业标准汇编.2025. 下册，塑料树脂和合成橡胶类 / 中国石油化工集团有限公司科技部编. -- 北京 : 中国石化出版社, 2025.9 -- ISBN 978-7-5114-8122-1

Ⅰ. TE622.5-65; TE626-65

中国国家版本馆 CIP 数据核字第 2025CW8140 号

中国石化出版社出版发行

地址:北京市东城区安定门外大街 58 号

邮编:100011 电话:(010)57512500

发行部电话:(010)57512575

http://www.sinopec-press.com

E-mail:press@sinopec.com

北京艾普海德印刷有限公司印刷

全国各地新华书店经销

*

880 毫米×1230 毫米 16 开本 39.5 印张 1200 千字

2025 年 9 月第 1 版　2025 年 9 月第 1 次印刷

定价:238.00 元

出版说明

《石油化工产品及试验方法标准行业汇编 2020》出版至今已有五年多的时间。五年以来，石油化工产品及试验方法行业标准有一部分已进行了复审修订，还有不少新制定的标准发布实施。为方便相关生产企业、科研和教学单位及广大用户使用，我们组织有关单位编辑出版了《石油化工产品及试验方法行业标准汇编 2025》(上、下册)。

本汇编共收录了截至 2025 年 6 月底前发布的石油化工产品领域的行业标准 192 项，主要是产品标准和试验方法标准。这些标准是石油化工领域标准实施的基础。本汇编全面系统地反映了石油化工产品领域行业标准的最新情况，可为使用者提供最新的产品和试验方法标准信息。

本汇编收录的行业标准的年代号用 4 位数字表示。鉴于部分标准是 2000 年以前出版的，现尚未修订，故正文部分的标准编号未做相应改动。

本汇编分上、下两册，上册汇编有机原料类标准，下册汇编塑料树脂类和合成橡胶类标准。上、下册目录作为附录分别放在下册和上册的尾部，以方便读者检索。

本汇编收录的标准由于出版年代的不同，其格式、计量单位及术语不尽相同，本汇编对原标准中的文字错误和明显不当之处做了更正。如有疏漏之处，恳请指正。

中国石油化工集团有限公司科技部

2025 年 7 月

目　录

一、塑料树脂类

二、合成橡胶类

一、塑料树脂类

ICS 83.080.01
G 31

SH

中华人民共和国石油化工行业标准

SH/T 1541.1—2019
代替 SH/T 1541—2006

塑料　颗粒外观试验方法
第1部分：目测法

Plastics—Test method for appearance of granules—Part 1: Visual method

2019-05-02 发布　　2019-11-01 实施

中华人民共和国工业和信息化部　发布

前　　言

SH/T 1541《塑料　颗粒外观试验方法》分为如下两个部分：

——第1部分：目测法；

——第2部分：仪器法。

本部分为SH/T 1541的第1部分。

本部分按照GB/T 1.1—2009给出的规则起草。

本部分代替SH/T 1541—2006《热塑性塑料颗粒外观试验方法》。

本部分与SH/T 1541—2006相比主要变化如下：

——调整标准结构，本部分作为《塑料 颗粒外观试验方法》的第1部分。

——范围内增加乙烯-乙酸乙烯酯（EVAC）树脂（第1章）。

——增加了黑斑粒的术语和定义，修改了黑粒、色粒、大粒、小粒、絮状物、带泡粒子等定义（第3章）。

——修改原理的描述（第4章）。

——删除搪瓷盘颜色、培养皿和烧杯容量的要求（5.2、5.5和5.6）。

——提高天平精度要求（5.3）。

——增加塑料颗粒均匀性的测定方法（附录A）。

——增加塑料颗粒外观部分常见异常粒子的示例（附录B）。

本部分由中国石油化工集团有限公司提出。

本部分由全国塑料标准化技术委员会石化塑料树脂产品分会（SAC/TC15/SC1）归口。

本部分起草单位：中国石油化工股份有限公司北京燕山分公司树脂应用研究所。

本部分参加起草单位：中国石油化工股份有限公司北京燕山分公司质量监督检验中心、中国石化上海石油化工股份有限公司、中国石油化工股份有限公司镇海炼化分公司。

本部分主要起草人：王晓丽、崔广洪、杨春梅、孙风琴、檀革江、江若平。

本部分所代替标准的历次版本发布情况为：

SH/T 1541—1993、SH/T 1541—2006。

塑料　颗粒外观试验方法　第1部分：目测法

1　范围

本部分规定了目测法测定塑料颗粒外观的试验方法。

本部分适用于本色热塑性颗粒状树脂，如：聚乙烯（PE）、聚丙烯（PP）、聚苯乙烯（PS）、抗冲击聚苯乙烯（PS-I）、丙烯腈-丁二烯-苯乙烯（ABS）、苯乙烯-丙烯腈（SAN）、乙烯-乙酸乙烯酯（EVAC）等，其改性颗粒状塑料同时可参照使用。

本部分不适用于热塑性塑料中的粉料。

2　规范性引用文件

下列文件对于本文件的应用是必不可少的。凡是注日期的引用文件，仅所注日期的版本适用于本文件。凡是不注日期的引用文件，其最新版本（包括所有的修改单）适用于本文件。

GB/T 6003.2—2012　试验筛　技术要求和检验　第2部分：金属穿孔板试验筛

3　术语和定义

下列术语和定义适用于本标准。

3.1

黑粒 black granule

整颗粒子可见部分为黑色或深褐色的粒子。

3.2

黑斑粒 black spot granule

除黑粒外，目视可见黑色或深褐色斑点的颗粒。

3.3

色粒 color granule

除黑粒、黑斑粒和树脂应有的颜色外其他颜色的粒子。

3.4

大粒 large granule

尺寸大于5mm的筛余粒子，以及两颗及两颗以上粒子粘连的各种类型的连粒和细长粒子。

3.5

小粒 small granule

尺寸小于2mm的筛余粒子，包括碎屑和碎粒。

3.6

蛇皮粒 snakeskin granule

形似蛇皮的带状树脂。

3.7

拖尾粒 tailing granule

因切粒不良产生的带锥角或毛刺的粒子。

3.8

絮状物 floccule

棉絮团状、纤维丝状或具有一定宽度的带状树脂。

3.9

带泡粒子 foam granule

目视内部含泡的粒子，不包括颗粒本身收缩孔。

3.10

杂质 impurity

除树脂产品本体外的其他外来物质。

4 原理

将1000 g树脂粒料经试验用套筛筛出定义中规定的大粒、小粒。之后，最多在10 min的时间内，用镊子拣出1000 g粒料中的其他各类粒子，并分类统计。

5 仪器和设备

5.1 试验用套筛，由Φ300×50/5R GB/T 6003.2—2012（A筛）和Φ300×50/2R GB/T 6003.2—2012（B筛）两个金属穿孔板试验筛和与筛框基本尺寸相同的上盖及接料盘套叠在一起组成。

5.2 搪瓷盘，推荐尺寸不小于500 mm×355 mm×40 mm。

注：可加深色底板以利于分辨拖尾粒、絮状物、带泡粒子等粒子。

5.3 天平

5.3.1 最小分度值0.1 g；

5.3.2 最小分度值0.0001 g。

5.4 镊子。

5.5 计时器。

5.6 培养皿。

6 试样

取试验样品作为试样。

7 试验步骤

7.1 将A筛（5.1）装在B筛（5.1）上面，并在筛子的下面装配上接料盘。

7.2 用天平（5.3.1）称取1000 g试样，放入A筛，在筛子的上面装配上盖。在水平方向充分摇动试验用套筛，直至没有粒子继续漏下为止，留在A筛内的试样即为大粒，接料盘内的试样即为小粒，并将大粒和小粒分别放入两个培养皿内。

注1：某些不适于用大粒和小粒界定尺寸的树脂颗粒，可采用塑料颗粒均匀性的方法来评价，参见附录A。

注2：过筛后恰好堵在A筛筛孔的粒子，可视为正常颗粒。

7.3 将过筛后留在B筛内的物料倒入干燥、洁净的搪瓷盘（5.2）内，以摊平盘底为宜。开启计时器，在良好的照明条件下，最多在10 min的时间内，用镊子拣出搪瓷盘、大粒和小粒培养皿内共1000 g试样中的其他各类粒子，分别放入不同培养皿内。

试验过程中也应拣出筛后漏入B筛内的连粒和细长粒子，放入大粒培养皿中。

7.4 计数或用天平（5.3.2）称量各类粒子。若颗粒本身既有颜色缺陷，又属于其他异型粒子，则需要分别统计；若颗粒本身既属于色粒，又属于黑斑粒，则按照黑斑粒统计。

注：塑料颗粒外观部分常见异常粒子的示例，参见附录B。附录B中的示例不能覆盖所有的塑料颗粒外观异常情况。

8 结果表示

黑粒、黑斑粒、色粒、蛇皮粒、拖尾粒、带泡粒子和杂质按个/kg计；大粒、小粒和絮状物按g/kg计。

9 试验报告

试验报告应包括下列内容：

a）注明按本部分；

b）试样名称、批号、来源或生产厂；

c）筛后挑拣异常粒子所需的时间；

d）1000 g试样中各类粒子的个数（个/kg）或质量（g/kg）；

e）试验日期和试验人员。

附 录 A
(资料性附录)
塑料颗粒均匀性的测定

A.1 范围

本附录规定了塑料颗粒均匀性的测定方法，以平均偏差百分数表示。

A.2 原理

将30个颗粒进行单个称重，计算颗粒的平均质量以及颗粒的平均偏差，用平均偏差除以平均质量再乘上100，得到颗粒的平均偏差百分数。

A.3 仪器

分析天平，最小分度值0.0001 g。

A.4 步骤

A.4.1 从试验样品中任意取出30个颗粒，颗粒中应不包括任何形式的连粒，但可包括单个的、变形颗粒。

A.4.2 称量每个选出的颗粒的质量 m_i，并在每次称量前调整天平的零位。

A.4.3 计算30个颗粒的平均质量 M，计算每个颗粒的质量 m_i 与平均质量 M 的绝对差值，再计算30个颗粒的平均偏差 S。

A.5 结果与表示

平均质量 M 按式（A.1）计算，以克（g）表示：

$$M = \frac{\sum m_i}{30} \qquad \text{(A.1)}$$

式中：

m_i——第 i 个颗粒的质量，单位为克（g）。

平均偏差 S 按式（A.2）计算，以克（g）表示：

$$S = \frac{\sum |m_i - M|}{30} \qquad \text{(A.2)}$$

式中：

m_i——第 i 个颗粒的质量，单位为克（g）；

M——30个颗粒的平均质量，单位为克（g）。

平均偏差百分数 w 按式（A.3）计算，以%表示：

$$w = \frac{S}{M} \times 100 \qquad \text{(A.3)}$$

式中：

S ——30 个颗粒的平均偏差，单位为 g；

M——30 个颗粒的平均质量，单位为 g。

附 录 B
（资料性附录）
塑料颗粒外观部分常见异常粒子的示例

塑料颗粒外观部分常见异常粒子的示例，见图 B.1～图 B.8。

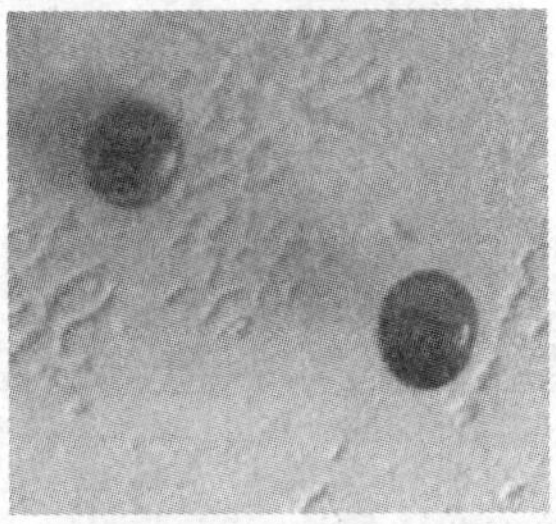

图 B.1 黑粒

图 B.2 黑斑粒

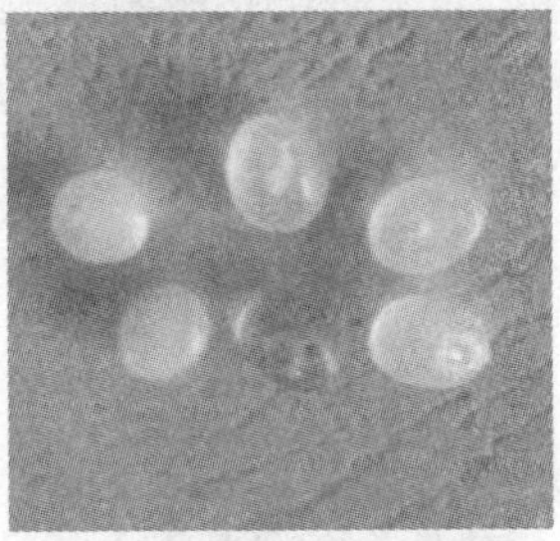

图 B.3 色粒

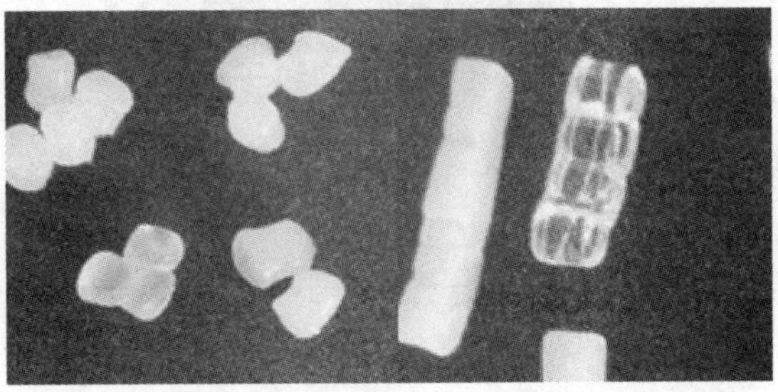

图 B.4 大粒（连粒）

图 B.5　蛇皮粒

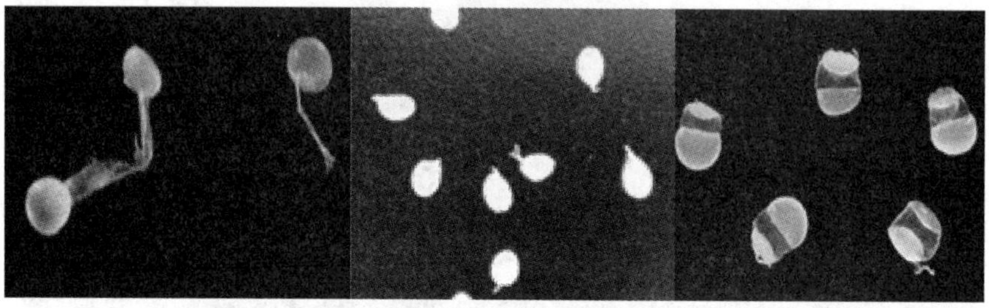

图 B.6　拖尾粒

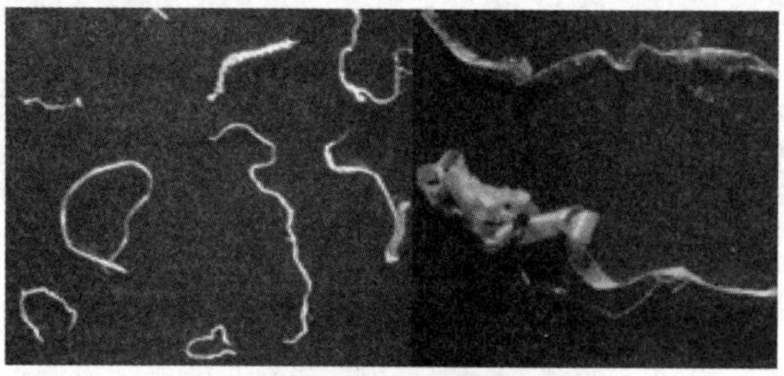

图 B.7　絮状物

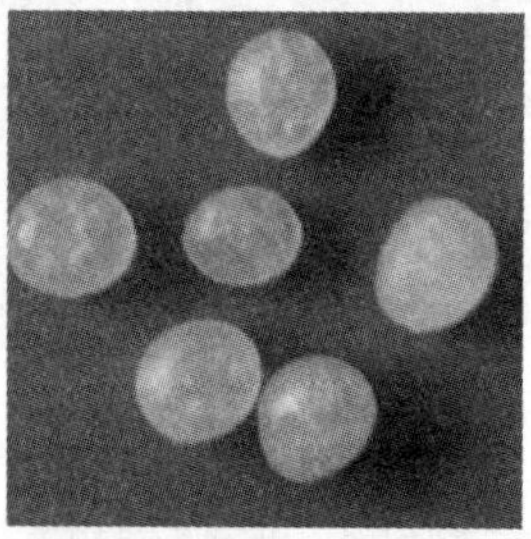

图 B.8　带泡粒子

ICS 83.080.20
CCS G 31

SH

中华人民共和国石油化工行业标准

SH/T 1542—2023
代替 SH/T 1542—1993

塑料　聚丙烯和丙烯共聚物在空气中热氧化稳定性的测定　热老化箱法

Plastics—Determination of thermal oxidative stability of polypropylene and propylene-copolymers in air—Oven method

(ISO 4577:2019, Plastics—Polypropylene and propylene-copolymers—Determination of thermal oxidative stability in air—Oven method, MOD)

2023-04-21 发布　　2023-11-01 实施

中华人民共和国工业和信息化部　发布

前　言

本文件按照 GB/T 1.1—2020《标准化工作导则　第 1 部分：标准化文件的结构和起草规则》的规定起草。

本文件代替 SH/T 1542—1993《聚丙烯和丙烯共聚物在空气中热氧化稳定性的测定　烘箱法》，与 SH/T 1542—1993 相比，除结构调整和编辑性改动外，主要技术变化如下：

a）更改了热老化箱及试样架的技术内容，其中热老化箱风速从“0.5 m/s～1.0 m/s”更改为“0.75 m/s～1.0 m/s”，单轴转动试样架由“转速为 10 r/min～12 r/min”更改为“使气流冲击试样平面的速度不大于 1 m/s”（见 5.1、5.3.3，1993 年版的 4.1、4.2b）；

b）增加了监测温度均匀度、试验温度的建议、双轴和单轴试样架示意图，以及“风速仪”“冲刀”“金属夹”的技术内容（见 5.2、图 1、图 2、5.4～5.6）；

c）更改了“试样制备”的压塑制备条件（见 6.1，1993 年版的 5.1）；

d）删除了“采用其他形状和尺寸的试样”及“薄型试样”的有关内容（见 1993 年版的 5.2）；

e）更改了“状态调节”的条件（见第 7 章，1993 年版的 6.1）；

f）更改了“试验条件”中对“150 ℃少于 7 天”试样降温进行试验的内容（见第 8 章，1993 年版的 6.2）；

g）增加了重要提示，去除油迹以及观察固定式试样架的方法（见第 9 章）；

h）更改了试样间距，从“20 mm”改为“30 mm”（见 9.1，1993 年版的 7.1）；

i）更改了评价试样失效的内容（见第 10 章，1993 年版的第 8 章）。

本文件修改采用 ISO 4577：2019《塑料　聚丙烯和丙烯共聚物　在空气中热氧化稳定性的测定　烘箱法》。

本文件与 ISO 4577：2019 相比做了下述结构调整：

——第 5 章对应 ISO 4577：2019 的第 5 章，其中 5.3.2～5.3.3 对应 ISO 4577：2019 的 5.3.1～5.3.2，增加了 5.3.1；

——第 6 章对应 ISO 4577：2019 的第 6 章，增加了 6.1、6.2。

本文件与 ISO 4577：2019 的技术差异及其原因如下：

——用规范性引用的 GB/T 2918 替换了 ISO 291，两个文件之间的一致性程度为修改，以适应我国的技术条件、增加可操作性；

——用规范性引用的 GB/T 2546.2 替换了 ISO 19069-2，两个文件之间的一致性程度为修改，以适应我国的技术条件、增加可操作性；

——增加了温度传感器可代替水银温度计使用以及非固定式试样架中温度传感器位置的建议（见 5.2），温度传感器是检测试验温度的常用工具；

——增加了风速仪的技术要求（见 5.4），增加可操作性；

——在“冲刀”中将“50 mm×10 mm”更改为“（50±2）mm×（10±0.2）mm”（见 5.5），增加模具尺寸精度以提高制样的可操作性；

——在“试样尺寸和数量”中将“宽 10 mm”更改为“宽（10±0.2）mm”，将“长 50 mm”更改为“长（50±2）mm”，同时增加了选用试样要求（见 6.2），增加试样的可操作性及试验的可靠性；

——在警示中增加了“或与金属部件直接接触”（见第 9 章），增加试验操作的规范性；
——增加了观察固定式试样架中试样的方法（见 9.2），增加可操作性；
——增加了失效时间的单位“小时（h）”及排除异常情况的建议（见第 10 章），增加可操作性；
——在“试验报告”中将“注 1”更改在 c）中，将“注 2”更改在 d）中，同时删除注 1、注 2[见第 11 章的 c)、d）]，从而与“试验条件”的要求一致，增加规范性；
——将记录试样“厚度”更改为“尺寸”（见第 11 章的 f)），从而与试样长、宽要求一致；
——增加了记录“试验箱型号”（见第 11 章的 g)），使报告信息更完整。

本文件做了下列编辑性改动：

——为与现有标准协调，将标准名称改为《塑料　聚丙烯和丙烯共聚物在空气中热氧化稳定性的测定　热老化箱法》；
——增加了资料性引用 GB/T 7142（见第 4 章注），借助阿伦尼乌斯方程作图推算使用寿命；
——增加了热老化箱温度的技术要求（见 5.1 的 c)）便于选用设备；
——增加了用风速仪检查热老化箱工作状态的注释（见 5.1 注），提高试验设备的可操作性、消除歧义；
——增加了 5.4～5.6 的条标题（见 5.4～5.6）使同层次条标题设置保持一致；
——增加了关于试样制备的补充信息（见 6.1 注），满足特定材料的制备需求；
——用资料性引用的 GB/T 1632.3 替换了 ISO 1628-3（见 9.2 注）；
——用资料性引用的 GB/T 3682.1 替换了 ISO 1133-1（见 9.2 注）；
——用资料性引用的 GB/T 2546.1 替换了 ISO 19069-1（见参考文献）；
——增加了举例说明（见第 11 章的 b)）解释“鉴别信息”；
——增加了“失效时间范围”的解释（见第 11 章的 d)）以便理解。

请注意本文件的某些内容可能涉及专利。本文件的发布机构不承担识别专利的责任。

本文件由中国石油化工集团有限公司提出。

本文件由全国塑料标准化技术委员会石化塑料树脂产品分会（SAC/TC15/SC1）归口。

本文件起草单位：广州合成材料研究院有限公司、北京燕山石化高科技术有限责任公司、中国石油化工股份有限公司洛阳分公司、中国石油天然气股份有限公司石油化工研究院、通标标准技术服务有限公司广州分公司、苏州旭光聚合物有限公司。

本文件主要起草人：马玫、杨黎黎、曹豫新、曲静波、杨纯儿、王海利、王浩江、郑慧琴、高祥、彭卫玲。

本文件于 1993 年首次发布，本次为第一次修订。

塑料　聚丙烯和丙烯共聚物在空气中热氧化稳定性的测定　热老化箱法

1　范围

本文件规定了聚丙烯和丙烯共聚物（简称丙烯类塑料）模塑试样在强制通风热老化箱中进行加速热氧老化试验的方法。

本文件适用于评定丙烯类塑料的热氧化稳定性，也适用于推算丙烯类塑料制品的使用寿命。

本文件测定的热氧化稳定性与丙烯类塑料在不同环境条件下使用的适宜性无直接对应关系。

注：通常，对于热氧化稳定性较高的丙烯类塑料，在本文件规定的严苛温度下能在适当的时间内失效；对于热氧化稳定性较低的丙烯类塑料，能用较低的温度进行性能评估。

2　规范性引用文件

下列文件中的内容通过文中的规范性引用而构成本文件必不可少的条款。其中，注日期的引用文件，仅该日期对应的版本适用于本文件；不注日期的引用文件，其最新版本（包括所有的修改单）适用于本文件。

GB/T 2918　塑料　试样状态调节和试验的标准环境（GB/T 2918—2018，ISO 291：2008，MOD）

GB/T 2546.2　塑料　聚丙烯（PP）模塑和挤出材料　第2部分：试样制备和性能测定（GB/T 2546.2—2002，ISO 19069-2：2016，MOD）

3　术语和定义

本文件没有需要界定的术语和定义。

4　原理

在强制通风型热老化箱内通过加热使试样在热空气环境下加速老化，目测试样外观变化，确定材料的失效时间。

在本文件规定的条件下，试样发生降解的速率取决于被测丙烯类塑料的热氧化稳定性。

本文件以试样出现局部开裂、破碎并且（或者）变色的现象所经历的时间（小时或天）作为材料的失效时间。

如需进一步评估丙烯类塑料的热氧老化寿命与温度的关系，可在几种温度下进行试验并用阿伦尼乌斯（Arrhenius）方程处理数据，即通过失效时间的对数对开尔文温度（K）的倒数作图。为此，推荐在100 ℃～150 ℃的温度范围内以每相隔10 ℃的温度进行试验。

注：用阿伦尼乌斯方程作图的方法参见GB/T 7142。

5 仪器设备

5.1 热老化箱

热空气老化箱应是强制通风型，通过调节进气和排气控制空气循环，并装有试样架和温度控制系统。经校准的热老化箱符合以下条件。

a） 空气置换率：每 10 min 至少置换空气一次。

b） 风速：0.75 m/s～1 m/s，在热老化箱内放置试样的任何位置。

注：热老化箱中的风速取决于热老化箱的设计，一般比较稳定。必要时在室温下用风速仪在热老化箱中部检查鼓风机和其他运转部件的工作状态。

c） 温度：工作范围从室温至 200 ℃并且控温精度达到 1 ℃；150 ℃时，热老化箱工作空间内的温度波动度不大于 1 ℃，或整个热老化箱内温度分布均匀度不大于 1.5 ℃；应有超温保护器，推荐使用温度记录仪。

5.2 温度计

温度计量程应达 200 ℃，分度值为 1 ℃或更精确。每支水银温度计都应检查是否正常，并应在 150 ℃进行校准。可用经校准的温度传感器代替温度计。

为对照热老化箱内温度均匀度，推荐至少使用两支温度计，一支在热老化箱工作空间的上部，另一支在下部。试验温度取其平均值。

对于非固定式试样架的热老化箱，也可把温度计或温度传感器设在距离热老化箱顶部内衬约 80 mm 靠近排气口处，监测温度。

5.3 试样架

5.3.1 通用要求

应使试样处于相对速率为 0.75 m/s～1 m/s 的空气气流中，试样架可是双轴转动、单轴转动（统称非固定式）或是固定的。

适用于双轴和单轴转动的试样架装置分别见图 1 和图 2。

双轴转动增加了所有试样在同等条件下暴露的可能性。如有争议，应采用双轴转动试样架。

5.3.2 双轴转动试样架

双轴转动试样架，见图 1。试样架的水平轴与垂直轴的转速均为 1 r/min～3 r/min。

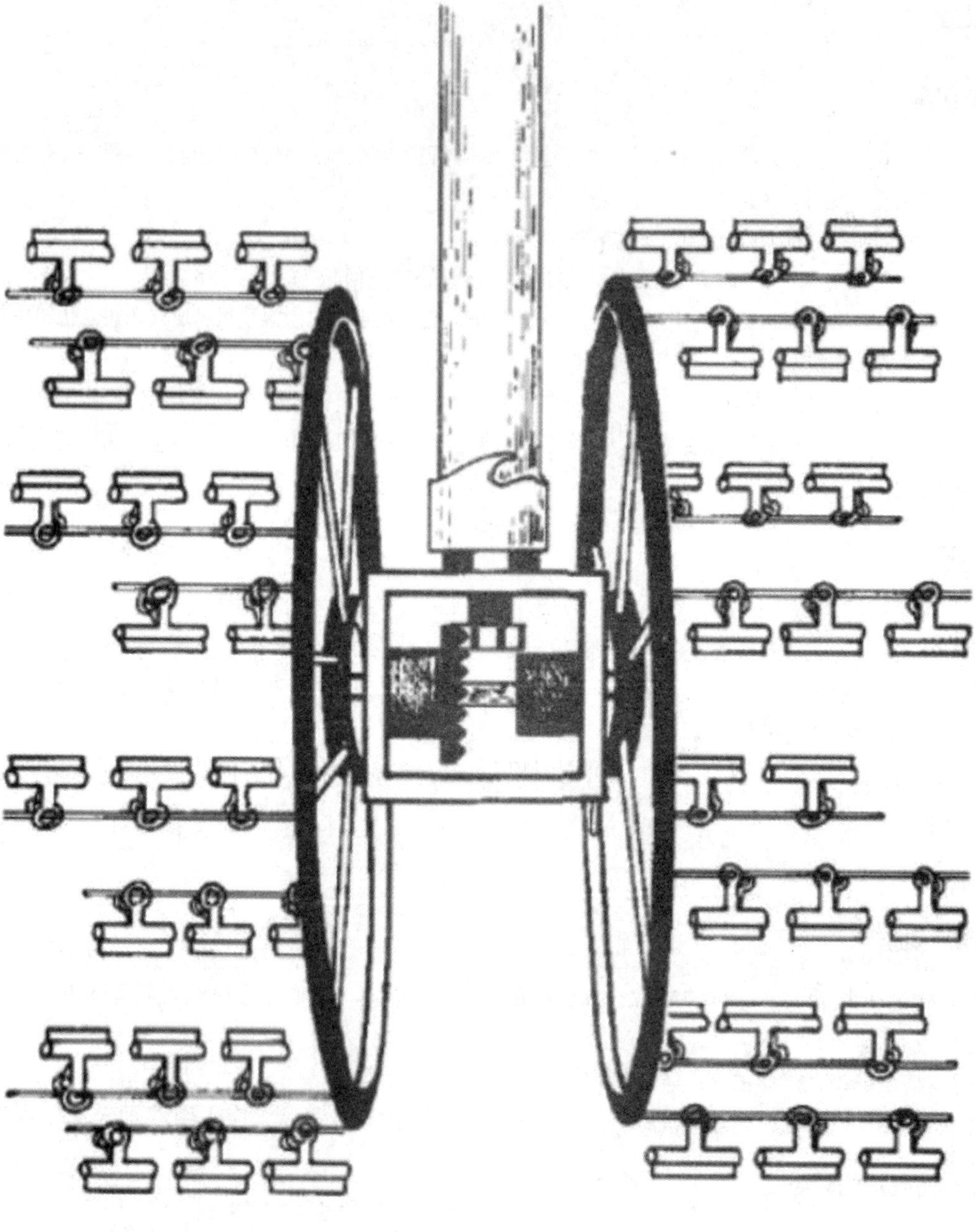

图 1　双轴转动试样架示意图（摩天轮式）

5.3.3　单轴转动试样架

单轴转动试样架，见图 2。转鼓圆周线速度应使气流冲击试样平面的速度不大于 1 m/s。

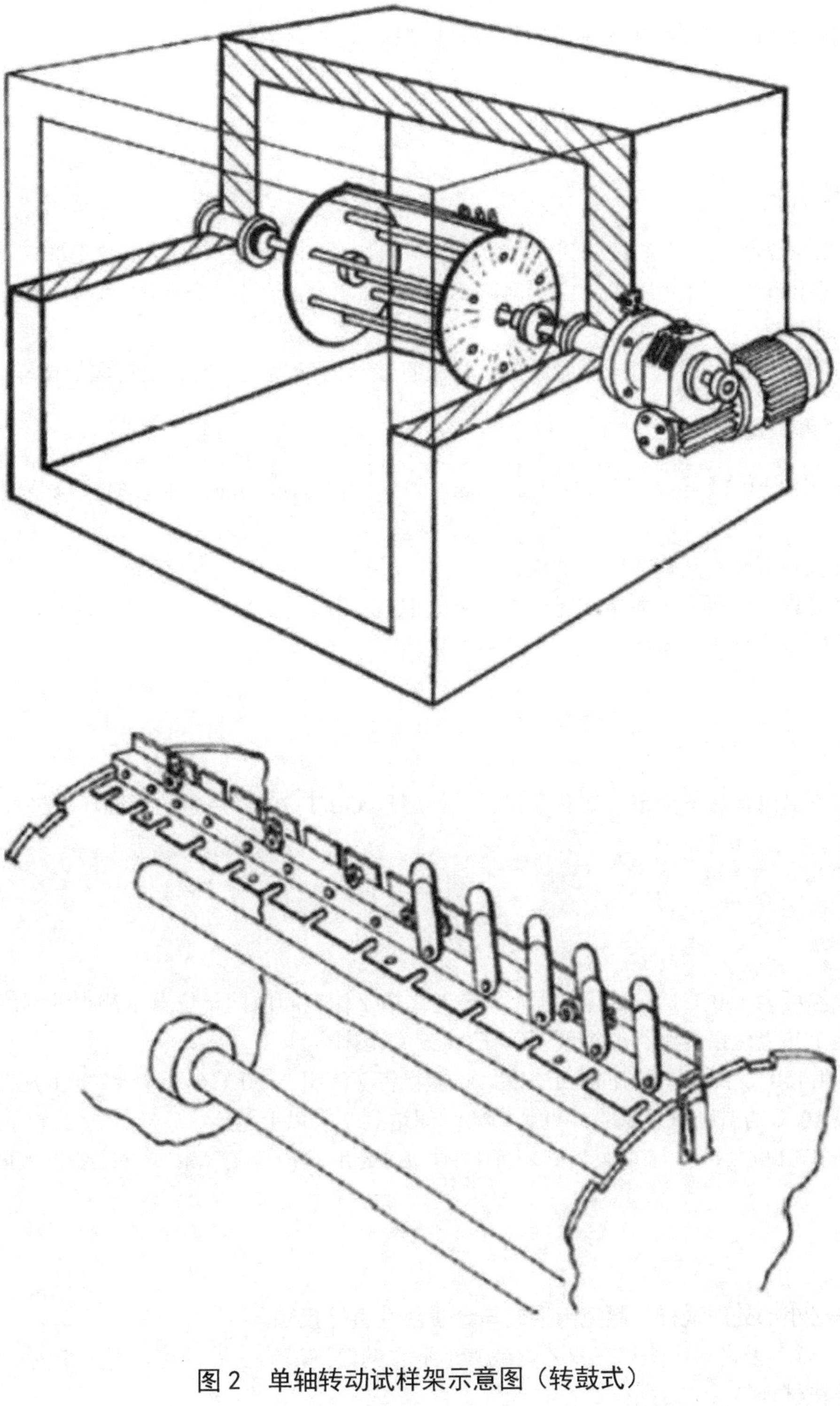

图 2　单轴转动试样架示意图（转鼓式）

5.4　风速仪

无定向、防绕线风速仪，测量范围 0 m/s～10 m/s，分辨率 0.01 m/s，可固定在试样架上。

5.5　冲刀

可冲切（50±2）mm×（10±0.2）mm 的试样。

5.6 金属夹

用氟塑料薄膜或其他不影响丙烯类塑料热氧化稳定性的材料做内衬。

6 试样

6.1 试样制备

按 GB/T 2546.2 规定，用颗粒或其他均质模塑材料压塑制备试片，应从试片上冲切试样。

注：对于高熔体流动速率的丙烯类塑料，为制备指定厚度的试片，能适当降低模塑温度，如（200±5）℃，但可能影响其热氧化稳定性能。

经相关方协商，也可用注射成型制备的试样或直接从丙烯类塑料制品上切取的试样。

6.2 试样尺寸和数量

试样应宽（10±0.2）mm、长（50±2）mm，厚（1.0±0.05）mm。必要时应修整边缘，去除冲裁引起的缺陷。

经相关方协商可采用其他厚度的试样。

试样应厚度均匀一致，表面清洁无污损、无气泡或穿孔。

每次试验应不少于 5 个试样。

7 状态调节

试样一般不需进行状态调节。如有争议，试样应按 GB/T 2918 规定的标准环境进行状态调节至少 40h。

8 试验条件

推荐试验温度为 150 ℃。在试验过程中，热老化箱工作空间内同一位置上测得的温度差应在±1 ℃范围内，或整个热老化箱内测得的温度差应在±1.5 ℃范围内。

如果试样在 150 ℃平均失效时间少于 7 天，试验报告应注明“150 ℃少于 7 天”，并应在（140±1）℃或更低的相隔 10 ℃的温度重复试验，直到失效时间达到 7 天以上。

注：对于热氧化稳定性在 150 ℃耐久 7 天以上的材料，如果选用 140 ℃进行试验，在试验报告中予以说明。

9 试验步骤

注意：务必小心处理试样，避免污损或与金属部件直接接触。

9.1 金属夹（5.6）及内衬应先用三氯乙烯或其他适宜的溶剂清洁去除油迹，再用带内衬的夹子将 5 个试样垂直悬挂在试样架（5.3）上。

将试样安置在热老化箱（5.1）中试样架时，各试样间距至少 30 mm，试样与箱壁相距至少 50 mm。安置完毕后，启动热老化箱并使试样架旋转。

9.2 每天至少观察一次试样，直至最后一个试样失效为止。观察非固定式试样时，应停止试样架转动；观测固定式试样时，如有遮挡可小心拉出部分试样架以便观测。

注：目测试样表面是一种可靠的评价耐氧老化方法，丙烯类热塑性塑料的氧化一般发生在材料的表面再向内部扩散。

通过目测确定多种试样失效时间有争议时，亦能通过测量经某一规定老化时间后的试样黏度（参见 GB/T 1632.3）和（或）熔体流动速率（参见 GB/T 3682.1）的相对变化率来进行比较。

10 结果表示

记录失效时间，即试样出现可视的局部变色和（或）碎裂所经历的时间，用小时（h）或天（d）表示。本评定对离金属夹 5 mm 以内的区域不应作考核，并排除因试样污损等原因造成的异常情况。

11 试验报告

试验报告应包括下列内容：

a） 注明参照本文件，即 SH/T 1542—2023；

b） 试样的完整鉴别信息，例如名称、牌号等；

c） 5 个试样在 150 ℃的平均失效时间，单位用小时（h）或天（d）表示。如在 150 ℃的平均失效时间小于 7 天，报告“150 ℃少于 7 天”，并报告在 140 ℃或其他温度的平均失效时间；

d） 试样在 150 ℃的失效时间范围，即取 5 个试样中的最小值与最大值为范围，单位用小时（h）或天（d）表示。如在 150 ℃的平均失效时间小于 7 天，报告“150 ℃少于 7 天”，并报告在 140 ℃或其他温度的失效时间范围；

e） 试样的制备方法、工艺条件或历程；

f） 试样的尺寸；

g） 试验箱型号及试样架类型；

h） 记录非 150 ℃时的试验温度；

i） 如有，记录状态调节的温度及湿度信息，见第 7 章。

参 考 文 献

[1] GB/T 1632.3 塑料 使用毛细管黏度计测定聚合物稀溶液黏度 第3部分：聚乙烯和聚丙烯

[2] GB/T 2546.1 塑料 聚丙烯（PP）模塑和挤出材料 第1部分：命名系统和分类基础

[3] GB/T 3682.1 塑料 热塑性塑料熔体质量流动速率（MFR）和熔体体积流动速率（MVR）的测定 第1部分：标准方法

[4] GB/T 7142 塑料 塑料长期热暴露后时间-温度极限的测定

ICS 83.080.20
G 32

SH

中华人民共和国石油化工行业标准

SH/T 1750—2005

冷热水管道系统用
无规共聚聚丙烯(PP-R)专用料

Propylene random copolymer(PP-R) materials for piping systems for hot and cold water installations

2005-04-11 发布　　　　2005-09-01 实施

中华人民共和国国家发展和改革委员会　发布

前　　言

本标准的附录A为规范性附录，附录B为资料性附录。

本标准由中国石油化工集团公司提出。

本标准由全国塑料标准化技术委员会石化塑料树脂产品分会(SAC/TC15/SC1)归口。

本标准负责起草单位：中国石化北京燕化石油化工股份有限公司树脂应用研究所。

本标准参加起草单位：国家石化有机原料合成树脂质量监督检验中心、国家化学建筑材料测试中心、中国石油化工股份有限公司扬子石化公司研究院。

本标准主要起草人：王树华、陈宏愿、刘玉春、邸丽京、王超先、杨春梅、王晓丽。

冷热水管道系统用
无规共聚聚丙烯(PP-R)专用料

1 范围

本标准规定了冷热水管道系统用无规共聚聚丙烯(PP-R)专用料的分类、要求、试验方法、检验规则、标志及包装、运输和贮存。

本标准适用于含有一定量的乙烯基及特殊添加剂和着色剂的颗粒状 PP-R 材料。

该材料可用于制造冷热水管道系统用的管材和管件。

2 规范性引用文件

下列文件中的条款通过本标准的引用而成为本标准的条款。凡是注日期的引用文件，其随后所有的修改单(不包括勘误的内容)或修订版均不适用于本标准，然而，鼓励根据本标准达成协议的各方研究是否可使用这些文件的最新版本。凡是不注日期的引用文件，其最新版本适用于本标准。

GB/T 1033—1986 塑料密度和相对密度试验方法

GB/T 1250—1989 极限数值的表示方法和判定方法

GB/T 1634.2—2004 塑料 负荷变形温度的测定 第 2 部分：塑料和硬橡胶试验方法（ISO/FDIS 75-2：2003，IDT)

GB/T 2546.1—2006 塑料 聚丙烯(PP)模塑和挤出材料 第 1 部分：命名系统和分类基础(ISO 1873-1：1995，MOD)

GB/T 2546.2—2003 塑料 聚丙烯(PP)模塑和挤出材料 第 2 部分：试样制备和性能测定(ISO 1873-2：1997，MOD)

GB/T 2547—1981 塑料树脂取样方法

GB/T 2918—1998 塑料试样状态调节和试验的标准环境(idt ISO 291：1997)

GB/T 3682—2000 热塑性塑料熔体质量流动速率和熔体体积流动速率的测定(idt ISO 1133：1997)

GB/T 6111—2003 流体输送用热塑性塑料管材耐内压试验方法（ISO 1167：1996，IDT)

GB/T 9341—2000 塑料弯曲性能试验方法(idt ISO 178：1993)

GB/T 9352—1988 热塑性塑料压塑试样的制备(eqv ISO 293：1986)

GB/T 17037.1—1997 热塑性塑料材料注塑试样的制备 第 1 部分：一般原理及多用途试样和长条试样的制备(idt ISO 294-1：1996)

GB/T 17219—1998 生活饮用水输配水设备及防护材料的安全性评价标准

GB/T 18251—2000 聚烯烃管材、管件和混配料中颜料及炭黑分散的测定方法

GB/T 18252—2000 塑料管道系统 用外推法对热塑性塑料管材长期静液压强度的测定

GB/T 18742.1—2002 冷热水用聚丙烯管道系统 第 1 部分：总则

GB/T 18742.2—2002 冷热水用聚丙烯管道系统 第 2 部分：管材

GB/T 19466.3—2004 塑料 差示扫描量热法(DSC) 第 3 部分：熔融和结晶的温度及热焓的测定(ISO 11357-3：1997，IDT)

SH/T 1541—1993 热塑性塑料颗粒外观试验方法

ISO 179-1：2000 塑料—简支梁冲击强度的测定—第 1 部分：非仪器冲击试验

ISO 527-2：1993　塑料—拉伸性能的测定—第 2 部分：模塑和挤出材料的试验条件

ISO 527-2：1993/Cor. 1：1994　塑料—拉伸性能的测定—第 2 部分：模塑和挤出材料的试验条件技术勘误表 1

ISO 11357-6：2002　塑料—差示扫描量热法(DSC)—第 6 部分：氧化诱导时间的测定

3　分类与命名

冷热水管道系统用 PP-R 专用料产品的分类与命名应按 GB/T 2546. 1-××××的规定进行。

示例：某用于挤出(E)冷热水管材的 PP-R 专用料为灰色(G)颗粒(着色，C)，拉伸弹性模量的标称值为700MPa(070)，简支梁缺口冲击强度标称值为 45kJ/m²(45)，熔体质量流动速率 MFR 的标称值为 0. 31g/10min (003)，其试验条件为：温度 230℃，负荷 2. 16kg(M)。该材料命名如下：

PP- R ，E C ， 07 - 45 - 003 ， ， G

字符组 1：聚丙烯代号
　　　　　无规共聚物代号
字符组 2：位置1：挤出
　　　　　位置2：着色
字符组 3：拉伸弹性模量
　　　　　简支梁缺口冲击强度
　　　　　熔体质量流动速率和试验条件
字符组 4：未使用
字符组 5：有关具体颜色的附加说明

命名： PP-R, EC, 07-45-003, , G

4　要求

4. 1　冷热水管道系统用 PP-R 专用料为带有颜色的颗粒，颜色一般为灰色，也可为其他颜色。本产品应含有必要的添加剂，添加剂应均匀分散。

4. 2　本产品的卫生要求应符合 GB/T 17219—1998 的规定。

4. 3　本产品应符合 GB/T 18742. 1—2002 中对材料的要求，具体见附录 A。

4. 4　用本产品制成的管应符合 GB/T 18742. 2—2002 中 7. 3 不透光的要求。

4. 5　本产品的其他技术要求见表 1。

表 1　冷热水管道系统用 PP-R 专用料技术要求

序　号	项　　目		单　　位	要　　求
1. 1	颗粒外观	黑粒和杂质	个/kg	0
1. 2		大粒和小粒	g/kg	<5
1. 3		蛇皮和丝发	个/kg	<15
2	密度(梯度管法)		g/cm³	报告
3	MFR (230℃，2. 16 kg)		g/10min	<0. 5
4	拉伸弹性模量		MPa	>700
5	拉伸屈服应力		MPa	>20

表 1(续)

序 号	项 目		单 位	要 求
6	拉伸断裂应力		MPa	>24
7	拉伸断裂标称应变		%	>400
8	弯曲模量		MPa	>650
9	定挠度弯曲应力		MPa	>17
10.1	简支梁缺口冲击强度	23℃	kJ/m^2	>40
10.2		-20℃		>1.5
11	负荷变形温度(0.45MPa)		℃	>65
12	熔融温度 T_{pm}		℃	<146
13	氧化诱导时间(210℃，铝皿)		min	>20
14	颜料分散度		级	≤3

5 试验方法

所有试验结果的判定按 GB/T 1250—1989 标准中全数值比较法规定进行。

5.1 注塑试样的制备

注塑试样按 GB/T 17037.1—1997 规定进行，注塑试样的通用条件按 GB/T 2546.2—2003 中 3.2 条的规定，具体见表 2。

表 2 冷热水管道系统用 PP-R 专用料注塑试样制备的通用条件

熔体温度 ℃	模具温度 ℃	平均注射速度 mm/s	保压时间 s	全循环时间 s
255	40	200±20	40	60

用 GB/T 17037.1—1997 标准中的 A 型模具制备的 A 型试样符合 ISO 527-1 中 1A 型试样，B 型模具制备的 B 型试样为 80mm×10mm×4mm 的长条形试样。

5.2 试样的状态调节和试验的标准环境

试样的状态调节和试验的标准环境为 GB/T 2918—1998 规定的标准环境(23/50)。

状态调节的环境等级为 2，即空气温度 t 为 23℃±2℃、相对湿度 U 为 50%±10%。试样状态调节时间至少 40h 但不超过 96h。

所有试验都应在标准试验环境(23/50)下进行，且环境的温度 t 为 23℃±2℃、相对湿度 U 为 50%±5%。

5.3 颗粒外观

按 SH/T 1541—1993 中的规定进行。

5.4 密度

试样为按 5.1 制备的 A 型注塑试样的中间部分。

试样的状态调节按 5.2 规定进行。

密度测试按 GB/T 1033—1986 中的方法 D(梯度管法)进行。

5.5 熔体质量流动速率 MFR

按 GB/T 3682—2000 中 A 法或 B 法规定进行。试验条件为 M(温度：230℃、负荷：2.16kg)。试验时，在装试样前应用氮气吹扫料筒 5s~10s，氮气压力为 0.05MPa。

注：本标准修订时将采用标准中的 B 法测定熔体体积流动速率(MVR)，并采用试验条件 P(温度：230℃、负荷：5kg)。

5.6 拉伸试验

试样为按5.1制备的A型注塑试样。

试样的状态调节按5.2规定进行。

测试按ISO 527-2：1993规定进行。测定拉伸弹性模量时，试验速度为1mm/min。测定其他拉伸性能时，试验速度为50mm/min。

5.7 弯曲试验

试样为按5.1规定制备的B型注塑试样。

试样的状态调节按5.2规定进行。

测试按GB/T 9341—2000规定进行，试验速度为2mm/min。测定弯曲模量时，对应的应变ε_{f1}=0.0005，ε_{f2}=0.0025。

5.8 简支梁缺口冲击强度

按5.1规定制备B型注塑样条。样条应在注塑后的1h~4h内加工缺口，缺口类型为ISO 179-1：2000中的A型。加工缺口后的样条为简支梁缺口冲击试验的试样。

试样的状态调节按5.2规定进行。

测试按ISO 179-1：2000规定进行。

低温试验时，经状态调节后的试样应在-20℃的环境中放置至少1h，每次冲击在10s内完成。

5.9 负荷变形温度

试样为按5.1制备的B型注塑试样。

试样的状态调节按5.2规定进行。

测试按GB/T 1634.2—2004中B法(负荷为0.45MPa)规定进行。试验时，加热装置的起始温度应处于20℃~23℃之间。加热升温速率为120℃/h±10℃/h。

5.10 熔融温度 T_{Pm}

从不同的样品颗粒上剪取试样，以使试样有代表性。试样质量为5mg~6mg，精确到0.1mg。

测定按GB/T 19466.3—2004(ISO 11357-3：1999，IDT)规定进行。测定前，需用标准样品铟校正DSC仪器的温度及热焓。

试验条件：氮气流量为50mL/min，DSC仪加热和冷却速率为10℃/min。

试验需要消除试样的热历史，取第2次加热扫描DSC曲线上的峰值温度T_{Pm}为熔融温度。

取两次平行测定的算数平均值作为试验结果。

5.11 氧化诱导时间

按ISO 11357-6：2002规定进行。试验使用铝皿，试验温度为：210℃。

仲裁时采用压塑的方法制备试片。

压塑试片的制备根据GB/T 2546.2—2003标准，按GB/T 9352—1988规定进行。压片使用单功位模压机、溢料式模具并按表3规定的压塑条件。

用于氧化诱导时间测定的试样可使用冲切的方法从压塑试片上制得。

表3 试片的压塑条件

材料	热压					冷却		
	模塑温度 ℃	预热		全压		平均冷却速率 ℃/min	全压压力 MPa	脱模温度 ℃
		压力 MPa	时间 min	压力 MPa	时间 min			
所有级	210	接触	2	5	2	15	5	≤40
注：热压时的预热时间和全压时间是根据试片厚度确定的。								

5.12 颜料分散度

按 GB/T 18251—2000 规定进行，试样采用该标准中压片的方法制备。

6 检验规则

6.1 检验分类与检验项目

冷热水管道系统用 PP-R 专用料产品的检验分为定型检验、型式检验和出厂检验三类。

第 4 章中 4.2 和 4.3 条要求为定型检验项目。4.4 和 4.5 表 1 中的所有项目为型式检验项目。表 1 中除密度、拉伸弹性模量和弯曲模量以外的项目为出厂检验项目。

6.2 组批规则与抽样方案

6.2.1 组批规则

冷热水管道系统用 PP-R 专用料，以同一生产线上、相同原料、相同工艺所生产的同一牌号的产品组批。生产厂也可按一定生产周期或储存料仓的产品为一批。

产品以批为单位进行检验和验收。

6.2.2 抽样方案

冷热水管道系统用 PP-R 专用料可在料仓的取样口抽样，也可根据生产周期等实际情况确定具体的抽样方案，样品量约为 5kg。

包装后的取样应按 GB/T 2547—1981 规定进行。

6.3 抽样方法

生产企业应根据实际情况确定抽样的具体条件、方法及样品保存方法等。

6.4 判定规则和复验规则

6.4.1 判定规则

冷热水管道系统用 PP-R 专用料应由生产厂的质量检验部门按照本标准规定的试验方法进行检验，依据检验结果和技术要求对产品作出质量判定，并提出证明。

产品出厂时，每批产品应附有产品质量检验合格证。合格证上应有标志并盖有质检专用章和检验员章。

6.4.2 复验规则

检验结果若某项指标不符合本标准要求时，应按 6.3 中包装后的取样规定，重新取样对该项目进行复验。以复验结果作为该批产品的质量判定依据。

7 标志

冷热水管道系统用 PP-R 专用料的外包装袋上应有明显的标志。标志内容包括：标准号、产品名称、规格、商标、生产厂名称、生产日期、批号和净含量等。

8 包装、运输和贮存

8.1 包装

冷热水管道系统用 PP-R 专用料可用内衬聚乙烯薄膜袋的聚丙烯编织袋或其他包装。包装材料应保证在运输和贮存时不泄漏。每袋产品净含量可为 25kg 或其他。

8.2 运输

冷热水管道系统用 PP-R 专用料为非危险品。在运输和装卸过程中严禁使用铁钩等锐利工具，切忌抛掷。运输工具应保持清洁、干燥并备有厢棚或苫布。运输时不得与沙土、碎金属、煤炭及玻璃等混合装运，更不可与有毒及腐蚀性或易燃物混装；严禁在阳光下暴晒或雨淋。

8.3 贮存

冷热水管道系统用 PP-R 专用料应贮存在通风、干燥、清洁并保持有良好消防设施的仓库内。贮存时，应远离热源并防止阳光直接照射，严禁在露天堆放。

贮存期从生产之日起，一般不超过 12 个月。

附 录 A
(规范性附录)
冷热水管道系统对 PP-R 原料的要求

本附录内容根据 GB/T 18742.1—2002《冷热水用聚丙烯管道系统 第 1 部分：总则》第 5 章内容。

A.1 材料

A.1.1 聚丙烯管材、管件用材料应含有必需的添加剂，添加剂应均匀分散。

A.1.2 聚丙烯管材、管件用材料应制成管，按 GB/T 6111 试验方法和 GB/T 18252 要求在至少四个不同温度下作长期静液压试验。试验数据按 GB/T 18252 方法计算得到不同温度、不同时间的 σ_{LPL} 值，并作出该材料蠕变破坏曲线。将材料的蠕变破坏曲线与本附录中给出的预测强度参照曲线相比较，试验结果的 σ_{LPL} 值在全部时间及温度范围内均应高于参考曲线上的对应值。

A.1.3 聚丙烯管材、管件用材料的熔体质量流动速率(MFR) ≤ 0.5g/10 min(230℃，2.16kg)。

A.2 预测强度参照曲线

PP-R 的预测强度参照曲线见图 A.1。

图 A.1 中 10℃~95℃ 范围内的参照线来自下列方程：

第一条支线(即图 A.1 中拐点左边的直线段)：

$$\text{PP-R: } \log t = -55.725 - (9484.1 \times \log\sigma)/T + 25502.2/T + 6.39 \times \log\sigma \quad \text{(A.1)}$$

第二条支线(即图 A.1 中拐点右边的直线段)：

$$\text{PP-R: } \log t = -19.98 + 9507/T - 4.11 \times \log\sigma \quad \text{(A.2)}$$

式中：

t——破坏时间，h；

T——温度，K；

σ——静液压应力，MPa。

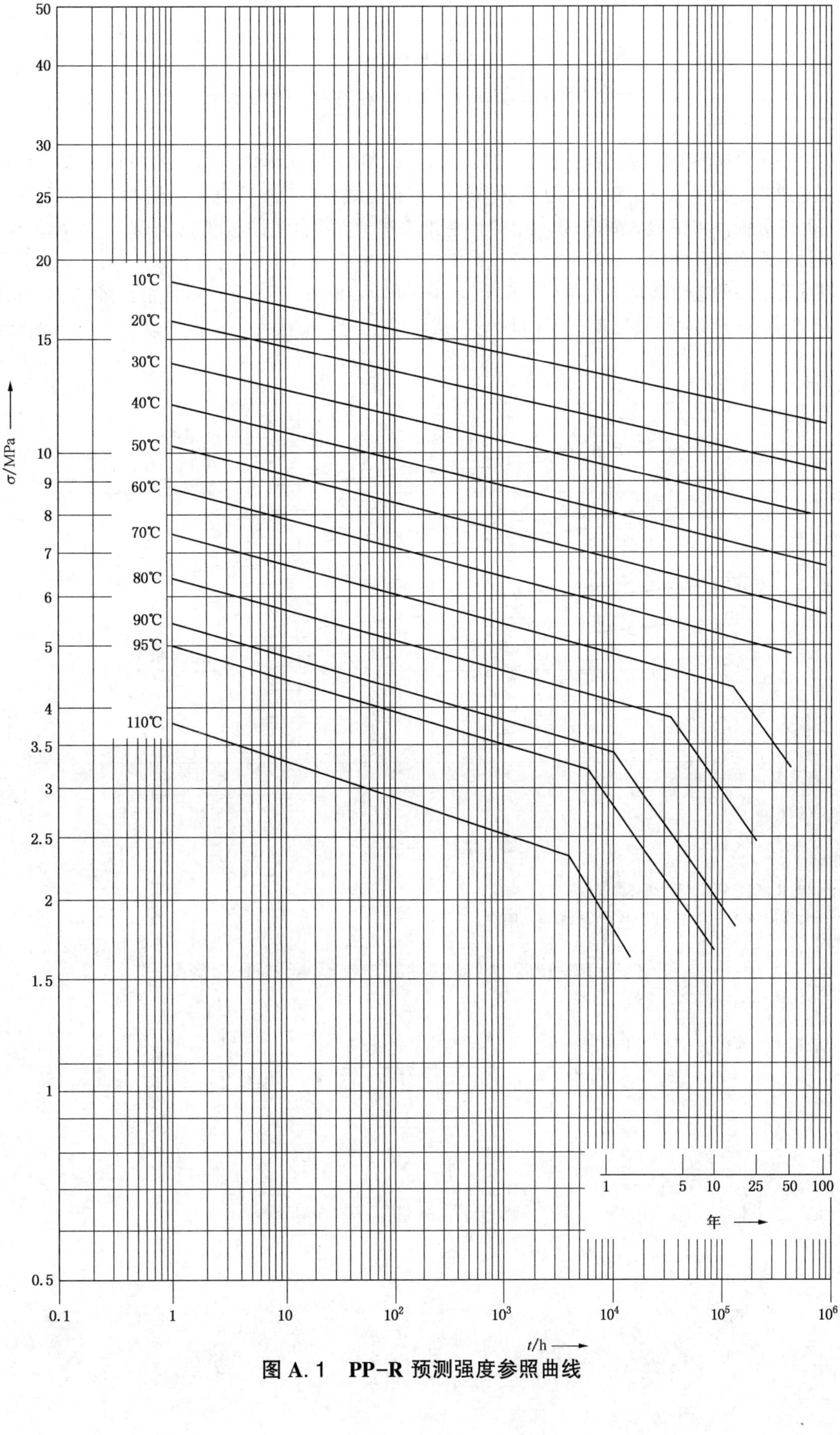

图 A.1　PP-R 预测强度参照曲线

附 录 B
(资料性附录)
一个 PP-R 管长期静液压试验结果分析的示例

某 PP-R 管材料制得管试样(外径：32mm)，按 GB/T 6111 试验方法和 GB/T 18252 标准要求在 20℃、70℃、95℃和 110℃四个温度下作长期静液压试验。对每个选定的温度，得到至少 30 个破坏时间的数据。将试验数据按 GB/T 18252 标准方法计算得到不同温度、不同时间的 σ_{LPL} 值，并做出该材料蠕变破坏曲线。

将试验材料的蠕变破坏曲线与标准附录 A 中给出的 PP-R 预测强度参照曲线相比较，试验结果的 σ_{LPL} 值在全部时间及温度范围内均比参照曲线上的对应值高。蠕变破坏曲线对比的情况见图 B.1。

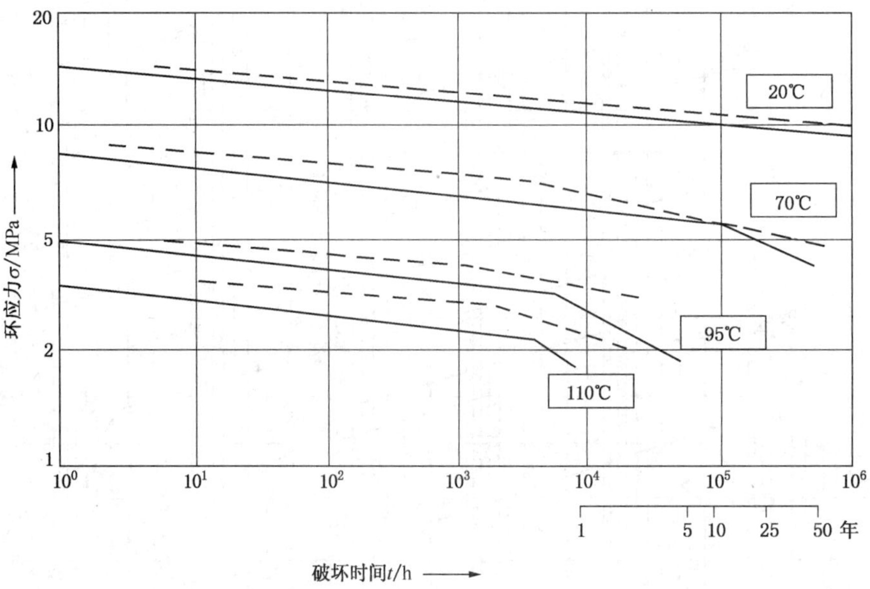

图中：

------PP-R 试验材料管蠕变破坏曲线；

—— 标准附录 A 中给出的 PP-R 预测强度参照曲线。

图 B.1 PP-R 管蠕变破坏曲线与参照曲线对比示例图

ICS 83.080.20
G 32

SH

中华人民共和国石油化工行业标准

SH/T 1758—2007

给水管道系统用聚乙烯(PE)专用料

Polyethylene(PE) materials for water supply piping systems

2007-08-01 发布　　　　2008-01-01 实施

中华人民共和国国家发展和改革委员会　发布

前　言

本标准的附录A为规范性附录。

本标准由中国石油化工股份有限公司提出。

本标准由全国塑料标准化技术委员会石化塑料树脂产品分会(SAC/TC15/SC1)归口。

本标准负责起草单位：中国石化上海石油化工股份有限公司(塑料事业部)。

本标准参加起草单位：中国石化北京燕山分公司树脂应用研究所、中国石化齐鲁石化股份有限公司树脂研究所、国家石化有机原料合成树脂质量监督检验中心、中国石化北京化工研究院国家化学建筑材料测试中心。

本标准主要起草人：黄惟毅、贺永曙、沈继红、罗浩、梅丽芳。

给水管道系统用聚乙烯(PE)专用料

1 范围

本标准规定了给水管道系统用聚乙烯(PE)专用料的命名、分类、要求、试验方法、检验规则、标志及包装、运输和贮存。

本标准适用于具有特殊添加剂和着色剂(黑色或蓝色)的颗粒状聚乙烯材料。

该材料可用于制造给水管道系统用的聚乙烯管材和管件。

2 规范性引用文件

下列文件中的条款通过本标准的引用而成为本标准的条款。凡是注日期的引用文件，其随后所有的修改单(不包括勘误的内容)或修订版均不适用于本标准，然而，鼓励根据本标准达成协议的各方研究是否可使用这些文件的最新版本。凡是不注日期的引用文件，其最新版本适用于本标准。

GB/T 1033—1986 塑料密度和相对密度试验方法

GB/T 1040.1—2006 塑料 拉伸性能的测定 第1部分：总则(ISO 527-1：1993，IDT)

GB/T 1040.2—2006 塑料 拉伸性能的测定 第2部分：模塑和挤塑塑料的试验条件(ISO 527-2：1993，IDT)

GB/T 1250—1989 极限数值的表示方法和判定方法

GB/T 1634.2—2004 塑料 负荷变形温度的测定 第2部分：塑料、硬橡胶和长纤维增强复合材料(ISO 75-2：2003，IDT)

GB/T 1845.1—1999 聚乙烯(PE)模塑和挤出材料 第1部分：命名系统和分类基础(neq ISO 1872.1：1993)

GB/T 1845.2—2006 塑料 聚乙烯(PE)模塑和挤出材料 第2部分：试样制备和性能测定(ISO 1872-2：1997，MOD)

GB/T 2547—1981 塑料树脂取样方法(eqv ASTM D898：1979)

GB/T 2918—1998 塑料试样状态调节和试验的标准环境(idt ISO 291：1997)

GB/T 3682—2000 热塑性塑料熔体质量流动速率和熔体体积流动速率的测定(idt ISO 1133：1997)

GB/T 6111—2003 流体输送用热塑性塑料管材耐内压试验方法(ISO 1167：1996，IDT)

GB/T 9341—2000 塑料弯曲性能试验方法

GB/T 9352—1988 热塑性塑料压塑试样的制备(eqv ISO 293：1986)

GB/T 13021—1991 聚乙烯管材和管件炭黑含量的测定(热失重法)(eqv ISO 6964-2：1986)

GB/T 13663—2000 给水用聚乙烯(PE)管材(neq ISO 4427：1996)

GB/T 15558.1—2003 燃气用埋地聚乙烯(PE)管道系统 第1部分：管材(ISO 4437：1997，MOD)

GB/T 17219 生活饮用水输配水设备及防护材料的安全性评价标准

GB/T 18251—2000 聚烯烃管材、管件和混配料中颜料及炭黑分散的测定方法(idt ISO/DIS 18553：1999)

GB/T 18252—2000 塑料管道系统 用外推法对热塑性塑料管材长期静液压强度的测定

GB/T 18475—2001 热塑性塑料压力管材和管件用材料分级和命名 总体使用(设计)系数

(eqv ISO 12162：1995)

GB/T 18476—2001　流体输送用聚烯烃管材　耐裂纹扩展的测定　切口管材裂纹慢速增长的试验方法(neq ISO 13479：1997)

ISO 179-1：2000　塑料—简支梁冲击强度的测定—第1部分：非仪器冲击试验

ISO 11357-6：2002　塑料—差示扫描法(DSC)—第6部分：氧化诱导时间的测定

3　分类与命名

给水管道系统用聚乙烯专用料产品的命名与分类按GB/T 1845.1—1999的规定进行。本产品的命名未使用第4字符组，但使用第5字符组表示材料的颜色，用一个大写英文字母表示。黑色料用“C”表示，蓝色料用“B”表示。

示例：某种给水管道系统专用着色的(C)聚乙烯(PE)材料，用于挤出管材(E)，具有热老化稳定性(H)；密度标称值为0.959g/cm^3(59)，在(T)条件(温度190℃，负荷5.0kg)下，熔体质量流动速率(MFR)的标称值为0.4g/10min(004)；材料为黑色(C)，其命名为：

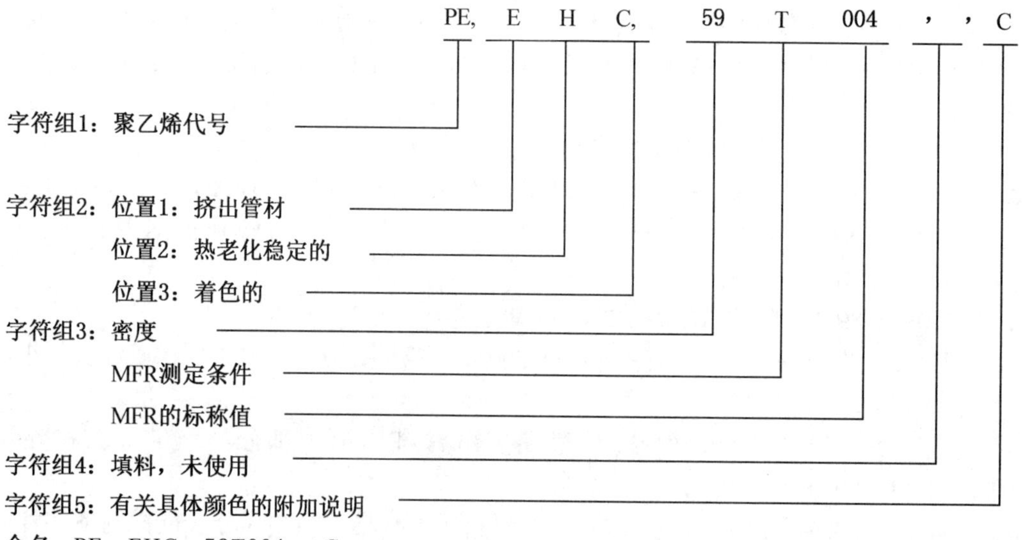

命名：PE，EHC，59T004，，C

4　通用要求

4.1　给水管道系统用聚乙烯专用料的卫生性能应符合GB/T 17219的规定。

4.2　根据GB/T 13663—2000标准中对材料定级的要求，聚乙烯专用料应制成管材，按照GB/T 18252—2000规定进行长期静液压试验，确定材料在20℃、50年的内水压下、置信度为97.5%的长期静液压强度的置信下限σ_{LPL}。然后按照GB/T 18475—2001标准规定对材料进行定级。

5　要求

5.1　给水管道系统用聚乙烯专用料为黑色或蓝色的颗粒，应含有必要的均匀分散的添加剂。

5.2　给水管道系统用聚乙烯专用料中应无杂质。

5.3　给水管道系统用聚乙烯专用料的其他技术要求见表1。

6　试验方法

所有试验结果的判定按GB/T 1250—1989标准中全数值比较法规定进行。

表 1　给水管道系统用聚乙烯专用料的要求

<table>
<tr><th rowspan="2">序号</th><th colspan="2" rowspan="2">测试项目</th><th rowspan="2">单位</th><th colspan="2">要　　求</th></tr>
<tr><th>PE80</th><th>PE100</th></tr>
<tr><td rowspan="2">1</td><td rowspan="2">熔体质量流动速率 MFR</td><td>标称值 M</td><td rowspan="2">g/10min</td><td>0.2 ~ 1.4</td><td>0.2 ~ 0.5</td></tr>
<tr><td>偏差</td><td>±20%M_1</td><td>±20%M_2</td></tr>
<tr><td>2</td><td colspan="2">密度 ρ(D 法)</td><td>g/cm^3</td><td colspan="2">≥ 0.940</td></tr>
<tr><td>3.1</td><td colspan="2">拉伸弹性模量 E_t</td><td>MPa</td><td colspan="2">由供方提供的数据</td></tr>
<tr><td>3.2</td><td colspan="2">拉伸屈服应力 σ_y</td><td>MPa</td><td colspan="2">> 17</td></tr>
<tr><td>3.3</td><td colspan="2">拉伸断裂标称应变 ε_{tB}</td><td>%</td><td colspan="2">> 350</td></tr>
<tr><td>4</td><td colspan="2">弯曲模量 E_f</td><td>MPa</td><td colspan="2">由供方提供的数据</td></tr>
<tr><td>5</td><td colspan="2">简支梁缺口冲击强度 a_{cA}(23℃)</td><td>kJ/m^2</td><td>> 10</td><td>> 15</td></tr>
<tr><td>6</td><td colspan="2">负荷变形温度 T_f0.45</td><td>℃</td><td>> 55</td><td>> 60</td></tr>
<tr><td>7</td><td colspan="2">氧化诱导时间 OIT (210℃，Al)</td><td>min</td><td>> 20</td><td>> 20</td></tr>
<tr><td>8</td><td colspan="2">挥发分含量</td><td>mg/kg</td><td colspan="2">≤ 350</td></tr>
<tr><td>9</td><td colspan="2">水分含量</td><td>mg/kg</td><td colspan="2">≤ 300</td></tr>
<tr><td>11</td><td colspan="2">炭黑含量(质量分数)</td><td>%</td><td colspan="2">2.5 ± 0.5</td></tr>
<tr><td>12</td><td colspan="2">炭黑分散</td><td>级</td><td colspan="2">≤ 3</td></tr>
<tr><td>13</td><td colspan="2">颜料分散</td><td>级</td><td colspan="2">≤ 3</td></tr>
<tr><td>14</td><td colspan="2">静液压强度</td><td></td><td>80℃，环应力 4.5MPa，165h 不破裂，不渗漏</td><td>80℃，环应力 5.4MPa，165h 不破裂，不渗漏</td></tr>
<tr><td>15</td><td colspan="2">耐慢速裂纹增长</td><td></td><td>80℃，试验压力 0.80MPa，165h 不破裂，不渗漏</td><td>80℃，试验压力 0.92MPa，165h 不破裂，不渗漏</td></tr>
<tr><td colspan="6">注：“颜料分散”仅用于蓝色料。</td></tr>
</table>

6.1　试样制备

6.1.1　压塑试样的制备

根据 GB/T 1845.2—2006 标准，压塑试片的制备按 GB/T 9352—1988 规定进行。压片使用溢料式模具并按表 2 规定的压塑条件。

表 2　压塑试片的条件

<table>
<tr><th rowspan="3">模塑温度
℃</th><th colspan="4">热　　压</th><th colspan="3">冷　　却</th></tr>
<tr><th colspan="2">预 热</th><th colspan="2">全 压</th><th rowspan="2">平均冷却速率
℃/min</th><th rowspan="2">全压压力
MPa</th><th rowspan="2">脱模温度
℃</th></tr>
<tr><th>压 力
MPa</th><th>时 间
min</th><th>压 力
MPa</th><th>时 间
min</th></tr>
<tr><td>180</td><td>接触</td><td>5~15</td><td>5</td><td>5±1</td><td>15</td><td>5</td><td>≤ 40</td></tr>
</table>

使用冲切或机加工的方法从厚度为 4mm 压塑试片上制备符合 GB/T 1040.2—2006 的 1B 型试样和 80mm×10mm×4mm 长条试样。

注：本标准下次修订时将与 GB/T 1845.2 规定一致，采用不溢料式模具制备压塑试片。

6.1.2　管材试验样品的制备

6.1.2.1　管材生产线的基本条件

a)挤出机：有四个以上温度控制点的普通式螺杆或屏障式螺杆挤出机。螺杆直径 ϕ 为 30mm~90mm，长径比(L/D)大于 24；

b)模头：能挤出下列两种规格的管材试验样品：

公称外径(d_n)	公称壁厚(e_n)
32mm	3.0mm
110mm	10.0mm

c)带有真空定径设备、冷却槽及牵引机。

6.1.2.2 制备管材试验样品的工艺条件

a)熔体温度：210℃±20℃，可根据树脂熔体质量流动速率选择；

b)真空冷却槽冷却水温度：25℃±15℃。

6.2 试样的状态调节和试验的标准环境

试样的状态调节和所有试验都应在 GB/T 2918—1998 规定的标准环境下进行，环境的温度为 23℃±2℃，相对湿度为 50%±10%。状态调节调节时间至少 40h 但不超过 96h。

6.3 熔体质量流动速率 *MFR*

熔体质量流动速率按 GB/T 3682—2000 中 A 法规定进行，试验条件为 *T*(温度：190.0℃、负荷：5kg)。

6.4 密度

按 6.1.1 规定制备 4mm 压塑试片，试片的状态调节按 6.2 规定进行。

从状态调节后的压塑试片上裁取试样，试样应符合 GB/T 1033—1986 中 4.4.2.1 的要求，光滑、无毛边。

试验按 GB/T 1033—1986 中方法 D 的规定进行。

6.5 拉伸试验

试样为按 6.1.1 规定制备的 1B 型试样。

试样的状态调节按 6.2 规定进行。

测试按 GB/T 1040.2—2006 规定进行。测定拉伸弹性模量时，试验速度为 1mm/min。测定其他拉伸性能时，试验速度为 50mm/min。

6.6 弯曲试验

试样为按 6.1.1 规定制备的长条试样。

试样的状态调节按 6.2 规定进行。

测试按 GB/T 9341—2000 规定进行，试验速度为 2mm/min。

6.7 简支梁缺口冲击强度(23℃)

按 6.1.1 规定制备长条样条。样条应在制备后 1h～4h 内加工缺口，缺口类型为 ISO 179-1：2000 中的 A 型。加工缺口后的样条为简支梁缺口冲击试验的试样。

试样的状态调节按 6.2 规定进行。

测试按 ISO 179-1：2000 规定进行。

6.8 负荷变形温度

试样为按 6.1.1 规定制备的长条型试样。

试样的状态调节按 6.2 规定进行。

测试按 GB/T 1634.2—2004 中的 B 法(负荷为 0.45MPa)规定进行。试验时，加热装置的起始温度应低于 27℃。加热升温速率为 120℃/h±10℃/h。

6.9 氧化诱导时间 OIT

试样制备按 ISO 11357-6：2002 第 6 章中的方法 b 规定进行。试样厚度：250μm±15μm，试样质量：5mg～20mg，试样皿：铝皿。

测试按 ISO 11357-6：2002 规定进行，氮气流速为 50mL/min。仪器升温至 210℃，保持 5min 后通入流速为 50mL/min 的氧气。

6.10 挥发分

测试按 GB/T 15558.1—2003 附录 C 规定进行。干燥烘箱温度 105℃±2℃。

6.11 水分含量

水分含量的测定见附录 A。

注：根据水分含量的测定数据，管材加工前可能需要对原料进行干燥。

6.12 炭黑含量

试验按 GB/T 13021—1991 规定进行。试验前先将样品舟加热至红色，然后冷却 15min 以上。

按该标准5.3.2步骤进行热解时，氮气流速为1.7L/min±0.3L/min，热降解的温度为600℃，热降解时间至少15min。

6.13 炭黑分散或颜料分散

试样制备按GB/T 18251—2000中的切片法进行，试样厚度：15μm±5μm。

试验按GB/T 18251—2000规定进行。

6.14 管材静液压强度

6.14.1 试样

从按6.1.2制备的管材试验样品上截取管材试样。试样规格见表3。

表3 静液压强度试样规格

单位为mm

公称外径 d_n	最小平均外径	最大平均外径	任一点壁厚	长度 L
	$d_{em,min}$	$d_{em,max}$	最小壁厚$_{ey,min}$	
32	32.0	32.3	>3.0~<4.0	500

6.14.2 试样的状态调节

擦除试样表面的污渍、油渍、蜡或其他清洁剂，然后选择密封接头与其连接起来，并向试样中注满接近试验温度的水，水温偏差不超过试验温度5℃。

把注满水的试样，放入水箱或烘箱中，在试验温度下放置60min±15min。

6.14.3 试验

试验按GB/T 6111—2003规定进行，密封接头类型：A型；试验介质：水-水(管内-管外)；试验条件见表4。

表4 管材静液压强度试验条件

PE管料级别	试验温度,℃	环应力，MPa	试验时间，h	试样数量
PE 100	80	5.4	165	至少3个
PE 80		4.5		

6.15 耐慢速裂纹增长

6.15.1 试样制备

从按6.1.2制备的管材试验样品上截取管材试样。试样规格见表5。

表5 耐慢速裂纹增长试样规格

单位为mm

公称外径 d_n	最小平均外径	最大平均外径	任一点壁厚	长度 L
	$d_{em,min}$	$d_{em,max}$	最小壁厚$_{ey,min}$	
110	110.0	111.0	>10.0~<11.5	650

按GB/T 18476—2001第5章规定加工切口。

6.15.2 试样的状态调节

同6.14.2规定。状态调节时间至少24h。

6.15.3 试验

试验按GB/T 18476—2001规定进行。试验介质：水-水(管内-管外)；试验温度：80℃±1℃；试验条件见表6。

表6 管材耐慢速裂纹增长试验条件

PE管料级别	试验温度,℃	环应力，MPa	试验时间，h	试样数量
PE 100	80	0.92	165	至少3个
PE 80		0.80		

7 检验规则

7.1 检验分类与检验项目

7.1.1 检验分类

第4章通用要求中的所有项目只需在产品确定牌号时检验。

给水管道系统用聚乙烯专用料产品的检验可分为型式检验和出厂检验两类。

7.1.2 检验项目

第5章中5.2和表1中的所有试验项目为型式检验项目。

出厂检验项目至少应该包括表1中的熔体质量流动速率、密度、拉伸屈服应力、拉伸断裂标称应变、氧化诱导时间、炭黑含量和炭黑(颜料)分散。

7.2 组批规则与抽样方案

7.2.1 组批规则

给水管道系统用聚乙烯专用料，以同一生产线上、相同原料、相同工艺所生产的同一牌号的产品组批。生产厂可按一定生产周期或贮存料仓为一批对产品进行组批。

产品以批为单位进行检验。

7.2.2 抽样方案

给水管道系统用聚乙烯专用料可在贮存料仓取样口抽样，也可在产品包装生产流水线上随机抽样。

包装后的抽样按GB/T 2547—1981规定进行。

7.3 判定规则和复验规则

7.3.1 判定规则

给水管道系统专用聚乙烯树脂应由生产厂的质量检验部门按照本标准规定的试验方法进行检验，依据企业标准技术要求对该批产品作出质量判定，并提出证明。

7.3.2 复验规则

检验结果若某项指标不符合本标准技术要求时，应按7.2.2包装后的抽样规定重新取样，对该项目进行复验。以复验结果作为该批产品的质量判定依据。

8 标志

给水管道系统用聚乙烯专用料产品的外包装袋上应有明显的标志。标志内容包括：商标、生产厂名称、标准号、产品名称、牌号、生产批号和净含量等。

9 包装、运输和贮存

9.1 包装

给水管道系统用聚乙烯专用料可用重包装袋、聚丙烯复合编织袋或其他包装形式。包装材料应保证在运输、码放、贮存时不污染和漏料。

每袋产品净含量可为25kg或其他。

9.2 运输

给水管道系统用聚乙烯专用料为非危险品。在运输和装卸过程中严禁使用铁钩等锐利工具，切忌抛掷。运输工具应保持清洁、干燥并备有厢棚或苫布。运输时不得与沙土、碎金属、煤炭及玻璃等混合装运，更不可与有毒及腐蚀性或易燃物混装；严禁在阳光下暴晒或雨淋。

9.3 贮存

给水管道系统用聚乙烯专用料应贮存在通风、干燥、清洁并保持有良好消防设施的仓库内。贮存时，应远离热源，并防止阳光直接照射，严禁在露天堆放。

贮存期从生产之日起，一般不超过12个月。

附 录 A
(规范性附录)
卡尔·费休法测定给水和道系统用 PE 专用料的水分含量

A.1 范围

本附录规定了用卡尔·费休法测定给水管道系统用 PE 专用料水分含量的方法。

本方法适用于测定给水管道系统用聚乙烯专用料的总水分含量，包括材料内部与材料表面的水分。

A.2 原理

卡尔·费休法水分含量测定的示意图见图 A.1。

干燥炉将试样中的表面水、吸附水和结晶水在高温下蒸发，再用惰性载气(通常是氮气)吹扫，将水分带入卡尔·费休仪的水分滴定池。

在滴定池内，当存在甲醇(CH_3OH)和有机碱(RN)时，试样中的水(H_2O)与电解产生的碘(I_2)和库仑试剂中的二氧化硫(SO_2)发生反应。根据法拉第原理，产生碘的物质的量与消耗的电量成正比。1mol 水消耗 193000Q 电量，从而通过消耗的总电量计算出水分含量。

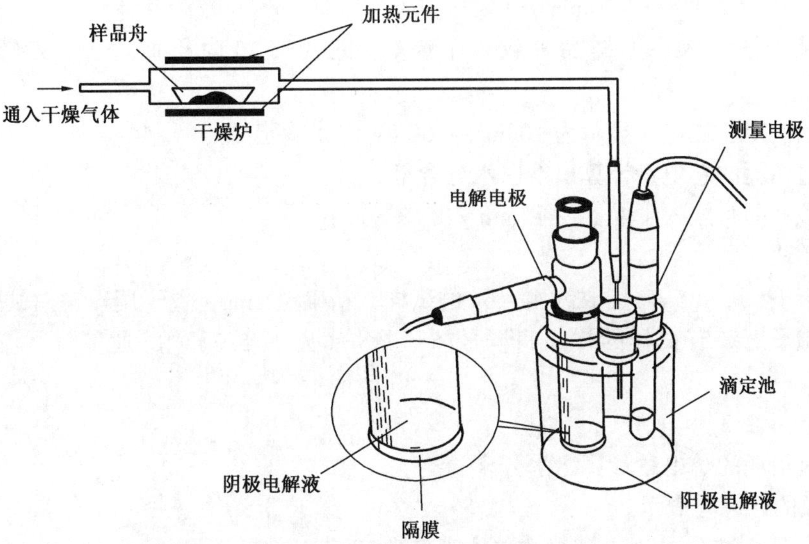

图 A.1 卡尔·费休法水分含量测定原理图

A.3 化学反应

$$2I^- - 2e \longrightarrow I_2$$

$$H_2O + I_2 + (RNH)SO_3CH_3 + 2RN \longrightarrow (RNH)SO_4CH_3 + 2(RNH)I$$

A.4 试剂和材料

A.4.1 卡尔费休微库仑试剂

A.4.2 高纯氮，GB/T 8980—1996。

注：若氮气达不到要求，可使用 3A 分子筛或其他干燥设备进行干燥，使水含量小于 5mg/kg。

A.4.3 分子筛：3A。

A.5 仪器与设备

A.5.1 库仑仪：测定范围 1mg/kg~10^5mg/kg，分辨率 0.1μg。

A.5.2 烘箱：能恒温在 105℃±2℃。

A.5.3 干燥炉：温度 0℃~300℃，精度±3℃。

A.5.4 天平：最小分度值0.1mg。

A.5.5 气体流量计：0mL/min~500mL/min。

A.5.6 干燥器。

A.5.7 样品舟：铝或石英玻璃舟。

A.6 试验步骤

警告：试验过程中必须遵守试剂使用的安全要求规范，试验必须在通风橱内进行，使用防护手套和防护眼镜，避免碰到炉子高温区。

A.6.1 库仑仪(见A.5.1)准备

A.6.1.1 干燥炉升温达到180℃±2℃进行热平衡。库仑仪至少稳定10min后可以开始测定。

A.6.1.2 安装电解电极和指示电极，电解电极和指示电极在使用前必须保持干燥。

注：电解电极和指示电极清洗完后，可置于一个60℃±2℃烘箱(见A.5.2)内，也可以在使用前用热空气吹干，没有彻底干燥的测量元件库仑仪平衡时间长。

A.6.1.3 将卡尔费休微库仑试剂加入到电解电极阴极室和滴定池，使电解电极阴极室内液体的液位比阳极室外的液位低约2mm。

A.6.2 空白试验

A.6.2.1 将样品舟放在温度已恒定在105℃±2℃的烘箱(见A.5.2)内干燥1h。取出样品舟置于干燥器(见A.5.6)内冷却15min~20min。

A.6.2.2 用镊子把干燥后的样品舟放入干燥炉(见A.5.3)内。通氮气，流量为50mL/min~150mL/min；

A.6.2.3 开始滴定，当电位显示为100mV~150mV终止滴定。

A.6.2.4 通过消耗的总电量计算出空白水分含量。

A.6.2.5 将该样品舟放入干燥器内15min~20min备用。

A.6.3 试样测试

A.6.3.1 用天平(见A.5.4)称取约4g~6g的试样，精确至1mg，置于用作空白试验的样品舟内。

A.6.3.2 用镊子把装有试样的样品舟同放入干燥炉(见A.5.3)内，通氮气，流量50mL/min~150mL/min。

A.6.3.3 同A.6.2.3。

A.6.3.4 通过消耗的总电量计算出水分含量。

A.7 试验结果的计算与表示

试样的水含量C按公式A.1计算，单位为毫克/千克(mg/kg)。

$$C = \frac{A_1 - A_0}{10.72S} \qquad \text{(A.1)}$$

式中：

A_1——样品测定时库仑仪消耗的总电量，单位为毫库仑(mC)；

A_0——空白测定时库仑仪消耗的总电量，单位为毫库仑(mC)；

10.72——换算系数，表示10.72微克(μg)水消耗1毫库仑(mC)电量，单位为毫库仑/微克(mC/μg)；

S——样品质量，单位为克(g)。

以两次测定结果的算术平均值作为试验结果，保留到整数位。两次测定结果的偏差应≤50mg/kg。

A.8 试验报告

试验报告包括下列内容：

a)注明按照本行业标准；

b)试样名称、牌号、批号及生产厂；

c)试样生产日期；

d)每个试样的测定值及平均值，单位为 mg/kg；

e)测试人员及日期。

ICS 83.080.20
G 32

SH

中华人民共和国石油化工行业标准

SH/T 1761.1—2019
代替 SH/T 1761.1—2008

聚丙烯树脂粉料　第1部分：间歇法

Polypropylene resin powder—Part 1: Batch process

2019-05-02 发布　　2019-11-01 实施

中华人民共和国工业和信息化部　发布

前　言

SH/T 1761《聚丙烯树脂粉料》分为如下几个部分：

——第1部分：间歇法；

——第2部分：连续法。

本部分为SH/T 1761的第1部分。

本部分按照GB/T 1.1—2009给出的规则起草。

本部分代替SH/T 1761.1—2008《聚丙烯树脂粉料　第1部分：间歇法》。

本部分与SH/T 1761.1—2008相比主要技术变化如下：

——将规范性引用文件更新为新发布的国家标准，卫生标准GB 9693由GB 4806.6代替（见第2章，2008版第2章）；

——将技术要求表的内容调整在两个表中（见4.3表1和表2，2008版4.3表1）；

——修改了技术要求表中熔体质量流动速率的有效数字位数（见4.3表1，2008版4.3表1）；

——调整了试验方法中两种试验样品预处理方法的顺序（见5.1，2008版5.2）；

——修改了试验方法中压塑试片制备的工艺条件表的编排格式（见5.2中表3，2008版5.3表2）；

——明确了试验方法中表观密度的测定要使用B型漏斗（见5.8，2008版5.9）；

——修改了试验方法中拉伸试验的表述（见5.9，2008版5.10）。

本部分由中国石油化工集团有限公司提出。

本部分由全国塑料标准化技术委员会石化塑料树脂产品分会（SAC/TC15/SC1）归口。

本部分起草单位：中国石油化工股份有限公司北京北化院燕山分院。

本部分参加起草单位：山东京博石油化工有限公司。

本部分主要起草人：杨力、王超先、栾波、牛星、李凤英、王继芹。

本部分代替了SH/T 1761.1—2008，本次为第一次修订。

聚丙烯树脂粉料　第1部分：间歇法

1　范围

本部分规定了聚丙烯（PP）树脂粉料的分类与命名、要求、试验方法、检验规则、标志和随行文件、包装、运输和贮存。

本部分适用于以丙烯为原料，经间歇法聚合制得的粉状丙烯均聚物（PP-H）。

2　规范性引用文件

下列文件对于本文件的应用是必不可少的。凡是注日期的引用文件，仅所注日期的版本适用于本文件。凡是不注日期的引用文件，其最新版本（包括所有的修改单）适用于本文件。

GB/T 1040.1—2006　塑料　拉伸性能的测定　第1部分：总则

GB/T 1040.3—2006　塑料　拉伸性能的测定　第3部分：薄膜和薄片的试验条件

GB/T 1636—2008　塑料　能从规定漏斗流出的材料表观密度的测定

GB/T 2412—2008　塑料　聚丙烯（PP）和丙烯共聚物热塑性塑料等规指数的测定

GB/T 2546.1—2006　塑料　聚丙烯（PP）模塑和挤出材料　第1部分：命名系统和分类基础

GB/T 2546.2—2003　塑料　聚丙烯（PP）模塑和挤出材料　第2部分：试样制备和性能测定

GB/T 2547—2008　塑料　取样方法

GB/T 2918—2018　塑料试样状态调节和试验的标准环境

GB/T 3682.1—2018　塑料　热塑性塑料熔体质量流动速率（MFR）和熔体体积流动速率（MVR）的测定　第1部分：标准方法

GB 4806.6　食品安全国家标准　食品接触用塑料树脂

GB/T 8170—2008　数值修约规则与极限数值的表示和判定

GB/T 9345.1—2008　塑料　灰分的测定　第1部分：通用方法

GB/T 9352—2008　塑料　热塑性塑料材料试样的压塑

HG/T 3862—2006　塑料黄色指数试验方法

3　分类与命名

间歇法聚丙烯树脂粉料的分类与命名采用GB/T 2546.1—2006，并根据间歇法聚丙烯树脂粉料的特点，规定如下：

命名的字符组2中，位置1均为一般用途（用字母G表示）；字符组3中省略“拉伸弹性模量”和“简支梁缺口冲击强度”的代号，仅给出熔体质量流动速率和试验条件的代号。

示例：某聚丙烯均聚物（PP-H）粉料（D），为一般用途（G），熔体质量流动速率MFR的标称值为1.3g/10min（013），其试验条件为：温度230℃，负荷2.16 kg（M）。该材料命名如下：

PP-H， G(N)D， (M)013

字符组1：聚丙烯代号

均聚物代号

字符组2：位置1：一般用途

位置2：本色(可省略)

位置3：粉状

字符组3：MFR试验条件(可省略)

熔体质量流动速率

命名：PP-H,GD,013

4 要求

4.1 对于有卫生要求的间歇法聚丙烯树脂粉料，应符合 GB 4806.6 的规定。

4.2 间歇法聚丙烯树脂粉料为本色粉状或球形颗粒，无杂质。

4.3 间歇法聚丙烯树脂粉料各命名对应的熔体质量流动速率的技术要求见表1，其他技术要求见表2。

表1 间歇法聚丙烯树脂粉料各命名对应的熔体质量流动速率的技术要求

序　号	命　名	熔体质量流动速率 g/10min
1	PP-H，GD，003	≤0.60
2	PP-H，GD，013	1.30±0.70
3	PP-H，GD，040	4.00±2.00
4	PP-H，GD，085	8.50±2.50
5	PP-H，GD，150	15.0±4.0
6	PP-H，GD，230	23.0±4.0
7	PP-H，GD，320	32.0±5.0
8	PP-H，GD，450	45.0±8.0
9	PP-H，GD，650	65.0±12.0
10	PP-H，GD，880	88.0±11.0
11	PP-H，GD，990	≥99.0

注：如果熔体质量流动速率数值小于 0.1g/10min 或大于 100g/10min，建议不测熔体质量流动速率。

表2 间歇法聚丙烯树脂粉料的其他技术要求

<table>
<tr><th rowspan="2">序号</th><th rowspan="2">项　目</th><th rowspan="2">单位</th><th colspan="2">技术要求</th></tr>
<tr><th>PP-H，GD，003，PP-H，GD，013
PP-H，GD，040，PP-H，GD，085
PP-H，GD，150，PP-H，GD，230
PP-H，GD，320，PP-H，GD，450</th><th>PP-H，GD，650
PP-H，GD，880
PP-H，GD，990</th></tr>
<tr><td>1</td><td>黄色指数</td><td></td><td colspan="2">由供方提供的数据</td></tr>
</table>

续表

<table>
<tr><td rowspan="2">序号</td><td rowspan="2">项　　目</td><td rowspan="2">单位</td><td colspan="2">技术要求</td></tr>
<tr><td>PP-H，GD，003，PP-H，GD，013
PP-H，GD，040，PP-H，GD，085
PP-H，GD，150，PP-H，GD，230
PP-H，GD，320，PP-H，GD，450</td><td>PP-H，GD，650
PP-H，GD，880
PP-H，GD，990</td></tr>
<tr><td>2</td><td>等规指数</td><td>%</td><td colspan="2">M±2</td></tr>
<tr><td>3</td><td>灰分</td><td>mg/kg</td><td colspan="2"><350</td></tr>
<tr><td>4</td><td>表观密度</td><td>g/cm³</td><td colspan="2">由供方提供的数据</td></tr>
<tr><td>5</td><td>拉伸屈服应力</td><td>MPa</td><td>≥31.5</td><td>由供方提供的数据</td></tr>
<tr><td>6</td><td>氯含量</td><td>mg/kg</td><td colspan="2"><50</td></tr>
<tr><td>7</td><td>挥发份（质量分数）</td><td>%</td><td colspan="2"><0.20</td></tr>
<tr><td colspan="5">注：M 为该项指标的中心值，由生产厂提供。</td></tr>
</table>

5　试验方法

5.1　试验样品的预处理

抗氧剂用量为样品质量的 0.5%。

5.1.1　直接掺混法

将抗氧剂 1010（2,5-二特丁基-4-羟基苯基季戊四醇酯）按比例直接加入样品中，掺混均匀，备用。

5.1.2　溶解法

5.1.2.1　将抗氧剂 1010 溶解于丙酮中，配成抗氧剂-丙酮溶液。

5.1.2.2　称取一定量的样品于称量瓶中，按比例将抗氧剂-丙酮溶液加入样品中，搅拌均匀。待丙酮溶剂挥发完全后，备用。

5.2　压塑试片的制备

取按 5.1.1 预处理后的试验样品制备压塑试片。试片的长度和宽度至少为 150 mm，厚度为 1.0 mm ±0.1 mm。

压塑试片的制备按 GB/T 9352—2008 规定进行，使用溢料式模具。压塑试片的工艺条件见表 3。

表 3　压塑试片制备的工艺条件

材料	模塑温度 ℃	平均冷却速率 ℃/min	脱模温度 ℃	全压压力 MPa	全压时间 min	预热压力 MPa	预热时间 min
所有级	210	60±30	≤40	5	5±1	接触	5

5.3　试样的状态调节和试验的标准环境

试样的状态调节按 GB/T 2918—2018 规定进行，状态调节的条件为温度 23℃±2℃，调节时间至少

40 h 但不超过 96 h。

试验应在 GB/T 2918—2018 规定的标准环境下进行，环境的温度为 23℃±2℃。

5.4 黄色指数

按 HG/T 3862—2006 规定进行，采用粉料直接测试。

5.5 熔体质量流动速率（MFR）

取按 5.1.2 预处理后的试验样品作为试样。

MFR 的测定按 GB/T 3682.1—2018 中 A 法或 B 法规定进行，仲裁时采用 A 法。当 MFR 值大于 25 g/10min 时，宜使用 B 法。选用 B 法测定熔体质量流动速率时，熔体密度值为 0.7386 g/cm^3。试验条件为 M（温度：230℃、负荷：2.16 kg）。试验时，在清理料筒后装样前应吹氮 5 s～10 s，氮气压力 0.05MPa。

5.6 等规指数

等规指数的测定按 GB/T 2412—2008 规定进行。选用带孔玻璃漏斗，萃取时间为 6 h。

5.7 灰分

灰分的测定按 GB/T 9345.1—2008 标准中 A 法（直接燃烧法）规定进行，煅烧温度为 850℃±50℃。

5.8 表观密度

表观密度的测定按 GB/T 1636—2008 规定进行，使用 B 型漏斗。

5.9 拉伸屈服应力

用冲刀从按 5.2 制备的压塑试片上冲切试样，按 5.3 规定进行状态调节。试样的尺寸符合 GB/T 1040.3—2006 标准中的 5 型试样，

试验按 GB/T 1040.1—2006 规定进行，试验速度为 50 mm/min。

5.10 氯含量

氯含量的测定按附录 A 规定进行。

5.11 挥发分

挥发分的测定按附录 B 规定进行。

6 检验规则

6.1 检验分类

间歇法聚丙烯树脂粉料产品的检验可分为型式检验和出厂检验两类。

6.2 检验项目

第 4 章中所有的项目为型式检验项目。当有下列情况时应进行型式检验：

a）新产品试制定型鉴定时；

b）正式生产后，若原材料或工艺有较大改变，可能影响产品性能时；

c）产品装置检修，恢复生产时；

d）出厂检验结果与上次型式检验结果有较大差异时；

e）上级质量监督机构提出进行型式检验要求时。

间歇法聚丙烯树脂粉料出厂检验项目至少应包括熔体质量流动速率、等规指数、灰分、氯含量、挥发分和表观密度。

6.3 组批规则

间歇法聚丙烯树脂粉料以同一生产线上、相同原料、相同工艺所生产的同一牌号的产品组批，生产厂可按一定生产周期或以一个聚合釜的产品为一批对产品进行组批。产品以批为单位进行检验和验收。

6.4 抽样方案

间歇法聚丙烯树脂粉料样品可在包装线上或包装后抽取。包装后产品的取样应按 GB/T 2547—2008 规定进行。

6.5 判定规则

间歇法聚丙烯树脂粉料应由生产厂的质量检验部门按照本部分规定的试验方法进行检验，依据检验结果和本部分中的技术要求对产品作出质量判定，并提出证明。所有试验结果的判定按 GB/T 8170—2008 标准中修约值比较法进行。检验结果若某项指标不符合本部分要求时，可重新取样对该项目进行复验。以复验结果作为该批产品的质量判定依据。

7 标志和随行文件

7.1 标志

间歇法聚丙烯树脂粉料产品的外包装袋上应有明显的标志。标志内容可包括：商标、生产企业名称、生产厂地址、标准号、产品名称、牌号、批号（含生产日期）和净含量等。

7.2 随行文件

产品出厂时，每批产品应附有产品质量检验合格证。合格证上应注明产品名称、牌号、批号、执行标准，并盖有质检专用章。

8 包装、运输和贮存

8.1 包装

间歇法聚丙烯树脂粉料可用内衬聚乙烯薄膜袋的聚丙烯编织袋或其他形式包装。包装材料应保证产品在运输、码放、贮存时不污染和泄漏。

每袋产品净含量可为 25 kg 或其他。

8.2 运输

间歇法聚丙烯树脂粉料为非危险品。在运输和装卸过程中严禁使用铁钩等锐利工具，切忌抛掷。运输工具应保持清洁、干燥并备有厢棚或苫布。运输时不得与沙土、碎金属、煤炭及玻璃等混合装运，更不可与有毒及腐蚀性或易燃物混装。严禁在阳光下曝晒或雨淋。

8.3 贮存

间歇法聚丙烯树脂粉料应贮存在通风、干燥、清洁并保持有良好消防设施的仓库内。贮存时，应远离热源，并防止阳光直接照射，严禁在露天堆放。

间歇法聚丙烯树脂粉料产品应有贮存期的规定。一般从生产之日起，不超过6个月。

附 录 A
(规范性附录)
聚丙烯树脂粉料中氯含量的测定

A.1 范围

本附录规定了间歇法聚丙烯树脂粉料中氯含量的试验方法。

本方法适用于间歇法聚丙烯树脂粉料氯含量的测定。

A.2 原理

用无水碳酸钠覆盖试样，加热使试样熔融、炭化，高温灼烧。残渣中的氯离子与硫氰酸汞反应，产生的硫氰酸根离子与三价铁离子生成橙色络合物。其显色强度与氯离子浓度相对应。采用分光光度法在 460 nmm 波长处测定其吸光度。

$$2Cl^- + Hg(SCN)_2 = HgCl_2 + 2SCN^-$$

$$Fe^{3+} + SCN^- \longrightarrow Fe(SCN)^{2+}$$

A.3 试剂和溶液

除非另有说明，所用试剂均为分析纯，所用水均符合 GB/T 6682 中规定的三级水的规格。

A.3.1 无水碳酸钠［Na_2CO_3］。

A.3.2 硫氰酸汞［$Hg(SCN)_2$］。

A.3.3 无水乙醇［CH_3CH_2OH］。

A.3.4 浓硝酸［HNO_3］。

A.3.5 硫酸铁铵［$(NH_4)_3Fe(SO_4)_3$］。

A.3.6 氯化钾［KCl］。

A.3.7 硫氰酸汞乙醇溶液：将 1.5 g 硫氰酸汞（A3.2）溶于 500 mL 无水乙醇中，并放入棕色瓶中保存在冷暗处。放置过夜后，滤取上层清液。

A.3.8 硝酸溶液［$c(HNO_3)$ = 8 mol/L］

量取 540 mL 浓硝酸（A.3.4），用水稀释至 1000 mL。

A.3.9 硝酸溶液［$c(HNO_3)$ = 6 mol/L］

量取 400 mL 浓硝酸（A.3.4），用水稀释至 1000 mL。

A.3.10 硫酸铁铵硝酸溶液

称取 30 g 硫酸铁铵（A.3.5）置于 250 mL 容量瓶中，加入 6 mol/L 硝酸溶液至 250 mL。

A.3.11 氯化钾标准溶液 A

将氯化钾（A.3.6）放入温度为 105℃±2℃的烘箱内干燥 2 h，取出后置于干燥器中冷却至室温。称取 0.4206 g 氯化钾置于烧杯中。加适量水溶解后移入 1000 mL 容量瓶中，用水稀释至刻度。此溶液氯离子浓度为 200 μg/mL。

A.3.12 氯化钾标准溶液 B

将氯化钾标准溶液 A 用水稀释 10 倍，其氯离子浓度为 20 μg/mL。此溶液在使用前制备，当日有效。

A.4 仪器

A.4.1 分光光度计：配置 3 cm 吸收池。
A.4.2 瓷坩埚：30 mL。
A.4.3 烘箱：温度能恒定在 105℃±2℃。
A.4.4 高温炉：能控制在 700℃±20℃。
A.4.5 可调式电炉：2 kW。
A.4.6 分析天平：分度值 0.1 mg
A.4.7 刻度移液管：5 mL 和 10 mL。
A.4.8 容量瓶：50 mL、250 mL、500 mL 和 1000 mL。

A.5 试验步骤

A.5.1 标准曲线的绘制

A.5.1.1 氯含量标准溶液制备

取 9 个 50 mL 容量瓶，编号 1#~9#。用 5 mL 和 10 mL 刻度移液管分别移取氯化钾标准溶液 B（A.3.12）1.0 mL、2.0 mL、3.0 mL、4.0 mL、5.0 mL、6.0 mL、7.0 mL、8.0 mL 置于 2#~9#容量瓶中。然后在 1#~9#容量瓶中分别加入 4.0 mL 硫氰酸汞乙醇溶液（A.3.7）、5.0 mL 硫酸铁铵硝酸溶液（A.3.10）和 2.5 mL 的浓度为 8 mol/L 硝酸溶液（A.3.8），加水稀释至刻度，摇匀，放置 20 min。1#~9#容量瓶中均为氯含量的标准溶液，其氯含量依次为 0 μg、20 μg、40 μg、60 μg、80 μg、100 μg、120 μg、140 μg、160 μg。

A.5.1.2 测定吸光度

用分光光度计（A.4.1）和 3 cm 吸收池，分别测定氯含量标准溶液的吸光度。试验条件：波长为 460 nm，以水为参比。

将 2#~9#氯含量标准溶液吸光度值的实测值分别减去 1#标准溶液的吸光度的实测值（氯含量为 0），即为 2#~9#氯含量标准溶液的净吸光度。

A.5.1.3 绘制吸光度对氯含量的标准曲线

以 2#~9#氯含量标准溶液的氯含量（μg）为横坐标，其对应的净吸光度为纵坐标绘制吸光度对氯含量（μg）的标准曲线。

A.5.2 试样溶液的制备

A.5.2.1 用分析天平（A.4.6）称取（0.5~1.0）g 聚丙烯粉料试样，准确至 0.1 mg，置于瓷坩埚（A.4.2）中。用 1.0 g 无水碳酸钠（A.3.1）均匀覆盖。将坩埚放在电炉上缓缓加热，使样品慢慢炭化，至炭化停止。
A.5.2.2 将坩埚移入高温炉中灼烧约 1 h，至样品变白，灼烧温度为 700℃。取出坩埚冷却至室温。
A.5.2.3 用刻度移液管（A.4.8）移取 5.0 mL 的 8 mol/L 硝酸溶液（A.3.8），沿坩埚的内壁滴入坩埚中，将灼烧残渣溶解。
A.5.2.4 过滤坩埚内的溶液，并用热蒸馏水洗涤坩埚数次，将滤液及洗液置于 50 mL 容量瓶中。然后，加入 4.0 mL 硫氰酸汞乙醇溶液（A.3.7）和 5.0 mL 硫酸铁铵硝酸溶液（A.3.10）。加水稀释至刻度，摇匀，放置 20 min。该溶液为试样溶液。

A.5.2.5 按上述相同步骤，仅在瓷坩埚中加无水碳酸钠制备空白试验的溶液。

A.5.3 测定试样溶液的吸光度

按A.5.1.2规定，测定试样溶液及空白试验溶液的吸光度值。

将试样溶液吸光度值的实测值减去空白试验的溶液吸光度的实测值即为试样溶液的净吸光度值。

A.5.4 查试样溶液的氯含量

根据试样溶液的净吸光度值，从标准曲线上查出试样溶液的氯含量（μg）。

A.6 试验结果

A.6.1 试验结果

试样中氯含量（X）按公式（A.1）计算，单位为毫克每千克（mg/kg）：

$$X=\frac{C}{m} \qquad \text{(A.1)}$$

式中：

C——从标准曲线上查出试样溶液的氯含量，单位为微克（μg）；

m——试样质量，单位为克（g）。

以两次测试结果的算术平均值作为测定结果，精确至1 mg/kg。

A.6.2 试验结果的重复性

在同一实验室，由同一操作者使用相同设备，按相同的测试方法，并在短时间内对同一被测对象相互独立进行测试获得的两次独立测试结果的绝对差值不大于这两个测定值的算术平均值的10%。

附　录　B
(规范性附录)
聚丙烯树脂粉料中挥发分的测定

B.1　范围

本附录规定了间歇法聚丙烯树脂粉料中挥发分的试验方法。

本方法适用于间歇法聚丙烯树脂粉料挥发分的测定。

B.2　原理

将聚丙烯树脂粉料在105℃下烘干至质量恒定，测定试样干燥后减少的质量与试样干燥前的质量比即为挥发分。

B.3　仪器

B.3.1　烘箱：温度应能控制在105℃±2℃内，采用自然对流式烘箱。

B.3.2　分析天平：分度值0.1 mg。

B.3.3　玻璃干燥器：ϕ300 mm。

B.3.4　带盖称量瓶：ϕ70 mm×35 mm。

B.4　测定步骤

B.4.1　将称量瓶及瓶盖分开放在烘箱中，在105℃下烘至质量恒定，冷却至室温，用分析天平称量瓶及瓶盖的质量，准确至0.1 mg，记为m_1。

B.4.2　将8 g~10 g试样均匀铺在质量已恒定的称量瓶底部，盖上瓶盖，用分析天平称量，准确至0.1 mg，记为m_2。

B.4.3　将装有试样的称量瓶置于烘箱内，打开瓶盖，恒温2 h，烘箱温度控制在105℃±2℃。

B.4.4　将称量瓶盖上瓶盖，移入干燥器内，冷却至室温。用分析天平称量，准确至0.1 mg。

B.4.5　重复B.4.3和B.4.4操作，直至质量恒定，取最后一次测定值，记为m_3。

B.5　试验结果

B.5.1　试验结果

试样的挥发分（W）按公式（B.1）计算，数值以%表示。

$$W=\frac{m_2-m_3}{m_2-m_1}\times 100 \quad \cdots\cdots\cdots\cdots (B.1)$$

式中：

m_1——称量瓶及瓶盖的质量，单位为克（g）；

m_2——干燥前装有试样的称量瓶及瓶盖的质量，单位为克（g）；

m_3——干燥后装有试样的称量瓶及瓶盖的质量，单位为克（g）。

以两次测试结果的算术平均值作为测定结果，计算结果表示到两位有效数字。

B.5.2 试验结果的重复性

在同一实验室，由同一操作者使用相同设备，按相同的测试方法，并在短时间内对同一被测对象相互独立进行测试获得的两次独立测试结果的绝对差值不大于这两个测定值的算术平均值的10%。

ICS 83.080.20
G 32

SH

中华人民共和国石油化工行业标准

SH/T 1761.2—2019

聚丙烯树脂粉料　第2部分：连续法

Polypropylene resin powder—Part 2: Continuous process

2019-12-24 发布　　2020-07-01 实施

中华人民共和国工业和信息化部　发布

前　言

本部分按照 GB/T 1. 1—2009 给出的规则起草。

SH/T 1761《聚丙烯树脂粉料》分为如下几个部分：

——第 1 部分：间歇法；

——第 2 部分：连续法。

本部分为 SH/T 1761 的第 2 部分。

本部分由中国石油化工集团有限公司提出。

本部分由全国塑料标准化技术委员会石化塑料树脂产品分会（SAC/TC15/SC1）归口。

本部分负责起草单位：中国石油化工股份有限公司北京北化院燕山分院、北方华锦化学工业集团有限公司。

本部分主要起草人：王超先、邓燕霞、梁立宏、王丽红、徐泽峰、蔡春飞、郭曦、王燕来、张强、付传玉。

本标准为首次发布。

聚丙烯树脂粉料　第 2 部分：连续法

1　范围

本部分规定了连续法聚丙烯（PP）树脂粉料的分类与命名、要求、试验方法、检验规则、标志和随行文件、包装、运输和贮存。

本部分适用于以丙烯为原料，经连续法聚合制得的粉状或（和）球状颗粒的丙烯均聚物（PP-H）。

2　规范性引用文件

下列文件对于本文件的应用是必不可少的。凡是注日期的引用文件，仅所注日期的版本适用于本文件。凡是不注日期的引用文件，其最新版本（包括所有的修改单）适用于本文件。

GB/T 1040.1—2018　塑料 拉伸性能的测定　第 1 部分：总则

GB/T 1040.3—2006　塑料 拉伸性能的测定　第 3 部分：薄膜和薄片的试验条件

GB/T 1636—2008　塑料　能从规定漏斗流出的材料的表观密度的测定

GB/T 2412—2008　塑料　聚丙烯（PP）和丙烯共聚物热塑性塑料等规指数的测定

GB/T 2546.1—2006　塑料　聚丙烯（PP）模塑和挤出材料　第 1 部分：命名系统和分类基础

GB/T 2547—2008　塑料　取样方法

GB/T 2918—2018　塑料试样状态调节和试验的标准环境

GB/T 3682.1—2018　塑料　热塑性塑料熔体质量流动速率（MFR）和熔体体积流动速率（MVR）的测定　第 1 部分：标准方法

GB/T 3682.2—2018　塑料　热塑性塑料熔体质量流动速率（MFR）和熔体体积流动速率（MVR）的测定　第 2 部分：对时间-温度历史和（或）湿度敏感的材料的试验方法

GB 4806.6　食品安全国家标准　食品接触用塑料树脂

GB/T 8170—2008　数值修约规则与极限数值的表示和判定

GB/T 9345.1—2008　塑料　灰分的测定　第 1 部分：通用方法

GB/T 9352—2008　塑料　热塑性塑料材料试样的压塑

HG/T 3862—2006　塑料黄色指数试验方法

SH/T 1774—2012　塑料　聚丙烯等规指数的测定 低分辨率脉冲核磁共振法

SH/T 1761.1—2019　聚丙烯树脂粉料　第 1 部分：间歇法

3　分类与命名

连续法聚丙烯树脂粉料的分类与命名按 GB/T 2546.1—2006 规定进行。并根据其粉料的特点规定如下：

命名的字符组 2 中，位置 1 为给出有关材料的推荐用途和（或）加工方法的说明；字符组 3 中省略“拉伸弹性模量”和“简支梁缺口冲击强度”的代号，仅给出熔体质量流动速率和试验条件的代号。

示例：某连续法聚丙烯均聚物（PP-H）粉料（D），其产品用途为注塑类（M），熔体质量流动速率 MFR 的标称值为 1.5g/10min（015），其试验条件为：温度 230℃，负荷 2.16 kg（M）。该材料命名如下：

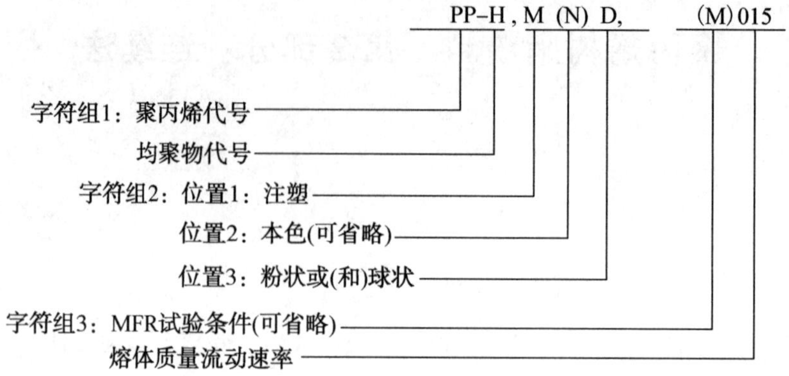

命名：PP-H, MD,015

4 要求

4.1 对于食品接触用的连续法聚丙烯树脂粉料，应符合 GB 4806.6 的规定。

4.2 连续法聚丙烯树脂粉料为白色粉状或（和）球状颗粒（聚合后的形状），无杂质，无结块。

4.3 连续法聚丙烯树脂粉料的其他技术要求见表 1。

表 1 技术要求

序号	项目		单位	技术要求	
				一级品	合格品
1	熔体质量流动速率（MFR）	≤20	g/10min	M_1±0.15M_1	M_1±0.30M_1
		>20		M_1±0.10M_1	M_1±0.15M_1
2	黄色指数		—	<1	由供方提供的数据
3	等规指数		%	M_2±2.0	
4	灰分		mg/kg	<200	<350
5	表观密度		g/cm^3	由供方提供的数据	
6	挥发分（质量分数）		%	<0.20	
7	氯含量		mg/kg	<50	
8	拉伸屈服应力		MPa	≥32.0	
注：M_1 为熔体质量流动速率的中心值，M_2 为等规指数的中心值，由供方提供。					

5 试验方法

5.1 试验样品的预处理

样品中添加抗氧剂 1010（2,5-二特丁基-4-羟基苯基季戊四醇酯），抗氧剂 1010 为工业试剂，用量为样品质量的 0.5%。

5.1.1 直接掺混法

将抗氧剂 1010 按比例直接加入样品中，掺混均匀，备用。

5.1.2 溶解法

5.1.2.1 将抗氧剂 1010 溶解于丙酮（分析纯）中，配成抗氧剂-丙酮溶液。

5.1.2.2 称取一定量的样品于称量瓶中，按比例将抗氧剂-丙酮溶液加入样品中，搅拌均匀。待丙酮溶剂挥发完全后，备用。

警示：丙酮是易燃物品，挥发操作时应该在通风橱中进行。

5.2 压塑试片的制备

取按 5.1.1 预处理后的试验样品制备压塑试片，含有球状颗粒试样需粉碎。试片的长度和宽度至少为 150mm，厚度为 1.0mm±0.1mm。

压塑试片的制备按 GB/T 9352—2008 规定进行，使用溢料式模具。压塑试片的工艺条件见表 2。

表 2 压塑试片制备的工艺条件

材料	模塑温度 ℃	平均冷却速率 ℃/min	脱模温度 ℃	全压压力 MPa	全压时间 min	预热压力 MPa	预热时间 min
所有级	210	60±30	≤40	5	5±1	接触	5

5.3 试样的状态调节和试验的标准环境

试样的状态调节按 GB/T 2918—2018 规定进行，状态调节的条件为温度 23℃±2℃，调节时间至少 40h 但不超过 96h。

试验应在 GB/T 2918—2018 规定的标准环境下进行，环境的温度为 23℃±2℃。

5.4 黄色指数

黄色指数的测定按 HG/T 3862—2006 规定进行。

5.5 熔体质量流动速率（MFR）

取按 5.1.2 预处理后的试验样品作为试样。

MFR 的测定按 GB/T 3682.1—2018 中 A 法或 B 法规定进行，仲裁时采用 A 法。当 MFR 值大于 25g/10min 时，宜使用 B 法。选用 B 法测定熔体质量流动速率时，熔体密度值为 0.7386g/cm^3。试验条件为 M（温度：230℃、负荷：2.16kg）。根据 GB/T 3682.2—2018 的要求，在清理料筒后、装样前应吹氮 5s~10s，氮气压力 0.05MPa。

5.6 等规指数

5.6.1 方法 A 正庚烷回流萃取法

按 GB/T 2412—2008 规定进行，选用带孔玻璃漏斗，干燥温度为 70℃，萃取时间为 6h。对于含有球状颗粒的样品，试样准备按粒料试样的方法进行。方法 A 为仲裁法。

5.6.2 方法 B 核磁共振法

按 SH/T 1774—2012 规定进行。对于含有球状颗粒的样品，试样准备按方法 A 进行。

5.7 灰分

灰分的测定按 GB/T 9345.1—2008 标准中 A 法（直接燃烧法）规定进行，煅烧温度为 850℃±50℃。

5.8 挥发分

挥发分的测定按 SH/T 1761.1—2019 附录 B 规定进行。

5.9 表观密度

表观密度的测定按 GB/T 1636—2008 规定进行，使用 B 型漏斗。

5.10 氯含量

氯含量的测定按 SH/T 1761.1—2019 附录 A 规定进行。

5.11 拉伸试验

用冲刀从按 5.2 制备的压塑试片上冲切试样，按 5.3 规定进行状态调节。试样的尺寸符合 GB/T 1040.3—2006 标准中的 5 型试样。

试验按 GB/T 1040.1—2018 规定进行，试验速度为 50mm/min。

6 检验规则

6.1 检验分类

连续法聚丙烯树脂粉料产品的检验可分为型式检验和出厂检验两类。

6.2 检验项目

第 4 章中所有的项目为型式检验项目。当有下列情况时应进行型式检验：

a）新产品试制定型鉴定时；

b）正式生产后，若原材料或工艺有较大改变，可能影响产品性能时；

c）产品装置检修，恢复生产时；

d）出厂检验结果与上次型式检验结果有较大差异时；

e）上级质量监督机构提出进行型式检验要求时。

连续法聚丙烯树脂粉料出厂检验项目至少应包括熔体质量流动速率、黄色指数、等规指数、灰分、挥发分和表观密度。

6.3 组批规则

连续法聚丙烯树脂粉料以同一生产线上、相同原料、相同工艺所生产的同一牌号的产品组批，生产厂可按一定生产周期或储存料仓为一批对产品进行组批。产品以批为单位进行检验和验收。

6.4 抽样方案

连续法聚丙烯树脂粉料样品可在包装线上或包装后抽取。包装后产品的取样应按 GB/T 2547—2008 规定进行。

6.5 判定规则

连续法聚丙烯树脂粉料应由生产厂的质量检验部门按照本部分规定的试验方法进行检验，依据检验结果和本部分中的技术要求对产品作出质量判定，并提出证明。所有试验结果的判定按 GB/T 8170—2008 标准中修约值比较法进行。检验结果若某项指标不符合本部分要求时，可重新取样对该项目进行复验。以复验结果作为该批产品的质量判定依据。

7 标志和随行文件

7.1 标志

连续法聚丙烯树脂粉料产品的外包装袋上应有明显的标志。标志内容可包括：商标、生产企业名称、生产厂地址、标准号、产品名称、牌号、批号（含生产日期）和净含量等。

7.2 随行文件

产品出厂时，每批产品应附有产品质量检验合格证。合格证上应注明产品名称、牌号、批号、执行标准、产品等级，并盖有质检专用章。

8 包装、运输和贮存

8.1 包装

连续法聚丙烯树脂粉料可用内衬聚乙烯薄膜袋的聚丙烯编织袋或其他形式包装。包装材料应保证产品在运输、码放、贮存时不污染和泄漏。

每袋产品净含量可为 25kg 或其他。

8.2 运输

连续法聚丙烯树脂粉料为非危险品。在运输和装卸过程中严禁使用铁钩等锐利工具，切忌抛掷。运输工具应保持清洁、干燥并备有厢棚或苫布。运输时不得与沙土、碎金属、煤炭及玻璃等混合装运，更不可与有毒及腐蚀性或易燃物混装。严禁在阳光下暴晒或雨淋。

8.3 贮存

连续法聚丙烯树脂粉料应贮存在通风、干燥、清洁并保持有良好消防设施的仓库内。贮存时，应远离热源，并防止阳光直接照射，严禁在露天堆放。

产品的贮存期限一般不超过 3 个月，具体期限需与用户协商决定。

ICS 83.080.20
G 32

SH

中华人民共和国石油化工行业标准

SH/T 1768—2009

燃气管道系统用聚乙烯(PE)专用料

Polyethylene(PE) materials for piping systems of gaseous fuels supply

2009-12-04 发布 2010-06-01 实施

中华人民共和国工业和信息化部 发布

前　言

本标准由中国石油化工集团公司提出。

本标准由全国塑料标准化技术委员会石化塑料树脂产品分技术委员会(SAC/TC15/SC1)归口。

本标准起草单位：中国石油化工股份有限公司齐鲁分公司研究院与中国石油化工股份有限公司北京燕山分公司树脂应用研究所。

本标准参加单位：国家石化有机原料合成树脂质量监督检验中心、中国石化北京化工研究院国家化学建筑材料测试中心、中国石化上海石油化工股份有限公司塑料事业部、中国石化扬子石油化工股份有限公司。

本标准主要起草人：王群涛、景政红、唐岩、陈宏愿、王晓丽、毕丽景、郭锐。

燃气管道系统用聚乙烯(PE)专用料

1 范围

本标准规定了燃气管道系统用黑色聚乙烯(PE)专用料的命名与分类、要求、试验方法、检验规则、标志及包装、运输和贮存。

本标准适用于黑色燃气管道系统用聚乙烯(PE)专用料，专用料中仅加入生产和应用必要的添加剂。

2 规范性引用文件

下列文件中的条款通过本标准的引用而成为本标准的条款。凡是注日期的引用文件，其随后所有的修改单(不包括勘误的内容)或修订版均不适用于本标准，然而，鼓励根据本标准达成协议的各方研究是否可使用这些文件的最新版本。凡是不注日期的引用文件，其最新版本适用于本标准。

GB/T 1033—1986 塑料 密度和相对密度试验方法

GB/T 1040.2—2006 塑料 拉伸性能的测定 第2部分：模塑和挤塑塑料的试验条件(ISO 527-2：1993，IDT)

GB/T 1043.1—2008 塑料 简支梁冲击强度的测定 第1部分：非仪器化冲击试验(ISO 179-1：2000，IDT)

GB/T 1845.1—1999 聚乙烯(PE)模塑和挤出材料 第1部分：命名系统和分类基础(neq ISO 1872.1：1993)

GB/T 1845.2—2006 塑料 聚乙烯(PE)模塑和挤出材料 第2部分：试样制备和性能测定(ISO 1872-2：1997，MOD)

GB/T 2547—2008 塑料 取样方法

GB/T 2918—1998 塑料 试样状态调节和试验的标准环境(idt ISO 291：1997)

GB/T 3682—2000 热塑性塑料熔体质量流动速率和熔体体积流动速率的测定(idt ISO 1133：1997)

GB/T 6111—2003 流体输送用热塑性塑料管材耐内压试验方法(ISO 1167：1996，IDT)

GB/T 8170—2008 数值修约规则和极限数值的表示和判定

GB/T 9341—2000 塑料 弯曲性能的测定(ISO 178：2001，IDT)

GB/T 9352—2008 塑料 热塑性塑料材料试样的压塑(ISO 293：2004，IDT)

GB/T 13021—1991 聚乙烯管材和管件炭黑含量的测定(热失重法)(eqv ISO 6964-2：1986)

GB 15558.1—2003 燃气用埋地聚乙烯(PE)管道系统 第1部分：管材(ISO 4437：1997，MOD)

GB/T 18251—2000 聚烯烃管材、管件和混配料中颜料及炭黑分散的测定方法(idt ISO/DIS 18553：1999)

GB/T 18252—2008 塑料管道系统 用外推法确定热塑性塑料材料以管材形式的长期静液压强度(ISO 9080：2003，IDT)

GB/T 18475—2001 热塑性塑料压力管材和管件用材料分级和命名 总体使用(设计)系数(eqv ISO 12162：1995)

GB/T 18476—2001 流体输送用聚烯烃管材 耐裂纹扩展的测定 切口管材裂纹慢速增长的

试验方法(neq ISO 13479：1997)

GB/T 19280—2003 流体输送用热塑性塑料管材 耐快速裂纹扩展的测定(RCP)小尺寸稳态试验(S4 试验)(idt ISO 13477：1997)

GB/T 19466.6—2009 塑料 差示扫描量热法(DSC) 第6部分：氧化诱导时间(等温 OIT)和氧化诱导温度(动态 OIT)的测定(ISO 11357-6：2008，MOD)

SH/T 1758—2007 给水管道系统用聚乙烯(PE)专用料

3 分类与命名

燃气管道系统用聚乙烯专用料产品的命名与分类按 GB/T 1845.1—1999 的规定进行。本产品的命名未使用第4字符组，但使用第5字符组表示材料的颜色，用一个大写英文字母表示。黑色用“C”表示。

示例：某种燃气管道系统专用着色的(C)聚乙烯(PE)材料，用于挤出管材(E)，具有热老化稳定性(H)；密度标称值为 0.953g/cm³(53)，在(T)条件(温度 190℃，负荷 5.0kg)下，熔体质量流动速率(MFR)的标称值为 0.3g/10min(003)；材料为黑色(C)，其命名为：

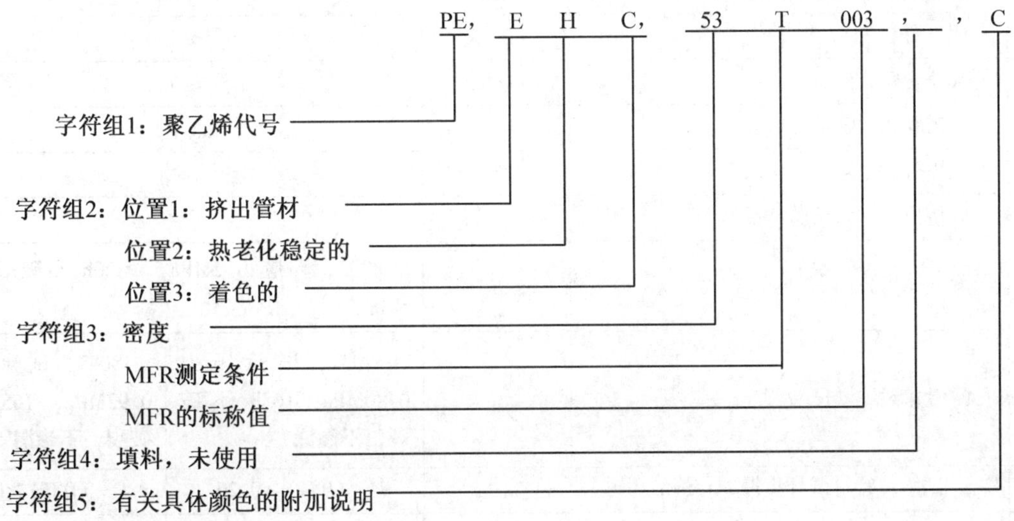

命名：PE，EHC，53T003，，C

4 通用要求

4.1 燃气管道系统用聚乙烯专用料应按照 GB/T 18475—2001 进行分级，见表1。分级以按 GB/T 18252—2008 进行所得数据为基础，专用料制造商应提供相应的级别证明。

表1 燃气管道系统用聚乙烯专用料的分级

命 名	σ_{LPL}(20℃，50年，97.5%)	*MRS*/MPa
PE80	$8.00 \leq \sigma_{LPL} \leq 9.99$	8.0
PE100	$10.00 \leq \sigma_{LPL} \leq 11.19$	10.0

5 要求

5.1 燃气管道系统用聚乙烯专用料为黑色颗粒，应含有必要的均匀分散的添加剂。

5.2 燃气管道系统用聚乙烯专用料应无杂质。

5.3 燃气管道系统用聚乙烯专用料的其他技术要求见表2。

表 2　燃气管道系统用聚乙烯专用料的要求

<table>
<tr><th rowspan="2">序号</th><th rowspan="2" colspan="2">测试项目</th><th rowspan="2">单位</th><th colspan="4">要　求</th></tr>
<tr><th colspan="2">PE80</th><th colspan="2">PE100</th></tr>
<tr><td rowspan="2">1</td><td rowspan="2">熔体质量流动速率 MFR</td><td>标称值 M</td><td rowspan="2">g/10min</td><td colspan="2">0.20～1.4</td><td colspan="2">0.20～0.50</td></tr>
<tr><td>偏差</td><td colspan="4">±20%M 或±0.1</td></tr>
<tr><td>2.1</td><td colspan="2">基础树脂的密度 ρ(D 法)</td><td>g/cm^3</td><td colspan="4">≥0.930</td></tr>
<tr><td>2.2</td><td colspan="2">专用料的密度 ρ(D 法)</td><td>g/cm^3</td><td>0.940～0.950</td><td>≥0.950</td><td>0.940～0.955</td><td>≥0.955</td></tr>
<tr><td>3.1</td><td colspan="2">拉伸屈服应力 σ_y</td><td>MPa</td><td>≥16</td><td>≥18</td><td>≥19</td><td>≥21</td></tr>
<tr><td>3.2</td><td colspan="2">拉伸断裂标称应变 ε_{tB}</td><td>%</td><td colspan="4">≥350</td></tr>
<tr><td>4</td><td colspan="2">弯曲模量 E_f</td><td>MPa</td><td colspan="4">由供方提供数据</td></tr>
<tr><td>5</td><td colspan="2">简支梁缺口冲击强度 a_{cA}(23℃)</td><td>kJ/m^2</td><td colspan="4">由供方提供数据</td></tr>
<tr><td>6</td><td colspan="2">氧化诱导时间 OIT(210℃，Al)</td><td>min</td><td colspan="4">>20</td></tr>
<tr><td>7</td><td colspan="2">挥发分含量</td><td>mg/kg</td><td colspan="4">≤350</td></tr>
<tr><td>8</td><td colspan="2">水分含量[a]</td><td>mg/kg</td><td colspan="4">≤300</td></tr>
<tr><td>9</td><td colspan="2">炭黑含量[b](质量分数)</td><td>%</td><td colspan="4">2.0～2.5</td></tr>
<tr><td>10</td><td colspan="2">炭黑分散</td><td>级</td><td colspan="4">≤3</td></tr>
<tr><td></td><td colspan="7">以挤出管材为试验样品</td></tr>
<tr><td>11</td><td colspan="2">耐气体组分</td><td>h</td><td colspan="4">80℃，环应力 2MPa，≥20h 不破裂，不渗漏</td></tr>
<tr><td>12</td><td colspan="2">耐慢速裂纹增长</td><td>h</td><td colspan="2">80℃，试验压力 0.80MPa，165h 不破裂，不渗漏</td><td colspan="2">80℃，试验压力 0.92MPa，165h 不破裂，不渗漏</td></tr>
<tr><td>13</td><td colspan="2">S_4 试验：管材试样壁厚≥15mm</td><td>MPa</td><td colspan="2">$P_{c,s4}$(0℃)≥0.26</td><td colspan="2">$P_{c,s4}$(0℃)≥0.34</td></tr>
<tr><td rowspan="3">14</td><td rowspan="3" colspan="2">短期静液压强度</td><td rowspan="3">h</td><td colspan="2">80℃，环应力 4.5MPa，165h 不破裂，不渗漏</td><td colspan="2">80℃，环应力 5.4MPa，165h 不破裂，不渗漏</td></tr>
<tr><td colspan="2">80℃，环应力 4.0MPa，1000h 不破裂，不渗漏</td><td colspan="2">80℃，环应力 5.0MPa，1000h 不破裂，不渗漏</td></tr>
<tr><td colspan="2">20℃，环应力 9.0MPa，100h 不破裂，不渗漏</td><td colspan="2">20℃，环应力 12.4MPa，100h 不破裂，不渗漏</td></tr>
<tr><td colspan="8">[a] 当测量的挥发分含量不符合要求时才测量水分含量。仲裁时，应以水分含量的测量结果作为判定依据。
[b] 仅适用于黑色专用料。</td></tr>
</table>

6　试验方法

所有试验结果的判定按 GB/T 8170—2008 标准中全数值比较法规定进行。

6.1 试样制备

6.1.1 压塑试样的制备

根据GB/T 1845.2—2006标准，压塑试片的制备按GB/T 9352—2008规定进行，并按表3规定的压塑条件。

表3 试片的压塑条件

模塑温度 ℃	热压				冷却		
	预热		热压(全压)		平均冷却速率 ℃/min	全压压力[a] MPa	开模温度 ℃
	压力 MPa	时间 min	压力[a] MPa	时间 min			
180	接触	15	5/10	5±1	15	5/10	≤40
[a] 溢料式模具使用5MPa，不溢料式模具使用10MPa压力。							

使用冲切或机加工的方法从压塑试片上制备试样。

6.1.2 管材试验样品的制备

6.1.2.1 管材试样制备的基本条件

a)挤出机：有四个以上温度控制点的普通式螺杆或屏障式螺杆挤出机。螺杆直径ϕ(60～150)mm，长径比(L/D)大于24；

b)模头：能挤出下列三种规格的管材试验样品：

公称外径(d_n)	SDR11公称壁厚(e_n)
32mm	3.0mm
110mm	10.0mm
180mm	16.4mm

c)带有真空定径设备、冷却槽及牵引机。

6.1.2.2 制备管材试验样品的工艺条件

熔体温度：180℃～240℃，可根据专用料熔体质量流动速率选择。

6.2 试样的状态调节和试验的标准环境

试样的状态调节和试验的标准环境为GB/T 2918—1998规定的标准环境(23/50)，即温度23℃±2℃，相对湿度50%±10%。状态调节调节时间至少40h但不超过96h。

6.3 熔体质量流动速率

熔体质量流动速率按GB/T 3682—2000中A法规定进行，试验条件为T(温度：190.0℃、负荷：5kg)。

6.4 密度

按6.1.1规定制备压塑试片，试片厚度为4.0mm±0.2mm。

从压塑试片上裁取试样，试样应符合GB/T 1033—1986中4.4.2.1的要求，光滑、无毛边。

裁取试样后按6.2规定进行状态调节。

试验按GB/T 1033—1986中方法D的规定进行。

6.5 拉伸性能

试样为按6.1.1规定制备的1B型试样。

试样的状态调节按6.2规定进行。

试验按GB/T 1040.2—2006规定进行。测定拉伸性能时，试验速度为50mm/min。

6.6 弯曲模量

试样为按6.1.1规定制备的80mm×10mm×4mm长条试样。

试样的状态调节按6.2规定进行。

试验按GB/T 9341—2000规定进行，试验速度为2mm/min。

6.7 简支梁缺口冲击强度(23℃)

按6.1.1规定制备的80mm×10mm×4mm长条样条。样条应在制备后1h~4h内加工缺口，缺口类型为GB/T 1043.1—2008中的A型。

试样的状态调节按6.2规定进行。

试验按GB/T 1043.1—2008规定进行。

6.8 氧化诱导时间OIT

试样制备按GB/T 19466.6—2009中6.2规定进行，试样厚度为650μm±100μm。

试验按GB/T 19466.6—2009规定进行，采用铝坩埚，试验温度210℃。

6.9 挥发分含量

试验按GB 15558.1—2003附录C规定进行。干燥烘箱温度105℃±2℃。

6.10 水分含量

水分含量的测定按SH/T 1758—2007附录A进行。

注：根据水分含量的测定数据，管材加工前可能需要对专用料进行干燥。

6.11 炭黑含量

试验按GB/T 13021—1991规定进行。试验前先将样品舟加热至红色，然后冷却15min以上，热降解的温度为600℃。

6.12 炭黑分散或颜料分散

试样制备按GB/T 18251—2000中的切片法进行，试样厚度：15μm±5μm。

试验按GB/T 18251—2000规定进行。

6.13 耐气体组分

试验按GB 15558.1—2003附录D规定进行。

6.14 管材静液压强度

6.14.1 试样

从按6.1.2制备的管材试验样品上截取管材试样。试样规格见表4，试样数量：每个条件至少3个。

表4 静液压强度试验样品规格

单位为mm

公称外径 d_n	最小平均外径 $d_{em,min}$	最大平均外径 $d_{em,max}$	任一点壁厚 最小壁厚 $e_{y,min}$	自由长度 L
32	32.0	32.3	>3.0~<4.0	≥$3d_{em,max}$

6.14.2 状态调节、试验环境和试验条件

试验按GB/T 6111—2003规定进行，密封接头类型：A型；试验介质：水-水(管内-管外)；试验条件见表5。

表5 管材静液压强度试验条件

PE管料级别	试验温度 ℃	环应力 MPa	试验时间 h
PE100	80±1	5.4	≥165
PE80		4.5	
PE100		5.0	≥1000
PE80		4.0	
PE100	20±1	12.4	≥100
PE80		9.0	

6.15　耐慢速裂纹增长

6.15.1　试样

从按6.1.2制备的管材试验样品上截取管材试样。试样规格见表6，试样数量：至少3个。

表6　耐慢速裂纹增长试验样品规格　　单位为mm

公称外径 d_n	最小平均外径	最大平均外径	任一点壁厚	自由长度 L
	$d_{em,min}$	$d_{em,max}$	最小壁厚 $e_{y,min}$	
110	110.0	111.0	>10.0~<11.1	≥$3d_{em,max}$

6.15.2　试样状态调节

按GB/T 18476—2001中第6章的规定进行。

6.15.3　试验

耐慢速裂纹增长试验按GB/T 18476—2001规定进行。密封接头类型：A型；试验介质：水-水(管内-管外)；切口类型：V型。

表7　管材耐慢速裂纹增长试验条件

PE管料级别	试验温度 ℃	试验压力 MPa	试验时间 h
PE100	80±1	0.92	165
PE80		0.80	

6.16　耐快速裂纹扩展(S4试验)

从按6.1.2制备的管材试验样品上截取管材试样。按GB/T 19280—2003的规定进行，试样壁厚大于15mm，*SDR*为11。

7　检验规则

7.1　检验分类与检验项目

7.1.1　检验分类

第4章通用要求中的项目只需在产品确定牌号时检验。

燃气管道系统用聚乙烯专用料产品的检验可分为型式检验和出厂检验两类。

7.1.2　检验项目

第5章中5.2和表2中的所有试验项目为型式检验项目。

出厂检验项目至少应该包括表2中的熔体质量流动速率、密度、拉伸屈服应力、拉伸断裂标称应变、氧化诱导时间、挥发分含量、炭黑含量和炭黑分散。

7.2　组批规则与抽样方案

7.2.1　组批规则

燃气管道系统用聚乙烯专用料，以同一生产线上、相同原料、相同工艺所生产的同一牌号的产品组批。生产厂可按一定生产周期或贮存料仓为一批对产品进行组批。

产品以批为单位进行检验。

7.2.2　抽样方案

燃气管道系统用聚乙烯专用料可在贮存料仓取样口抽样，也可在产品包装生产流水线上随机抽样。

包装后的抽样按GB/T 2547—2008规定进行。

7.3　判定规则和复验规则

7.3.1　判定规则

燃气管道系统用聚乙烯专用料应由生产厂的质量检验部门按照本标准规定的试验方法进行检

验，依据本标准技术要求对该批产品作出质量判定，并提出证明。

7.3.2 复验规则

检验结果若某项指标不符合本标准技术要求时，应按7.2.2包装后的抽样规定重新取样，对该项目进行复验。以复验结果作为该批产品的质量判定依据。

8 标志

燃气管道系统用聚乙烯专用料产品的外包装袋上应有明显的标志。标志内容包括：商标、生产厂名称和地址、标准号、产品名称、牌号、生产批号和净含量等。

9 包装、运输和贮存

9.1 包装

燃气管道系统用聚乙烯专用料可用重包装袋、聚丙烯复合编织袋或其他包装形式。包装材料应保证在运输、码放、贮存时不污染和漏料。

每袋产品净含量可为25kg或其他。

9.2 运输

燃气管道系统用聚乙烯专用料为非危险品。在运输和装卸过程中严禁使用铁钩等锐利工具，切忌抛掷。运输工具应保持清洁、干燥并备有厢棚或苫布。运输时不得与沙土、碎金属、煤炭及玻璃等混合装运，更不可与有毒及腐蚀性或易燃物混装；严禁在阳光下暴晒或雨淋。

9.3 贮存

燃气管道系统用聚乙烯专用料应贮存在通风、干燥、清洁并保持有良好消防设施的仓库内。贮存时，应远离热源，并防止阳光直接照射，严禁在露天堆放。

贮存期从生产之日起，一般不超过12个月。

ICS 83.080.20
G 31
备案号：30328-2011

SH

中华人民共和国石油化工行业标准

SH/T 1770—2010

塑料　聚乙烯水分含量的测定

Plastics—Determination of water content for polyethylene

(ISO 15512：2008 方法 B，MOD)

2010-11-10 发布　　2011-03-01 实施

中华人民共和国工业和信息化部　发布

前　言

本标准修改采用ISO 15512：2008《塑料—水分含量的测定》中方法B。

本标准与ISO 15512：2008中方法B的差异如下：

——增加警告描述；

——根据加热方式不同，将加热单元分为瓶式加热法(方法A)和管式加热法(方法B)(见4.2)；

——将图1由管式加热示意图改为瓶式加热示意图(见4.2)；

——将加热炉的最大加热温度由300℃改为至少250℃(见4.2)；

——增加了气体流量计、瓶式加热用样品瓶和分析天平等仪器(见4.3、4.5和4.6)；

——未具体规定气体流量计的流速，提出用于材料的同类比较时，每次试验应固定载气流量的要求(见6.2)；

——给出聚乙烯水含量测定的推荐试验温度为180℃(见6.2)；

——设备检查中增加可使用其他合适标准样品的注(见6.3)；

——测定步骤细分瓶式加热法和管式加热法的描述(见6.4.1和6.4.2)；

——增加试样量的脚注，为在实验室间比较数据，优先推荐样品量为1g(见6.4.3表1)；

——测定结果由精确至0.01%改为精确至0.001%(见第七章)；

——给出了精密度的具体描述(见第八章)。

本标准的附录A为资料性附录。

本标准由中国石油化工集团公司提出。

本标准由全国塑料标准化技术委员会石化塑料树脂产品分技术委员会(SAC/TC15/SC1)归口。

本标准负责起草单位：中国石油化工股份有限公司北京燕山分公司树脂应用研究所。

本标准参加起草单位：中国石油化工股份有限公司北京燕山分公司质量监督检验中心。

本标准主要起草人：王晓丽、许越峥、石迎秋、祁桂义、吴彦瑾、王文红。

引　言

水分含量测定的实验室间再现性通常很差，主要原因在于样品包装、样品处理、仪器及其设置的差异。为了在两个实验室比较数据，特别要注意样品包装和处理。例如：样品应装在具盖玻璃瓶或隔水密封袋内，样品处理应在干燥氮气或干燥空气中进行。

与受试材料、所用试验设备、实际环境相比，应优先考虑试验温度。如果温度太低，测试材料中的水分蒸发不完全；而温度太高，由于降解反应，又会产生水分。

本标准中，为了选择合适的试验温度，以提高实验室间再现性，给出了优选加热温度的方法。

塑料　聚乙烯水分含量的测定

警告：使用本标准的人员应有正规实验室工作的实践经验。本标准并未指出所有可能的安全问题。使用者有责任采取适当的安全和健康措施，并保证符合国家有关法规规定的条件。

1　范围

本标准规定了用卡尔·费休库仑法测定聚乙烯(PE)中水分含量的方法，该方法测定的水分含量与按照ISO 62[1]测定的吸水性(动态和平衡态)不同。

本标准适用于测定聚乙烯颗粒中的水分含量，也适用于聚乙烯制品中水分含量的测定。本方法适用于测定的水分含量水平可达0.01%或更低。

注：水分含量是材料加工的一个重要参数，一般低于相关材料标准中的规定。

2　原理和反应式

样品称量后放置在加热炉内，试样中的水分在高温下蒸发，用惰性载气(通常是干燥氮气)将水蒸气送至滴定池内，以卡尔·费休库仑法滴定水分。

二氧化硫和试样中的水将碘还原，生成三氧化硫和氢碘酸，传统卡尔费休试剂中含有碘，而库仑技术是从碘化物电解产生的碘。根据法拉第原理，产生碘的物质的量与消耗的电量成正比，即1mg水消耗10.71C电量，从而通过消耗的总电量计算出水分含量。反应式如下：

$$I_2+SO_2+H_2O \longrightarrow 2HI+SO_3$$

$$2I^- - 2e^- \longrightarrow I_2$$

3　试剂和材料

除非另有说明，在分析中仅使用分析纯试剂和蒸馏水或相应纯度的水。

3.1　阳极溶液

含有碘离子(为在反应混合物中产生碘)，与仪器说明书一致(用于有隔膜滴定池)。

3.2　阴极溶液

甲醇(或其他合适的有机溶剂)中含有合适的盐，与仪器说明书一致(用于有隔膜滴定池)。

3.3　通用试剂

含有碘离子(为在反应混合物中产生碘)，与仪器说明书一致(用于无隔膜滴定池)。

3.4　中和溶液

含有约4mg/mL水的碳酸丙烯酯、乙二醇甲醚(2-甲氧基乙醇)或甲基纤维素的溶液。

注：一般试验中很少用到。

3.5　分子筛

3A，用作载气的干燥剂。

3.6　硅胶

颗粒状，直径约2mm，用作载气的初级干燥。

3.7　真空硅脂

水分含量很低或不含水并且具有低的吸水性，用于磨砂玻璃连接处的润滑，以确保系统的密封性。

3.8　氮气(N_2)

水分含量小于5mg/kg。

4 仪器

4.1 卡尔·费休库仑滴定仪

包括控制单元和滴定池(见图1)。滴定池由有隔膜或无隔膜电解池、双针铂电极和磁力搅拌器组成。滴定仪电解产生的碘与滴定池中的水分发生化学计量反应，将产生碘所消耗的电量转化为水分的量，并直接以数字读出。

许多应用中无隔膜电解池准确度已经足够，如果需要达到更高的准确度，推荐使用有隔膜电解池。

4.2 水蒸发器

包括能至少加热至250℃的加热单元、温度控制单元、气体流量计和装有干燥剂的气体干燥管，见图1。

根据加热方式不同，加热单元分为：

——瓶式加热法(方法A)，包括加热炉和样品瓶(见图1)；

——管式加热法(方法B)，包括加热炉和加热管，加热管类型见图2。

4.3 气体流量计

流量控制满足试验要求。

4.4 微量注射器

容量10μL。

4.5 样品瓶或样品舟

瓶式加热法，可以使用玻璃瓶为样品瓶，样品瓶足以盛装样品并能放入加热炉中。

管式加热法，可以使用由铝箔制成任意形状的样品舟，样品舟足以盛装样品并能放入加热管中。

4.6 分析天平

最小分度值1mg。

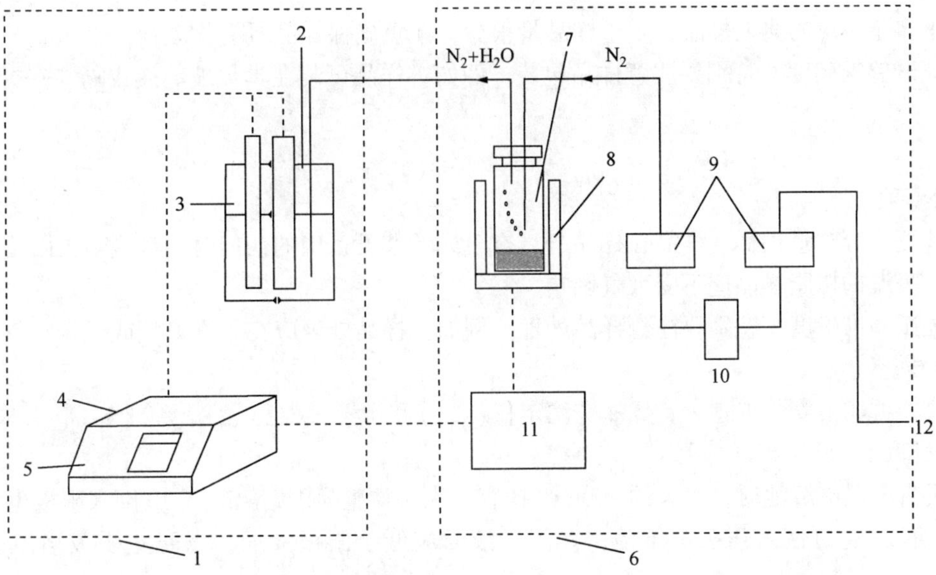

1——卡尔·费休库仑滴定仪；
2——废气；
3——滴定池；
4——滴定控制单元；
5——电源；
6——水蒸发器；
7——样品瓶；
8——加热炉；
9——气体干燥管(填充干燥剂)；
10——气体流量计；
11——温度控制单元；
12——氮气。

图1 卡尔·费休库仑法测定PE中水分含量示意图(瓶式加热法)

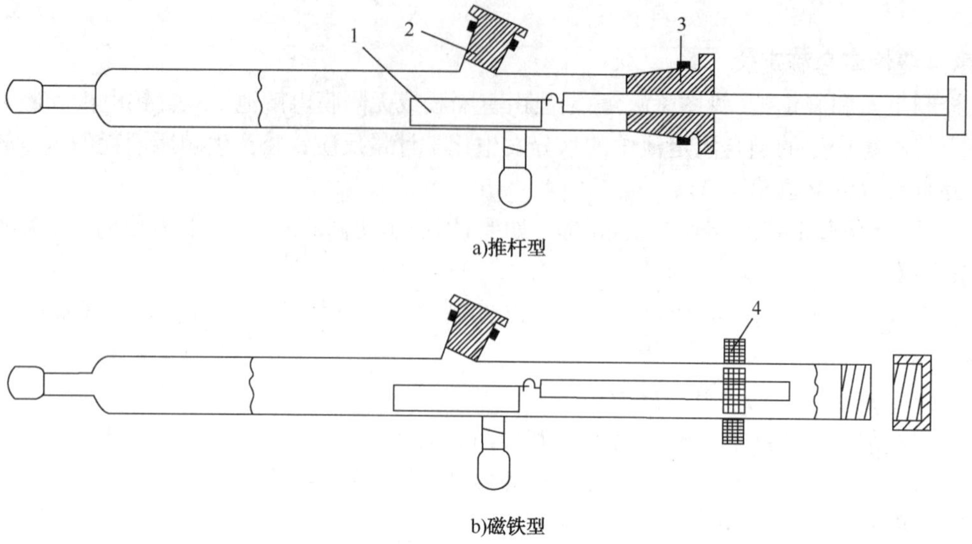

1——样品舟；
2——样品入口；
3——样品舟入口；
4——磁铁。

图2　加热管(管式加热法)

5　样品制备

样品可以是颗粒料、粉料、型材或模塑件等。

型材或模塑件应切割至尺寸小于4mm×4mm×3mm。

选取不多于10g的典型样品，由于样品量很少，注意确保样品具有代表性。

为保证试验准确度，特别要注意样品包装，例如：样品可装在具盖玻璃瓶或隔水密封袋内。

6　步骤

6.1　注意事项

由于被测水分含量很低，样品在样品舟、空气或转移设备中的任何时间都应最大限度的注意避免被污染。吸湿的树脂样品应不受大气影响。

为保证试验准确度，特别要注意样品处理。例如：样品处理应在干燥氮气或干燥空气中进行。

6.2　仪器准备

按照仪器说明书安装卡尔·费休库仑滴定仪(4.1)和水蒸发器(4.2)，将干燥剂(3.5、3.6)填入气体干燥管(4.2)。

在使用有隔膜电解池时，将大约200mL(按容器大小调整)阳极溶液(3.1)倒入阳极电解池，将10mL阴极溶液(3.2)倒入阴极电解池中。阴极液面应低于阳极液面，以防止阴极溶液的污染物倒流。

在使用无隔膜电解池时，将大约200mL(按容器大小调整)通用试剂(3.3)倒入电解池中。

打开电源，启动测试方法。如果显示的电压值远低于终点设定值，表明阳极溶液中碘过高，加入50μL~200μL中和溶液(3.4)。

注：不同厂家的终点设定值略有差异，通常电压值远低于该设定值时，仪器会自动提示过滴定。

连接水蒸发器和滴定池间的连接管路，同时打开滴定池的搅拌器，调节气体流量计(4.3)，使导气管在滴定池里的气泡一个一个地冒出，且气泡分散上升而不连成串。用于材料的同类比较时，每次试验应固定载气流量。将加热炉升至规定试验温度，以驱除水蒸发器(4.2)中的残留水分。

试验温度应参考材料标准，推荐180℃。因为试验温度依赖于所用仪器和实际的环境，推荐按照附录A规定的方法优选试验温度。如果在材料标准中没有规定试验温度或没有材料标准，也推荐使用附录A的方法优选试验温度。

抬起滴定池并轻轻摇动，以去除瓶壁上的残留水。在滴定模式下搅拌溶液几分钟，干燥并稳定内部环境。

重新连接蒸发器和滴定池间的连接管，确保载气在整个滴定过程中流通。此时仪器准备完毕。

6.3 设备检查

6.3.1 为检查卡尔·费休库仑滴定仪状态是否正常，需用已知量的水进行测量。使用10μL微量注射器(5.3)向滴定池中仔细注入5μL水，测量结果应在5000μg±250μg之内。

注：也可使用其他合适的水标准样品。

6.3.2 为检查整个系统状态是否正常，在150℃用50mg二水合酒石酸钠($Na_2C_4H_4O_6 \cdot 2H_2O$)进行测量，结果应在15.6%±0.5%之内。

注：为检查整个系统状态是否正常，也可使用一水合柠檬酸钾($K_3C_6H_5O_7 \cdot H_2O$)标准样品或其他标准样品，使用方法参见所购标准样品证书。

6.4 测定

6.4.1 瓶式加热法(方法A)

根据仪器说明书的要求进行样品瓶前处理准备。测试前，先取空的样品瓶(4.5)，分别用铝箔封口并加盖，放置于仪器的漂移和空白测定位置。然后，在相同试验条件下，直接用样品瓶(4.5)快速称量样品，并用铝箔封口并加盖，放置于仪器的样品测定位置。

启动样品测量程序，开始测定。视仪器情况，确定空白值测量次数。

6.4.2 管式加热法(方法B)

将样品舟(4.5)放置在加热管内，推至加热炉加热区内干燥，同时也将样品舟入口处的残留水分清除。待仪器背景漂移稳定后，将样品舟移至样品入口处，使其冷却。

直接用样品舟(需将其从加热管中移出)称量样品(见4.4)或用铝箔(见下段)称量样品。

如果样品舟是由玻璃或其他使用后不可丢弃的材料制成，可以使用铝箔包住试样，以防止样品熔融粘住样品舟。该方式也可为防止将样品移入样品舟过程中洒落样品。

如果直接用样品舟称量样品，应尽快将样品舟放回加热管中。如果使用铝箔称量样品，无论是从样品入口还是样品舟入口放入，都应尽快包裹样品和放入样品舟。

启动样品测量程序，将装好样品的样品舟推入加热炉的加热区内开始测定。如需进行空白试验，在相同的试验条件下，使用空样品舟或空铝箔进行空白值的测量。视仪器情况，确定空白值测量次数。

6.4.3 试样量

所需试样量见表1，准确称量至1mg。

表1 试样量

水分含量 w %	试样质量 m g
$w>1$	$0.1 \leq m < 0.2$
$0.5 < w \leq 1$	$0.2 \leq m < 0.4$
$0.1 < w \leq 0.5$	$0.4 \leq m < 1$
$w \leq 0.1$	$m \geq 1$[a]
[a]为在实验室间比较数据，优先推荐样品量为1g。	

7 结果表示

试样水分含量 w 按公式(1)计算，以质量分数%表示。

$$w = \frac{m_{水}}{m_{试样}} \times 10^{-4} \quad \cdots\cdots\cdots (1)$$

式中：

$m_{水}$——试样中测得水的质量，单位为微克(μg)；

$m_{试样}$——试样质量，单位为克(g)。

以两次测定结果的算术平均值作为试验结果，精确至0.001%。

8 精密度

同一样品在同一实验室，由同一操作员使用相同的设备，按相同的试验方法，在短时间内相互独立测定，在95%的置信水平下，两次平行测定所得结果的差值应不大于0.003%。

9 试验报告

试验报告应包括下列内容：

a)注明采用本标准；

b)标识样品的详细内容；

c)所用方法A或B；

d)试验温度、试样量和氮气流量；

e)起始漂移值和空白值；

f)两次测量值和平均值；

g)仪器和所用仪器设置的细节；

h)试验日期；

i)任何可能影响测定结果的因素。

附 录 A
(资料性附录)
ISO 15512:2008 塑料水分含量测定试验温度的优选方法

A.1 步骤

通过在几个温度下测定水分含量来优选材料的试验温度。不同温度点的间隔需要按照图 A.1 所绘曲线的方法来选择。从 120℃至 220℃的温度范围内，推荐的优选试验温度的最大温度间隔为 20℃。

辅助进行溶液黏度试验，可以确认是否有产生水的反应发生。

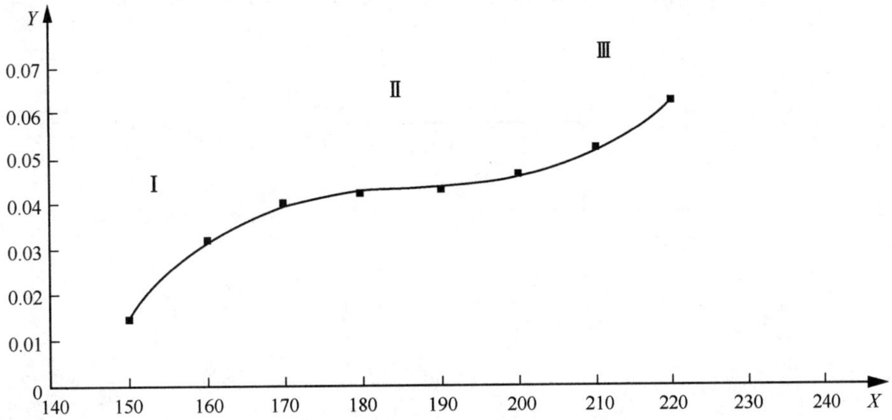

X——温度,℃;
Y——水分含量,%;
Ⅰ——温度偏低;
Ⅱ——优选温度;
Ⅲ——温度偏高。

图 A.1 优选试验温度

A.2 结果推断

在Ⅰ区，样品水分没有完全蒸发，随温度升高水分含量成比例增加。

在Ⅱ区，所测水分含量几乎接近恒定水平，该区域下的温度范围可看作是实际试验环境下适宜的试验温度。通过水分含量测定前后的溶液黏度的测定来确定是否发生水反应。(ISO 307[2], ISO 1628[3]~[8])

在Ⅲ区，所测水分含量呈现增高态势，水分含量偏高的原因可能是由于类似于高温热降解反应造成的。

参 考 文 献

[1] ISO 62，塑料—吸水性测定

[2] ISO 307，塑料—聚酰胺—黏度测定

[3] ISO 1628-1，塑料—使用毛细管黏度计测定聚合物稀溶液黏度—第1部分：通则

[4] ISO 1628-2，塑料—使用毛细管黏度计测定聚合物稀溶液黏度—第2部分：聚氯乙烯树脂

[5] ISO 1628-3，塑料—使用毛细管黏度计测定聚合物稀溶液黏度—第3部分：聚乙烯和聚丙烯

[6] ISO 1628-4，塑料—使用毛细管黏度计测定聚合物稀溶液黏度—第4部分：聚碳酸酯模塑和挤出材料

[7] ISO 1628-5，塑料—使用毛细管黏度计测定聚合物稀溶液黏度—第5部分：热塑性均聚和共聚型聚酯(TP)

[8] ISO 1628-6，塑料—使用毛细管黏度计测定聚合物稀溶液黏度—第6部分：甲基丙烯酸甲酯聚合物

ICS 83.080.20
G 31
备案号：36285-2012

SH

中华人民共和国石油化工行业标准

SH/T 1772—2011

塑料　高密度聚乙烯非牛顿指数（*NNI*）的测定

Plastics—Determination of non-Newtonian index (NNI) for high density polyethylene

2011-12-20 发布　　2012-07-01 实施

中华人民共和国工业和信息化部　发布

前　言

本标准按照 GB/T 1.1—2009 给出的规则起草。

本标准由中国石油化工集团公司提出。

本标准由全国塑料标准化技术委员会石化塑料树脂产品分技术委员会（SAC/TC15/SC1）归口。

本标准负责起草单位：中国石油化工股份有限公司北京燕山分公司树脂应用研究所。

本标准参加起草单位：中国石化扬子石油化工有限公司、中国石油化工股份有限公司北京燕山分公司质量监督检验中心。

本标准主要起草人：郑慧琴、曾伟丽、吴世斌、杨黎黎、田江南。

塑料 高密度聚乙烯非牛顿指数（*NNI*）的测定

1 范围

1.1 本标准规定了测定高密度聚乙烯非牛顿指数（*NNI*）的方法。

1.2 本标准适用于颗粒状高密度聚乙烯。

注：熔体质量流动速率大于 1.0g/10min（190℃，2.16kg）的粉状高密度聚乙烯可参照本标准。

2 规范性引用文件

下列文件对于本文件的应用是必不可少的。凡是注日期的引用文件，仅所注日期的版本适用于本文件。凡是不注日期的引用文件，其最新版本（包括所有的修改单）适用于本文件。

GB/T 3505—2009 产品几何技术规范（GPS）表面结构 轮廓法 术语、定义及结构参数

GB/T 4340.1—2009 金属维氏硬度试验 第1部分：试验方法

GB/T 25278—2010 塑料 用毛细管和狭缝口模流变仪测定塑料的流动性

3 术语和定义

GB/T 25278—2010 界定的以及下列术语和定义适用于本文件。

3.1

非牛顿指数 non-Newtonian index

NNI，在高密度聚乙烯的表观剪切应力（τ_{ap}）与表观剪切速率（$\dot{\gamma}_{ap}$）之间关系的流动曲线上，规定的两个表观剪切应力与所对应的表观剪切速率之比。通常情况下，τ_{ap1} 为 4×10^4Pa，τ_{ap2} 为 24×10^4Pa。

4 原理

用挤出式毛细管流变仪在规定温度下测得表示剪切应力和剪切速率之间关系的样品流动曲线，从该曲线中得到两个规定的表观剪切应力 τ_{ap1} 和 τ_{ap2} 对应的表观剪切速率 $\dot{\gamma}_{ap1}$ 和 $\dot{\gamma}_{ap2}$，该剪切速率之比（$\dot{\gamma}_{ap2}/\dot{\gamma}_{ap1}$）即为样品的非牛顿指数（*NNI*）。

5 仪器

5.1 试验仪器

5.1.1 概述

试验仪器应由加热料筒组成，其内膛底部用可互换的毛细管口模封住。试验压力应通过柱塞、螺杆或使用气压施加到料筒内的熔体上。图1为典型示例，允许有其他尺寸。

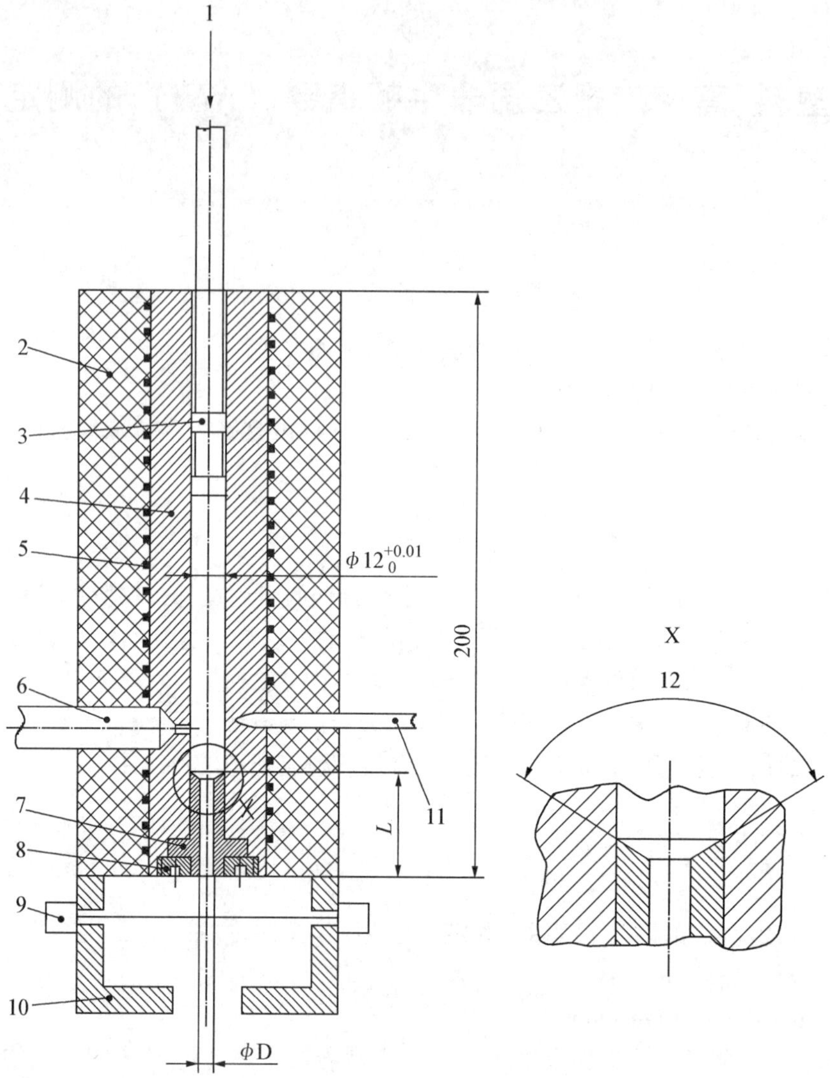

1—施加力或恒速；
2—绝热层；
3—柱塞；
4—料筒；
5—加热圈；
6—压力传感器；
7—毛细管口模；
8—口模锁紧螺母；
9—光学传感器；
10—控温室；
11—温度计；
12—入口角。

图1　毛细管口模挤出流变仪的典型示例

5.1.2　料筒

料筒应由能够在加热系统的最高温度下抗磨损和抗腐蚀的材料制成。料筒内靠近口模入口处可有一侧孔，以插入熔体压力传感器。料筒整个长度上平均内膛直径的允许偏差应少于±0.007mm。所用材料的维氏硬度至少为800HV30（见GB/T 4340.1—2009和注1），并且表面粗糙度 R_a 小于0.25μm（算术平均偏差，见GB/T 3505—2009）。

注1：氮化钢材料适于高达400℃的温度。硬度值虽然低于规定值、但足以抗腐蚀和磨损的材料，同样可用于制作料筒和口模组件。

注2：料筒内膛直径的增大，增加了单个料筒试验能够测量的次数以及增大了仪器的剪切速率范围。但较大内膛直径的料筒需用的样品量大，且样品达到温度平衡所需的时间长。商业化流变仪的料筒内膛直径范围为6.35mm～25mm。

5.1.3 毛细管口模

毛细管口模壁的整个长度上直径（D）的机加工精度应为±0.007mm，长度（L）的机加工精度应为±0.025mm（见图1）。

毛细管口模应使用维氏硬度至少为800HV30的材料进行加工（见GB/T 4340.1—2009和5.1.2中的注1），并且表面粗糙度 R_a 小于0.25μm（算术平均偏差，见GB/T3505—2009）。

毛细管孔不应有明显的机械加工痕迹和偏心。

注：最常用的口模材料为硬化钢、碳化钨、钨铬钴合金和硬化不锈钢。

用毛细管口模测定表观剪切速率 $\dot{\gamma}_{ap}$ 和表观剪切应力 τ_{ap}，其长径比 L/D 至少应为16，入口角为180°，除非相关标准另有规定。使用入口角（±1°）、长度（±0.025mm）和直径（±0.007mm）均相同的毛细管获得的数据才有可比性。入口角的定义见图1。

5.1.4 柱塞

如果使用柱塞，其直径应比料筒内膛直径小0.040mm±0.005mm。为减少熔体在柱塞上的回流，可安装断开的或完整的密封圈。柱塞的硬度应比料筒的低，但不应低于375HV30。

5.2 试验温度的控制

对于任何设定的料筒温度，在整个试验过程中，从毛细管口模到可允许加料高度整个范围内的温度都应得到有效控制，在筒壁所测温度的差异和变化不得超过表1规定的范围。

表1 随距离和时间变化的最大允许温差

试验温度 θ ℃	随距离的温差[a] ℃	随时间的温差[a] ℃
≤200	±1.0	±0.5
200<θ≤300	±1.5	±1.0
>300	±2.0	±1.5
[a]在整个试验过程中，从毛细管口模到可允许加料高度整个范围内的所有位置。		

试验仪器应设计能以1℃或更小的间隔设置试验温度。

5.3 试验温度的测量和校准

5.3.1 试验温度的测量

试验温度应是料筒中毛细管入口附近熔体的温度，若不可能，则用毛细管入口附近料筒壁的温度，最好在口模入口上方不大于10mm的位置进行测定（见5.3.2）。

温度测量装置的顶端应与熔体接触，若不可能，则与料筒的金属部分或距离熔体流道小于1.5mm的毛细管壁接触。温度计中可使用热传导流体来更好地提高传导，温度计最好是热电偶或者铂电阻传感器，可按图1进行安装。

5.3.2 试验温度的校准

试验中使用的温度测量装置应读至0.1℃内，并通过误差限度为±0.1℃的标准温度计进行校准。校准时该温度计应遵照规定浸入一定的深度，为此，料筒可用低黏度熔体填满。

校准时应使用不污染口模、料筒或影响随后测量的流体做导热介质，如硅油。

5.4 试验压力的测量及校准

5.4.1 试验压力的测量

试验压力应是熔体上的压力降，试验中测量的是熔体进入毛细管口模前的压力和出口压力之差。如有可能，试验压力应使用安放在毛细管口模入口附近的熔体压力传感器测量，在所有试验的情况下，压力传感器到口模入口面之间的距离应保持不变，且最好不大于 20mm（见注）。否则，试验压力应通过施加在熔体上的力来测量，如通过柱塞，其力通过柱塞上方的力值传感器测得。

注：对于所有试验，口模入口面到压力传感器的距离保持恒定是很重要的，否则将影响压力降的测量。

力或压力测量装置应在其公称能力的 1%~95%范围内使用。

5.4.2 试验压力的校准

熔体压力传感器可用外部液压式试验仪进行校准，力值传感器应按照仪器厂家的使用说明书进行校准。压力传感器或负荷单元的读数最大允差均应小于或等于满量程的 1%和小于或等于绝对值的 5%，熔体压力传感器的校准最好在规定的试验温度下进行。

5.5 体积流动速率的测定

体积流动速率应由柱塞的喂料速率确定，体积流动速率的测量误差应不超过 1%。

为提供可比较数据，推荐在对数坐标上按平均分布设定表观剪切速率或流动速率，每个数量级上应至少取三点。

注：只有满足了设想条件，其中之一就是柱塞和料筒间泄漏量足够少的要求，才能符合由柱塞喂料速率确定体积流动速率而规定的最大允许误差。经验表明，若料筒与柱塞间的间隙不超过 0. 045mm，则能够达到目的（见 5. 1. 4）。

6 取样

从试验材料中选择有代表性的样品作为试样。

7 试验条件

推荐测定高密度聚乙烯非牛顿指数（*NNI*）的试验条件见表 2。

表 2 测定高密度聚乙烯非牛顿指数（*NNI*）的试验条件

<table>
<tr><th rowspan="3">条件
（字母代号）</th><th rowspan="3">熔体质量流动速率
（190℃/2. 16kg）
g/10min</th><th rowspan="3">试验温度
℃</th><th colspan="3">单筒毛细管流变仪</th><th colspan="4">双筒毛细管流变仪</th></tr>
<tr><th colspan="3">毛细管口模尺寸</th><th colspan="4">毛细管口模尺寸</th></tr>
<tr><th>直径
mm</th><th>长径比</th><th>入口角
（°）</th><th>直径
mm</th><th colspan="2">长径比</th><th>入口角
（°）</th></tr>
<tr><td>A</td><td>MFR>0. 1</td><td>190</td><td>1</td><td>30</td><td>180</td><td>1</td><td colspan="2">30</td><td>180</td></tr>
<tr><td>B</td><td>MFR>0. 1</td><td>190</td><td colspan="3">—</td><td>1</td><td>16</td><td>0. 25</td><td>180</td></tr>
<tr><td>C</td><td>MFR≤0. 1</td><td>250</td><td>2</td><td>≥16</td><td>180</td><td>2</td><td colspan="2">≥16</td><td>180</td></tr>
<tr><td colspan="10">注：对于配备英制尺寸毛细管口模的仪器，可使用与表中规定尺寸较接近的口模。</td></tr>
</table>

8 操作步骤

8.1 试验前，确保料筒、必要时压力传感器的插入孔、柱塞和毛细管口模上无黏附异物，目视检查其清洁度。

8.2 如果用溶剂清洗，确保其对料筒、柱塞、毛细管口模不会造成可影响试验结果的污染。

8.3 经证明，用铜锌合金（黄铜）圆刷子或亚麻布可达到满意的清洗目的。而当测试聚乙烯和聚丙烯材料时，使用含铜的材料可能加速聚合物的降解。清洗也能用小心烧净的方式进行。用石墨涂在螺纹上，试验后容易松开。

8.4 根据要求安装口模、设定试验条件，开始升温。

8.5 装料之前，令所有装配部件均达到热平衡，同时平衡压力传感器或力传感器（测柱塞力的方式）。

8.6 将样品少量分次加入料筒，立即用柱塞压实以防止带入空气。装料至离料筒顶部约 12.5mm，并在 2min 内完成。

8.7 加料后立即开始预热计时，在恒压下挤出小部分的筒料，或在恒流动速率下挤出至有明显压力或负荷，然后停止挤出或流动。除非相关标准另有规定，至少预热 5min。检查所用预热时间能否使整筒试样充分达到热平衡，在恒定的试验条件下，对每种试验材料确保增加预热时间测量值（体积流动速率或试验压力）变化不超过±5%；或者将温度计插到料筒内的试样中，在规定的预热时间内，确保试样的温度不超过表 1 规定的与距离相关的允差范围。然后挤出少量试样，停止柱塞移动，1min 后进行测量。

8.8 对于未知的材料，应先做预试验，确保在所设定的试验条件线下（柱塞的速度或剪切速率），能够得到覆盖规定的两个表观剪切应力的流变曲线。对于熔体流动速率较小的样品，如果熔体在表观剪切应力低于 24×10^4Pa 时已发生破裂，应确定临界剪切应力（参见 GB/T25278—2010）。

8.9 在规定的两个表观剪切应力范围内测定 8~9 组体积流动的速率和试验压力的数据，通常按一定程序改变柱塞的速度或剪切速率，以降速或升速方式进行试验。每次测量都要给出一段时间，待试验压力或体积流速变为恒定（±3%以内）。

8.10 试验结束后挤出余料，卸下口模，并用专用清洗工具和干净的纱布清洗柱塞杆、料筒和毛细管口模。

8.11 保存试验数据，并进行计算或数据处理。

9 结果表示

9.1 体积流动速率

$$Q = Av \quad \cdots\cdots (1)$$

式中：

Q——体积流动速率，单位为立方毫米每秒（mm^3/s）；

A——柱塞的横截面积，单位为平方毫米（mm^2）；

v——柱塞的下降速度，单位为毫米每秒（mm/s）。

9.2 表观剪切速率

$$\dot{\gamma}_{ap} = \frac{32Q}{\pi D^3} \quad \cdots\cdots (2)$$

式中：

$\dot{\gamma}_{ap}$——表观剪切速率，单位为每秒（s^{-1}）；

Q——体积流动速率，单位为立方毫米每秒（mm^3/s）；

D——毛细管口模直径，单位为毫米（mm）。

9.3 表观剪切应力

$$\tau_{ap} = \frac{pD}{4L} \quad \cdots\cdots (3)$$

式中：

τ_{ap}——表观剪切应力，单位为帕斯卡（Pa）；

p——试验压力，单位为帕斯卡（Pa）；

D——毛细管口模直径，单位为毫米（mm）；

L——毛细管口模长度，单位为毫米（mm）。

9.4 $\dot{\gamma}_{ap1}$ 和 $\dot{\gamma}_{ap2}$ 的求取

根据不同的体积流动速率（Q），得到不同的表观剪切速度（$\dot{\gamma}_{ap}$）；由测得的相应试验压力得到不同的表观剪切应力（τ_{ap}），从而绘制 τ_{ap} 与 $\dot{\gamma}_{ap}$ 的关系曲线。$\dot{\gamma}_{ap1}$ 和 $\dot{\gamma}_{ap2}$ 的求取可选择图示法或回归法。

9.4.1 图示法

在τ_{ap} 和 $\dot{\gamma}_{ap}$ 的双对数关系曲线上读取τ_{ap1} 和τ_{ap2} 对应的 $\dot{\gamma}_{ap1}$ 和 $\dot{\gamma}_{ap2}$ 的值。

9.4.2 回归法

对τ_{ap} 和 $\dot{\gamma}_{ap}$ 的双对数关系曲线进行线性回归，一般在计算机上进行计算，设定τ_{ap1} 和τ_{ap2} 得到对应的 $\dot{\gamma}_{ap1}$ 和 $\dot{\gamma}_{ap2}$ 值

9.5 非牛顿指数（*NNI*）的计算

通常情况下，τ_{ap1} 为 4×10^4Pa，τ_{ap2} 为 24×10^4Pa，由 9.4.1 或 9.4.2 可以得到τ_{ap1} 和τ_{ap2} 对应的 $\dot{\gamma}_{ap1}$ 和 $\dot{\gamma}_{ap2}$ 值，则非牛顿指数（*NNI*）的计算见式（4），试验结果保留三位有效数字。

$$NNI = \frac{\dot{\gamma}_{ap2}}{\dot{\gamma}_{ap1}} \quad \cdots\cdots (4)$$

对于熔体质量流动速率不大于 0.1g/10min（190℃，2.16kg）的高密度聚乙烯材料，发生熔体破裂时的表观剪切应力值可能低于 24×10^4Pa，此时得到的非牛顿指数（*NNI*）结果无意义，因此τ_{ap2} 可取临界剪切应力的 95%。当所用的表观剪切应力不同于 4×10^4Pa 和 24×10^4Pa 时，应报告表观剪切应力范围。

10 精密度

因未获得实验室间数据，本试验方法的精密度尚不可知。待得到实验室间数据后，将在下次修订中增加有关精密度的内容。

11 试验报告

试验报告应包括以下内容：

a）注明采用本标准；

b）试样的形状、牌号和批号；

c）流变仪的类型及料筒直径；

d）毛细管口模的直径 D、长度 L 以及入口角；

e）柱塞的运行方式；

f）当报告结果所用的表观剪切应力不同于 4×10^4Pa 和 24×10^4Pa 时，应报告表观剪切应力范围；

g）如果有可能进行目测，报告挤出物表面发生任何变化（如熔体破裂、挤出畸变）时的试验条件，这些变化可能与临界剪切应力相关，在试验报告中记做临界剪切应力的“目测”值；

h）试验过程中的异常情况；

i）试验人员和试验日期。

ICS 83.080.20
G 31

SH

中华人民共和国石油化工行业标准

SH/T 1774—2012

塑料 聚丙烯等规指数的测定 低分辨率脉冲核磁共振法

Plastics—Determination of isotactic index for polypropylene—Low resolution pulsed NMR spectroscopy

2012-11-07 发布 2013-03-01 实施

中华人民共和国工业和信息化部 发布

前　言

本标准按照 GB/T 1.1—2009 给出的规则起草。

本标准由中国石油化工集团公司提出。

本标准由全国塑料标准化技术委员会石化塑料树脂产品分技术委员会（SAC/TC15/SC1）归口。

本标准负责起草单位：中国石油天然气股份有限公司兰州石化分公司。

本标准参加起草单位：中国石油化工股份有限公司扬子石化公司、中国石油天然气股份有限公司石油化工研究院、中国石油化工股份有限公司北京燕山分公司质量监督检验中心。

本标准主要起草人：崔文峰、郝军、王小为、徐元德、吴世斌、义建军、王莉、时安敏、李月霞。

本标准为首次发布。

塑料　聚丙烯等规指数的测定 低分辨率脉冲核磁共振法

1　范围

本标准规定了用低分辨率脉冲核磁共振法测定均聚聚丙烯（PP-H）等规指数的方法。

本标准适用于均聚聚丙烯粉料和粒料等规指数的测定。

2　规范性引用文件

下列文件对于本文件的应用是必不可少的。凡是注日期的引用文件，仅所注日期的版本适用于本文件。凡是不注日期的引用文件，其最新版本（包括所有的修改单）适用于本文件。

GB/T 2412—2008　塑料　聚丙烯（PP）和丙烯共聚物热塑性塑料等规指数的测定

GB/T 6379.2—2004　测量方法与结果的准确度（正确度和精密度）　第2部分：确定标准测量方法重复性与再现性的基本方法

3　术语和定义

下列术语和定义适用于本文件。

3.1

自由感应衰减　**free induction decay（FID）**

受激发的核种对磁共振频谱仪射频线圈造成感应电流而产生信号，并且因发生弛豫而使信号强度逐渐衰减至零，这种逐渐衰减的信号形式称为自由感应衰减。

4　原理

样品处于磁场中，样品质子被磁化并产生一个磁化矢量，磁化矢量的大小与质子的数量成正比。给磁化矢量外加一个短而强的90°射频脉冲，会产生核磁共振现象，将磁化矢量激发旋转到与主磁场垂直的方向，激发旋转后的磁化矢量随后发生自由感应衰减（3. 1）。该方法是基于样品中不同空间立构度质子在自由感应衰减过程中弛豫时间的不同，即排列规整的部分（等规部分）衰减快，更快地到达平衡状态，而排列不规整的部分（无规部分）衰减慢。通过比较两个特征时间点上衰减信号，得到样品的核磁响应值，该响应值与聚丙烯等规指数呈线性关系。建立核磁响应值与化学萃取法等规指数的线性关系曲线后，计算得到聚丙烯样品的等规指数值。

5　仪器

5.1　低分辨率脉冲核磁共振谱仪

a）工作频率：18MHz~25MHz；

b）探头类型：绝对探头或相对探头；

c）磁体和探头的温度：根据仪器的具体要求设定，控制精度为±0.01℃。

注1：也可使用满足本标准测试精度要求的其他低分辨率脉冲核磁共振谱仪。

注2：低分辨率脉冲核磁共振谱仪又称时域核磁共振谱仪、台式核磁共振谱仪，也称为小核磁。

5.2 样品管

由不含氢原子的非导磁材料制作，如玻璃、聚四氟乙烯等。

5.3 铝块

带有样品管插孔，孔内径满足样品管（5.2）尺寸要求。

5.4 真空干燥箱

可保持温度在105℃±5℃，余压不大于25kPa。

5.5 恒温装置

温控范围为室温至80℃，控制精度为±0.1℃。

5.6 筛子

孔径分别为0.3mm和0.6mm，各一个。

5.7 天平

精度为0.1mg。

6 试样制备

6.1 粉料样品用筛子（5.6）进行筛分，选取直径为0.3mm~0.6 mm的粒子作为粉料试样。粒料试样不进行筛分。

6.2 取至少满足两次平行测定所需的试样（6.1），置于真空干燥箱（5.4）内，保持余压不大于25 kPa，在105℃±5℃下干燥30min。然后将试样置于干燥器中，在室温下冷却至不高于探头温度。

6.3 将经过干燥的适量试样迅速装入洁净的样品管（5.2），立刻密封，防止样品水分的变化。然后将装有仪器规定样品量的样品管插入已在恒温装置（5.5）中预热的铝块（5.3）插孔中，预热30min。预热温度与探头温度保持一致。

若仪器配置为绝对探头，试样装入量要恰好填满探头线圈，样品量需要准确定量（精确至1mg）；若仪器配置为相对探头，试样装入量需至少填满探头线圈，无需准确定量。

7 操作步骤

7.1 绘制工作曲线

7.1.1 各实验室应选择至少5个具有不同等规指数值的系列聚丙烯样品。所选择的聚丙烯样品应涵盖日常等规指数测定范围，等规指数的分布应尽可能均匀，按照GB/T 2412—2008的规定，独立测定系列聚丙烯样品的化学萃取法等规指数。

7.1.2 按照第6章的要求对系列聚丙烯样品进行试样制备，将装有试样的样品管快速从恒温装置转入核磁共振仪探头内，待样品温度与探头温度一致并稳定，测定系列聚丙烯样品的核磁共振信号，每个样品平行测定三次，取三次测定的平均值。绘制工作曲线和样品测试均要求在同一磁体温度和探头温度下进行。

7.1.3 若仪器配置为绝对探头，用化学萃取法测得的等规指数值对核磁共振法测得的信号强度与相应的样品质量之比进行线性回归，形成工作曲线。若仪器配置为相对探头，用化学萃取法测得的等规指数值对核磁共振法测得的信号比率进行线性回归，形成工作曲线。不同状态（粉料或粒料）的样品应分别建立工作曲线。

7.1.4 当生产工艺发生变化（如聚合工艺发生变化或更换催化剂等），或与化学萃取法测定结果差值大于0.2%时，需要重新绘制工作曲线。

7.2 样品测定

7.2.1 按照第6章的要求对待测样品进行试样制备及其他相关试验准备工作。

7.2.2 将装有试样的样品管快速放入核磁共振仪探头内，待样品温度与探头温度一致并稳定后进行试样的测试。

7.2.3 每个试样进行两次平行测定，两次测试结果的绝对值之差不大于0.2%（质量分数）。如果两次测定结果之差大于0.2%（质量分数），则另取两个样品重新测定。

8 结果计算

测试结果以两次平行测定结果的算术平均值表示，结果修约至小数点后一位。

9 精密度

9.1 聚丙烯材料（颗粒状）

9.1.1 本标准给出了两种聚丙烯材料（颗粒状）在7个实验室测定的精密度，见表1。

注：本方法的精密度按GB/T 6379.2—2004进行计算，用 r 和 R 表示。表1中的数据只是有限的试验的结果，并不能代表所有聚丙烯材料（颗粒状），不能将其视为接收或拒收的依据。

表1 低分辨率脉冲核磁共振法测试聚丙烯材料（颗粒状）等规指数的精密度

材料	特征参数 熔体质量流动速率 g/10 min	等规指数平均值 %	重复性标准差 S_r	再现性标准差 S_R	重复性限 r	再现性限 R
1	2.4	95.94	0.059	0.527	0.168	1.491
2	7.6	97.76	0.070	0.123	0.197	0.347

9.1.2 重复性限（r）——在重复性试验条件下（即由同一个操作者、在同一天、用同一台设备对相同材料进行的两次测试结果进行比较）所得两次测试结果，如果两值之差大于 r 值，则认为两个结果不一致。其中，$r=2.8S_r$。

9.1.3 再现性限（R）——在再现性试验条件下（即由不同的操作者、用不同的设备、在不同的实验室对相同材料进行的两次测试结果进行比较）所得两次测试结果，如果两值之差大于 R 值，则认为两个结果不一致。其中，$R=2.8S_R$。

9.1.4 任何重复性和再现性的判定都有接近95%的置信概率。

9.2 聚丙烯材料（粉末状）

因为尚未获得聚丙烯材料（粉末状）的实验室间的数据，所以无法得知聚丙烯材料（粉末状）的试验方法精密度，当获得这些实验室间数据后，在下次修订中将增加聚丙烯材料（粉末状）的试验方法精密度的说明。

10 试验报告

试验报告应包括以下内容：

a）注明使用本标准；

b）试验日期和试验人员；

c）试验样品的完整标识；

d）试验仪器型号、仪器参数；

e）与规定的分析步骤的差异；

f）在试验中观察到的异常现象；

g）试验结果。

ICS 83.080.20
G 31

SH

中华人民共和国石油化工行业标准

SH/T 1775—2012

塑料　线型低密度聚乙烯(PE-LLD)组成的定量分析　碳-13核磁共振波谱法

Plastics—Determination of linear low density polyethylene (PE-LLD) composition—Carbon-13 nuclear magnetic resonance

2012-11-07 发布　　2013-03-01 实施

中华人民共和国工业和信息化部　发布

前　言

本标准按照 GB/T 1.1—2009 给出的规则起草。

本标准使用重新起草法修改采用 ASTM D5017—1996（2009）$^{\varepsilon 1}$《碳-13 核磁共振波谱法测定线型低密度聚乙烯（PE-LLD）组成的试验方法》（英文版）。

本标准与 ASTM D5017-1996（2009）$^{\varepsilon 1}$ 的主要差异如下：

a）增加了标准的前言；

b）增加了警告；

c）删除了 ASTM D5017-1996（2009）$^{\varepsilon 1}$ 引用的 ASTM 标准，修改为国内的相关标准（第 2 章）；

d）仪器增加了 ϕ5 mm 样品管、天平和恒温浴（见 5.2、5.3 和 5.4）；

e）推荐采用单一氘代邻二氯苯（第 6 章）

f）推荐采用试验温度 120 ℃（见第 7 章 c）；

g）推荐采用样品浓度质量体积比 15%，并增加了用 ϕ5 mm 样品管时的试样制备（见 8.1）；

h）推荐采用恒温浴温度 140 ℃（见 8.2）；

i）增加我国精密度数据，将 ASTM D5017-1996（2009）$^{\varepsilon 1}$ 的精密度作为本标准的资料性附录 C（第 10 章）；

j）增加了试验报告（第 11 章）。

请注意本文件的某些内容可能涉及专利。本文件的发布机构不承担识别这些专利的责任。

本标准由中国石油化工集团公司提出。

本标准由全国塑料标准化技术委员会石化塑料树脂产品分会技术委员会（SAC/TC15/SC1）归口。

本标准负责起草单位：中国石油化工股份有限公司北京燕山分公司树脂应用研究所。

本标准参加起草单位：中国石油化工股份有限公司北京化工研究院、中国石油天然气股份有限公司石油化工研究院、中国科学技术大学微尺度物质科学国家实验室理化科学中心、河北工业大学化工学院。

本标准主要起草人：王灵肖、侯莉萍、魏静、吴春红、卜少华、田炳全、义建军、朱清仁、张惠欣、王莉、王足远。

本标准为首次发布。

塑料 线型低密度聚乙烯（PE-LLD）组成的定量分析 碳-13核磁共振波谱法

警告：本标准的使用者应熟知所采用的实验室规范。本标准的溶解处理必须在通风橱里进行。本标准没有声明所有的安全因素，如果还有，要综合考虑。本标准的使用者有责任在使用前建立适当的保障人身安全的措施并确定这些规章制度的适用性。

1 范围

本标准规定了用碳-13核磁共振波谱法对乙烯和α-烯烃单体共聚线型低密度聚乙烯（PE-LLD）的组成进行定量的分析方法，第二单体包括丙烯、1-丁烯、1-己烯、1-辛烯和4-甲基-1-戊烯等。

本标准适用于包含EEXEE、EXEXE、EXXE、EXXXE和EEE多单元组序列结构的PE-LLD（E表示乙烯，X表示α-烯烃）。

本标准不适用于含有较多α-烯烃（如长于XXX）嵌段的PE-LLD。

2 规范性引用文件

下列文件对于本文件的应用是必不可少的。凡是注日期的引用文件，仅所注日期的版本适用于本文件。凡是不注日期的引用文件，其最新版（包括所有的修改单）适用于本文件。

GB/T 6379.2—2004 测量方法与结果的准确度（正确度和精密度）第2部分：确定标准测量方法重复性与再现性的基本方法。

JY/T 007—1996 超导脉冲傅里叶变换核磁共振谱方法通则。

3 术语和定义

JY/T 007—1996界定的以及下列规定适用于本标准。

3.1

共聚单体及支链碳标记 **designation of monomer and branch carbons**

主链次甲基碳标记为CH，不同共聚单体及其支链类型对支链碳做的标记见表1，各支链上碳的序号从该支链末端甲基开始，由近及远依次标记为1、2、3……。

3.2

主链亚甲基碳标记 **designation of backbone methylene carbons**

主链亚甲基碳标记由其与主链CH的相对位置决定，两者之间的距离由近及远，依次标记为α、β、γ……；每个方向都用一个独立的字母进行定位与标记，即：一个完整的主链亚甲基碳需用一对希腊字母表示[1]。如α，α表示该亚甲基碳介于两个次甲基碳之间，并与它们直接相连；α，δ^{+}则表示该亚甲基碳一侧直接与CH邻接，而另一侧与CH间隔四个碳键以上。

表 1　不同共聚单体及其支链碳的标记

共聚单体及缩略符号		支链类型	支链碳标记
丙烯	P	甲基	M1
1-丁烯	B	乙基	E1～E2
1-己烯	H	丁基	B1～B4
1-辛烯	O	己基	H1～H6
4-甲基-1-戊烯	MP	异丁基	IB1～IB3

4　方法提要

4.1　将 PE-LLD 高温溶解在适宜的溶剂中，在高温下用碳-13 核磁共振波谱仪分析。

4.2　在一定的参数条件下，记录谱图，分析不同共聚单体产生响应的化学位移以及积分面积值来确定 PE-LLD 的构成。

5　仪器

5.1　核磁共振波谱仪（NMR）

超导脉冲傅里叶变换核磁共振谱仪，磁场强度至少 2.35 T。

5.2　样品管

外径 ϕ10 mm，ϕ5 mm。

5.3　天平

称量精度为 1 mg。

5.4　恒温浴

温度控制在 140 ℃±2 ℃。

6　试剂

氘代邻二氯苯，分析级。

注：可使用分析级邻二氯苯或 1,2,4-三氯苯，加入质量分数 20%分析级氘代邻二氯苯或氘代对二氯苯混合试剂。

7　仪器参数

按以下参数设置仪器参数：

a）脉冲角度：90°；

b）脉冲间隔时间：10 s；

c）试验温度：120 ℃，准确的温度宜用 NMR 温度标准样品来测量；

注：试验温度可根据样品实际情况在 120 ℃～130 ℃范围内选择。

d）最小信噪比：5000∶1；

注：对特定目标样标准谱图，其信噪比定义以30.0 ppm（孤立亚甲基）位置峰信号强度除以化学位移50 ppm~70 ppm范围内噪音峰值的2.5倍，信噪比计算允许使用相应的软件程序。

e）扫描宽度：175 ppm；

f）射频频率（F_1）：50 ppm~55 ppm；

g）窗函数（指数函数）线增宽因子：2 Hz；

h）脉冲宽度：小于P值，按式（1）计算P值；

$$P = \frac{1}{4w} \tag{1}$$

式中：

P——脉冲宽度，s；

w——扫描宽度，Hz；

i）去偶方式：质子全去偶。

注：用于定量分析计算的各类碳的欧沃豪斯效应在文献[2],[3],[4]中有充分的讨论。

8 试验步骤

8.1 称取375 mg样品于ϕ10 mm样品管（5.2）中，加入2.5 mL试剂（6）或称量75 mg样品于ϕ5 mm样品管（5.2）中，加入0.5 mL试剂（6），样品浓度质量体积比达15%。

注：只要能满足第7章d）所要求的最小信噪比，样品浓度可以根据仪器磁场强度的不同而有所变化。

8.2 将加入试样的样品管置于140 ℃±2 ℃恒温浴内3 h~4 h，使溶液分散均匀。在受热过程中保持样品管垂直。

8.3 按第7章设置仪器参数。

8.4 将制备好的样品管放入核磁共振波谱仪，在试验温度下稳定10 min~15 min。

8.5 记录图谱，将5 ppm~50 ppm范围内谱峰准确积分。

8.6 每份试样按步骤（8.1）~（8.5）进行两次平行测定。

注：如果增加样品的试验次数，且获得第7章d）要求的信噪比，样品处理和信号采集过程将导致试验时间过长，因此本标准进行单次试验得到结果也是可以接受。

9 结果计算

9.1 按附录A第A.1章进行适当区域积分。

9.2 按附录A第A.2章公式，代入相应的积分值，计算α-烯烃的摩尔分数。

9.3 附录A第A.3章是按9.1和9.2进行积分和公式计算乙烯-1-辛烯共聚物共聚单体摩尔分数及每1000个碳所含支链数的示例。

注：应用规定脉冲间隔时间（10 s）和脉冲角度（90°），用于定量分析的各类碳允许的最大弛豫时间（T_1）是2 s。为了缩短分析时间，如果考虑弛豫时间的差异，可以缩短脉冲间隔时间，参见附录B。

9.4 如有要求，可以按附录A第A.4章公式由α-烯烃的摩尔分数计算每1000个碳所含支链数（N_{br}）。

9.5 测试结果为两次平行测定结果的算术平均值，以百分数表示，结果修约至小数点后一位。

10 精密度

10.1 本标准给出了2种PE-LLD材料在8个实验室测定的精密度，见表2。每种PE-LLD材料均使用同一厂商400 MHz核磁共振波谱仪进行试验。每种材料进行2组平行试验。

注1：本方法的精密度按GB/T 6379.2—2004进行计算，用r和R表示。表4中数据只是有限的试验结果，并不能覆盖所有材料、批号、试验条件及实验室，因此，严格地说，不能将其视为判别接收或拒收的依据。

注2：ASTM D5017-1996（2009）$^{\varepsilon 1}$的精密度见附录C。

表2　PE-LLD碳-13核磁共振波谱分析共聚单体摩尔分数的精密度

材料	特征参数		共聚单体	平均值 %	重复性标准差 S_r	再现性标准差 S_R	重复性限 r	再现性限 R
	MFR g/10min	密度 g/cm^3						
1#	2.0	0.920	1-丁烯	4.39	0.07	0.09	0.20	0.26
2#	2.4	0.923	1-己烯	3.53	0.04	0.05	0.12	0.14

10.2　重复性限（r）——在重复性试验条件下（即：由同一个操作者、在同一天、用同一台设备对相同材料进行的两次测试）所得两次测试结果，如果两值之差大于r值，则认为两个结果不一致。其中，$r=2.8S_r$。

10.3　再现性限（R）——在再现性试验条件下（即：由不同的操作者、用不同的设备、在不同的实验室对相同材料进行的两次测试）所得两次测试结果，如果两值之差大于R值，则认为两个结果不一致。其中，$R=2.8S_R$。

10.4　任何重复性和再现性的判定都有接近95%的置信概率。

11　试验报告

试验报告应包括以下内容：

a）注明使用本标准；

b）试验日期和试验人员；

c）试验样品的完整标识；

d）试验仪器型号、探头直径、仪器参数；

e）试验试剂；

f）样品浓度；

g）测试结果（必要时，附图）。

附 录 A
(规范性附录)
不同共聚单体线型低密度聚乙烯(PE-LLD)积分区域及单体含量计算公式

A.1 PE-LLD 适当的积分区域

PE-LLD 适当的积分区域见表 A.1。

表 A.1 PE-LLD 适当的积分区域

共聚物	积分面积	区域 ppm
乙烯-丙烯	*A*	47.5~44.5
	B	39.8~36.8
	C	35.5~32.5
	C+*D*+*E*	35.5~25.8
	F	25.8~23.8
	G	22.5~18.5
	H	约 21.6
乙烯-1-丁烯	*A*	41.5~38.5
	A′	约 39.4
	B	37.8~36.8
	C	36.0~33.2
	D+*E*	33.2~25.5
	F	25.2~24.0
乙烯-1-己烯	*A*	41.5~40.5
	B	40.5~39.5
	C	39.5~37.0
	D	约 35.8
	D+*E*	36.8~33.2
	F+*G*	33.2~25.5
	G	28.5~26.5
	H	24.9~24.1
乙烯-1-辛烯	*A*	41.5~40.5
	B	40.5~39.5
	C	39.5~37.0
	D	约 35.8
	D+*E*	36.8~33.2
	F+*G*+*H*	33.2~25.5
	H	28.5~26.5
	I	25.0~24.0
	P	24.0~22.0

表 A.1 PE-LLD 适当的积分区域（续）

共聚物	积分面积	区域 ppm
4-甲基-1-戊烯	A	46.5~43.5
	B	43.0~41.8
	C	41.8~40.5
	D	37.5~34.2
	E	约 33.7
	$F+G$	33.2~25.2
	G	28.0~25.2
	H	约 24.1

A.2 共聚单体组分摩尔分数的计算

以下计算共聚单体组分摩尔分数的公式中 A、A'、C、D、E、F、G、H、I 各符号分别对应表 A.1 中相应的共聚单体的各区域积分面积。

A.2.1 乙烯-丙烯共聚物

A.2.1.1 丙烯的量（摩尔数）

用 α-碳计算丙烯的量（摩尔数）P_1：

$$P_1 = \frac{2A + B}{2} \tag{A.1}$$

用 CH 碳计算丙烯的量（摩尔数）P_2：

$$P_2 = 2A + C - H \tag{A.2}$$

丙烯的平均量（摩尔数）P'：

$$P' = \frac{P_1 + P_2}{2} \tag{A.3}$$

A.2.1.2 乙烯的量（摩尔数）

$$E' = \frac{C + D + E + F - A}{2} \tag{A.4}$$

A.2.1.3 丙烯摩尔分数 P

$$P = \frac{P'}{P' + E'} \times 100\% \tag{A.5}$$

A.2.2 乙烯-1-丁烯共聚物

A.2.2.1 1-丁烯的量（摩尔数）

用 α-碳计算 1-丁烯的量（摩尔数）B_1：

$$B_1 = \frac{2A + B}{2} \quad (A.6)$$

用 CH 碳计算 1-丁烯的量（摩尔数）B_2：

$$B_2 = \frac{A' + 2C + 2B}{4} \quad (A.7)$$

1-丁烯的平均量（摩尔数）B'：

$$B' = \frac{B_1 + B_2}{2} \quad (A.8)$$

A.2.2.2　乙烯的量（摩尔数）

$$E' = \frac{2D + 2E + 2F - A' - B}{4} \quad (A.9)$$

A.2.2.3　1-丁烯摩尔分数 B

$$B = \frac{B'}{B' + E'} \times 100\% \quad (A.10)$$

A.2.3　乙烯-1-己烯共聚物

A.2.3.1　1-己烯的量（摩尔数）

用 α-碳计算 1-己烯的量（摩尔数）H_1：

$$H_1 = \frac{1.5A + 2B + (D + E) - D}{3} \quad (A.11)$$

用 CH 碳计算 1-己烯的量（摩尔数）H_2：

$$H_2 = \frac{A + 2C + 2D}{2} \quad (A.12)$$

1-己烯的平均量（摩尔数）H'：

$$H' = \frac{H_1 + H_2}{2} \quad (A.13)$$

A.2.3.2　乙烯的量（摩尔数）

$$E' = \frac{(F + G) - 3A - 3B - G - H}{2} + H' \quad (A.14)$$

A.2.3.3　1-己烯摩尔分数 H

$$H = \frac{H'}{H' + E'} \times 100\% \quad (A.15)$$

A.2.4　乙烯-1-辛烯共聚物

A.2.4.1　1-辛烯的量（摩尔数）

用 α-碳计算 1-辛烯的量（摩尔数）O_1：

$$O_1 = \frac{A + 2C + 2D}{2} \quad (A.16)$$

用 CH 碳计算 1-辛烯的量（摩尔数）O_2：

$$O_2 = \frac{1.5A + 2B + (D + E) - D}{3} \quad (A.17)$$

1-辛烯的平均量（摩尔数）O'：

$$O' = \frac{O_1 + O_2}{2} \quad (A.18)$$

A.2.4.2 乙烯的量（摩尔数）

$$E' = \frac{(F + G + H) - (3A + 3B + H + P + I)}{2} + O' \quad (A.19)$$

A.2.4.3 1-辛烯摩尔分数 O

$$O = \frac{O'}{O' + E'} \times 100\% \quad (A.20)$$

A.2.5 4-甲基-1-戊烯共聚物

A.2.5.1 4-甲基-1-戊烯

用 α-碳和 CH 碳计算 4-甲基-1-戊烯的量（摩尔数）MP_1：

$$MP_1 = \frac{2B + C + D + 1.5E}{3} \quad (A.21)$$

用 CH_2 碳计算 4-甲基-1-戊烯的量（摩尔数）MP_2：

$$MP_2 = A \quad (A.22)$$

4-甲基-1-戊烯的平均量（摩尔数）MP'：

$$MP' = \frac{MP_1 + MP_2}{2} \quad (A.23)$$

A.2.5.2 乙烯的量（摩尔数）

$$E' = \frac{(F + G) - (2B + 1.5E + G + H)}{2} + 1.5MP' \quad (A.24)$$

A.2.5.3 4-甲基-1-戊烯摩尔分数 MP

$$MP = \frac{MP'}{MP' + E'} \times 100\% \quad (A.25)$$

A.3 乙烯-1-辛烯共聚物计算示例

乙烯-1-辛烯共聚物计算见表 A.2。

表 A.2 乙烯-1-辛烯共聚物计算

面积	积分[a]
A	0.0
B	0.2
C	8.1
D	0.6
$D+E$	26.8
$F+G+H$	343.6
H	24.8
I	0.6
P	7.9
[a]试验采用 90° 脉冲角度，10 s 脉冲间隔时间。	

用 α-碳计算 1-辛烯的量（摩尔数）：

$$O_1 = \frac{A + 2C + 2D}{2} = \frac{0.0 + 16.2 + 1.2}{2} = 8.70$$

用 CH 碳计算 1-辛烯的量（摩尔数）：

$$O_2 = \frac{1.5A + 2B + (D + E) - D}{3} = \frac{0.0 + 0.4 + 26.8 - 0.6}{3} = 8.87$$

1-辛烯的平均量（摩尔数）：

$$O' = \frac{O_1 + O_2}{2} = \frac{8.70 + 8.87}{2} = 8.78$$

乙烯的量（摩尔数）：

$$E' = \frac{(F + G + H) - (3B + 3A + H + P + I)}{2} + O'$$

$$= \frac{343.6 - (0.0 + 0.6 + 24.8 + 7.9 + 0.0)}{2} + 8.87 = 163.93$$

1-辛烯摩尔分数：

$$O = \frac{1000O'}{O' + E'} = \frac{878.0}{8.78 + 163.93} = 5.08$$

每 1000 个碳所含支链数：

$$N_{br} = \frac{1000O}{2E + 8O} = \frac{1000 \times 5.08}{2 \times 94.92 + 8 \times 5.08} = 22.04$$

A.4 由 α-烯烃摩尔分数转换成每 1000 个碳所含支链数

$$N_{br} = \frac{1000X}{2E + nX} \tag{A.26}$$

式中：

N_{br} ——每 1000 个碳所含支链数；

X——α-烯烃摩尔分数；

E——乙烯摩尔分数；

n——α-烯烃碳原子数。

附　录　B
(规范性附录)
弛豫时间及校正因子

B.1　弛豫时间及校正因子的说明

表B.1~B.5列出了五种PE-LLD各类碳的弛豫时间（T_1）以及采用4 s脉冲间隔时间时的校正因子（与磁场强度相关）。五种PE-LLD各类碳的弛豫时间（T_1）是应用反转恢复的方法在50MHz碳谱下所测得的[5]、[6]。若采用缩短脉冲间隔时间试验，在应用附录A第A.2章公式时，积分值应乘以校正因子。在使用碳核磁共振频率不是50MHz的核磁共振波谱仪时，T_1的值应实际测量。

注：表B.1~B.5校正因子是采用90°脉冲角度，4 s脉冲间隔时间试验时的校正因子，化学位移是以孤立亚甲基碳峰化学位移为30.0 ppm作参考。

B.2　弛豫时间及校正因子

表B.1　乙烯-丙烯共聚物

特征峰组	化学位移 ppm	EEXEE 类型	EEXEE 碳个数	EEXEXEE 类型	EEXEXEE 碳个数	EEXXEE 类型	EEXXEE 碳个数	EEXXXEE 类型	EEXXXEE 碳个数	T_1 s	校正因子
A	约45.5	—	—	—	—	$\alpha\alpha$	1	$\alpha\alpha\gamma$	2	1.38	1.06
B	约37.5~37.9	α	2	α，$\alpha\gamma$	4	$\alpha\gamma$	2	$\alpha\gamma$	2	1.38	1.06
C	33.2	CH	1	CH	2	—	—	—	—	2.14	1.18
D	30.4~31.5	γ	2	γ	2	$CH_{\beta,\gamma}$	4	$CH_{\beta,\gamma}$	4	1.56	1.08
D	30	δ，δ	3	δ，δ	3	δ，δ	3	δ，δ	3	1.64	1.10
D	约28	—	—	—	—	—	—	$CH_{\beta\beta}$	1	2.14	1.18
E	27.4	β	2	β	2	β	2	β	2	1.54	1.08
F	24.8	—	—	$\beta\beta$	1	—	—	—	—	1.54	1.08
G	20.0~21.6	M1	1	M1	2	M1	2	M1	3	2.96	1.35

表 B.2　乙烯-1-丁烯共聚物

特征峰组	化学位移	EEXEE		EEXEXEE		EEXXEE		EEXXXEE		T_1	校正因子
	ppm	类型	碳个数	类型	碳个数	类型	碳个数	类型	碳个数	s	
A	39.0~39.6	CH	1	CH	2	$\alpha\alpha$	2	—	—	1.91	1.14
A′	约 39.4	—	—	—	—	—		$\alpha\alpha\gamma$	2	1.23	1.04
B	约 37.2	—	—	—	—	CH_{β}	2	CH_{β}	2	1.91	1.14
C	34~35	α	2	α，$\alpha\gamma$	4	$\alpha\gamma$	2	$CH_{\beta\beta,\alpha\gamma}$	3	1.23	1.04
D	30.4	γ	2	γ	2	γ	2	γ	2	1.51	1.08
	30	δ，δ	3	δ，δ	3	δ，δ	3	δ，δ	3	1.64	1.09
E	27.3	β	2	β	2	β	2	β	2	1.46	1.07
	26.7	E2	1	E2	2	E2	2	E2	3	1.56	1.08
F	24.6	—	—	$\beta\beta$	1	—	—	—	—	1.46	1.07

表 B.3　乙烯-1-己烯共聚物

特征峰组	化学位移	EEXEE		EEXEXEE		EEXXEE		EEXXXEE		T_1	校正因子
	ppm	类型	碳个数	类型	碳个数	类型	碳个数	类型	碳个数	s	
A	约 40.8	—	—	—	—	—	—	$\alpha\alpha\gamma$	2	0.96	1.02
B	约 40.2	—	—	—	—	$\alpha\alpha$	1	—	—	0.96	1.02
C	38.1	CH	1	CH	2	—	—	—	—	1.48	1.07
D	约 35.8	—	—	—	—	CH_{β}	2	—	—	1.48	1.07
E	34.5~35.0	α	2	α，$\alpha\gamma$	4	B4，$\alpha\gamma$	4	B4，$\alpha\gamma$	5	0.96	1.02
	34.1	B4	1	B4	2	—	—	—	—	1.19	1.04
	33.5	—	—	—	—	—	—	$CH_{\beta\beta}$	1	1.48	1.07
F	30.4	γ	2	γ	2	γ	2	γ	2	1.36	1.05
	30	δ，δ	3	δ，δ	3	δ，δ	3	δ，δ	3	1.75	1.11
	29.5	B3	1	B3	2	B3	2	B3	3	1.98	1.15
G	27.3	β	2	β	2	β	2	β	2	1.21	1.04
H	24.5	—	—	$\beta\beta$	1	—	—	—	—	1.21	1.04

表 B.4　乙烯-1-辛烯共聚物

特征峰组	化学位移	EEXEE		EEXEXEE		EEXXEE		EEXXXEE		T_1	校正因子
	ppm	类型	碳个数	类型	碳个数	类型	碳个数	类型	碳个数	s	
A	约 40. 8	—	—	—	—	—	—	ααγ	2	0. 79	1. 01
B	约 40. 1	—	—	—	—	αα	1	—	—	0. 79	1. 01
C	38. 1	CH	1	CH	2	—	—	—	—	1. 06	1. 02
D	35. 8	—	—	—	—	CH_{β}	2	CH_{β}	2	1. 06	1. 02
E	34. 5~35. 2	H6,α	3	H6,α,αγ	6	H6,αδ	4	H6,αγ	5	0. 79	1. 01
	33. 9	—	—	—	—	—	—	$CH_{\beta\beta}$	1	1. 06	1. 02
F	32. 2	H3	1	H3	2	H3	2	H3	3	4. 24	1. 64
G	30. 4	γ	2	γ	2	γ	2	γ	2	1. 22	1. 04
	30. 0	H4	1	H4	1	H4	1	H4	1	约 2. 0[a]	1. 15
	30. 0	δ,δ	3	δ,δ	3	δ,δ	3	δ,δ	3	1. 60	1. 09
H	27. 3	β	2	β	2	β	2	β	2	0. 92	1. 01
	27. 2	H5	1	H5	2	H5	2	H5	3	1. 30	1. 05
I	24. 5	—	—	ββ	1	—	—	—	—	0. 98	1. 02
P	22. 9	H2	1	H2	2	H2	2	H2	2	6. 21	2. 11

[a] 弛豫时间 T_1 为估算值。

表 B.5　乙烯-4-甲基-1-戊烯共聚物

特征峰组	化学位移	EEXEE		EEXEXEE		EEXXEE		EEXXXEE		T_1	校正因子
	ppm	类型	碳个数	类型	碳个数	类型	碳个数	类型	碳个数	s	
A	44. 7	IB3	1	IB3	2	IB3	2	IB3	3	1. 09	1. 03
B	42. 2	—	—	—	—	—	—	ααγ	2	0. 92	1. 01
C	41. 2	—	—	—	—	αα	1	—	—	0. 92	1. 01
D	35. 9	CH	1	CH	2	—	—	—	—	1. 33	1. 05
	34. 8~35. 2	α	2	α,αγ	4	αγ	2	αγ	2	0. 92	1. 01
E	33. 6	—	—	—	—	CH_{β}	2	CH_{β}	2	1. 33	1. 05
F	31. 0	—	—	—	—	—	—	$CH_{\beta\beta}$	1	1. 33	1. 05
	30. 4	γ	2	γ	2	γ	2	γ	2	1. 24	1. 04
	30. 0	δ,δ	3	δ,δ	3	δ,δ	3	δ,δ	3	1. 62	1. 09
G	27. 1	β	2	β	2	β	2	β	2	1. 14	1. 03
	26. 0	IB2	1	IB2	2	IB2	2	IB2	3	1. 66	1. 10
H	24. 1	—	—	ββ	1	—	—	—	—	1. 14	1. 03

附 录 C
（资料性附录）
ASTM D5017-1996（2009）$^{\varepsilon 1}$ 的精密度和偏倚

C.1 精密度

本标准附录 C 表 C.1 的结果是 1988 年由 6 个实验室按 ASTM E691[7] 的要求对 9 种材料进行的循环试验得到的。每一种材料都是同一来源，每个试样处理都是在所测试的实验室进行。每一个测试结果均为独立的两次试验结果的平均值，每个实验室对每一个材料得到一个测试结果。表 C.1 中的数据只是有限的试验结果，并不能覆盖所有材料、批号、试验条件及实验室，因此，严格地说，不能将其视为判别接收或拒收的依据。本方法的使用者应使用 ASTM E691 的原则在各自的实验室和（试验的）材料或者特定的实验室间获取数据。

表 C.1 通过碳-13 核磁共振波谱法确定 PE-LLD 共聚单体摩尔分数的精密度统计

样品	共聚单体	平均摩尔分数 %	用平均值的百分数来表示 %			
			V_r[a]	V_R[b]	r[c]	R[d]
A	丁烯	4.72	11.1	11.5	31.1	32.2
B	丁烯	4.22	11.9	11.9	33.3	33.3
C	己烯	3.64	17.1	18.2	47.9	51.0
D	己烯	4.03	14.3	14.3	40.0	40.0
E	辛烯	5.18	10.3	10.3	28.8	28.8
F	辛烯	0.76	27.5	40.6	77.0	113.7
G	4-甲基-1-戊烯	5.00	14.0	14.8	39.2	41.4
H	4-甲基-1 戊烯	1.26	37.4	38.2	104.7	107.0
I	丙烯	15.96	7.3	7.6	20.4	21.3

[a] V_r 为所测试材料实验室内的变异系数，它是按下式得到的：

$$S_r = [[\sum(S_1)^2 + (S_2)^2 + \cdots + (S_n)^2]/n]^{1/2}$$

$$V_r = 100 \times (S_r/\bar{s})$$

[b] V_R 为实验室间的再现性，表示为所测试材料的变异系数。

[c] r 为实验室内的重复性限 $r=2.8\times V_r$。

[d] R 为实验室间的再现性限 $R=2.8\times V_R$。

C.2 偏倚

没有公认的标准来估计本试验方法的偏倚。

参 考 文 献

[1] Carman, C. J., Harrington, R. A., Wilkes, C. E. Monomer Sequence Distribution in Ethylene-Propylene Rubber Measured by 13C NMR 3. Use of Reaction Probability Model [J]. Macromolecules, 1977, 110: 536-544

[2] 朱清仁. 聚乙烯支化链种类、长度及其微量结构的13C-NMR定量研究 [J]. 石油化工, 1989, 7: 472-478

[3] 朱善农等. 高分子链结构 [M]. 北京: 科学出版社, 1996: 294

[4] Radnall, J. C. NMR and Macromolecules [M]. New York: American Chemical Society Symposium, 1984

[5] Farrar, T. C., Becker, E. D. Pulse and Fourier Transform NMR [M]. New York: Academic Press, 1971

[6] Cheng, H. N., Bennet, M. A. Spectral simulation and characterization of polymers from ethene and propene by 13C-NMR [J]. Macromolecule Chemistry, 1987, 188: 2665-2677

[7] ASTM E691Practice for Data Presentation Relation to High-Resolution Nuclear Magnetic Resonance (NMR) Spectroscopy

ICS 83.080.20
G 31
备案号：55634-2016

SH

中华人民共和国石油化工行业标准

SH/T 1800—2016

塑料　乙烯-丙烯共聚聚丙烯单体含量及序列结构分析　碳-13核磁共振波谱法

Plastics—Determination of monomer contents and sequential structure of polypropylene copolymerized with ethylene—Carbon-13 nuclear magnetic resonance

2016-07-11 发布　　2017-01-01 实施

中华人民共和国工业和信息化部　发布

前 言

本标准按照 GB/T 1.1—2009 给出的规则起草。

本标准由中国石油化工集团公司提出。

本标准由全国塑料标准化技术委员会石化塑料树脂产品分会（SAC/TC15/SC1）归口。

本标准负责起草单位：中国石油化工股份有限公司北京燕山分公司树脂应用研究所。

本标准参加起草单位：中国石油化工股份有限公司北京化工研究院、中国石油天然气股份有限公司石油化工研究院、河北工业大学化工学院、青岛出入境检验检疫局。

本标准主要起草人：王灵肖、侯莉萍、田炳全、卜少华、张惠欣、张耀月、高建国。

塑料 乙烯-丙烯共聚聚丙烯单体含量及序列结构分析 碳-13核磁共振波谱法

警告：本标准的使用者应熟知所采用的实验室规范。本标准的溶解处理必须在通风橱里进行。本标准没有声明所有的安全因素，如果还有，要综合考虑。本标准的使用者有责任在使用前建立适当的保障人身安全的措施并确定这些规章制度的适用性。

1 范围

本标准规定了以乙烯为共聚单体的共聚聚丙烯单体含量及其主要分子链序列结构的分析方法，样品包括乙烯-丙烯无规共聚聚丙烯、乙烯-丙烯嵌段共聚聚丙烯。

本标准适用于丙烯单体以头-尾链接的分子链序列结构分析。当共聚物中含有头-头或尾-尾丙烯单体链接的序列结构时，本方法的准确度会受到影响。

2 规范性引用文件

下列文件对于本文件的应用是必不可少的。凡是注日期的引用文件，仅所注日期的版本适用于本文件。凡是不注日期的引用文件，其最新版（包括所有的修改单）适用于本文件。

JY/T 007—1996 超导脉冲傅里叶变换核磁共振谱方法通则

GB/T 6379.2—2004 测量方法与结果的准确度（正确度与精密度） 第2部分：确定标准测量方法重复性与再现性的基本方法

3 原理

自旋量子数 $I \neq 0$ 的原子核在静磁场中受外界适当频率射频波照射时发生核磁共振（NMR）现象。此时，静磁感应强度 B_0、电磁波频率 ν_0（或角频率 ω_0）和被测核旋磁比 γ 之间应满足下面关系：

$$\nu_0 = (1/2\pi) \cdot \gamma B_0 \text{或} \omega_0 = \gamma B_0$$

若用射频脉冲照射，按照脉冲的频谱关系，可使不同化学环境的原子核同时发生共振，检测器收集到一个随时间衰减的干涉信号，称为自由感应衰减信号（FID），该信号经过傅里叶变换，得到该核的 NMR 谱图。通过对谱图的解析，便能获得该样品有关的结构信息。

乙烯-丙烯共聚聚丙烯溶解在适宜的溶剂中，在高温下采集核磁共振碳谱，记录谱图。各不同化学环境的碳原子核磁共振响应不同，综合分析分子链中各类碳原子的核磁共振响应，解析谱图确定乙烯-丙烯共聚聚丙烯分子链序列结构。

4 术语和定义

JY/T 007—1996 界定的以及下列术语和定义适用于本文件。

4.1

化学位移 chemical shift

在核磁共振中表示样品信号峰的位置，一般是用信号峰和参比物信号峰之间的相对位置，以 ppm 表示。它反映核外电子对核的屏蔽作用的大小。

4.2

分子链碳原子标记　designation of molecular chain carbons

本标准中对碳的标记定义采用Carman方法[1]，并做了少量修改，即用S、T和P分别表示共聚物中的二级（仲）碳原子、三级（叔）碳原子和一级（伯）碳原子。

各类碳标记由其在主链各方向上的最邻近三级碳原子的相对位置标示，两者之间的距离由近及远，依次标记为α、β、γ……；每个方向用一个独立的字母进行定位与标记，即：一个碳原子用一对希腊字母表示。如$S_{\alpha\gamma}$表示一个二级碳原子到一个三级碳原子的距离是α，而到另一个三级碳原子的距离是γ；在$S_{\alpha\delta}$等的名称中的δ表示该碳原子到分子链一端最近的三级碳原子的距离是四个碳原子或四个碳原子以上，以此类推。

5　仪器和材料

5.1　核磁共振波谱仪

超导脉冲傅里叶变换核磁共振谱仪，磁场强度至少2.35 T。

5.2　样品管

外径ϕ10 mm，ϕ5 mm。

5.3　天平

精度为1 mg。

5.4　恒温浴

温度能控制在130 ℃~150 ℃。

6　试剂

氘代邻二氯苯，分析级。

注：可使用分析级邻二氯苯或1,2,4-三氯苯，加入质量分数20%的分析级氘代邻二氯苯或氘代对二氯苯配制而成。

7　仪器参数

根据不同仪器设置满足试验的参数，其主要参数按以下设置：

a）脉冲角度：90°；

b）脉冲间隔时间：10 s；

注：根据实际情况可减低脉冲角度，减少脉冲间隔时间，如脉冲角度：30°，脉冲间隔时间：3 s。

c）试验温度：120 ℃~130 ℃；

d）信噪比：2000：1；

注1：对目标样核磁谱图，其信噪比定义以21.8 ppm（甲基）位置峰信号强度除以化学位移50 ppm~70 ppm范围内噪音峰值的2.5倍，信噪比计算允许使用相应的软件程序。

注2：只要能获得良好的核磁谱图质量，根据样品实际情况，可适当增减信噪比。

e）扫描宽度：175 ppm；

f）射频中心频率（F1）：50 ppm~55 ppm；

g）窗函数（指数函数）线增宽因子：2 Hz；

h）脉冲宽度：小于 P 值，按式（1）计算 P 值：

$$P=\frac{1}{4w} \tag{1}$$

式中：

P——脉冲宽度，单位为 s；

w——扫描宽度，单位为 Hz。

i）去偶方式：质子全去偶。

8 试验步骤

8.1 称取约 375 mg 样品于 ϕ10 mm 样品管（5.2）中，加入 2.5 mL 试剂（6）或称取约 75 mg 样品于 ϕ5 mm 样品管（5.2）中，加入 0.5 mL 试剂（6）。

注：只要能满足第 7 章 d）所要求的信噪比，样品浓度可以根据仪器磁场强度的不同而有所变化。

8.2 将加入试样的样品管置于 130 ℃～150 ℃恒温浴内 3 h～4 h，使溶液分散均匀。

注：为避免样品降解，只要能使溶液分散均匀，尽量使用低温、短时溶解。

8.3 按第 7 章设置仪器参数。

8.4 将制备好的样品管放入核磁共振波谱仪，在试验温度下稳定 10 min～15 min。

8.5 记录图谱，将 10 ppm～50 ppm 范围内谱峰准确积分。

8.6 每份试样按步骤（8.1）～步骤（8.5）进行两次平行测定。

注：如果增加样品的试验次数，且获得第 7 章 d）要求的信噪比，样品处理和信号采集过程将导致试验时间较长，因此本标准进行单次试验得到结果也是可以接受。

9 结果计算

9.1 按附录 A 第 A.1 章进行适当区域积分。

9.2 按附录 A 第 A.2 章公式，代入相应的积分值，计算单体以及各序列结构摩尔分数。

9.3 如有要求，可以按附录 A 第 A.3 章公式计算乙烯、丙烯单体质量分数。

9.4 测试结果取两次测定结果的算术平均值，以百分数表示，结果修约至小数点后一位。

10 精密度

因为实验室的数量不够，尚未获得按 GB/T 6379.2—2004 规定的试验室间的数据。

11 试验报告

试验报告应包括以下内容：

a）注明使用本标准；

b）试验日期和试验人员；

c）试验样品的完整标识；

d）试验仪器型号、探头直径、仪器参数；

e）试验试剂、溶解温度；

f）核磁试验温度；

g）测试结果（必要时附图）。

附 录 A
(规范性附录)
乙烯-丙烯共聚聚丙烯积分区域及单体含量和序列结构分析

A.1 乙烯-丙烯共聚聚丙烯适当的积分区域

表 A.1 乙烯-丙烯共聚聚丙烯谱图分析归属[2][3][4]

化学位移/ppm	碳原子	归属序列	备注
47.5~44.5	$S_{\alpha\alpha}$	PP	PPPP、PPPE、EPPE
38.5~37.8	$S_{\alpha\gamma}$	PEP	PPEP、EPEP
37.6~37.5	$S_{\alpha\delta}$	P $(E)_{n\geqslant 2}$P	PPEE、EPEE
33.2	$T_{\delta\delta}$	EPE	
30.8~30.9	$T_{\beta\delta}$、$S_{\gamma\gamma}$	PPE、PEEP	EPP、PEEP
30.4	$S_{\gamma\delta}$	P $(E)_{n\geqslant 3}$ P	
29.9	$S_{\delta\delta}$	EEEE、EEE	
28.9	$T_{\beta\beta}$	PPP	
28.0~27.0	$S_{\beta\delta}$	P $(E)_{n\geqslant 2}$ P	
24.9~24.0	$S_{\beta\beta}$	PEP	
21.8~21.0	$P_{\beta\beta}$	PPP	
20.9~20.2	$P_{\beta\delta}$	PPE $PPP_{(mr)}$	
19.9	$P_{\delta\delta}$	EPE $PPP_{(rr)}$	

A.2 共聚聚丙烯组分摩尔分数计算

以下计算公式中 $S_{\alpha\alpha}$、$S_{\alpha\gamma}$、$S_{\alpha\delta}$、$T_{\beta\beta}$、$T_{\beta\delta}$ 等各符号分别对应表 A.1 中相应的不同类型的碳所对应的各区域积分面积。

丙烯摩尔分数 P:

$$P=\frac{P'}{P'+E'}\times 100\% \tag{A.1}$$

其中:

$$P'=S_{\alpha\alpha}+\frac{1}{2}\left(S_{\alpha\gamma}+S_{\alpha\delta}\right) \tag{A.2}$$

$$E'=\frac{1}{2}\left[S_{\delta\delta}+S_{\alpha\delta}+S_{\alpha\gamma}+\frac{1}{2}\left(S_{\gamma\delta}+S_{\beta\delta}+S_{\alpha\delta}\right)\right] \tag{A.3}$$

乙烯摩尔分数 E:

$$E=\frac{E'}{P'+E'}\times 100\% \tag{A.4}$$

PP 序列摩尔分数：

$$PP=\frac{S_{\alpha\alpha}}{P'+E'}\times100\% \tag{A.5}$$

PE 序列摩尔分数：

$$PE=\frac{S_{\alpha\gamma}+S_{\alpha\delta}}{P'+E'}\times100\% \tag{A.6}$$

EE 序列摩尔分数：

$$EE=\frac{(S_{\beta\delta}+S_{\delta\delta}+S_{\gamma\delta}/2)\ /2}{P'+E'}\times100\% \tag{A.7}$$

PPP 序列摩尔分数：

$$PPP=\frac{P\times T_{\beta\beta}}{T_{\beta\beta}+T_{\beta\delta}+T_{\delta\delta}} \tag{A.8}$$

PPE 序列摩尔分数：

$$PPE=\frac{P\times T_{\beta\delta}}{T_{\beta\beta}+T_{\beta\delta}+T_{\delta\delta}} \tag{A.9}$$

由于 $T_{\beta\delta}$与 $S_{\gamma\gamma}$ 谱峰重叠，$S_{\gamma\gamma}$ 的积分面积可用式（A.10）计算后去除。

$$S_{\gamma\gamma}=\frac{1}{2}\ (S_{\beta\delta}-S_{\gamma\delta}) \tag{A.10}$$

EPE 序列摩尔分数：

$$EPE=\frac{P\times T_{\delta\delta}}{T_{\beta\beta}+T_{\beta\delta}+T_{\delta\delta}} \tag{A.11}$$

EEE 序列摩尔分数：

$$EEE=\frac{(S_{\delta\delta}+S_{\gamma\delta}/2)\ /2}{P'+E'}\times100\% \tag{A.12}$$

EEP 序列摩尔分数：

$$EEP=\frac{S_{\alpha\delta}}{P'+E'}\times100\% \tag{A.13}$$

PEP 序列摩尔分数：

$$PEP=\frac{S_{\alpha\gamma}/2}{P'+E'}\times100\% \tag{A.14}$$

注：由于核磁共振波谱技术的特点，分子链上同一序列结构可由谱图中不同化学位移的谱峰（即不同位置的碳原子）共同归属，因此序列结构的计算方法比较复杂，不同研究者有不同的思考方式及计算方法[2][3][4][5]，因此其计算方法不唯一。理论上分子链各序列结构间应该满足必然关系，即[P]=[PP]+[PE]/2；[E]=[EE]+[PE]/2；以及[P]=[PPP]+[PPE]+[EPE]；[E]=[EEE]+[EEP]+[PEP]；[PPP]+[PPE]/2=[PP]；[PPE]+2[EPE]=[PE]；[EEE]+[PEE]/2=[EE]；[PEE]+2[PEP]=[PE]等一系列关系[5]。本标准推荐简明快捷的考量方式，选用特定谱峰来计算序列结构，数据自洽性暂不严格考察。试验过程应尽量减少误差，得到一张质量优良的核磁谱图，以提高分析数据可靠性。

A.3 由乙烯、丙烯摩尔分数转换成质量分数

$$E_w=\frac{28.05\times E}{28.05\times E+42.08\times P}\times100\% \tag{A.15}$$

$$P_w = \frac{42.08 \times P}{28.05 \times E + 42.08 \times P} \times 100\% \qquad (A.16)$$

式中：

E_w——乙烯质量分数；

P_w——丙烯质量分数；

E——乙烯摩尔分数；

P——丙烯摩尔分数。

参 考 文 献

[1] Carman, C. J. , Harrington, R. A. , Wilkes, C. E. , Monomer Sequence Distribution in Ethylene-Propylene Rubber Measured by13C NMR 3. Use of Reaction Probability Model [J]. Macromolecules, 1977, 10: 536-544.

[2] H. N. cheng, ^{13}C NMR Analysis of Erhylene-Propylene Rubbers [J]. Macromolecules, 1984, 17, 1950-1955.

[3] H. N. cheng and D. A. Smith, ^{13}C NMR Studies of Low-Molecular-Weight Erhylene-Propylene Copolymer and Characterization of Polymer Chain Ends [J]. Macromolecules, 1986, 19, 2065-2072.

[4] 肖士镜，余赋生. 烯烃配位聚合催化剂及聚烯烃 [M]，北京：北京工业大学出版社，2002，250-258.

[5] 李三喜，马瑞春，张帆. 乙丙共聚物的^{13}C-NMR 研究 [J]，波谱学杂志，1998，Vol. 15，No. 2，110-116.

[6] Koichi Hatada-Tatsuki Kitayama, NMR Spectroscopy of Polymers [M]. Springer-Verlag Berlin and Heidelberg GmbH&Co. K, 2004, 80-100.

ICS 83.080.20
G 32
备案号：55635-2016

SH

中华人民共和国石油化工行业标准

SH/T 1801—2016

土工膜用中密度聚乙烯树脂

Medium density polyethylene resins for geomembranes

2016-07-11 发布 2017-01-01 实施

中华人民共和国工业和信息化部 发布

前　言

本标准按照 GB/T 1. 1—2009 给出的规则起草。

本标准由中国石油化工集团公司提出。

本标准由全国塑料标准化技术委员会石化塑料树脂产品分会（SAC/TC15/SC1）归口。

本标准负责起草单位：中国石油化工股份有限公司北京化工研究院。

本标准参加起草单位：中国石油化工股份有限公司茂名分公司、中国石油化工股份有限公司齐鲁分公司、中海壳牌石油化工有限公司、中国石化上海石油化工股份有限公司、北京华盾雪花塑料集团有限责任公司、宜兴市金霸土工合成材料有限公司。

本标准主要起草人：者东梅、朱天戈、岑静芸、张超、谢雯新、吴建东、刘丙伟、陈锡明。

土工膜用中密度聚乙烯树脂

1 范围

本标准规定了土工膜用中密度聚乙烯树脂的要求、试验方法、检验规则、标志及包装、运输和贮存。

本标准适用于土工膜用中密度聚乙烯树脂。

注：土工膜是一种以高分子聚合物为基础原料生产的阻隔型材料。本标准适用的中密度聚乙烯树脂宜加入炭黑母粒和/或抗氧母粒生产土工膜。

2 规范性引用文件

下列文件对于本文件的应用是必不可少的。凡是注日期的引用文件，仅所注日期的版本适用于本文件。凡是不注日期的引用文件，其最新版本（包括所有的修改单）适用于本文件。

GB/T 1033.2—2010 塑料 非泡沫塑料密度的测定方法 第2部分：密度梯度柱法

GB/T 1040.1—2006 塑料 拉伸性能的测定 第1部分：总则

GB/T 1040.3—2006 塑料 拉伸性能的测定 第3部分：薄膜和薄片的试验条件

GB/T 1845.2—2006 聚乙烯（PE）模塑和挤出材料 第2部分：试样制备和性能测定

GB/T 2547—2008 塑料 取样方法

GB/T 2918 塑料试样状态调节和试验的标准环境

GB/T 3682—2000 热塑性塑料熔体质量流动速率和熔体体积流动速率的测定

GB/T 8170 数值修约规则与极限数值的表示和判定

GB/T 9352—2008 塑料 热塑性塑料材料试样的压塑

GB/T 17643—2011 土工合成材料 聚乙烯土工膜

GB/T 19466.6—2009 塑料 差示扫描量热法（DSC）第6部分：氧化诱导时间（等温OIT）和氧化诱导温度（动态OIT）的测定

QB/T 1130—1991 塑料直角撕裂性能试验方法

SH/T 1541—2006 热塑性塑料颗粒外观试验方法

3 要求

土工膜用中密度聚乙烯树脂为本色颗粒，无杂质，技术要求见表1。

表1 土工膜用中密度聚乙烯树脂技术要求

序号	项目		单位	要求
1.1	颗粒外观	黑粒	个/kg	0
1.2		大粒和小粒	g/kg	<10
1.3		蛇皮和拖尾粒	个/kg	<40

表1　土工膜用中密度聚乙烯树脂技术要求（续）

序号	项目	单位	要求
2	密度（梯度柱法）	g/cm^3	0.932~0.942
3	熔体质量流动速率（21.6kg，190℃）	g/10min	1~20
4	拉伸断裂应力	MPa	≥25
5	拉伸屈服应力	MPa	≥15
6	断裂拉伸应变	%	≥700
7	屈服拉伸应变	%	≥12
8	200℃氧化诱导时间	min	≥20
9	拉伸负荷应力开裂（切口恒载拉伸法）	h	≥400
10	直角撕裂强度	N/mm	≥140

4　试验方法

4.1　试验结果判定

试验结果采用修约值比较法，应按 GB/T 8170 规定进行。

4.2　压塑试片的制备

压塑试片按 GB/T 9352—2008 的规定进行。压塑试片的通用条件按 GB/T 1845.2—2006 中 3.3 的规定，具体见表 2。

表2　土工膜用中密度聚乙烯树脂压塑试片制备的通用条件

热压					冷却		
模塑温度 ℃	预热		全压		平均冷却速率 ℃/min	全压压力 MPa	脱模温度 ℃
	压力 MPa	时间 min	压力 MPa	时间 min			
180	接触	5~10	5	5±1	15	5	≤40
使用溢料式模具。							

4.3　试样的状态调节和试验的标准环境

试样的状态调节按 GB/T 2918 的规定进行，状态调节的条件为温度 23℃±2℃，调节时间至少 40h 但不超过 96h。

试验应在 GB/T 2918 规定的标准环境下进行，环境温度为 23℃±2℃、相对湿度为 50%±10%。

4.4　颗粒外观

按 SH/T 1541—2006 中的规定进行。

4.5　密度

用熔体流动速率仪的挤出物作为测定密度的试样，试样表面光滑、无空隙、无毛边。

样条切下后置于冷金属板上，再将样条浸入盛有200mL沸水的烧杯中盖上盖煮沸30min进行退火，然后将该烧杯置于实验室环境下冷却1h，在24h内测定试样的密度。

试验按GB/T 1033.2—2010的规定进行。

4.6 熔体质量流动速率

试验按GB/T 3682—2000中的规定进行。试验条件为G（温度：190℃、负荷：21.6kg）。仲裁时采用A法。

4.7 拉伸性能

试样形状为GB/T 1040.3—2006中的5型试样。试样取自按4.2制备的2.0mm±0.1mm厚的试片，冲切制样。

试样的状态调节按4.3规定进行。

试验按GB/T 1040.3—2006的规定进行。断裂拉伸应变和屈服拉伸应变以原始标距25mm为计算依据。试验速度50mm/min±5mm/min。

注：GB/T 1040.1—2006中的断裂拉伸应变是指试样未发生屈服而断裂时，与断裂应力相对应的拉伸应变，本标准中的断裂拉伸应变是试样在屈服后断裂时，与断裂应力相对应的拉伸应变。

4.8 氧化诱导时间

试样为用熔体流动速率仪的挤出物作为测定氧化诱导时间的试样，试样光滑、无空隙、无毛边。

试验按GB/T 19466.6—2009的规定进行。试验使用铝坩埚。试验温度为200℃。

4.9 拉伸负荷应力开裂（切口恒载拉伸法）

试样的制备和试验按GB/T 17643—2011附录D的规定进行。试样取自按4.2制备的2.0mm±0.1mm厚的试片，冲切制样。试样数量为5个。

试样的状态调节按4.3规定进行。

4.10 直角撕裂强度

试样形状按QB/T 1130—1991中5.1规定。试样取自按4.2制备的2.0mm±0.1mm厚的试片，冲切制样。

试样的状态调节按4.3规定进行。

试验按QB/T 1130—1991的规定进行，试验速度为50mm/min±5mm/min。

5 检验规则

5.1 检验分类与检验项目

土工膜用中密度聚乙烯树脂的检验分为型式检验和出厂检验两类。

表1中的所有项目为型式检验项目。出厂检验至少应包括颗粒外观、密度、熔体质量流动速率、拉伸屈服应力、拉伸断裂应力、屈服拉伸应变、断裂拉伸应变和氧化诱导时间。

5.2 组批规则与抽样方案

5.2.1 组批规则

土工膜用中密度聚乙烯树脂以同一生产线上、相同原料、相同工艺所生产的同一牌号的产品组批，生产厂也可按一定生产周期或储存料仓的产品为一批。

产品以批为单位进行检验和验收。

5.2.2 抽样方案

土工膜用中密度聚乙烯树脂可在料仓的取样口抽样，也可根据生产周期等实际情况确定具体的抽样方案。

包装后的取样应按 GB/T 2547—2008 规定进行。

5.3 判定规则和复验规则

5.3.1 判定规则

土工膜用中密度聚乙烯树脂应由生产厂的质量检验部门按照本标准规定的试验方法进行检验，依据检验结果和技术要求对产品作出质量判定，并提出证明。

产品出厂时，每批产品应附有产品质量检验合格证。合格证上应标明产品名称、牌号、批号、执行标准，并盖有质检专用章。

5.3.2 复验规则

检验结果若某项指标不符合本标准要求时，应重新取样对该项目进行复验。以复验结果作为该批产品的质量判定依据。

6 标志

土工膜用中密度聚乙烯树脂产品的外包装袋上应有明显的标志。标志内容包括：商标、生产厂名称和厂址、标准号、产品名称、牌号、生产日期、批号和净含量等。

7 包装、运输和贮存

7.1 包装

土工膜用中密度聚乙烯树脂可用 FFS 重载膜或其他包装形式包装。包装材料应保证在运输、码放和贮存时不污染泄漏。

每袋产品净含量可为 25kg 或其他。

7.2 运输

土工膜用中密度聚乙烯树脂为非危险品。在运输和装卸过程中不应使用铁钩等锐利工具，不应抛掷。运输工具应保持清洁、干燥并备有厢棚或苫布。运输时不应与沙土、碎金属、煤炭及玻璃等混合装运，更不应与有毒及腐蚀性或易燃物混装；不应在阳光下暴晒或雨淋。

7.3 贮存

土工膜用中密度聚乙烯树脂应贮存在通风、干燥、清洁并保持有良好消防设施的仓库内。贮存时，应远离热源，并防止阳光直接照射，不应在露天堆放。

土工膜用中密度聚乙烯树脂应有贮存期的规定，一般从生产之日起，不超过 12 个月。

ICS 83.080.20
G 31

SH

中华人民共和国石油化工行业标准

SH/T 1816—2017

塑料　聚乙烯中甲基（共聚单体）含量的测定　红外光谱法

Plastics—Determination of methyl (comonomer) content in polyethylene—Infrared spectrophotometry

2017-07-07 发布　　2018-01-01 实施

中华人民共和国工业和信息化部　发布

前　言

本标准按照GB/T 1.1—2009给出的规则起草。

本标准由中国石油化工集团公司提出。

本标准由全国塑料标准化技术委员会石化塑料树脂产品分技术委员会（SAC/TC15/SC1）归口。

本标准负责起草单位：中国石油化工股份有限公司齐鲁分公司研究院。

本标准参加起草单位：山东出入境检验检疫局、中国石油化工股份有限公司北京燕山分公司树脂应用研究所、中国石油天然气股份有限公司石油化工研究院、中国石油化工股份有限公司茂名分公司研究院。

本标准主要起草人：侯斌、邓可、程志凌、陈仕兵、苏旭、高建国、黄鹤柳、李荣波、蔡霞、易沁桦。

塑料　聚乙烯中甲基（共聚单体）含量的测定　红外光谱法

警示：使用本标准的人员应有正规实验室工作的实践经验。本标准并未指出所有可能的安全问题。使用者有责任采取适当的安全和健康措施，并保证符合国家有关法规规定的条件。

1　范围

1.1　本标准规定了用红外光谱法测定聚乙烯中甲基（即共聚单体）含量的通用方法。

1.2　本标准适用于密度大于 900 kg/m^3 的乙烯与 1-丁烯、1-己烯或 1-辛烯的共聚物，不适用于高压低密度聚乙烯（PE-LD）及三元共聚物。

2　规范性引用文件

下列文件对于本文件的应用是必不可少的。凡是注日期的引用文件，仅所注日期的版本适用于本文件。凡是不注日期的引用文件，其最新版本（包括所有的修改单）适用于本文件。

GB/T 6379.2—2004　测量方法与结果的准确度（正确度与精密度）第 2 部分：确定标准测量方法重复性与再现性的基本方法

GB/T 8322—2008　分子吸收光谱法 术语

GB/T 21186—2007　傅立叶变换红外光谱仪

JB/T 6779—1993　红外分光光度计

3　术语和定义

GB/T 8322—2008 界定的以及下列术语和定义适用于本文件。

3.1

共聚单体 comonomer

α-烯烃单体。本文件中所指的共聚单体仅为 1-丁烯、1-己烯和 1-辛烯。

4　方法概述[1][2][3]

4.1　在 1377 cm^{-1} 和 1379 cm^{-1} 之间的峰归属于—CH_3 基团变形振动。在约 772 cm^{-1}（支链上亚甲基摇摆振动）、895cm^{-1}（甲基摇摆振动）和 785cm^{-1}（支链上亚甲基摇摆振动）处的吸收峰分别表征了乙基（即丁烯共聚物）、丁基（即己烯共聚物）和己基（即辛烯共聚物）支链。

4.2　该测试方法基于压片样品在 1378 cm^{-1} 处的红外吸收来测定聚乙烯共聚物中甲基（即共聚单体）的含量。必须已知共聚单体类型，并且分析前须绘制校正曲线[3]。若共聚单体类型未知，可分别用 772 cm^{-1}、895 cm^{-1}、785 cm^{-1} 处的吸收峰来表征乙基（每 1000 个碳中至少 1 个支链）、丁基（每 1000 个碳中至少约 5 个支链）以及己基（每 1000 个碳中至少约 5 个支链）支链。也可通过 ^{13}C NMR 波谱法获得更灵敏、更明确的鉴定，该技术还可作为基准技术为绘制工作曲线提供标准聚合物。

注 1： 鉴定共聚单体时，为获得最佳灵敏度，推荐使用红外光谱图的二阶导数进行观察。

注 2： 大多数着色剂的存在会对本方法产生干扰。辅助抗氧剂三（2,4-二叔丁基苯基）亚磷酸酯在 768 cm^{-1} 处的吸收会影响低支链含量时（通常每1000个碳中支链数≤5个）乙基的定性。

注3：当亚乙烯基在888 cm^{-1} 处吸收峰的相对强度较高时，会影响己烯共聚物在895 cm^{-1} 处吸收峰的识别。

5 仪器和材料

5.1 红外光谱仪，双光路色散型或傅立叶变换型（FTIR）。

5.1.1 色散型红外光谱仪，光谱带宽能达到4 cm^{-1}，并具有在波数轴上进行刻度扩展的能力。

5.1.2 傅立叶变换红外光谱仪，分辨率能达到4 cm^{-1}，并具有在波数轴上进行刻度扩展的能力。

5.2 模压机，模板可加热到180℃。

5.3 两块金属板，150 mm ×150 mm 或更大，0.5 mm 厚（或直径约40 mm，0.5 mm 厚），表面光滑。

5.4 铜垫片，约75 mm ×75 mm，0.3 mm 厚，中间开孔尺寸至少为25 mm×38 mm；或两个小铜垫片，约10 mm ×5 mm，0.3 mm 厚。

5.5 测微计（可选件），刻度为0.001 mm。

5.6 薄膜支架，开孔尺寸至少6 mm×27 mm，用于红外光谱仪中试样的固定

5.7 聚对苯二甲酸乙二酯（PET）膜、铝箔或亚光聚四氟乙烯-玻纤片。

注：也可用红外光谱仪配套的制膜机及试样厚度可控制在0.3 mm、直径至少20 mm的模框取代5.3两金属板、5.4中较大尺寸的铜垫片。

6 试样制备

警示：在试样制备过程中接触热压模板时须佩戴合适的手套以防烫伤。

6.1 将模压机预热到高于聚合物熔点约50℃。

6.2 在一所选材料的薄片（见5.7）上放一0.3 mm 厚的铜垫片，加入适量聚合物，使其在压制过程中能完全充满垫片的腔体，再将另一薄片置于其上。

6.3 将上述薄片、铜垫片及聚合物组件，置于两金属板（见5.3）之间。

6.4 将该套模压组件插入压机模板中并略施压力。

6.5 预热约30 s。在高于聚合物熔点约50 ℃下保持该压力1 min或直到多余的物料溢出。

6.6 停止加热，打开冷却水，带压急冷至50 ℃以下（或冷却至可用手移去模板）。

6.7 选择洁净的样片进行红外分析。为防止谱图中有干涉条纹，样片表面必须有轻微褶皱。

注1：当使用铝箔时，将亚光面接触聚合物，使制得的薄膜样品上产生纹理，可减少红外谱图中干涉条纹的影响

注2：当使用红外光谱仪配套的热压制膜机压制直径20mm的试样时，可将模框放在下加热模板上，在两聚酯膜或铝箔之间放入样品，并把聚酯膜或铝箔连同样品放在上下加热模板之间。此时，若需制备直径>30mm的试样，可将最小厚度（<0.015mm）的模框反扣在下加热模板上，使其成为一平面，将两小铜垫片放在两聚酯膜之间的两侧，并将样品放在铜垫片之间，然后将该聚酯膜组合放在上下加热膜板之间的两金属板内。

7 试验步骤

7.1 谱图采集

7.1.1 将聚合物样片放入红外光谱仪中。

7.1.2 将红外光谱仪控制条件设定为信噪比佳、光谱分辨率（带宽）为4 cm^{-1} 的定量测试条件。对于FTIR，应使用定量性能好的截趾函数（已证明Beer-Norton medium和Happ-Genzel函数较适用）。

7.1.3 记录4000 cm^{-1} ~500 cm^{-1} 的红外谱图。

7.2 谱图处理

7.2.1 测量 1378 cm^{-1} ~ 1379 cm^{-1} 之间一固定波数处的吸光度值（不是必须在 1378 cm^{-1} 峰的峰尖处）。基线应为处于 1400 cm^{-1} ~ 1330 cm^{-1} 之间的峰谷连线（见附录 A 中图 A.1）。

7.2.2 测量 2019 cm^{-1} 处合频峰峰面积（见附录 A 中图 A.1）。基线及积分极限应设为峰两侧谷底之间（通常在 1980 cm^{-1} ~ 2100 cm^{-1} 之间）。

注：有些软件包具有可设定的宏指令，可自动并持续不断地进行数据处理。

7.3 校准及工作曲线绘制[4][5]

7.3.1 校准

本方法可采用以下两种方式进行校准：用 1378 cm^{-1} 峰处吸光度与 2019 cm^{-1} 处亚甲基合频吸收峰面积的比值（即厚度内标法校准），与通过^{13}C NMR 波谱法测定的每 1000 个碳原子中支链数的关系图校准；用 1378 cm^{-1} 峰处吸光度与试样厚度与密度[6][7] 之积的比值，与通过^{13}C NMR 波谱仪测定的每 1000 个碳原子中支链数的关系图校准。尽管上述两种方法可得到相同的结果，但因厚度内标法校准显然更易操作，因此推荐使用厚度内标法进行校准。

注 1：1368 cm^{-1} 处—CH_2—摇摆振动吸收峰与 1378 cm^{-1} 处甲基吸收峰重叠，但在本测试方法中不会引起明显干扰，因为其吸收强度受共聚单体含量的影响不明显，而受试样厚度的影响显著。若不对该重叠进行修正，则校正曲线在纵坐标上的截距为正值（见 7.3）。另一在 1352 cm^{-1} 处的—CH_2—摇摆振动吸收峰与 1378cm^{-1} 峰没有明显重叠。

注 2：因低分子量碳氢化合物所含端甲基在 1378 cm^{-1} 处的吸收，会使所测结果偏高。

7.32 工作曲线绘制

至少需要 5 个（最好是 10 个左右）已知共聚单体含量的标准聚合物，计算 1378 cm^{-1} 处的吸光度（A）（见 7.2.1）和 2019 cm^{-1} 处的合频峰峰面积（S）（见 7.2.2）的比值，并用 A_{1378}/S_{2019} 对每 1000 个碳中支链数（N）作图。

线性回归拟合得到的纵坐标截距（为 1368 cm^{-1}—CH_2—摇摆吸收和主链上—CH_3 端基吸收的吸光度之和）应为正值，R^2值应优于 0.98。根据式（1）朗伯-比尔定律：

$$\frac{A_{1378}}{S_{2019}}=aN+b \qquad (1)$$

式中：

A_{1378}——聚乙烯中甲基在 1378 cm^{-1} 处的吸光度；

S_{2019}——聚乙烯中亚甲基在 2019 cm^{-1} 处合频吸收峰的面积；

a ——回归直线的斜率；

b ——纵坐标上的截距；

N ——每 1000 个碳中的支链数，单位为个。

尽管回归直线的斜率略受 1378cm^{-1} 吸收峰处波数确切值的影响，但应接近下列值：

a_b（丁烯共聚单体）= 0.009

a_h（已烯共聚单体）= 0.008

a_o（辛烯共聚单体）= 0.007

注 1：已证实上述推荐的“厚度内标校正”法与工作量更大的方法，即测量试样的厚度（b，精确到 0.01mm）和密度（d），并以 $A_{1378}/(b\times d)$ 对 N 作图，所得结果相同。

注 2：不需按 ASTM D2238 方法中所述，用均聚聚乙烯样品进行楔形补偿或光谱差减[4]。

7.4 结果计算

测得经厚度校正的吸光度值后，用适当的校正点得到的回归直线方程计算每1000个碳中的支链数（N）（见7.3）。应确保所得结果在标准曲线的高、低限内。聚乙烯中共聚单体含量 $c(\mathrm{wt})$ 和 $c(\mathrm{mol})$ 按式（2）和式（3）计算，分别以质量分数和摩尔分数表示。

$$c(\mathrm{wt}) = 100 \cdot \frac{N \cdot M_{\mathrm{com}}}{N \cdot M_{\mathrm{com}} + \frac{(1000-2N)}{2} \cdot 28} \quad \cdots\cdots (2)$$

$$c(\mathrm{mol}) = 100 \cdot \frac{\frac{c(\mathrm{wt})}{M_{\mathrm{com}}}}{\frac{c(\mathrm{wt})}{M_{\mathrm{com}}} + \frac{100-c(\mathrm{wt})}{28}} \quad \cdots\cdots (3)$$

式中：

N ——聚乙烯每1000个碳中的支链数，单位为个；

M_{com}——α-烯烃共聚单体的相对分子质量。

8 精密度

8.1 本部分由一家实验室统一制备试样，再发放到10个实验室进行测试，并按照GB/T 6379.2—2004计算了本方法的精密度，用 r 和 R 表征，数据见附录B。表B.1中数据只是有限的试验结果，并不能覆盖所有材料、批号、试验条件及实验室，因此，严格地说，不能将其视为判别接受或拒收的依据。

8.2 重复性限（r）——在重复性试验条件下（即：由同一个操作者、在同一天、用同一台设备对相同材料进行的两次测试结果进行比较）所得两次测试结果，如果两值之差大于 r 值，则认为两个结果不一致。其中，$r=2.8s_{\mathrm{r}}$。

8.3 再现性限（R）——在再现性试验条件下（即：由不同的操作者、用不同的设备、在不同的实验室对相同材料进行的两次测试结果进行比较）所得两次测试结果，如果两值之差大于 R 值，则认为两个结果不一致。其中，$R=2.8s_{\mathrm{R}}$。

任何重复性和再现性的判定都有接近95%的置信概率。

9 试验报告

试验报告应包括以下内容：

a）注明使用本标准；

b）试验样品的详细信息，如名称、生产厂家、批次及样品物态；

c）测试日期；

d）各样品中每1000个碳中的支链数或甲基基团数（N），和/或共聚单体含量，$c(\mathrm{wt})$ 或 $c(\mathrm{mol})$；

e）测试过程中所观察到的任何样品或谱图方面的异常。

附　录　A
(资料性附录)
聚乙烯 FTIR 谱图

聚乙烯的 FTIR 示意图见图 A.1。

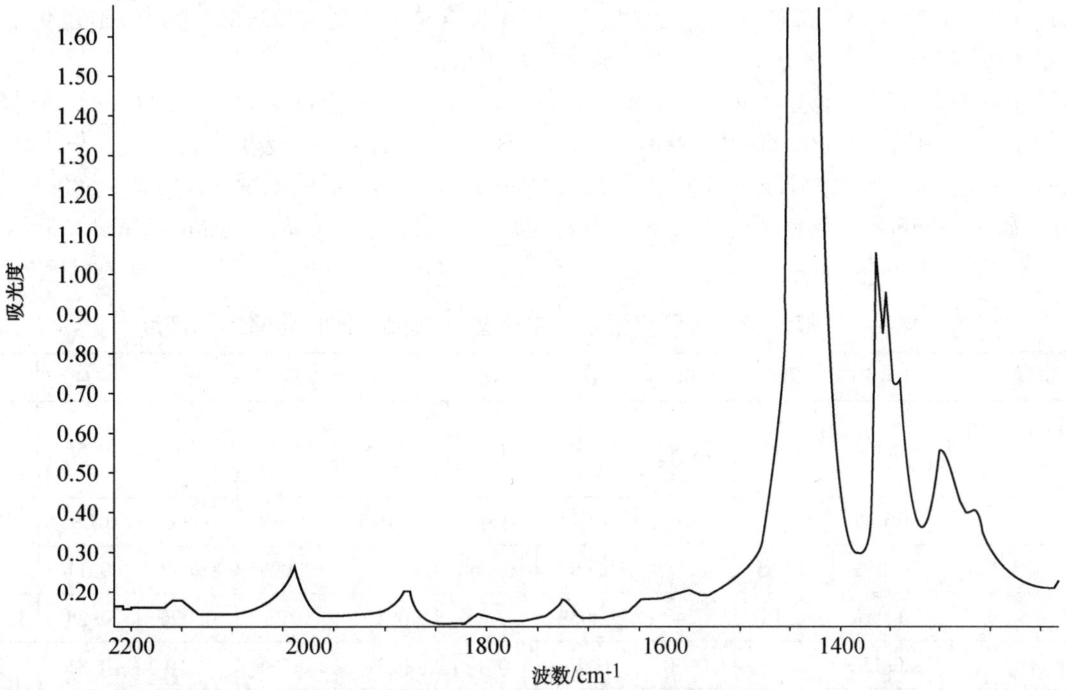

图 A.1　每 1000 个碳中含有 19 个支链的乙烯-丁烯共聚物 FTIR 谱图（2200 cm^{-1}~1200 cm^{-1}）

附 录 B
(资料性附录)
红外光谱法测定聚乙烯中甲基(共聚单体)含量的精密度数据

本标准给出了乙烯-丁烯共聚物B1、B3、B6,乙烯-己烯共聚物H1、H2、H4、H6,乙烯-辛烯共聚物O1、O4、O7十个聚乙烯样品的支链含量、共聚单体含量精密度试验结果。除了H1在9个实验室进行了精密度试验外,其余样品均在10个实验室进行了精密度试验。

试验条件如下:试样厚度0.3mm、试样直径大于30mm、压片温度170℃~180℃、预热时间30s、保压时间1min、用循环水制冷机带压冷却至50℃以下;红外光谱采集为透射定量模式、分辨率$4cm^{-1}$、扫描次数32次、截趾函数为Happ-Genzel或Beer-Norton medium、谱图范围$4000cm^{-1}$~$500cm^{-1}$;分别以1000个碳中的支链数核磁结果与A_{1378}/S_{2019}作标定曲线、确定定量方程。具体的精密度试验结果见表B.1。

表B.1 红外光谱法测定聚乙烯中甲基(共聚单体)含量的精密度

试样	B1	B3	B6	H1	H2	H4	H6	O1	O4	O7
每1000个碳中的支链数N/个	0.83	4.94	21.90	0.39	1.59	3.95	11.83	2.61	9.55	15.26
s_r	0.020	0.053	0.17	0.021	0.060	0.045	0.098	0.034	0.085	0.16
s_R	0.046	0.065	0.18	0.097	0.060	0.087	0.099	0.037	0.11	0.16
r	0.057	0.15	0.48	0.059	0.17	0.13	0.28	0.096	0.24	0.45
R	0.13	0.18	0.50	0.27	0.17	0.24	0.28	0.10	0.31	0.45
共聚单体含量,c(mol)/%	0.17	1.00	4.58	0.078	0.32	0.80	2.48	0.53	2.02	3.36
s_r	0.0041	0.011	0.037	0.0043	0.012	0.0094	0.022	0.0063	0.019	0.045
s_R	0.0093	0.013	0.039	0.019	0.012	0.018	0.022	0.0065	0.026	0.045
r	0.011	0.031	0.10	0.012	0.034	0.026	0.060	0.018	0.053	0.13
R	0.026	0.037	0.11	0.054	0.034	0.051	0.060	0.018	0.072	0.13

参 考 文 献

[1] ASTM D6645-01（2010）Standard Test Method for Methyl（Comonomer）Content in Polyethylene by Infrared Spectrophotometry

[2] GB/T 32198—2015 红外光谱定量分析技术通则

[3] GB/T 6040—2002 红外光谱分析方法通则

[4] ASTM D2238-92（2012）Standard Test Methods for Absorbance of Polyethylene Due to Methyl Groups at 1378cm^{-1}

[5] ASTM D5576-00（2013）Standard Practice for Determination of Structural Features in Polyolefins and Polyolefin Copolymers by Infrared Spectrophotometry（FTIR）

[6] GB/T 1033.1—2008 塑料 非泡沫塑料密度的测定 第1部分：浸渍法、液体比重瓶法和滴定法

[7] GB/T 1033.2—2010 塑料 非泡沫塑料密度的测定 第2部分：密度梯度柱法

ICS 83.080.20
G 32

SH

中华人民共和国石油化工行业标准

SH/T 1817—2017

塑料　瓶用聚对苯二甲酸乙二酯（PET）树脂中残留乙醛含量的测定　顶空气相色谱法

Plastics—Determination of residual acetaldehyde in polyethylene terephthalate (PET) resin for bottles—Headspace gas chromatography

2017-07-07 发布　　2018-01-01 实施

中华人民共和国工业和信息化部　发布

前　言

本标准按照 GB/T 1.1—2009 给出的规则起草。

本标准由中国石油化工集团公司提出。

本标准由全国塑料标准化技术委员会石化塑料树脂产品分会（SAC/TC15/SC1）归口。

本标准负责起草单位：中国石化仪征化纤有限责任公司

本标准参加起草单位：青岛出入境检验检疫局。

本部分主要起草人：陈锦国、高建国、龚柳柳、孙卓军、李红华。

塑料　瓶用聚对苯二甲酸乙二酯（PET）树脂中残留乙醛含量的测定　顶空气相色谱法

1　范围

本标准规定了用顶空气相色谱法测定瓶用聚对苯二甲酸乙二酯（PET）树脂中残留乙醛含量的方法。

本标准适用于瓶用聚对苯二甲酸乙二酯（PET）树脂中残留乙醛含量的测定。

聚对苯二甲酸乙二酯（PET）树脂中乙醛测定范围为 0.1 μg/g~4 μg/g。

2　原理

将样品粉碎，称取一定粒径的粉末，置于密闭容器和一定温度下，样品释放出残留的乙醛。达到平衡后，将密闭容器上部的气体部分导入气相色谱柱，将乙醛与其他组分进行分离，用氢火焰离子化检测器检测，以外标法定量计算样品中释放出的乙醛含量。

3　规范性引用文件

下列文件对于本文件的应用是必不可少的。凡是注日期的引用文件，仅所注日期的版本适用于本文件。凡是不注日期的引用文件，其最新版本（包括所有的修改单）适用于本文件。

GB/T 601　化学试剂 标准滴定溶液的制备

GB/T 6682　分析实验室用水规格和试验方法

GB/T 8170　数值修约规则与极限数值的表示和判定

4　试剂和材料

除非另有说明，在分析中仅使用分析纯的试剂和 GB/T 6682 规定的三级水或相当纯度的水。

4.1　乙醛：色谱纯，或浓度为 1 mg/mL 及其他已知浓度的乙醛水溶液。

4.2　氮气：纯度不低于 99.99%。使用前应用脱水装置、硅胶、分子筛或活性炭等进行净化处理。

4.3　氢气：纯度不低于 99.8%。使用前应用脱水装置、硅胶分子筛或活性炭等进行净化处理。

4.4　空气：应无腐蚀性杂质。使用前需进行脱水、脱油处理。

5　仪器

5.1　气相色谱仪：配备氢火焰离子化检测器、填充柱进样口。

5.2　色谱工作站或积分仪。

5.3　顶空进样器。

5.4　色谱柱：玻璃填充柱或不锈钢填充柱，长 2.2 m，内径 6.35 mm，采用聚苯乙烯型多孔性聚合物微球固定相（如 Porapak-Q），也可使用具有同等分离效果的其他色谱柱。

5.5 冰箱。
5.6 顶空瓶：20 mL，带铝质盖及聚四氟乙烯膜硅橡胶垫。
5.7 封盖器。
5.8 启盖器
5.9 样品粉碎机。
5.10 液氮容器。
5.11 分析天平：精度 0.1 mg。
5.12 微量注射器：10 μL。
5.13 含氟聚合物衬隔膜密封垫玻璃瓶。

6 乙醛标准溶液的制备及贮存

6.1 乙醛标准溶液的配制和标定

按照附录 A 配制乙醛标准溶液，并标定出所配制溶液的浓度。

6.2 乙醛标准溶液的贮存

乙醛标准溶液配制和标定后，应立即向有含氟聚合物衬隔膜密封垫玻璃瓶（5.13）内转移，并让溶液溢出，以消除空气，保证容器内无空隙，然后密封、标识，放入约 4℃ 的冰箱（5.5）中冷藏备用。

注：推荐采用有证乙醛标准溶液，也可采用纯乙醛试剂配制，未开封的乙醛标准水溶液建议保存期限为 3 个月~6 个月。

7 试验步骤

7.1 气相色谱仪的准备

7.1.1 将色谱柱（5.4）的一端与进样口连接，另一端不接检测器，以免柱内的流失物污染检测器。将载气氮气（4.2）的流速调至 24 mL/min。在柱箱温度为 200 ℃条件下，将填充柱在气流中老化 24 h 以上。

7.1.2 气相色谱仪（5.1）的操作条件，在制作标准曲线与测试试样时，除热平衡时间不同外，其余操作条件应完全一致。

7.2 标准工作曲线的绘制

7.2.1 用天平（5.12）分别称量 5 个顶空瓶（记为瓶 a~瓶 e）及瓶盖的质量，精确到 0.1 mg。

分别准确吸取按第 6 章制备的未开封的乙醛标准溶液 0.4 μL、0.8 μL、1.0 μL、1.6 μL、2.0 μL 注入顶空瓶 a~瓶 e 中，用封盖器（5.7）迅速将盖子压紧在顶空瓶上。再次称量每一个顶空瓶的质量。分别计算瓶 a~瓶 e 中乙醛标准溶液的质量。

7.2.2 将装有乙醛标准溶液的顶空瓶 a 放在顶空进样器（5.3）的炉腔中，在 150 ℃下加热 5 min，然后将一定量的热平衡蒸气导入气相色谱仪进行测定。用积分仪（5.2）或其他方法确定其乙醛的峰面积 A_a。按同样的方法确定装有乙醛标准溶液的顶空瓶 b~顶空瓶 e 中乙醛的峰面积 A_b、A_c、A_d 和 A_e。

7.2.3 根据标准溶液的浓度分别计算顶空瓶 a~顶空瓶 e 中乙醛的质量（μg）。以乙醛质量为横坐标，相应的气相色谱峰面积为纵坐标绘制曲线作为标准工作曲线。

7.3 样品测试

7.3.1 将约 50 g 的样品置于装有液氮的液氮容器（5.11）中冷却约 10 min。取出样品后立即用样品粉碎机（5.10）粉碎，将样品全部粉碎成直径 1.0 mm 以下的颗粒，粉碎时间不超过 30 s。

7.3.2 用氮气吹扫顶空瓶，然后在 20 mL 顶空瓶中加入约 0.5 g 的试样，将试样质量记为 m，迅速将称好的试样放入顶空瓶中，用封盖器（5.7）迅速将盖子压紧在顶空瓶上。在整个操作过程中要尽量避免空气进入顶空瓶内。

7.3.3 将盛有试样的顶空瓶放在顶空进样器的炉腔内，加热到 150 ℃并恒温 60 min，然后将试样中释放出的一定量的乙醛热平衡蒸气导入气相色谱仪，按附录 B 给出的条件进行测定。

7.3.4 根据气相色谱图中试样的乙醛峰面积，在标准工作曲线上求出相应的乙醛质量 m_1。

8 结果计算

试样的乙醛含量 A，按公式（1）计算，单位为微克/克（μg/g）。

$$A=\frac{m_1}{m} \qquad (1)$$

式中：

m_1——根据样品峰面积及标准曲线求出的乙醛的质量，单位为微克（μg）；

m——试样的质量，单位为克（g）。

9 结果表述

取两次平行测定的算术平均值作为试验结果，并按 GB/T 8170 规定修约到一位小数。

10 精密度

在同一实验室，由同一操作者使用相同设备，按相同的测试方法，并在短时间内对同一样品相互独立进行测定，在 95%的置信水平下，两次平行测定所得结果的绝对差值不大于这两个测定值的算术平均值的 15%。

附 录 A
(规范性附录)
1 mg/mL 乙醛标准溶液的配制与标定

A.1 试剂和材料

A.1.1 无氧蒸馏水：在容量瓶中加入蒸馏水并向水中吹入氮气，起泡约 20 min，以除去溶解在水中的氧。

A.1.2 亚硫酸氢钠溶液：将 12 g 亚硫酸氢钠溶于 1000 mL 含 50 mL 乙醇的蒸馏水中。

A.1.3 碘溶液（$1/2\ I_2$=0.1 mol/L）：将 12.7 g 碘溶于 1000 mL 含 40 g 碘化钾的蒸馏水中。

A.1.4 硫代硫酸钠标准滴定溶液：$c(Na_2S_2O_3)$ = 0.1 mol/L，按 GB/T 601 中 4.6 的规定配制及标定。

A.1.5 淀粉指示剂：质量分数为 0.2%。

A.1.6 冰水。

A.2 标准溶液配制

A.2.1 在 250 mL 容量瓶中加入一定量的无氧蒸馏水（A.1.1），立即加入约含 250 mg 乙醛的水溶液，塞紧瓶塞，充分混合。

A.2.2 加入无氧蒸馏水（A.1.1）至刻度，充分混合并用氮气吹扫瓶嘴部分。

A.3 乙醛标准溶液浓度的标定

A.3.1 乙醛标准溶液配置后，应在 24 h 内按以下步骤标定其浓度。

A.3.2 向碘量瓶中加入 5.0 mL 亚硫酸氢钠溶液（A.1.2），再加入配置的乙醛标准溶液 5.0 mL。碘量瓶的瓶口用蒸馏水水封。

A.3.3 不断摇动碘量瓶，使乙醛与亚硫酸氢钠在室温下反应 30 min 。

A.3.4 打开碘量瓶，在摇动的同时准确加入 25.0 mL 碘溶液（A.1.3），然后立即用硫代硫酸钠标准滴定溶液（A.1.4）滴定至溶液呈浅黄色时，加入 0.5 mL 淀粉指示剂（A.1.5），继续滴定至蓝色刚好消失为终点。此操作过程碘量瓶始终放置在冰水（A.1.6）中。

A.3.5 在相同条件下，以蒸馏水代替乙醛作空白试验。

A.3.6 计算乙醛标准溶液的浓度

乙醛标准溶液的质量浓度用 ρ 表示，按公式（A.1）计算，单位为毫克/毫升（mg/mL）。

$$\rho=\frac{(V_1-V_0)\times C\times 22.03}{V} \qquad (A.1)$$

式中：

V_1——滴定乙醛溶液时消耗的硫代硫酸钠标准滴定溶液的体积，单位为毫升（mL）；

V_0——空白试验时消耗的硫代硫酸钠标准滴定溶液的体积，单位为（mL）；

C——硫代硫酸钠标准滴定溶液的浓度，单位为（mol/L）；

V——加入乙醛标准溶液的体积，单位为（mL）；

22.03——与 1L 硫代硫酸钠标准滴定溶液($c(Na_2S_2O_3)$ = 1.000 mol/L)相当的以克表示的乙醛的质量。

A.3.7 取试验结果的算术平均值作为测定结果，并按 GB/T 8170 规定修约到两位有效数字。

附 录 B
(资料性附录)
气相色谱仪和顶空进样器推荐操作条件

表 B.1 给出了气相色谱仪的推荐操作条件。

表 B.1 气相色谱仪推荐操作条件

色谱柱温度,℃	150
色谱测试周期时间 , min	10.0
进样口温度,℃	200
检测器温度,℃	200
进样口压力, psi	10
载气流速（N_2）, mL/min	24
进样模式	不分流
检测器空气流量, mL/min	180
检测器氢气流量, mL/min	20
检测器补偿气流量, mL/min	20

表 B.2 给出了顶空进样器的推荐操作条件。

表 B.2 顶空进样器推荐操作条件

炉温,℃	150
定量管温度,℃	160
传输管线温度,℃	170
载气压力, kPa	110
顶空瓶压, kPa	150
顶空瓶平衡时间, min	60
加压时间, min	0.2
定量管进样时间, min	0.2
定量管平衡时间, min	0.1
注射样品时间, min	0.5
色谱测试周期时间, min	10

附　录　C
（资料性附录）
乙醛典型样品色谱图

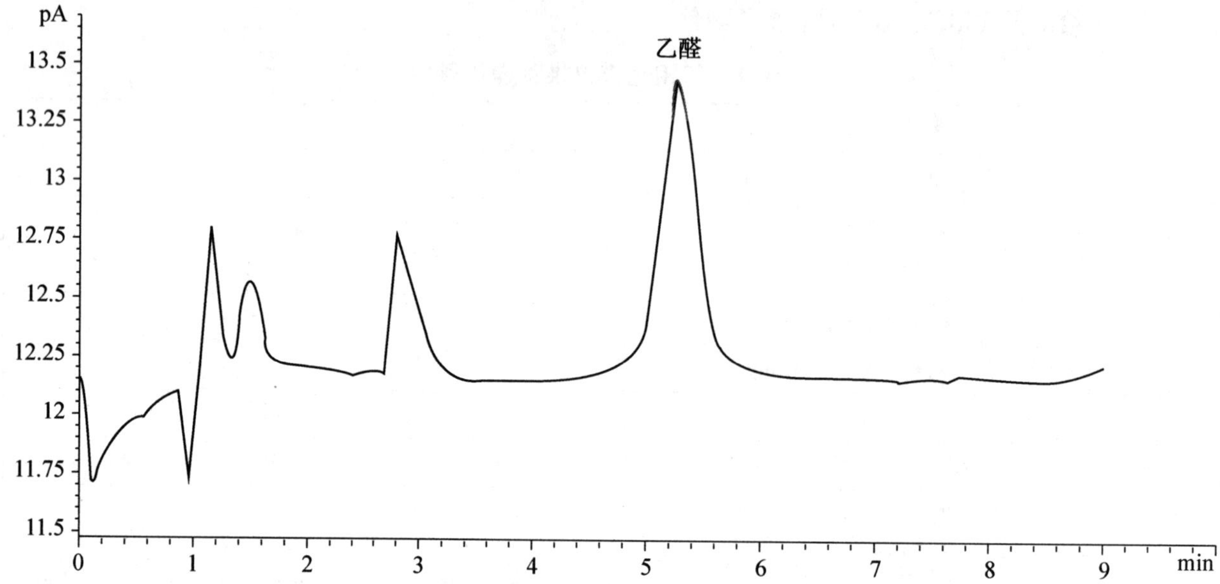

图 C.1　乙醛典型样品色谱图

ICS 83.080.20
G 31

SH

中华人民共和国石油化工行业标准

SH/T 1818—2017

塑料 超高分子量聚乙烯砂浆磨耗试验方法

Plastics—Test method for abrasion properties of ultra-high-molecular-weight polyethylene (PE-UHMW) in abrasive/water slurry

2017-07-07 发布 2018-01-01 实施

中华人民共和国工业和信息化部 发布

前　言

本标准按照 GB/T 1.1—2009 给出的规则起草。

本标准由中国石油化工集团公司提出。

本标准由全国塑料标准化技术委员会石化塑料树脂产品分会（SAC/TC15/SC1）归口。

本标准负责起草单位：承德市金建检测仪器有限公司。

本标准参加起草单位：中国石油化工股份有限公司北京燕山分公司树脂应用研究所、北京华塑晨光科技有限责任公司、上海化工研究院、青岛出入境检验检疫局、北京工商大学。

本标准主要起草人：任雨峰、陈宏愿、张炜、马长亮、刘欢胜、高建国、项爱民、夏晋程。

塑料　超高分子量聚乙烯砂浆磨耗试验方法

1　范围

本标准规定了超高分子量聚乙烯砂浆磨耗性能的试验方法。

本标准适用于超高分子量聚乙烯（PE-UHMW）树脂及其板材、管材等制品。

本标准也可能适用于其他塑料。

2　规范性引用文件

下列文件对于本文件的应用是必不可少的。凡是注日期的引用文件，仅所注日期的版本适用于本文件。凡是不注日期的引用文件，其最新版本（包括所有的修改单）适用于本文件。

GB/T 2918—1998　塑料试样状态调节和试验的标准环境

GB/T 21461.2—2008　塑料　超高分子量聚乙烯（PE-UHMW）模塑和挤出材料　第 2 部分：试样制备和性能测定

QB/T 2196—1996　玻璃工业用石英砂的分级

ISO 2818：1994　塑料　用机加工方法制备试样

3　原理

试样在试验砂浆中以 1200 r/min±50 r/min 的转速进行旋转，转动至少 3 h，进行磨耗。试验过程中试验砂浆的温度不高于 23 ℃，测试完成后称量试样质量，计算测试前后试样的磨损量及磨损指数等。

4　仪器和设备

4.1　磨耗仪，磨耗仪应包括驱动电机、传动组件和测试杯等部分，旋转杆应与测试杯同轴并等速运转，转速可控制在 1200 r/min±50 r/min，磨耗仪试验装置示例见图 1，测试杯的尺寸及结构示意图见图 2。

4.2　温度控制系统，温度控制偏差为±2 ℃。

4.3　天平，分度值为 0.0001 g。

4.4　天平，量程大于 1000 g，分度值为 1 g。

5　试验砂浆

使用石英砂（颗粒尺寸：0.2 mm～1.0 mm）作为磨损材料，石英砂应符合 QB/T 2196—1996 表 1 中晶质玻璃石英砂的要求。依照砂和水质量比 3：2 配成试验砂浆，水为自来水。

注： 已证明 450 g 砂和 300 g 水的配比可行。

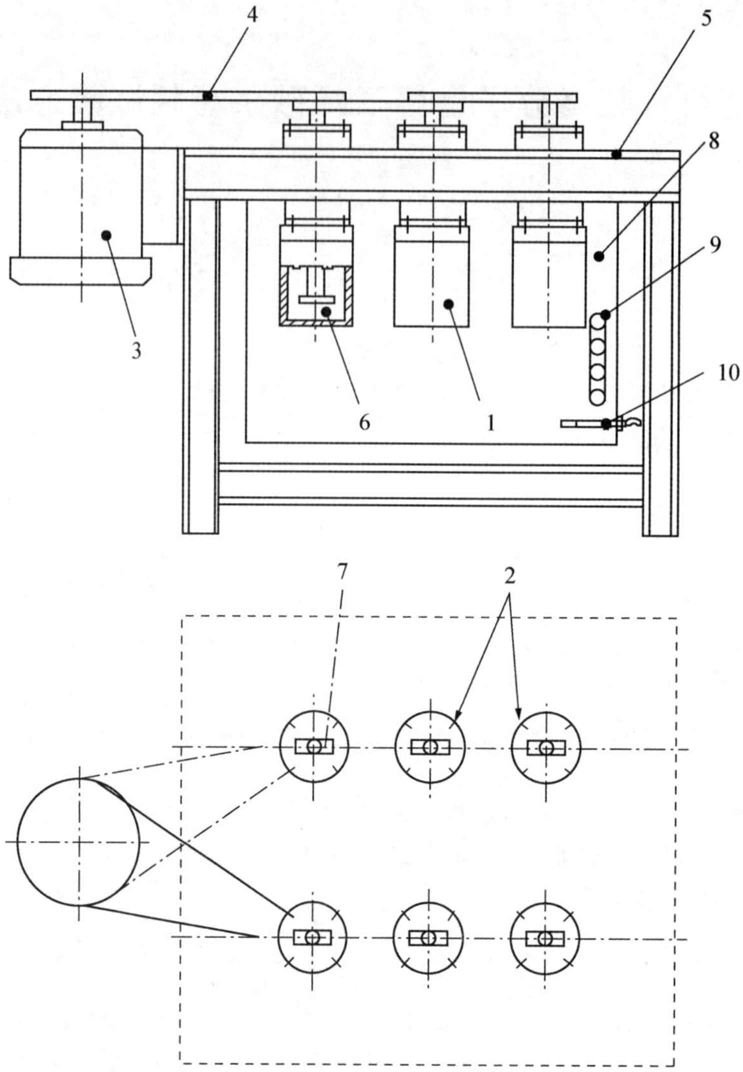

说明：
1——测试杯（不锈钢）；
2——挡板；
3——驱动电机；
4——皮带传动；
5——固定架；
6——砂浆；
7——试样；
8——水面；
9——制冷装置；
10——测温传感器。

图 1　磨耗仪试验装置示例

6　试样

6.1　试样外观

试样表面应平整，无气泡、裂纹、毛刺、分层，无明显扭曲变形。

6.2 试样尺寸

试样尺寸见图3。

6.3 参比试样

为使结果具有可比性，待测试样与参比试样同时进行试验。参比试样可选用定伸应力为0.24 MPa ± 0.01 MPa，黏数为2300 mL/g ± 100 mL/g的PE-UHMW树脂按6.4.1的方法制备。

单位为毫米

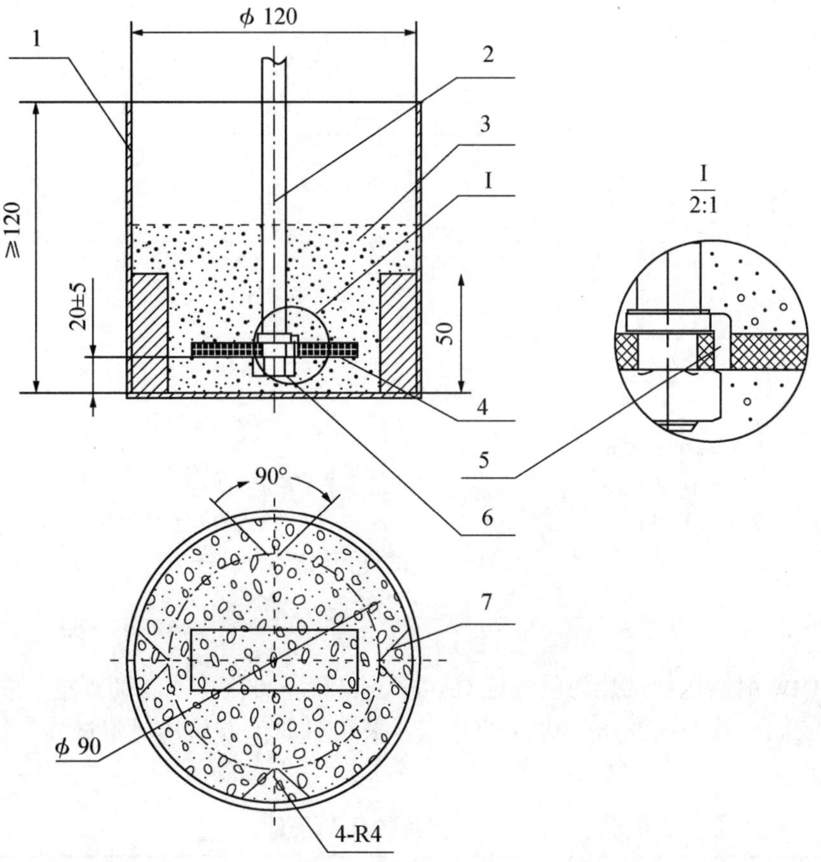

说明：
1——测试杯（不锈钢），直径120mm；
2——旋转杆；
3——砂浆；
4——试样；
5——定位销；
6——螺母；
7——挡板。

图2 测试杯尺寸及结构示意图

单位为毫米

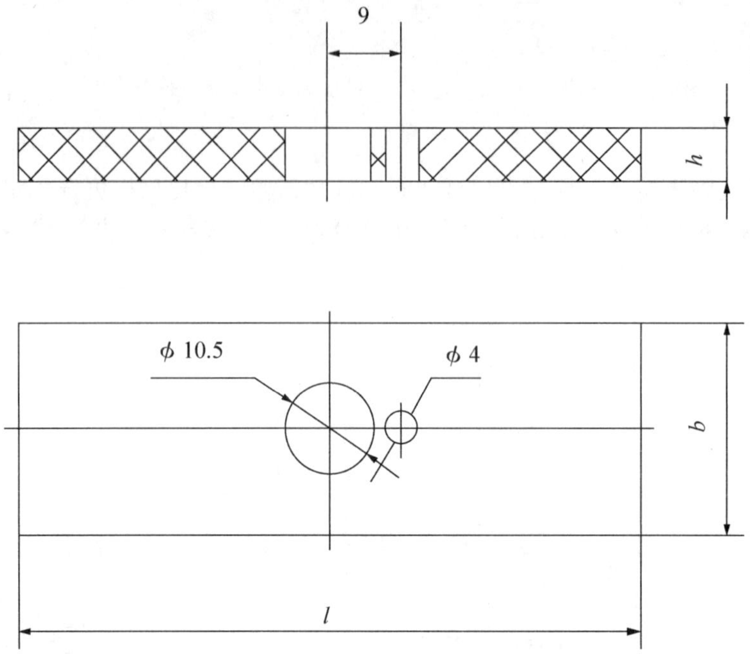

说明：

l——试样长度 76.20 mm±0.20 mm；

b——试样宽度 25.40 mm±0.20 mm；

h——试样厚度 6.35 mm±0.10 mm。

图 3　试样尺寸

6.4　试样制备

6.4.1　PE-UHMW 树脂压塑试片的制备见 GB/T 21461.2—2008 中 3.2 的规定，应使用不溢式模具，具体压塑条件见表 1。按 ISO 2818：1994 的规定，采用机加工方法从压塑试片上制备试样，尺寸见图 3。

表 1　试片的压塑条件

模塑温度 ℃	平均冷却速率 ℃/min	脱模温度 ℃	全压压力 MPa	全压时间 min	预热压力 MPa	预热时间 min
210	15	≤40	10	30	5	5~15
不溢式模具由于质量较大，特别是使用电加热时，可能需要预热 5 min~15 min。						

6.4.2　从管材上取样，应沿管材轴向切取样条，见图 4。用机加工方法将样条制备成图 3 所示的试样。

从管材取的样条不应加热或压平，试样可在铣床、刨床或专用加工机床上加工，刀尖线速度宜为 90 m/min~185 m/min，进给速率为 10 mm/min~130 mm/min。

注：铣削时尽量避免试样过热，避免出现裂痕、划伤等缺陷。

管材试样规格小于 75mm×8.4mm 时，取管材原壁厚。试样固定在旋转杆上时凹面向下。

6.4.3　从板材上取样，如图 5 的 a）、b）所示。用机加工方法将样条制备成图 3 所示的试样。

6.4.4　若试样表面不平整或有毛刺，可用 200 号或更细的水砂纸打磨平整，去除毛刺。

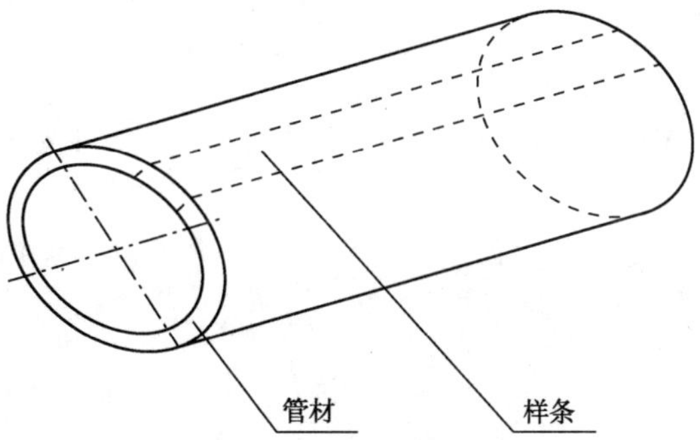

图 4 管材取样方法

单位为毫米

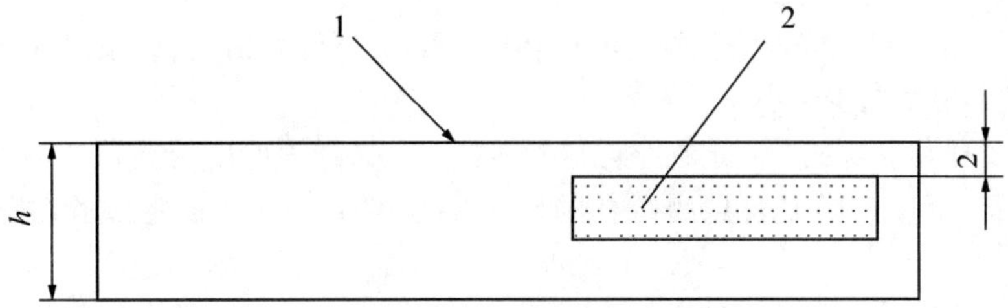

a) 10 mm≤板材厚度≤20 mm

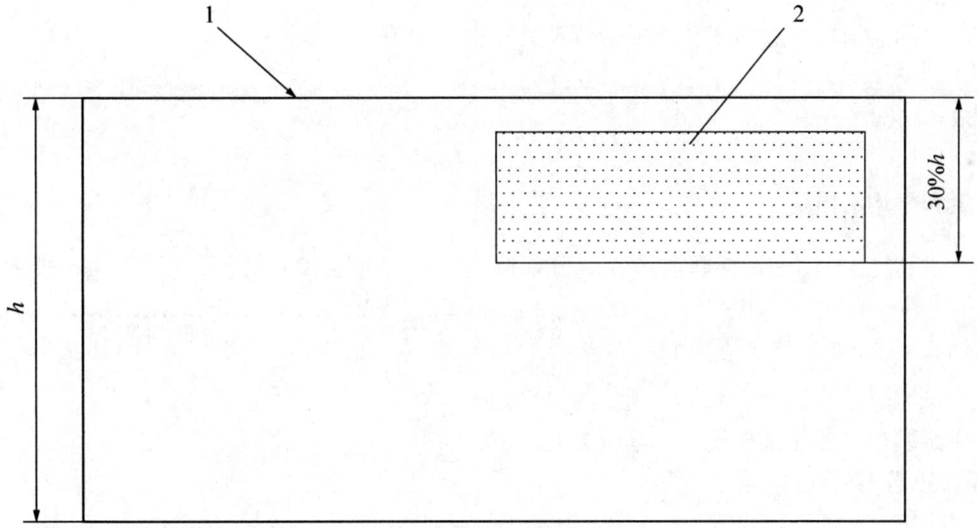

b) 20 mm<板材厚度≤200 mm

说明：

1——板材表面；

2——试样；

h——板材厚度。

图 5 从板材上制样方法

7 试样的状态调节及试验环境

试样的状态调节按 GB/T 2918—1998 的规定进行。状态调节条件为温度 23 ℃±2 ℃，相对湿度为 50%±10%，调节时间至少 16 h。

试验在 GB/T 2918—1998 规定的温度 23 ℃±2 ℃，相对湿度为 50%±10%环境下进行。

8 试验步骤

8.1 对每一个试样和参比试样用酒精或自来水进行清洗干净，放置到通风处晾干 2 h 后称量每一个试样的质量，精确到 0.0001 g，记录试样质量 m_{i1} 和参比试样质量 $m_{标1}$。每个测试样品至少测试两个试样。每次试验使用一个参比试样。

8.2 将试验砂浆（第 5 章）倒入磨耗仪的测试杯中（测试杯可拿出），砂浆温度不高于试验温度，启动仪器的温控系统，恒温至少半小时。

8.3 将称量好的试样和参比试样固定在磨耗仪旋转杆上，试样表面应与旋转杆垂直，有弧度的管材试样固定时，其凹面向下。试样浸入到测试杯的砂浆中至少 15 min，设定试验时间不小于 3 h，启动试验。

8.4 试验结束后，取出试样和参比试样，用刷子刷掉试样上及试样小孔中的颗粒，用酒精或自来水进行清洗，放置到通风处晾干 2 h 后，再次称量试样质量，记下此时试样质量 m_{i2} 和参比试样质量 $m_{标2}$。磨损量应不小于 50 mg。小于 50 mg 则需延长试验时间，重新试验。试验砂浆不重复使用，以减少因砂子的粒度和尖锐度不同所导致的试样磨损的测量误差。

8.5 计算试样的磨损量、磨损率和磨损指数及其算术平均值。

9 结果表示

9.1 磨损量和平均磨损量

参比试样磨损量 $\Delta m_{标}$ 和试样磨损量 Δm_i 分别按式（1）和式（2）计算，以克（g）表示：

$$\Delta m_{标}=m_{标1}-m_{标2} \tag{1}$$

式中：

$m_{标2}$——试验后，参比试样质量，单位为克（g）；

$m_{标1}$——试验前，参比试样质量，单位为克（g）。

结果保留小数点后四位。

$$\Delta m_i=m_{i1}-m_{i2} \tag{2}$$

式中：

Δm_i——试验后，第 i 个试样的磨损量，单位为克（g）；

m_{i2}——试验后，第 i 个试样质量，单位为克（g）；

m_{i1}——试验前，第 i 个试样质量，单位为克（g）；

结果保留小数点后四位。

平均磨损量为 Δm_i 的算术平均值，结果保留小数点后四位。

9.2 磨损率和平均磨损率

磨损率 W 按式（3）计算，以%表示：

$$W_i = \frac{\Delta m_i}{m_{i1}} \times 100 \quad \cdots\cdots (3)$$

式中：

Δm_i——第 i 个试样磨损量，单位为克（g）；

m_{i1}——试验前，第 i 个试样质量，单位为克（g）。

结果保留两位有效数字。

平均磨损率为 W_i 的算术平均值，结果保留两位有效数字。

9.3 磨损指数和平均磨损指数

磨损指数 η_i 按式（4）计算，以%表示：

$$\eta_i = \frac{\Delta m_i}{\Delta m_{标}} \times 100 \quad \cdots\cdots (4)$$

式中：

Δm_i——第 i 个试样的磨损量，单位为克（g）；

$\Delta m_{标}$——参比试样磨损量，单位为克（g）。

结果保留三位有效数字。

平均磨损指数为 η_i 的算术平均值，结果保留整数。

10 试验报告

试验报告应包括下列内容：

a）注明参照本标准；

b）试验材料的全部详细信息，如生产商，产品数据等；

c）试样的全部详细信息，如从压塑试片、管材或模塑件上切取；

d）试验温度、转速和试验时间；

e）单个试样的磨损量、磨损率和磨损指数；

f）试验结果的平均值；

g）任何偏离本标准规定方法的情况，如模塑条件；

h）试验日期和试验人员。

ICS 83.080.20
G 32

SH

中华人民共和国石油化工行业标准

SH/T 1823—2019

冷热水输送管道系统用耐热聚乙烯（PE-RT）专用料

Polyethylene of raised temperature resistance materials（PE-RT）for piping systems of hot and cold water supply

2019-05-02 发布 2019-11-01 实施

中华人民共和国工业和信息化部 发布

前　言

本标准按照 GB/T 1.1—2009 给出的规则起草。

本标准由中国石油化工集团有限公司提出。

本标准由全国塑料标准化技术委员会石化塑料树脂产品分会（SAC/TC15/SC1）归口。

本标准起草单位：中国石油化工股份有限公司齐鲁分公司研究院。

本标准参加起草单位：中国石化扬子石油化工有限公司、中国石油化工股份有限公司北京化工研究院、中国石油天然气股份有限公司大庆石化分公司塑料厂、中国石油天然气股份有限公司抚顺石化分公司研究院、广东联塑科技实业有限公司、淄博洁林塑料制管有限公司、天津市伟星新型建材有限公司。

本标准主要起草人：王群涛、鲍光复、俞峰、孙丽颖、许普、李统一、贾生廷、王先红、郭锐。

本标准为首次发布。

冷热水输送管道系统用耐热聚乙烯（PE-RT）专用料

1 范围

本标准规定了冷热水输送管道系统用耐热聚乙烯（PE-RT）专用料的术语和定义、分类与命名、要求、试验方法、检验规则、标志和随行文件、包装、运输和贮存。

该材料可用于制造冷热水用耐热聚乙烯（PE-RT）管道。

2 规范性引用文件

下列文件对于本文件的应用是必不可少的。凡是注日期的引用文件，仅所注日期的版本适用于本文件。凡是不注日期的引用文件，其最新版本（包括所有的修改单）适用于本文件。

GB/T 1033.2—2010 塑料非泡沫塑料密度的测定 第2部分：密度梯度柱法

GB/T 1040.1—2006 塑料拉伸性能的测定 第1部分：总则

GB/T 1040.2—2006 塑料拉伸性能的测定 第2部分：模塑和挤塑塑料的试验条件

GB/T 1043.1—2008 塑料 简支梁冲击性能的测定 第1部分：非仪器化冲击试验

GB/T 1845.2—2006 塑料聚乙烯（PE）模塑和挤出材料 第2部分：试样制备和性能测定

GB/T 2547—2008 塑料取样方法

GB/T 2918—2018 塑料试样状态调节和试验的标准环境

GB/T 3682.1—2018 塑料 热塑性塑料熔体质量流动速率（MFR）和熔体体积流动速率（MVR）的测定 第1部分：标准方法

GB/T 6111—2003 流体输送用热塑性塑料管材耐内压试验方法

GB/T 8170—2008 数值修约规则与极限数值的表示和判定

GB/T 9341—2008 塑料弯曲性能试验方法

GB/T 17219—1998 生活饮用水输配水设备及防护材料的安全性评价标准

GB/T 18252—2000 塑料管道系统 用外推法对热塑性塑料管材长期静液压强度的测定

GB/T 19466.3—2004 塑料 差示扫描量热法（DSC） 第3部分：熔融和结晶温度及热焓的测定

GB/T 19466.6—2009 塑料 差示扫描量热法（DSC） 第6部分：氧化诱导时间（等温OIT）和氧化诱导温度（动态OIT）的测定

SH/T 1541.1—2019 塑料 颗粒外观试验方法 第1部分：目视法

SH/T 1770—2010 塑料 聚乙烯水分含量的测定

3 术语和定义

下列术语和定义适用于本文件。

3.1

耐热聚乙烯 polyethylene of raised temperature resistance materials，PE-RT

一种由乙烯和α-烯烃聚合，采用特殊分子设计和合成工艺生产，用于冷热水输送管道制造的非交联聚乙烯。

4 分类与命名

4.1 总则

冷热水输送管道系统用耐热聚乙烯专用料按照以下方法进行命名：

命名		
特 征 项 目 组		
字符组 1	字符组 2	字符组 3

字符组彼此间用空格隔开。其中：

字符组 1：按照 3.1 规定，以代号“PE-RT”表示耐热聚乙烯；

字符组 2：根据预测静液压强度曲线分为两种耐压等级，以代号“Ⅰ”表示耐压等级Ⅰ型，以代号“Ⅱ”表示耐压等级Ⅱ型；

字符组 3：特征性能，见 4.2。

4.2 特征性能

密度以标称值为基础，用两个数字做代号。密度代号用其标称值最末两位数字表示。

熔体质量流动速率以标称值为基础，用两个数字做代号，代号规定见表 1。

密度和熔体质量流动速率代号之间用一个连字符“-”隔开。

表 1 熔体质量流动速率使用的代号

熔体质量流动速率标称值/（g/10min）	代号的规定
≤1	将其标称值取前一位有效数字，并在前加“0”
>1	取其标称值的两位有效数字

示例：冷热水输送管道系统用耐热聚乙烯（PE-RT）专用料，耐压等级为Ⅱ型，密度标称值为 0.937g/cm³（37），熔体质量流动速率标称值为 0.53 g/10min（05），命名为：

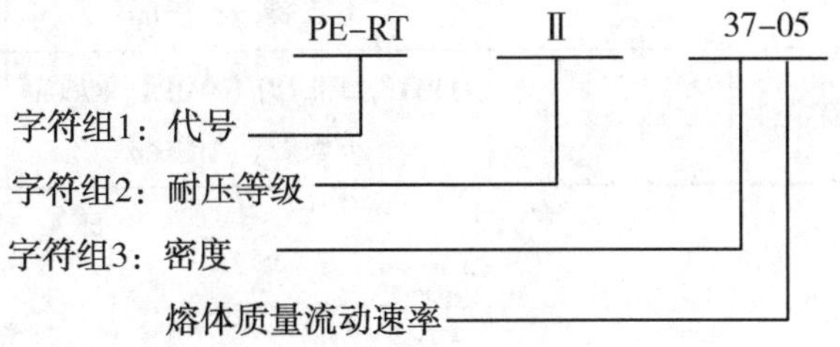

命名：PE-RTⅡ 37-05

5 要求

5.1 为获得冷热水输送管道系统用耐热聚乙烯专用料的置信下限应力 σ_{LPL} 值，计算应符合 GB/T 18252—2000 要求，并按照 GB/T 6111—2003 的规定进行试验。在规定的实验时间范围内，计算得到的值应该至少等于附录 A 中图 A.1 和图 A.2 中的参考曲线上相应的值。

将试样放在如下温度和不同的环应力条件下试验，使每个规定的温度下至少应有 3 个破坏时间处于下列各时间段：

温度：20℃，60℃~70℃，95℃，110℃。

时间段：10h~100h，100h~1000h，1000h~8760h，8760h 以上。

对于 PE-RT Ⅱ型，110℃以下任何温度（包含 110℃），8760h 之前的试验值均不应出现脆性破坏，即曲线上不应存在拐点。

5.2 冷热水输送管道系统用耐热聚乙烯专用料的卫生性能应符合 GB/T 17219—1998 的规定。

5.3 冷热水输送管道系统用耐热聚乙烯专用料为本色的颗粒，应含有必要的均匀分散的添加剂。颗粒料应无黑粒和杂质，颗粒外观按 SH/T 1541.1—2019 中的规定进行。

5.4 冷热水输送管道系统用耐热聚乙烯专用料的其他技术要求见表 2。

表 2 冷热水输送管道系统用耐热聚乙烯专用料的要求

序号	项目		单位	PE-RT Ⅰ型	PE-RT Ⅱ型
1	熔体质量流动速率 MFR	标称值 M	g/10min	由供方提供数据	
		偏差		M≤1.0 时，偏差±30%；M>1.0 时，偏差±20%	
2	密度 ρ		g/cm³	≥ 0.930	≥0.935
3.1	拉伸屈服应力 σ_y		MPa	≥15.0	
3.2	拉伸断裂标称应变 ε_{tB}		%	≥500	
4	弯曲模量 E_f		MPa	由供方提供的数据	
5	简支梁缺口冲击强度 a_{cA}		kJ/m²	≥25	
6	氧化诱导时间 OIT		min	≥30	
7	水分含量		mg/kg	≤300	
8	熔融温度（T_{pm}）		℃	由供方提供的数据	
以挤出管材为试验样品					
9	静液压强度			20℃，环应力 9.9MPa，1h 不破裂，不渗漏 95℃，环应力 3.6MPa，165h 不破裂，不渗漏 95℃，环应力 3.4MPa，1000h 不破裂，不渗漏	20℃，环应力 10.8MPa，1h 不破裂，不渗漏 95℃，环应力 3.7MPa，165h 不破裂，不渗漏 95℃，环应力 3.6MPa，1000h 不破裂，不渗漏
10	静液压状态下的热稳定性			110℃，环应力 1.9MPa，8760h 不破裂，不渗漏	110℃，环应力 2.3MPa，8760h 不破裂，不渗漏

6 试验方法

6.1 试样制备

6.1.1 压塑试样的制备

根据 GB/T 1845.2—2006 标准，压塑试片的制备按 GB/T 1845.2—2006 规定进行。压片按表 3 规定的压塑条件。

表 3 压塑试片的条件

模塑温度/℃	热压				冷却		
	预热		全压		平均冷却速率/(℃/min)	全压压力/MPa	脱模温度/℃
	压力/MPa	时间/min	压力/MPa	时间/min			
180	接触	5~15	5	5 ±1	15	5	≤ 40

使用冲切或机加工的方法从厚度为 4mm 压塑试片上制备符合 GB/T 1040.2—2006 的 1B 型试样和 80mm×10mm×4mm 长条试样。

仲裁时，制样压制应采用非溢料式模具。

6.1.2 管材试验样品的制备

6.1.2.1 管材生产线的基本条件

a）挤出机：有四个以上温度控制点的普通式螺杆或屏障式螺杆挤出机。螺杆直径 ϕ（60~120）mm，长径比（L/D）大于 25；

b）模头：能挤出下列四种规格的管材试验样品：

公称外径（d_n）	公称壁厚（e_n）
16mm	1.8mm 或 2.0mm
20mm	2.0mm 或 2.3mm
25mm	2.3mm 或 2.8mm
32mm	2.9 mm 或 3.6mm

c）带有真空定径设备、冷却槽及牵引机。

6.1.2.2 制备管材试验样品的工艺条件

a）熔体温度：210℃±30℃，可根据树脂加工性能选择；

b）真空冷却槽冷却水温度：25℃±15℃。

6.2 试样的状态调节和试验的标准环境

试样的状态调节和试验的标准环境为 GB/T 2918—2018 规定的标准环境（23/50），即温度 23℃±2℃，相对湿度 50%±10%。状态调节调节时间至少 40h 但不超过 96h。

6.3 熔体质量流动速率

熔体质量流动速率按 GB/T 3682.1—2018 中 A 法或 B 法规定进行，试验条件为 T（温度：190.0℃、负荷：5.0kg）。仲裁时采用 A 法。选用 B 法测定熔体质量流动速率时，熔体密度值为 0.7636g/cm^3。

6.4 密度

采用测试熔体流动速率时的挤出样条作为测定密度的试样，试样应表面光滑、无空隙、无毛边。

样条切下后置于冷金属板上，再将样条放入盛有 200ml 沸水的容器中，盖上盖子煮沸 30min 进行退火，然后将该容器置于试验室环境下冷却至少 1h，在 24h 内按 GB/T 1033.2—2010 的规定测定试样的密度。

6.5 拉伸性能

试样为按 6.1.1 规定制备的 1B 型试样。

试样的状态调节按 6. 2 规定进行。

测试按 GB/T 1040. 2—2006 规定进行，试验速度为 50mm/min。

6. 6 弯曲模量

试样为按 6. 1. 1 规定制备的长条试样。

试样的状态调节按 6. 2 规定进行。

测试按 GB/T 9341—2000 规定进行，试验速度为 2mm/min。

6. 7 简支梁缺口冲击强度

试样为按 6. 1. 1 规定制备长条样条。样条应在制备后 1h ~ 4h 内加工缺口，缺口类型为 GB/T 1043. 1—2008 中的 A 型。加工缺口后的样条为简支梁缺口冲击试验的试样。

试样的状态调节按 6. 2 规定进行。

测试按 GB/T 1043. 1—2008 规定进行。

6. 8 氧化诱导时间

试样制备按 GB/T 19466. 6—2009 规定进行。试样厚度：650μm±100μm；试样皿：铝皿。

测试按 GB/T 19466. 6—2009 规定进行，氮气流速为 50mL/min。仪器升温至 210℃，保持 5min 后通入流速为 50mL/min 的氧气。

6. 9 水分含量

水分含量的测定按 SH/T 1770—2010 进行。

6. 10 熔融温度

试验按 GB/T 19466. 3—2004 规定进行，试样量：5mg ~ 10mg。N_2 流量 50mL/min；以 10℃/min 升温，在高于 T_{efm}30℃下保持 5min；以 10℃/min 降温至低于 T_{efc}50℃保持温度 5min；再以 10℃/min 升温。

6. 11 管材静液压强度和热稳定性

6. 11. 1 试样

从按 6. 2. 2 制备的管材试验样品上截取管材试样。试样规格见表 4，试样数量：至少 3 个。

表 4　静液压强度试验样品规格

单位为毫米

公称外径 d_n	最小平均外径	最大平均外径	任一点壁厚	长度 L
	$d_{em,min}$	$d_{em,max}$	最小壁厚 $e_{ey,min}$	
16	16.0	16.3	1.8～2.7	400～500
20	20.0	20.3	2.0～3.4	400～500
25	25.0	25.3	2.3～4.2	400～500
32	32.0	32.3	2.9～5.4	400～500

6.11.2　试样的状态调节和试验环境

擦除试样表面的污渍、油渍、蜡或其他清洁干燥，然后选择密封接头与其连接起来，并向试样中注满接近试验温度的水，水温不能超过试验温度5℃。把注满水的试样，放入水箱或烘箱中，在试验温度下放置3h±0.25h。

6.11.3　试验

静液压强度试验按GB/T 6111—2003规定进行，密封接头类型：A型；试验介质：水-水（管内-管外）；试验温度：20℃±1℃；95℃±1℃；110℃±1℃；试验数量：在同一条件下，最少需要3个试样。

7　检验规则

7.1 检验分类

冷热水输送管道系统用聚乙烯专用料产品的检验可分为定型检验、出厂检验和型式检验。

7.2 检验项目

第5章中的所有试验项目为定型检验项目。

原料首次投产时应进行定型检验。

第5章表2中1项~9项的所有试验项目为型式检验项目。

当有下列情况时应进行型式检验：

a）正式生产后，若原材料或工艺有较大改变，可能影响产品性能时；

b）出厂检验结果与上次型式检验结果有较大差异时；

c）上级质量监督机构提出进行型式检验要求时。

出厂检验项目至少应该包括表2中的熔体质量流动速率、密度、拉伸屈服应力、拉伸断裂标称应变、氧化诱导时间。

7.3　组批规则

冷热水输送管道系统用聚乙烯专用料，以同一生产线上、相同原料、相同工艺所生产的同一牌号的产品组批。

7.4　抽样方案

冷热水输送管道系统用聚乙烯专用料可在料仓的取样口抽样，也可根据生产周期等实际情况确定具体的抽样方案。包装后产品的取样应按GB/T 2547—2008规定进行。

7.5 判定规则

冷热水输送管道系统用聚乙烯专用料应由生产厂的质量检验部门按照本标准规定的试验方法进行检验，依据检验结果和本标准中的技术要求对产品作出质量判定，并提出证明。所有试验结果的判定按 GB/T 8170—2008 标准中修约值比较法进行。检验结果若某项指标不符合本标准要求时，应重新取样对该项目进行复验。以复验结果作为该批产品的质量判定依据。

8 标志和随行文件

8.1 标志

冷热水输送管道系统用聚乙烯专用料产品的外包装袋上应有明显的标志。标志内容可包括：商标、生产企业名称、生产厂地址、标准号、产品名称、牌号、批号（含生产日期）和净含量等。

8.2 随行文件

产品出厂时，每批产品应附有产品质量检验合格证。合格证上应注明产品名称、牌号、批号、执行标准，并盖有质检专用章。

9 包装、运输和贮存

9.1 包装

专用料可用重包装袋或其他包装形式。包装材料应保证在运输、码放、贮存时不污染和漏料。

每袋产品净含量可为 25kg 或其他。

9.2 运输

专用料为非危险品。在运输和装卸过程中严禁使用铁钩等锐利工具，切忌抛掷。运输工具应保持清洁、干燥并备有厢棚或苫布。运输时不得与沙土、碎金属、煤炭及玻璃等混合装运，更不可与有毒及腐蚀性或易燃物混装；严禁在阳光下暴晒或雨淋。

9.3 贮存

专用料应贮存在通风、干燥、清洁并保持有良好消防设施的仓库内。贮存时，应远离热源，并防止阳光直接照射，严禁在露天堆放。

贮存期从生产之日起，一般不超过 12 个月。

附 录 A
(规范性附录)
PE-RT 预测静液压强度参照曲线

A.1 PE-RT Ⅰ型预测静液压强度参照曲线见图 A.1。

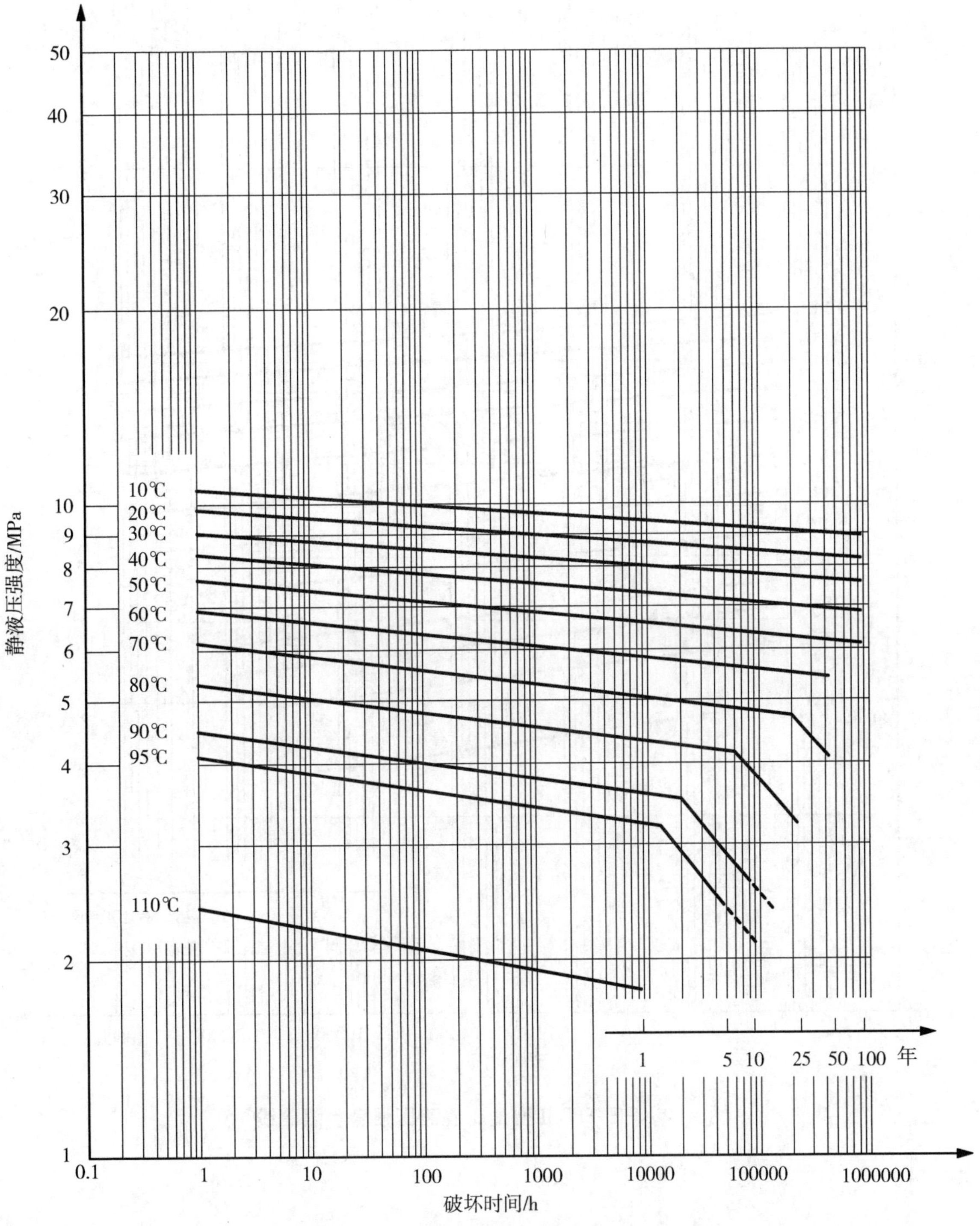

图 A.1 PE-RT Ⅰ型预测静液压强度参照曲线

A.2 PE-RT Ⅱ型预测静液压强度参照曲线见图A.2。

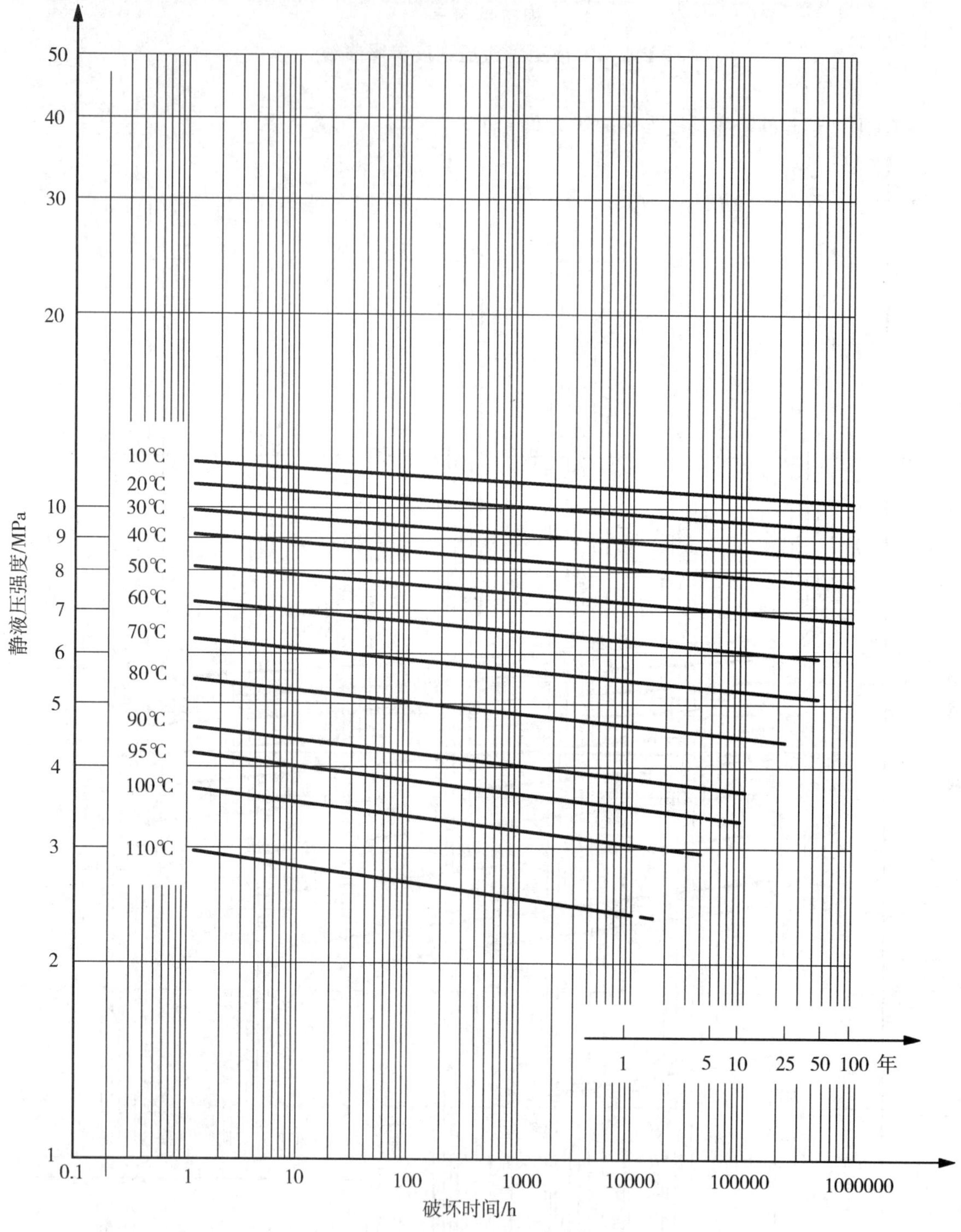

图A.2 PE-RT Ⅱ型预测静液压强度参照曲线

ICS 83.080.20
G 31

SH

中华人民共和国石油化工行业标准

SH/T 1824—2019

塑料　热塑性聚酯中锑含量的测定

Plastics—Determination of antimony content in thermoplastic polyester

2019-05-02 发布　　2019-11-01 实施

中华人民共和国工业和信息化部　发布

前　言

本标准按照 GB/T 1.1—2009 给出的规则起草。

本标准由中国石油化工集团有限公司提出。

本标准由全国塑料标准化技术委员会石化塑料树脂产品分会（SAC/TC15/SC1）归口。

本标准起草单位：中国石油化工股份有限公司上海石油化工研究院、中国石化仪征化纤有限责任公司、中国石油化工股份有限公司天津分公司、中国石化上海石油化工股份有限公司、赛默飞世尔科技（中国）有限公司、江苏省产品质量监督检验研究院。

本标准主要起草人：姜丽燕、王建娥、韩仿、王川、贺静芳、周丽华、郭灵通、周燕、李诚炜、乔秀静、向斌。

本标准为首次发布。

塑料 热塑性聚酯中锑含量的测定

警示：使用本标准的人员应有正规实验室工作的实践经验。本标准并未指出所有可能的安全问题。使用者有责任采取适当的安全和健康措施，并保证符合国家有关法规规定的条件。

1 范围

本标准规定了采取电感耦合等离子体发射光谱法和石墨炉原子吸收分光光度法测定热塑性聚酯产品中的总锑含量。

本标准适用于膜级、瓶级、纤维级、工程塑料级聚对苯二甲酸乙二酯（PET）切片产品中锑含量的测定，电感耦合等离子体发射光谱法的测定范围为（2~300）mg/kg，石墨炉原子吸收分光光度法的测定范围为（1~300）mg/kg。聚对苯二甲酸乙二酯（PET）纤维产品也可参照本标准进行测定。

2 规范性引用文件

下列文件对于本文件的应用是必不可少的。凡是注日期的引用文件，仅注日期的版本适用于本文件。凡是不注日期的引用文件，其最新版本（包括所有的修改单）适用于本文件。

GB/T 602 化学试剂 杂质测定用标准溶液的制备

GB/T 6379.2—2004 测量方法与结果的准确度（正确度与精密度） 第2部分：确定标准测量方法重复性与再现性的基本方法

GB/T 6679 固体化工产品采样通则

GB/T 6682 分析实验室用水规格和试验方法

GB/T 8170 数值修约规则与极限数值的表示和判定

3 电感耦合等离子体发射光谱法

3.1 微波消解-电感耦合等离子体发射光谱法（A法）

3.1.1 方法提要

破碎并选取适宜大小的聚酯样品，加入一定量的硝酸与硫酸，微波消解，制成样品消解液。在本标准推荐的工作条件下采用电感耦合等离子体发射光谱法（ICP-OES）测定，以钇元素作内标，采用内标工作曲线法定量。

3.1.2 试剂与材料

3.1.2.1 除另有规定外，所有试剂均为优级纯，实验用水为GB/T 6682中规定的一级水；标准溶液按GB/T 602配制，或直接使用市售的有证标准溶液。

3.1.2.2 氩气：纯度不低于99.995%（体积分数）。

3.1.2.3 液氮

3.1.2.4 硝酸

3.1.2.5 硫酸

3.1.2.6 硝酸与硫酸混合溶液

量取6 mL硝酸（3.1.2.4）、10 mL硫酸（3.1.2.5），缓缓倒入84 mL水中，混匀。

3.1.2.7 锑标准储备液1（100 μg/mL）

3.1.2.8 钇标准储备液1（1000 μg/mL）

3.1.2.9 锑标准储备液2（2 μg/mL）

准确吸取2.00 mL锑标准储备液1（3.1.2.7）于100 mL容量瓶中，用硝酸与硫酸混合溶液（3.1.2.6）稀释至刻度，混匀。此时锑标准储备液2浓度为2 μg/mL。

3.1.2.10 钇标准储备液2（5 μg/mL）

准确吸取0.50 mL钇标准储备液1（3.1.2.8）于100 mL容量瓶中，用水稀释至刻度，混匀。此时钇标准储备液2浓度为5 μg/mL。

3.1.2.11 锑标准工作溶液

分别准确吸取0 mL、0.10 mL、0.50 mL、2.50 mL、10.00 mL锑标准储备液2（3.1.2.9）于一组20 mL容量瓶中，准确移入1.00 mL钇标准储备液2（3.1.2.10），用硝酸与硫酸混合溶液（3.1.2.6）稀释至刻度，混匀，获得一系列浓度依次为0 μg/mL（空白）、0.01 μg/mL、0.05 μg/mL、0.25 μg/mL、1.00 μg/mL的锑标准工作溶液，内标物钇的浓度为0.25 μg/mL。

注：由于标准溶液配制过程中稀释倍数较大，可能会对标准曲线带来不利影响，请试验人员注意，必要时可采取相应的质量控制样品予以监控。

3.1.3 仪器与设备

3.1.3.1 分析天平

分度值为0.0001 g。

3.1.3.2 电感耦合等离子体发射光谱仪（ICP-OES）

包括等离子体和雾化器等。

3.1.3.3 微波消解仪

配置聚四氟乙烯或其他合适的压力罐，具有温度控制和程序升温功能，温度精度可达±2.5 ℃。

3.1.3.4 粉碎机

转速24000r/min；或其他常用粉碎机。

3.1.3.5 标准筛

网孔尺寸为0.5 mm（35目）和0.6 mm（30目）。

3.1.4 采样

按GB/T 6679规定的技术要求采取样品。

3.1.5 测定步骤

3.1.5.1 试样制备

切片样品取约50 g置于液氮（3.1.2.3）中冷却约10 min。取出后立即用粉碎机粉碎，粉碎时间不超过30 s。然后用孔径为0.5 mm（35目）和0.6 mm（30目）的筛网进行筛分，取直径在（0.5~0.6）mm之间的筛余物作为试样。

短纤维、长丝样品，可处理成长度不超过（3~5）mm 的线段。

注：瓶级或增粘聚酯切片外的其他切片可以不使用液氮冷却直接粉碎。

3.1.5.2 样品消解

准确称取 0.15 g 聚酯试样，精确至 0.0001 g，置于微波消解罐中，加入 5 mL 硫酸（3.1.2.5）和 3 mL 硝酸（3.1.2.4），密封置于微波消解仪的腔体中，按照表 1 推荐的消解程序进行消解。消解结束后，冷却至室温，开盖，将消解液转移至 50 mL 容量瓶中，使用少量纯水多次冲洗消解罐及盖子内壁，并将冲洗液一并转移至上述容量瓶，再加入 2.50 mL 钇标准储备液 2（3.1.2.10），定容，混匀，得到澄清透明的试样溶液，备用。同时进行试剂空白试验。

注：由于不同微波消解仪或消解罐适宜的工作条件（如温度、压力等）有所不同，试验人员可按仪器手册或通过实验优化来确定试样量和消解程序。

表 1 推荐的微波消解程序

初始温度/℃	升温速率/（℃/min）	到达温度/℃	保持时间/min
50	5	120	10
120	5	190	20
190	5	220	30

3.1.5.3 仪器准备

电感耦合等离子体发射光谱仪推荐工作条件见表 2。按照表 2 设定仪器工作条件和调整仪器。

表 2 电感耦合等离子体发射光谱仪的推荐工作条件

工作参数	设定值
观测方向	Axial
发射功率/W	1150
等离子体气流量/（L/min）	12
辅助气流量/（L/min）	0.5
雾化气流量/（L/min）	0.7
进样流量/（mL/min）	1.0
锑的分析波长/nm	217.581
钇的分析波长/nm	224.306

3.1.5.4 标准曲线的绘制

仪器稳定后，按浓度由低到高的顺序依次测试系列锑标准工作溶液（3.1.2.11），每个溶液连续测定 6 次，读取各溶液锑与钇的光谱信号强度，并计算锑与钇光谱信号强度比的平均值，以扣除空白后的各标准工作溶液中锑与钇的光谱信号强度比平均值（$I_{Sb}/I_{Y}-I_{Sb_0}/I_{Y_0}$）为纵坐标，锑与钇的浓度比（$C_{Sb}/C_{Y}$）为横坐标，绘制标准曲线，曲线的线性相关系数应不低于 0.999。

3.1.5.5 试样测定

在与 3.1.5.4 相同条件下，分别测定试剂空白溶液和试样溶液（3.1.5.2），每个溶液连续测定 6 次，读取锑与钇光谱信号强度并计算锑与钇光谱信号强度比的平均值，根据扣除试剂空白后的试样溶液锑与钇的光谱信号强度比平均值（$I_{Sb}/I_Y-I_{Sb_0}/I_{Y_0}$），从标准曲线上查得试样溶液的锑与钇的浓度比（$C_{Sb}/C_Y$）。

3.1.6 结果计算

样品中总锑含量 w，以毫克每千克（mg/kg）计，按式（1）计算：

$$w=(C_{Sb}/C_Y)\times C_Y\times V/m_i \qquad (1)$$

式中：

（C_{Sb}/C_Y）——由标准曲线得出的试样溶液中锑与钇元素的浓度比；

C_Y——试样溶液中内标物钇元素的含量，单位为微克每毫升（μg/mL）；

V——试样溶液的定容体积，单位为毫升（mL）；

m_i——试样质量，单位为克（g）。

3.1.7 结果的表示

取两次测定结果的算术平均值作为测定结果，按 GB/T 8170 的规定进行数值修约，精确至0.1 mg/kg。当试样中锑含量测定结果小于2.0 mg/kg 时，按<2.0 mg/kg 报告。

3.2 湿法消解-电感耦合等离子体发射光谱法（B 法）

3.2.1 方法提要

破碎并选取适宜大小的聚酯样品，加入一定量的硫酸与双氧水，湿法消解得到澄清溶液，定容制成样品消解液。在本标准推荐的工作条件下采用电感耦合等离子体发射光谱法（ICP-OES）测定，采用外标工作曲线法定量。

3.2.2 试剂与材料

3.2.2.1 除另有规定外，所有试剂均为电子级（符合 SEMI 2 级或 BV-Ⅲ），实验用水为 GB/T 6682 中规定的一级水；标准溶液按 GB/T 602 配制，或直接使用市售的有证标准溶液。

3.2.2.2 氩气：纯度不低于99.995%（体积分数）

3.2.2.3 液氮

3.2.2.4 硫酸（98%）

3.2.2.5 双氧水（30%）

3.2.2.6 稀硫酸溶液

量取 2 mL 硫酸（3.2.2.4），缓缓倒入 98 mL 水中，混匀。

3.2.2.7 锑标准储备液 1（100 μg/mL）

3.2.2.8 锑标准储备液 2（1 μg/mL）

准确吸取 1.00 mL 锑标准储备液 1（3.2.2.7）于 100 mL 容量瓶中，用稀硫酸溶液（3.2.2.6）稀释至刻度，混匀。此时锑标准储备液 2 浓度为 1 μg/mL。

3.2.2.9 锑标准工作溶液

分别准确吸取 0 mL、1.00 mL、2.50 mL、5.00 mL 锑标准储备液 2（3.2.2.8）于 4 个 100 mL 容量瓶，分别准确吸取 5.00 mL、10.00 mL 锑标准储备液 2（3.2.2.8）于 2 个 20 mL 容量瓶，用稀硫酸溶液（3.2.2.6）稀释至刻度，混匀，获得一系列已知浓度的锑标准工作溶液。另外直接使用锑标准储备液 2（3.2.2.8）。因此该系列锑标准工作溶液浓度分别为 0 μg/mL（空白）、0.01 μg/mL、0.025 μg/mL、0.05 μg/mL、0.25 μg/mL、0.50 μg/mL、1.00 μg/mL。

注：由于标准溶液配制过程中稀释倍数较大，可能会对标准曲线带来不利影响，请试验人员注意，必要时可采取相

应的质量控制样品予以监控。

3.2.3 仪器与设备

3.2.3.1 分析天平

分度值为 0.0001 g。

3.2.3.2 电感耦合等离子体发射光谱仪（ICP-OES）

包括等离子体和雾化器等。

3.2.3.3 实验室用电炉

1000W，可控温；或其他辅助加热设备。

3.2.3.4 粉碎机

转速 24000 转/min；或其他常用粉碎机。

3.2.3.5 标准筛

网孔尺寸为 0.5 mm（35 目）和 0.6 mm（30 目）。

3.2.4 采样

按 GB/T 6679 规定的技术要求采取样品。

3.2.5 测定步骤

3.2.5.1 试样制备

按照 3.1.5.1 制备试样。

3.2.5.2 样品消解

准确称取（0.15 或 0.30）g 聚酯样品（若聚酯样品中锑元素含量≤20 mg/kg，准确称取 0.30 g 聚酯样品；若聚酯样品中锑元素含量>20 mg/kg，则准确称取 0.15 g 聚酯样品），精确至 0.0001 g，置于三角烧瓶中，加入 3 mL 硫酸（3.2.2.4），在通风橱内将三角烧瓶置于电炉上缓慢加热至溶液沸腾（330~340)℃，继续加热至样品炭化完全，停止加热。稍冷后（约 280 ℃）分次加入（3~5）mL 双氧水（3.2.2.5），分次消煮，直至溶液变成无色或浅色澄清溶液，继续加热除去多余的双氧水至 1 mL 左右，取下冷却至室温。将消解液移入合适体积的刻度离心管或容量瓶中，纯水少量多次洗涤，定容至 50 mL，混匀，作为试样溶液。同时进行试剂空白试验。

注：可在试验操作区域放置一个与处理聚酯样品时相同容积的三角烧瓶，准确加入 1 mL 水，作为赶酸至 1 mL 的对照样品。

3.2.5.3 仪器准备

电感耦合等离子体发射光谱仪推荐工作条件见表 3。按照表 3 设定仪器工作条件和调整仪器。

表 3　电感耦合等离子体发射光谱仪的推荐工作条件

工作参数	设定值
观测方向	Axial
发射功率/W	1300
等离子体气流量/（L/min）	12
辅助气流量/（L/min）	0.5
雾化气流量/（L/min）	0.7
进样流量/（mL/min）	1.5
锑的分析波长/nm	206.836

3.2.5.4　标准曲线的绘制

仪器稳定后，按浓度由低到高的顺序依次测试系列锑标准工作溶液（3.2.2.9），每个溶液连续测定 6 次，读取各溶液锑的光谱信号强度并计算其平均值，并以扣除空白后的信号强度平均值为纵坐标、锑浓度为横坐标，绘制标准曲线，曲线的相关系数应不低于 0.999。

3.2.5.5　试样测定

在与 3.2.5.4 相同实验条件下，分别测定试剂空白溶液和试样溶液的信号强度（3.2.5.2），每个溶液连续测定 6 次，读取锑的光谱信号强度并计算其平均值。根据扣除试剂空白后的样品溶液锑的光谱信号强度，从标准曲线上查得试样溶液中锑的浓度。

3.2.6　结果计算

样品中总锑含量 w，以毫克每千克（mg/kg）计，按式（2）计算：

$$w = C_{Sb} \times V / m_i \qquad (2)$$

式中：

C_{Sb}——由标准曲线得出的试样溶液中锑的浓度，单位为微克每毫升（μg/mL）；

V——试样溶液的定容体积，单位为毫升（mL）；

m_i——试样质量，单位为克（g）。

3.2.7　结果的表示

取两次测定结果的算术平均值作为测定结果，按 GB/T 8170 的规定进行数值修约，精确至 0.1 mg/kg。当试样中锑含量测定结果小于 2.0 mg/kg 时，按<2.0 mg/kg 报告。

4　石墨炉原子吸收分光光度法（C 法）

4.1　方法提要

准确称取适量聚酯样品，加入适量硫酸炭化处理后，经（450～500）℃灰化（2～3）h，再加入适量硫酸加热溶解，稀硝酸稀释，采用石墨炉原子吸收分光光度法（GF-AAS）测定，外标工作曲线法定量。

4.2　试剂与材料

4.2.1　除另有规定外，所有试剂均为优级纯，实验用水为 GB/T 6682 中规定的一级水；标准溶液按

GB/T 602 配制，或直接使用市售的有证标准溶液。

4.2.2 氩气：纯度不低于 99.995%（体积分数）

4.2.3 硝酸

4.2.4 硫酸

4.2.5 硝酸溶液

量取 1 mL 硝酸（4.2.3），缓缓倒入 99 mL 水中，混匀。

4.2.6 锑标准储备液 1（100 μg/mL）

4.2.7 锑标准储备液 2（1 μg/mL）

准确吸取 1 mL 锑标准储备液 1（4.2.6）至 100 mL 容量瓶中，用硝酸溶液（4.2.5）稀释至刻度，摇匀。此时锑标准储备液 2 浓度为 1 μg/mL。

4.3 仪器与设备

4.3.1 马弗炉

能保持温度在（800±25）℃。

4.3.2 石墨炉原子吸收分光光度计

附有石墨炉和锑元素的空心阴极灯。

4.3.3 分析天平

分度值为 0.0001 g。

4.4 采样

按 GB/T 6679 规定的技术要求采取样品。

4.5 测定步骤

4.5.1 样品消解

准确称取 3 g 聚酯试样，精确至 0.0001 g，置于 100 mL 石英烧杯或坩埚中，盖上表面皿，在通风橱内的加热板上缓慢加热，直到发烟点不着火。轻轻从加热板上取下，自然冷却到室温，再加 2 mL 硫酸（4.2.4），缓慢加热到几乎不冒烟。将放有样品的带盖石英烧杯或坩埚放到马弗炉内，（450~500）℃下灰化（2~3）h，如炭黑仍存在则继续灰化直至只有黄白色灰为止。小心地从马弗炉内取出样品，盖好盖，冷却后加入 5 mL 硫酸（4.2.4），加热板上缓慢加热至样品灰完全溶解。取下冷却到室温，将所有溶液转移到 100 mL 容量瓶中，少量硝酸溶液（4.2.5）多次冲洗并将冲洗液一并转移，定容。

若试样中锑元素含量不低于 20 mg/kg，从上述溶液中取出 1 mL 转移至 100 mL 容量瓶中，若试样中锑元素含量低于 20 mg/kg，从上述溶液中取出 1 mL 转移至 10 mL 容量瓶中，用硝酸溶液（4.2.5）定容，混匀，作为试样溶液。同时进行试剂空白试验。

注 1：试样消解后经过两级稀释得到锑元素浓度适宜的试样溶液，稀释倍数较大，可能会对测定结果带来不利影响，请试验人员注意，必要时可采取相应的质量控制样品予以监控。

注 2：若经两级稀释后的试样溶液锑含量超出标准曲线的浓度范围，可对稀释倍数进行适当调整。

4.5.2 标准曲线溶液的配制

分别准确吸取 0 mL、0.50 mL、1.50 mL、3.00 mL、5.00 mL 和 7.00 mL 锑标准储备液 2（4.2.7）

于一组 100 mL 容量瓶，硝酸溶液（4.2.5）稀释至刻度，摇匀，得到一系列已知浓度分别为 0 μg/mL（空白）、0.005 μg/mL、0.015 μg/mL、0.03 μg/mL、0.05 μg/mL 和 0.07 μg/mL 的锑标准工作溶液。

注：由于标准溶液配制过程中稀释倍数较大可能会对标准曲线带来不利影响，请试验人员注意，必要时可采取相应的质量控制样品予以监控。

4.5.3 仪器准备

石墨炉原子吸收分光光度计参考工作条件见表 4。按照表 4 设定仪器工作条件和调整仪器。

表 4 石墨炉原子吸收分光光度计的参考工作条件

工作参数	设定值
狭缝/nm	0.5
灯电流/mA	13
背景校正	氘灯
锑的分析波长/nm	217.6
干燥温度/℃	150
干燥时间/s	20
灰化温度/℃	600
灰化时间/s	3
原子化温度/℃	2400
原子化时间/s	2

4.5.4 标准曲线的绘制

仪器稳定后，按浓度由低到高的顺序依次测试系列锑标准工作溶液（4.5.2），每个溶液连续测定 6 次，读取各溶液锑的吸光值并计算其平均值，以扣除空白后的各标准工作溶液中锑的吸光值为纵坐标，锑的浓度为横坐标，绘制标准曲线，曲线的线性相关系数应不低于 0.995。

4.5.5 试样测定

在与 4.5.4 相同条件下，分别测定试剂空白溶液和试样溶液（4.5.1），每个溶液连续测定 6 次，读取各溶液锑的吸光值并计算其平均值，根据扣除空白后的试样溶液锑的吸光值，从标准曲线上查出试样溶液的锑浓度。若测定时试样浓度超过标准曲线梯度范围上限，应适当稀释，使其浓度落在曲线范围内，再进行测定。

4.6 结果计算

样品中总锑含量 w，以毫克每千克（mg/kg）计，按式（3）计算：

$$w = C \times V \times F / m \qquad (3)$$

式中：

C——已空白校正过的测试溶液中锑元素的质量浓度，单位为微克每毫升（μg/mL）；

V——试样溶液的体积，单位为毫升（mL）；

F——稀释倍数；

m——试样质量，单位为克（g）。

4.7 结果的表示

取两次测定结果的算术平均值作为测定结果，按 GB/T 8170 规定进行数值修约，精确至 0.1 mg/kg。

当试样中锑含量测定结果小于 1.0 mg/kg 时，按<1.0 mg/kg 报告。

5 精密度

5.1 重复性：在同一实验室，由同一操作者使用相同设备，按相同的测试方法，并在短时间内对同一被测对象相互独立进行测试获得的两次独立测试结果的绝对差值不大于下表 5 列出的重复性限（r），以大于重复性限（r）的情况不超过 5%为前提。

5.2 再现性：在不同的实验室，由不同操作者操作不同的设备，按相同的测试方法，对同一被测对象相互独立进行测试所获得的两次独立测试结果的绝对差值不大于下表 5 列出的再现性限（R），以大于再现性限（R）的情况不超过 5%为前提。

表 5 重复性限（r）和再现性限（R）[a]

锑含量/（mg/kg）	重复性限（r）	再现性限（R）[b]
2~10	1 mg/kg	1.5 mg/kg
150~300	其平均值的 15%	其平均值的 20%

[a] 表中数据是依照附录 A 进行推荐。

[b] 本表中的再现性限不包括方法 C。

6 试验报告

报告应包括下列内容：

a）有关样品的全部资料，例如样品的名称、批号、采样地点、采样日期、采样时间等；

b）本标准编号；

c）分析结果；

d）测定中观察到的任何异常现象的细节及其说明；

e）分析人员的姓名及分析日期等。

附 录 A
(资料性附录)
精密度试验统计结果

A.1 起草单位集中组织精密度试验，其中A法与B法分别由6个实验室对4个聚酯样品各进行2次重复测试，C法由1个实验室对4个聚酯样品各进行12次重复测试。

A.2 按照GB/T 6379.2—2004对精密度试验结果进行数理统计，并计算得到精密度结果，见表A.1。

表A.1 精密度试验统计结果

方法	参数	1	2	3	4
A法	平均值/（mg/kg）	2.1	5.4	155.2	172.9
	r/（mg/kg）	0.3	0.9	14.2	23.7
	R/（mg/kg）	0.9	1.1	11.8	25.5
B法	平均值/（mg/kg）	1.9	4.8	161.3	178.1
	r/（mg/kg）	0.5	0.5	7.0	19.6
	R/（mg/kg）	0.6	0.7	18.5	23.0
C法	平均值/（mg/kg）	2.0	4.9	142.4	151.1
	r/（mg/kg）	0.5	0.6	16.5	8.4
	R[a]/（mg/kg）	/	/	/	/

[a] 本表未提供方法C的再现性限。

ICS 83.080.20
G 31

SH

中华人民共和国石油化工行业标准

SH/T 1826—2019

塑料 超高分子量聚乙烯（PE-UHMW）材料和制品熔融焓和结晶度及熔融温度的测定 差示扫描量热法（DSC）

Plastics—Determination of enthalpy of fusion, degree of crystallinity and melting temperature of ultra-high-molecular weight polyethylene (PE-UHMW) materials and products—Differential scanning calorimetry (DSC)

2019-12-24 发布 2020-07-01 实施

中华人民共和国工业和信息化部 发布

前　言

本标准按照 GB/T 1.1—2009 给出的规则起草。

本标准由中国石油化工集团有限公司提出。

本标准由全国塑料标准化技术委员会石化塑料树脂产品分会（SAC/TC15/SC1）归口。

本标准负责起草单位：北京燕山石化高科技术有限责任公司。

本标准参加起草单位：上海化工研究院有限公司、中国石油化工股份有限公司齐鲁分公司研究院、中国石油天然气股份有限公司辽阳石化分公司、沃特世科技（上海）有限公司。

本标准主要起草人：郑慧琴、叶纯麟、李震环、侯斌、石洪波、黄鹤柳、沈贤婷、杨胜鹰、段微微。

本标准为首次发布。

塑料　超高分子量聚乙烯（PE-UHMW）材料和制品熔融焓和结晶度及熔融温度的测定　差示扫描量热法（DSC）

警示：使用本标准的人员应有正规实验室工作的实践经验。本标准并未指出所有可能的安全问题。使用者有责任采取适当的安全和健康措施，并保证符合国家有关法规规定的条件。

1　范围

本标准规定了差示扫描量热法（DSC）测定超高分子量聚乙烯（PE-UHMW）材料和制品熔融焓、熔融温度的试验方法，以及结晶度的计算方法。

本标准适用于粉料、成型后的材料、成品或使用过的PE-UHMW，也适用于经辐照或化学交联的PE-UHMW。

2　规范性引用文件

下列文件对于本文件的应用是必不可少的。凡是注日期的引用文件，仅注日期的版本适用于本文件。凡是不注日期的引用文件，其最新版本（包括所有的修改单）适用于本文件。

GB/T 2035　塑料术语及其定义

GB/T 19466.1—2004　塑料　差示扫描量热法（DSC）　第1部分：通则

GB/T 19466.3—2004　塑料　差示扫描量热法（DSC）　第3部分：熔融和结晶温度及热焓的测定

3　术语和定义

GB/T 2035、GB/T 19466.1—2004和19466.3—2004界定的以及下列术语和定义适用于本文件。

3.1

结晶度　degree of crystallinity

半结晶聚合物中晶相所占的质量分数，X_C，单位用百分数（%）表示。

4　方法概要

将一种已知质量的PE-UHMW放在样品皿中，在保护气体下以一定的升温速率加热至熔融终止温度以上，记录熔融温度曲线，同时测定样品皿与空白参比皿的热流。熔融峰曲线与基线所包围的面积表示熔融焓，用样品质量进行归一化处理，再用100%结晶聚乙烯的理论熔融焓值进行归一化处理，即得到试样的结晶度。

5　仪器和材料

5.1　差示扫描量热仪

见GB/T 19466.1—2004 5.1。

5.2 样品皿

铝制 DSC 样品皿，用来装试样和参比样，样品皿上压盖，并由相同质量的同种材料制成。在测量条件下，样品皿不与试样和气氛发生物理或化学变化。

5.3 分析天平

称量准确度：±0.01mg。

注：使用准确度为 0.01mg 的天平时，聚乙烯熔融焓的重复性标准偏差为 1.2%[1]。

5.4 标准样品

参见 GB/T 19466.1—2004 附录 A，使用标准样品铟和锡。

5.5 气源

氮气或其他惰性气体，纯度至少 99.9%。

6 试样

6.1 PE-UHMW 试样可以为粉料、细粒，也可为薄膜或薄片的碎片状物。推荐细粒粒径尺寸或碎片厚度不大于 0.25mm。
6.2 机械加工过程会影响材料的晶体结构，如果从大片 PE-UHMW 样品上取样，推荐使用干净、锋利的刀片或其他类似的工具切取薄片，不应使用能生热使 PE-UHMW 熔融的工具切取试样，也可使用孔钻或打孔器从 PE-UHMW 膜上切取试样。
6.3 试样应平整，确保与样品皿接触良好。
6.4 推荐每个测试位置至少取三个样品进行测试。

注：样品中需要进行 DSC 分析的位置定义为“测试位置”。

7 试验条件和试样的状态调节

见 GB/T 19466.1—2004 第 7 章。

8 校准

见 GB/T 19466.1—2004 第 8 章。

9 试验步骤

9.1 仪器准备

9.1.1 试验前，接通仪器电源，使其平衡至少 30min。
9.1.2 将具有相同质量的两个空样品皿放置在样品支持器上，调节到实际测量的条件。在要求的温度范围内，DSC 曲线应是一条直线。当得不到一条直线时，在确认重复性后记录 DSC 曲线。
9.1.3 在整个测试中，DSC 测试室内应以干燥的氮气或其他惰性气体，在 50mL/min±5mL/min 的流动速率下吹扫，并且所有校准和测试都应使用相同的气体和吹扫速率。

9.2 试样的放置

9.2.1 选择容积适当的样品皿，并保证其清洁；
9.2.2 用两个相同的样品皿，一个作试样皿，（放置试样的样品皿），另一个作参比皿（不放置试样的样品皿）；
9.2.3 称量样品皿及盖，精确到 0.01mg；
9.2.4 将试样放在样品皿内，用盖将样品皿密封。检查样品皿底部确保其平整。如果不平，则重新准备试样；
9.2.5 称量放入试样后的样品皿。试样质量应在 5mg~10mg，精确到 0.01mg。重复试验的试样之间质量偏差不大于 2mg。对于含添加剂的材料或制品，试样质量指的是减掉添加剂质量后的聚合物基体质量。

9.3 样品皿的放置

用镊子或其他合适的工具将样品皿放入样品支持器中，盖上样品支持器的盖，确保试样和皿之间、皿和支持器之间接触良好。

9.4 试验

9.4.1 将试样在室温下稳定至少 3min。
9.4.2 将试样从室温以 10℃/min 的升温速率加热至 200℃。记录第一次升温过程热焓曲线。
9.4.3 在该温度下保持 5min；如有需要，可进行再次冷却-加热的循环操作。
9.4.4 以 10℃/min 的降温速率降至室温，保持 5min。
9.4.5 重复 9.4.2，记录第二次升温过程热焓曲线。

注：第一次升温扫描获得的信息可以说明聚合物经受的热历史（如加工和试样制备）。若想得到不受热历史影响的试样的结晶度可使用第二次升温扫描的结果。一般对于原料采用第二次升温，对于制品要体现其受加工热历史的影响，多采用第一次升温。

9.4.6 试验期间若发现有任何因化学反应造成的重量损失，应降低温度上限，并应在报告中注明。

10 试验结果

10.1 结果计算

10.1.1 在一个加热周期中连接曲线上 50℃ 和 160℃ 对应的点建立一条平直基线。如果熔融过程在 160℃ 没有结束，可以将基线向更高的温度方向移动，但必须记录此变化。
10.1.2 从加热周期中开始到产生热转变焓的熔融吸热曲线下的面积进行积分，得到吸热过程的热量变化，用热量除以试样质量，得出单位质量试样的熔融焓，即试样的熔融焓 ΔH_m 。
10.1.3 结晶度计算见公式（1）：

$$X_C = \frac{\Delta H_m}{\Delta H_f} \times 100 \qquad (1)$$

式中：

X_C——试样的结晶度，单位为百分数（%）；
ΔH_m——试样的熔融焓，单位为千焦每千克（kJ/kg）；
ΔH_f——100%结晶的理论熔融值，293.0 kJ/kg。

注：目前报道新的聚乙烯 100%结晶的理论熔融焓值为 293.0kJ/kg，以前常用的 100%结晶的理论熔融焓值为 289.3kJ/kg[1]。

10.1.4 对于含添加剂的材料，公式（1）中的ΔH_m应按公式（2）计算：

$$\Delta H_m = \frac{\text{试样实测熔融焓 } \Delta H}{\text{试样基体的质量分数}} \tag{2}$$

10.1.5 试验曲线数据处理得到熔融峰温度（T_p）和外推起始温度（T_{ei}）的示例如图 1 所示。从熔融峰温度向熔融吸热曲线做切线，与基线的交点即为外推起始温度。

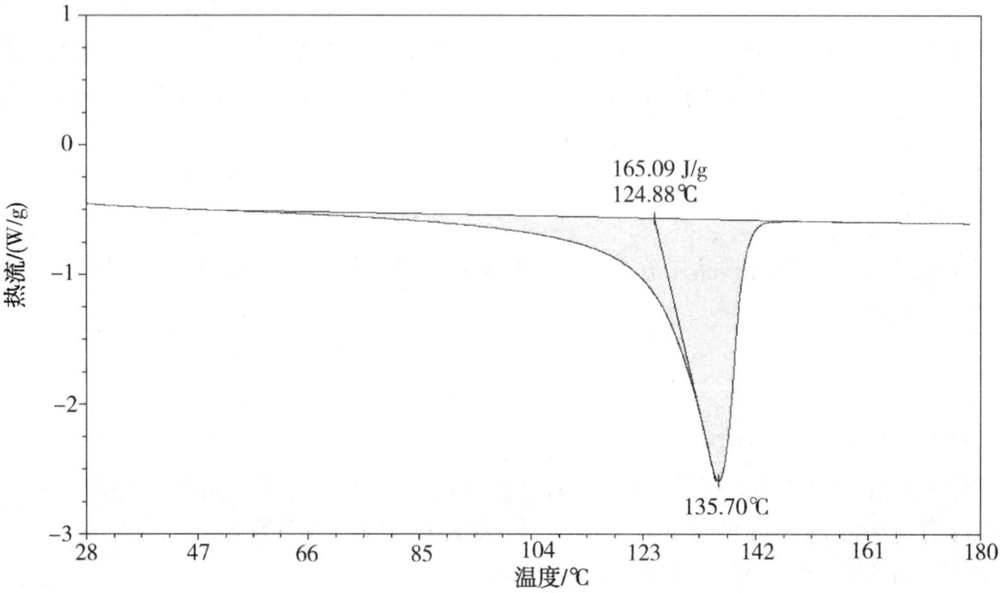

图 1 DSC 熔融吸热曲线典型图例

注：熔融峰积分区间 50℃~160℃。该样品的 T_{ei} 为 124.88℃，T_p 为 135.70℃，ΔH_f 为 165.09J/g。

10.2 结果表示

粉料和细粒试样以第二次升温扫描的三次重复试验平均值为报告结果；薄膜或薄片的碎片试样以第一次升温扫描的三次重复试验平均值为报告结果。

熔融焓修约到小数点后两位，结晶度修约到小数点后一位，外推起始温度和熔融峰温度修约到小数点后一位。

11 精密度

2018 年对 2 个 PE-UHMWE 原料模压样品，进行了测定熔融焓和结晶度及外推起始温度和熔融峰温度的精密度试验，结果见表 1。

注：本标准的精密度按 GB/T 6379.2—2004 进行计算[2]，其中 S_r 为重复性标准偏差，S_R 为再现性标准偏差，r 为重复性限，R 为再现性限。表 1 中数据只是有限的试验结果，并不能覆盖所有材料、批号、试验条件及实验室，因此，严格地说，不能将其视为判别接收或拒收的依据。

附录 A 给出了 ASTM F2625-10（2016）提及的有关 PE-UHMW 样品的精密度数据，以供参考。

表 1　2 个 PE-UHMW 原料模压样品熔融焓和结晶度及外推起始温度和熔融峰温度的精密度

序号	样品	参数	实验室参加数（个）	平均值 m	实验室内			实验室间		
					标准偏差 S_r	重复性限 r	重复性变异系数 r/m（%）	标准偏差 S_R	再现性限 R	再现性变异系数 R/m（%）
1	PE-UHMW 1	熔融焓	8	160.39 kJ/kg	2.13 kJ/kg	5.97 kJ/kg	3.72	5.34 kJ/kg	14.95 kJ/kg	9.32
2		结晶度	8	54.7%	0.7%	2.0%	3.72	1.8%	5.1%	9.32
3		外推起始温度	7	125.8℃	0.21℃	0.58℃	0.46	0.80℃	2.23℃	1.77
4		熔融峰温度	8	135.1℃	0.19℃	0.53℃	0.39	0.33℃	0.93℃	0.69
5	PE-UHMW 2	熔融焓	8	158.00 kJ/kg	2.14 kJ/kg	5.98 kJ/kg	3.79	4.83 kJ/kg	13.52 kJ/kg	8.56
6		结晶度	8	53.9%	0.7%	2.0%	3.79	1.6%	4.6%	8.56
7		外推起始温度	8	128.0℃	0.16℃	0.46℃	0.37	0.8℃	2.1℃	1.67
8		熔融峰温度	9	135.7℃	0.21℃	0.58℃	0.43	0.35℃	0.97℃	0.71

12　试验报告

试验报告应包括下列内容：

a）注明参照本标准；

b）标明试验样品的全部资料信息，包括试样形状、制样方式以及材料的热历史；

c）所用 DSC 仪器类型；

d）所用样品皿的类型；

e）标准样品，其特征值及用量；

f）所用的气体及流速；

g）试样质量；

h）升、降温速率；

i）试验结果，应包括熔融焓（kJ/kg）和结晶度，外推起始温度，熔融峰温度。如果在积分曲线上观察到多个峰，应分别记录；

j）试验中的异常情况；

k）试验日期。

附　录　A
（资料性附录）
2 个 PE-UHMW 样品的外推起始温度、熔融峰温度和结晶度的精密度

ASTM F2625-10（2016）[1] 给出了差示扫描量热法（DSC）测定 2 个 PE-UHMW 样品的外推起始温度、熔融峰温度和结晶的精密度，见表 A.1。

表 A.1　国际实验室间相关研究的精密度结果

样品	外推起始温度（℃）	外推起始温度的不确定度		熔融峰温度（℃）	熔融峰温度的不确定度		结晶度（%）	结晶度的不确定度	
	平均值	S'_r（%）	S'_R（%）	平均值	S'_r（%）	S'_R（%）	平均值	S'_r（%）	S'_R（%）
PE-UHMW 1	127.57	0.49	0.42	136.68	0.27	0.87	58.24	2.61	8.57
PE-UHMW 2	127.13	0.61	0.71	136.63	0.13	0.72	60.24	3.32	10.25

注：表中的 S'_r 和 S'_R 是以标准偏差表示的外推起始温度、熔融峰温度和结晶度三个参数的相对不确定度。

对 2 个 PE-UHMW 样品统一模压制样后，在世界范围 7 个实验室中开展循环试验（Round Robin Test，RRT），其中一个实验室的数据由于设备问题而被排除。数据的重复性和再现性依据 ASTM E691[3] 进行计算。

参 考 文 献

[1] ASTM F2625-10 Standard Test Method for Measurement of Enthalpy of Fusion, Percent Crystallinity, and Melting Point of Ultra-High-Molecular Weight Polyethylence by Means of Differential Scanning Calorimetry

[2] GB/T 6379.2—2004 测量方法与结果的准确度 第2部分：确定标准测量方法重复性与再现性的基本方法

[3] ASTME 691 Practice for Conducting an Interlaboratory Study to Determine the Precision of a Test Method

ICS 83.080.01
G 31

SH

中华人民共和国石油化工行业标准

SH/T 1827—2019

塑料　结晶度的测定　X射线衍射法

Plastics—Determination of crystallinity—X-ray diffractometry

2019-12-24 发布　　　　2020-07-01 实施

中华人民共和国工业和信息化部　发布

前　言

本标准按照 GB/T 1.1—2009 给出的规则起草。

本标准由中国石油化工集团有限公司提出。

本标准由全国塑料标准化技术委员会石化塑料树脂产品分会（SAC/TC15/SC1）归口。

本标准负责起草单位：中国石油天然气股份有限公司石油化工研究院、北京燕山石化高科技术有限责任公司。

本标准参加起草单位：天津大学、上海交通大学、中国石油化工股份有限公司北京化工研究院、中国石油化工股份有限公司镇海炼化分公司、中国石油天然气股份有限公司辽阳石化分公司、布鲁克（北京）科技有限公司、赛默飞世尔科技（中国）有限公司、丹东浩元仪器有限公司、丹东通达科技有限公司、上海若祎新材料科技有限公司。

本标准主要起草人：李瑞峰、郑慧琴、王正元、王伟众、吴彦瑾、张立军、任敏巧、金文仁、居威材、王通、杜海燕、姜传海、孟鸿诚、石洪波、钟喆、韦丽明。

本标准为首次发布。

塑料　结晶度的测定　X 射线衍射法

警告：使用本标准的人员应有正规实验室工作的实践经验。本标准并未指出所有可能的安全问题。使用者有责任采取适当的安全和健康措施，并保证符合国家有关法规规定的条件。

1　范围

本标准规定了用 X 射线衍射法测定聚乙烯（PE）和聚丙烯（PP）结晶度的方法。

本标准适用于颗粒或粉末状聚乙烯和聚丙烯（α 晶型、$\beta+\alpha$ 晶型）压塑或注塑试样结晶度的测定。

本标准不适用于填充聚乙烯和聚丙烯结晶度的测定。

注：聚乙烯和聚丙烯制品结晶度的测定可参照本标准，高乙烯含量的乙丙共聚聚丙烯也可参照本标准。

2　规范性引用文件

下列文件对于本文件的应用是必不可少的。凡是注日期的引用文件，仅注日期的版本适用于本文件。凡是不注日期的引用文件，其最新版本（包括所有的修改单）适用于本文件。

GB/T 1845.2　塑料　聚乙烯（PE）模塑和挤出材料　第 2 部分：试样制备和性能测定

GB/T 2546.2　塑料　聚丙烯（PP）模塑和挤出材料　第 2 部分：试样制备和性能测定

GB/T 2918　塑料试样状态调节和试验的标准环境

JJG 629—2014　多晶 X 射线衍射仪

3　术语和定义

下列术语和定义适用于本文件。

3.1

结晶度（X 射线衍射法）Crystallinity by X-ray diffraction

根据部分结晶聚合物的 X 射线衍射强度峰总面积中晶区部分贡献的百分数计算的结晶度[1] X_c。

4　方法概要

聚合物的结晶度与结晶相 X 射线衍射峰积分面积成正比，在规定的试验条件下，收集 2θ 角度 5°～35°范围内试样的铜 K_α X 射线衍射数据，采用化学计量学分峰程序软件获得被测晶面衍射峰和非晶散射峰的 2θ 角度及峰面积计数值，以结晶峰峰面积之和与其加非晶峰峰面积之和的比值，经校正后得到试样的结晶度。

5　标准物质

符合 JJG 629—2014 技术要求的粉末 α-SiO_2 或 Si 标准物质。

6 仪器设备

6.1 X 射线衍射仪

符合 JJG 629—2014 技术要求的 X 射线衍射仪，配置铜靶（K_α 辐射），旋转样品台，仪器按 JJG 629—2014 进行 8h 测定的衍射强度稳定性不大于 1.5%（以相对极差表示）。

注：若仪器光学系统配置或调试不合适，造成散射光进入探测器，低角度背底会出现一个馒头峰，则仪器无法完成结晶度的测定。

6.2 软件

X 射线衍射数据处理软件，带 Pearson Ⅶ分峰程序。

7 样品

7.1 试样制备

7.1.1 PE 试样制备

按 GB/T 1845.2 规定采用压塑（Q）或注塑（M）方法制备试样，试样厚度 1.0mm ± 0.1mm。

7.1.2 PP 试样制备

按 GB/T 2546.2 规定采用压塑（Q）或注塑（M）方法制备试样，试样厚度 1.0 mm ± 0.1 mm。

7.2 取样

用冲压设备或直尺和刀片在压塑（Q）或注塑（M）方法制备的试样中部裁取一片试片，要求试片平整如镜面，无弯折，测试面清洁无灰尘等机械杂质并保持干燥，试片尺寸按所用仪器规定。

注：从制品上取样时，可用机加工方法或其他合适方法从制品上制取 1.0mm ± 0.1mm 的薄片，然后按照上述方法取样。

8 状态调节

按 GB/T 2918 规定，在温度为 23℃ ±2℃ 条件下进行状态调节。状态调节时间分别按照 GB/T 1845.2 和 GB/T 2546.2 规定。

9 试验步骤

9.1 试验条件

按 GB/T 2918 规定，在温度为 23℃ ±2℃ 条件下进行测试。

9.2 校准仪器

启动 X 射线衍射仪（6.1），待仪器稳定后，用标准物质（5）验证仪器衍射强度稳定性不大于 1.5%/8 小时（以相对极差表示）。

9.3 设定仪器工作条件

设定 X 射线衍射仪工作条件（见表 1）。

表 1 仪器工作条件

<table>
<tr><th colspan="2">参数项</th><th>单位</th><th>设定值</th></tr>
<tr><td colspan="2">铜靶 K_α</td><td>nm</td><td>0.1542</td></tr>
<tr><td colspan="2">2θ 扫描范围</td><td>(°)</td><td>5~35（测试时）</td></tr>
<tr><td colspan="2">2θ 扫描范围</td><td>(°)</td><td>5~90（求 k 值时）</td></tr>
<tr><td colspan="2">工作电压</td><td>kV</td><td>20~50</td></tr>
<tr><td colspan="2">工作电流</td><td>mA</td><td>1~250</td></tr>
<tr><td colspan="2">扫描步长</td><td>(°)</td><td>0.01~0.02</td></tr>
<tr><td colspan="2">扫描速度</td><td>(°) · min^{-1}</td><td>1~5</td></tr>
<tr><td colspan="2">发散狭缝</td><td rowspan="3"></td><td rowspan="3">需进行狭缝优化</td></tr>
<tr><td colspan="2">防散射狭缝</td></tr>
<tr><td colspan="2">接收狭缝</td></tr>
<tr><td rowspan="3">衍射峰峰面积计数值</td><td>PE（200）晶面</td><td></td><td>≥10000</td></tr>
<tr><td>PP α 晶型（130）晶面</td><td></td><td>≥10000</td></tr>
<tr><td>PP $\beta+\alpha$ 晶型（111）晶面</td><td></td><td>≥10000</td></tr>
</table>

9.4 测试

平行做两份试验。在 X 射线衍射仪样品台上，装调试片，关闭试样室，开始测试。

10 试验数据处理

10.1 获取峰位置 2θ 值和峰面积计数值

采用 X 射线衍射仪配置的数据处理软件，对试样的 X 射线衍射数据首先进行 Savitzky-Golay 9 点或 11 点抛物平滑，剥离 $K_{\alpha2}$，扣除背底（B. G.），然后采用 Pearson-Ⅶ分峰程序进行峰形拟合，根据衍射曲线峰型分出晶体衍射峰和非晶体散射峰，获取被测试样晶体衍射峰、非晶体散射峰的峰位置 2θ 值和峰面积计数值。非晶体散射峰和对称的晶体衍射峰应进行对称拟合；若测得的晶体衍射峰为非对称的，则按其峰形进行非对称拟合。

注 1：文献中的非晶体散射峰的峰位置 2θ 值并不统一，且某些文献中存在非晶体散射峰非对称分峰的不合理现象。

注 2：PE 和 PP（α 晶型、$\beta+\alpha$ 晶型）典型的化学计量学（Pearson-Ⅶ）峰形拟合图见附录 A。

10.2 计算

按公式（1）计算被测试样的结晶度，附录 B 为公式（1）中的因子及其推算公式中系数的计算方法：

$$X_c = \frac{\sum F_{ci} \times I_{ci}}{\sum F_{ci} \times I_{ci} + k \times \sum F_{ai} \times I_{ai}} \times 100 \quad \cdots\cdots (1)$$

式中：

X_c——结晶度，单位为%（质量分数）；

F_{ci}——各个晶面衍射峰的校正因子，计算见公式（B.1）；

I_{ci}——各个晶面衍射峰的峰面积计数值；

k——计算时所采用衍射强度与其观察到的全部衍射强度之比，根据实测值获得的校正系数，计算见公式（B.7）；

F_{ai}——非晶散射峰的校正因子，计算见公式（B.1）；

I_{ai}——非晶散射峰的峰面积计数值。

10.3 结果表述

取两次平行测定结果的算术平均值为测定结果，数据保留小数点后一位。

11 精密度

2018年在8个实验室，对3个典型PE和4个典型PP的压塑试样进行了X射线衍射法测定结晶度的精密度试验，每个实验室对每个样品重复测定2次，精密度计算结果见表2。

注1：本标准的精密度按GB/T 6379.2—2004[2] 进行计算，其中S_r为重复性标准差，S_R为再现性标准差，r为重复性限，R为再现性限。

注2：精密度试验用样品，是从结晶度为37.8%~81.2%的样品中筛选的。

表2 X射线衍射法结晶度测试的精密度数据

序号	样品	实验室参加数（个）	结晶度平均值（%）	实验室内			实验室间		
				重复性标准差S_r	重复性限r	重复性变异系数（%）	再现性标准差S_R	再现性限R	再现性变异系数（%）
1	PE1	8	42.9	0.4	1.1	2.6	0.8	2.3	5.4
2	PE2	8	55.6	0.4	1.1	2.0	0.9	2.5	4.5
3	PE3	8	68.8	0.5	1.4	2.0	0.8	2.3	3.3
4	PP1（α晶型）	8	47.5	1.0	2.8	5.9	1.0	2.8	5.9
5	PP2（α晶型）	8	48.6	0.9	2.5	5.1	0.9	2.5	5.1
6	PP3（α晶型）	8	58.5	0.6	1.7	2.9	0.9	2.5	4.3
7	PP4（β+α晶型）	8	81.2	0.6	1.7	2.1	1.1	3.1	3.8

12 试验报告

试验报告应包括下列内容：

a）注明参照本标准；

b）试验样品的全部资料信息；

c）仪器工作条件；

d）试样制备、取样及试样状态调节、试验条件等详细情况；

e）试样尺寸；

f）试验结果，包括两次的测试结果和算术平均值；

g）测定中观察到的任何异常现象的细节及其说明，例如背底不合格、试样晶型不相符等；

h）分析日期等。

附 录 A
（资料性附录）
PE 和 PP（α 晶型、β+α 晶型）典型的化学计量学（Pearson-Ⅶ）峰形拟合图

A.1 PE

PE 典型的化学计量学（Pearson-Ⅶ）峰形拟合图见图 A.1。

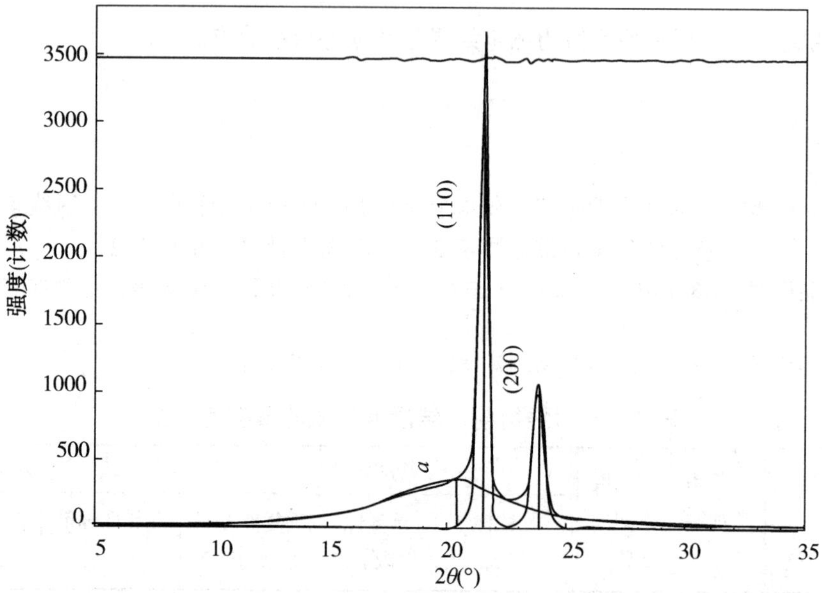

图 A.1 PE 典型的化学计量学（Pearson-Ⅶ）峰形拟合图

A.2 PP（α 晶型）

PP（α 晶型）典型的化学计量学（Pearson-Ⅶ）峰形拟合图见图 A.2。

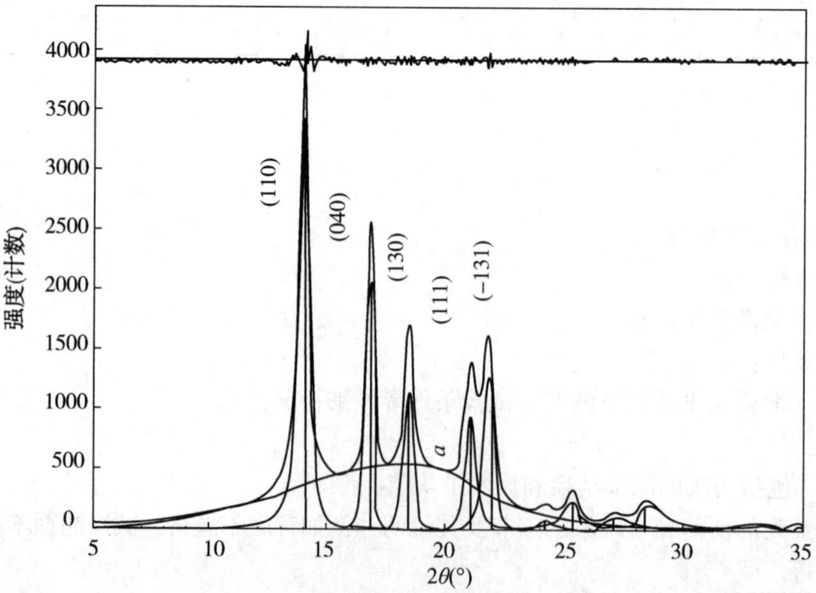

图 A.2 PP（α 晶型）典型的化学计量学（Pearson-Ⅶ）峰形拟合图

A.3 PP（β+α 晶型）

PP（β+α 晶型）典型的化学计量学（Pearson-Ⅶ）峰形拟合图见图 A.3。

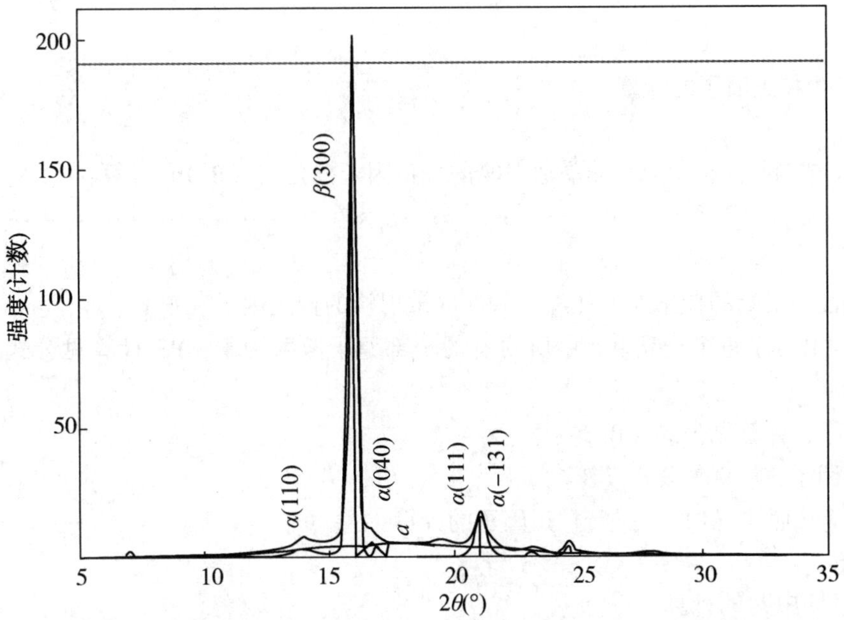

图 A.3　PP（β+α 晶型）典型的化学计量学（Pearson-Ⅶ）峰形拟合图

附 录 B
(规范性附录)
公式(1)中因子及其推算公式中系数的计算方法

B.1 公式(1)中校正因子的计算

公式(1)中被测晶面衍射峰和非晶散射峰的校正因子按公式(B.1)计算:

$$F_R^{-1} = f_j^2 \times L_p \times T \quad \text{(B.1)}$$

式中:

F_R——各晶面衍射峰的校正因子(F_c)和非晶散射峰的校正因子(F_a);

f_j——PE、PP分子每个重复单元中所含有的全部原子散射因子,PE计算见公式(B.2),PP计算见公式(B.3);

L_p——角因子,计算见公式(B.5);

T——温度因子,计算见公式(B.6)。

对各个峰均需按照式(B.1)进行校正因子的计算。

B.2 公式(B.1)中f_j的计算

a) PE的f_j值计算见公式(B.2):

$$f_j^2 = 2f_C^2 + 4f_H^2 \quad \text{(B.2)}$$

b) PP的f_j值计算见公式(B.3):

$$f_j^2 = 3f_C^2 + 6f_H^2 \quad \text{(B.3)}$$

式(B.2)和式(B.3)中:

f_j——PE、PP分子每个重复单元中所含有的全部原子散射因子;

f_C——碳原子的散射因子;

f_H——氢原子的散射因子。

B.3 公式(B.2)和式(B.3)中f_C和f_H值的计算

公式(B.2)和式(B.3)中f_C和f_H值的计算见公式(B.4)。

$$f_R = \sum_{i=1}^{4} a_i \exp(-b_i \sin^2\theta / \lambda^2) + c \quad \text{(B.4)}$$

式中:

R——C或H;

θ——晶面衍射峰位置对应的角度的一半;

λ——X射线的波长,0.1541 nm。

a_i, b_i, c——系数,见表B.1。

对各个峰均需按照式(B.4)进行f_C和f_H值的计算。

表 B.1　公式（B.4）中各系数值

原子	a_1	b_1	a_2	b_2	a_3	b_3	a_4	b_4	c
C	2.310000	20.843900	1.020000	10.207500	1.588600	0.568700	0.865000	51.651200	0.215600
H	0.489918	20.659300	0.262003	7.740390	0.196767	49.551900	0.049879	2.201590	0.001305

B.4　公式（B.1）角因子 L_p 的计算

公式（B.1）中角因子 L_p 的计算见公式（B.5）。

$$L_p = (1+\cos^2 2\theta) / (\cos\theta\sin^2\theta) \tag{B.5}$$

式中：

θ ——晶面衍射峰和非晶散射峰位置对应的角度的一半。

对各个峰均需按照式（B.5）进行角因子的计算。

B.5　公式（B.1）中温度因子 T 的计算

公式（B.1）中温度因子 T 的计算见公式（B.6）。

$$T=\exp[-10(\sin\theta/\lambda)^2] \tag{B.6}$$

式中：

θ——晶面衍射峰和非晶散射峰位置对应的角度的一半；

λ——X 射线波长，0.1541 nm；

10——温度因子的一个近似常数[3,4]。

对各个峰均需按照式（B.6）进行温度因子的计算。

B.6　公式（1）中 k 值的计算

公式（1）中 k 值的计算见公式（B.7）。

$$k=\sum I_{ci,cal}/\sum I_{ci,total} \tag{B.7}$$

式中：

$k<1.00$；

$I_{ci,cal}$——所采用的衍射峰的峰面积计数值；

$I_{ci,total}$——衍射峰的峰面积总和。

参 考 文 献

[1] 全国科学技术名词审定委员会．材料科学技术名词［M］．第1版．北京：科学出版社，2011
[2] GB/T 6379.2—2004　测量方法与结果的准确度（正确度与精密度）　第2部分：确定标准测量方法重复性与再现性的基本方法
[3] 殷敬华，莫志深．现代高分子物理学（下册）［M］．第1版．北京：科学出版社，2001
[4] 周公度．晶体结构测定［M］．第1版．北京：科学出版社，1981

二、合成橡胶类

ICS 83.040.10
G 34

SH

中华人民共和国石油化工行业标准

SH/T 1049—2014
代替 SH/T 1049—1991

丁二烯橡胶溶液色度的测定目视法

Determination of colour of butadiene rubber solution—Visual method

(ISO 6271-1：2004 Clear liquids — Estimation of colour by the platinum-cobalt scale —Part 1：Visual method，NEQ)

2014-05-06 发布　　2014-10-01 实施

中华人民共和国工业和信息化部　发布

前 言

本标准按照 GB/T 1.1—2009 给出的规则起草。

本标准代替 SH/T 1049—1991《丁二烯橡胶溶液色度的测定》，与 SH/T 1049—1991 相比，除编辑性修改外主要技术变化如下：

——修改了标准名称(见封面)；

——增加了前言；

——增加了规范性引用文件(见第 2 章)；

——增加了铂-钴色号的定义(见 3.1)；

——修改了标准比色溶液的保存期(见 6.6，1991 版的 5.6)；

——增加了“取样”(见 7.1)。

本标准使用重新起草法参照 ISO 6271-1：2004《透明液体　用铂-钴等级评定色度　第 1 部分：目视法》编制，与 ISO 6271-1：2004 的一致性程度为非等效。

本标准由中国石油化工集团公司提出。

本标准由全国橡胶与橡胶制品标准化技术委员会合成橡胶分技术委员会(SAC/TC35/SC6)归口。

本标准起草单位：中国石油天然气股份有限公司石油化工研究院。

本标准主要起草人：陈跟平、笪敏峰、李晓银、吴毅、张翠兰、张士玉、刘俊保、王春龙。

本标准于 1991 年 6 月首次发布，本次为第一次修订。

丁二烯橡胶溶液色度的测定　目视法

警告：使用本标准的人员应熟悉正规实验室操作规程。本标准无意涉及因使用本标准可能出现的所有安全问题。制定相应的安全和健康规程并确保符合国家法规是使用者的责任。

1　范围

本标准规定了丁二烯橡胶苯乙烯溶液色度的测定。

本标准适用于测定与铂-钴标准比色溶液颜色相似的丁二烯橡胶苯乙烯溶液。

2　规范性引用文件

下列文件对于本文件的应用是必不可少的。凡是注日期的引用文件，仅所注日期的版本适用于本文件。凡是不注日期的引用文件，其最新版本(包括所有的修改单)适用于本文件。

GB/T 6682　分析实验室用水规格和实验方法(GB/T 6682—2008，ISO 3696：1987，MOD)。

GB/T 15340　天然、合成生胶取样及其制样方法(GB/T 15340—2008，ISO 1795：2000，IDT)。

3　术语和定义

下列术语和定义适用于本文件。

3.1

铂-钴色号 Pt-Co scale

含有规定浓度的铂[以氯铂(Ⅳ)酸盐离子形式存在]和氯化钴(Ⅱ)六水合物的溶液颜色等级。

3.2

丁二烯橡胶溶液色度　colour of butadiene rubber solution

以铂-钴标准比色溶液的颜色表征丁二烯橡胶苯乙烯溶液颜色的深浅程度。

4　方法概要

在试验条件下，将5%丁二烯橡胶苯乙烯溶液的颜色与铂-钴标准比色溶液的颜色进行目视比色，以铂-钴标准比色溶液颜色的色号来表示测定结果。

5　仪器

5.1　分析天平：能精确至0.001 g。

5.2　分光光度计：能测定波长为430 nm、455 nm、480 nm和510 nm的吸光度，配有10mm比色皿。

5.3　磁力搅拌器或振荡器。

5.4　具塞比色管：100 mL，在比色管底部以上180 mm处有刻度线；各比色管的刻度线高度相差不超过3 mm。各比色管的玻璃颜色、厚度应相匹配。

5.5　比色管架：底部衬有白色底板。

5.6 具塞锥形瓶：250 mL。
5.7 容量瓶：1000 mL。
5.8 单刻线移液管：5 mL，10 mL。

6 试剂与材料

本标准使用的试剂均为分析纯，并使用符合 GB/T 6682 规定的纯度至少为三级的实验室用水。
6.1 氯铂(Ⅳ)酸钾，K_2PtCl_6。
6.2 氯化钴(Ⅱ)六水合物，$CoCl_2 \cdot 6H_2O$。
6.3 盐酸：质量分数约为 38%。
6.4 苯乙烯(工业品)：色度小于 10 铂-钴色号。
6.5 铂-钴标准溶液的配制：

称取 1.245 g 氯铂(Ⅳ)酸钾(6.1)和 1.000 g 氯化钴(Ⅱ)六水合物(6.2)置于 500 mL 烧杯中，加入 200 mL 水和 100 mL 盐酸(6.3)，如需要可加热使其溶解，以得到透明溶液。冷却至室温后，将溶液移至 1000 mL 容量瓶(5.7)中，用水稀释至刻度并摇匀。此溶液的色度为 500 铂-钴色号。将此溶液贮存在棕色细口试剂瓶中，置于暗处，其保存期为一年。

在分光光度计(5.2)上用 10 mm 比色皿(以水作参比)测定铂-钴标准溶液的吸光度，其吸光度应符合表 1 规定，否则应重新配制。

表 1 铂-钴标准溶液的吸光度允许范围

波长/nm	吸光度
430	0.110~0.120
455	0.130~0.145
480	0.105~0.120
510	0.055~0.065

6.6 铂-钴标准比色溶液的配制：

按表 2 规定，在一系列比色管(5.4)中用单刻线移液管(5.8)加入指定体积的铂-钴标准溶液(6.5)，用水稀释至刻度并塞上比色管塞子，摇匀。并在比色管上标明相应的铂-钴色号，置于暗处。此铂-钴标准比色溶液的保存期为六个月，但最好使用新鲜配制好的溶液。

表 2 铂-钴标准比色溶液的配制

铂-钴标准溶液的体积/mL	铂-钴标准比色溶液的颜色/铂-钴色号
0	0
1	5
2	10
3	15
4	20
5	25
6	30
7	35

7 取样和制样

7.1 按 GB/T 15340 的规定进行取样。

7.2 将丁二烯橡胶剪成约 3 mm×3 mm×6 mm 的胶粒，称取 5 g(精确至 0.01 g)放入锥形瓶(5.6)中，加入 95 g(精确至 0.01 g)苯乙烯(6.4)，在磁力搅拌下或在振荡器上振荡(5.3)溶解 4 h。观察是否有不溶物，如果有不溶物，再溶解 4 h。如果还有不溶物，需重新取样溶解。

8 分析步骤

将按照第 7 章制备的样品溶液移入比色管至刻度，然后将其与盛有铂-钴标准比色溶液的比色管放在同一比色管架(5.5)上，取下比色管管塞，在自然光或日光灯下(避免光线从侧面照射)，从比色管管口垂直向下观察，比较样品溶液与铂-钴标准比色溶液(6.6)颜色的深浅程度，直至找出颜色最接近的铂-钴标准比色溶液。

9 结果计算

丁二烯橡胶溶液的色度 C 用与样品颜色最接近铂-钴标准比色溶液的色号来表示，按式(1)计算：

$$C=C_2-C_1 \tag{1}$$

式中：

C_2——丁二烯橡胶苯乙烯溶液的色度，铂-钴色号；

C_1——苯乙烯溶液的色度，铂-钴色号。

如果样品溶液色度处于两个铂-钴标准比色溶液色号之间，以铂-钴标准比色溶液色号大的来表示。

10 允许差

两次平行测定结果之差不大于 5 个铂-钴色号。

11 试验报告

试验报告应包含以下内容：

a)本标准的编号；

b)关于样品的详细说明；

c)试验结果；

d)试验过程中观察到的任何异常现象；

e)本标准或引用标准中未包括的任何自选操作；

f)试验日期。

ICS 83.040
G 34

SH

中华人民共和国石油化工行业标准

SH/T 1050—2014
代替 SH/T 1050—1991

合成生橡胶凝胶含量的测定

Determination of gel content of raw synthetic rubber

2014-05-06 发布 2014-10-01 实施

中华人民共和国工业和信息化部 发布

前　言

本标准按照 GB/T 1.1—2009 给出的规则起草。

本标准代替 SH/T 1050—1991《合成生橡胶凝胶含量的测定》。

本标准与 SH/T 1050—1991 相比，主要技术变化如下：

——修改了标准名称(见封面)；

——增加了前言(见前言)；

——修改了标准的适用范围(见第 1 章，1991 版的第 1 章)；

——修改了规范性引用文件(见第 2 章)；

——规范了操作步骤(见 8.2)；

——增加了对试验结果取值的要求(见第 9 章)；

——修改了允许差(见 10.2)。

本标准由中国石油化工集团公司提出。

本标准由全国橡胶与橡胶制品标准化技术委员会合成橡胶分技术委员会(SCA/TC35/SC6)归口。

本标准起草单位：中国石油天然气股份有限公司石油化工研究院。

本标准参加单位：青岛伊科思新材料股份有限公司、中国石油化工股份有限公司北京燕山分公司。

本标准主要起草人：笪敏峰、陈跟平、李晓银、韩萍、薛慧峰、刘俊保、王芳、李淑萍、杨芳、高杜娟。

本标准于 1991 年 6 月首次发布，本次为第一次修订。

合成生橡胶凝胶含量的测定

警告：使用本标准的人员应熟悉正规实验室操作规程。本标准无意涉及因使用本标准可能出现的所有安全问题。制定相应的安全和健康规程并确保符合国家法规是使用者的责任。

1 范围

本标准规定了生橡胶中凝胶含量的测定方法。

本标准适用于测定合成生橡胶中凝胶含量小于2.0%的非充油丁二烯橡胶(BR)、丁苯橡胶(SBR)、丁腈橡胶(NBR)、异戊二烯橡胶(IR)、丁基橡胶(IIR)和氯丁二烯橡胶(CR)，其他橡胶也可参照使用。

本标准不适用于测定微凝胶。

2 规范性引用文件

下列文件对于本文件的应用是必不可少的。凡是注日期的引用文件，仅所注日期的版本适用于本文件。凡是不注日期的引用文件，其最新版本(包括所有的修改单)适用于本文件。

GB/T 8170 数值修约规则与极限数值的表示和判定(GB/T 8170—2008)

GB/T 15340 天然、合成生橡胶取样及其制样方法(GB/T 15340—2008，ISO 1795：2000，IDT)

3 术语和定义

下列术语和定义适用于本文件。

3.1

凝胶 gel

合成生橡胶在甲苯中溶解一段时间后，留在孔径为125 μm(120目)过滤器上的不溶物即为凝胶。

4 方法概要

将放有一定量试样的过滤器悬置于甲苯中，在规定温度下静置溶解一定时间后取出洗涤，干燥试样至质量恒定，计算凝胶含量。

5 试剂

甲苯：分析纯。

6 仪器

实验室常用仪器及以下：

6.1 分析天平：能精确至0.1 mg。

6.2　过滤器：用孔径为125 μm的不锈钢网制成，其体积为45 mm×45 mm×20 mm。

注：用过的过滤器可在发烟硝酸中浸泡20 h左右，或在550 ℃高温炉中灼烧约15 min，冷却后用水清洗干净，反复使用。

6.3　烘箱：温度可控制在100 ℃±2 ℃。

6.4　称量瓶：直径为70 mm，高为35 mm。

7　取样和制样

7.1　按照GB/T 15340规定取样。

7.2　从样品中多点割取试样，剪成1 mm×1 mm×3 mm的细条。

8　分析步骤

8.1　将用蒸馏水清洗干净的过滤器(6.2)放入100 ℃±2 ℃的烘箱(6.3)中干燥1h，取出放入干燥器中冷却至室温后称量，再放入烘箱内干燥30 min，取出放入干燥器内冷却至室温后称量。重复此步骤，直至连续两次称量之差不大于0.3 mg。

8.2　称取按7.2制备的试样约0.25 g，精确至0.1 mg。平铺在已恒重的过滤器中，使胶条之间不粘连。向称量瓶(6.4)中加入约50 mL甲苯(第5章)，并将过滤器悬置于称量瓶中，使试样全部浸在甲苯中。过滤器上端应露出液面2 mm以上，过滤器底部应与瓶底之间留有空间。盖好称量瓶盖，放在通风橱内避光处，在23 ℃±5 ℃温度下溶解16 h~24 h。

8.3　用镊子将过滤器从称量瓶中取出。用滴瓶吸管吸取甲苯1.5 mL~2.0 mL，淋洗过滤器及其中的凝胶，以洗去残留在过滤器上的溶胶。重复此步骤，至少淋洗四遍。将过滤器放在铺有干净滤纸或铁丝网的搪瓷盘中，置于通风橱内通风20 min左右。待过滤器上的甲苯挥发后，再放入100 ℃±2 ℃的烘箱中干燥1 h，取出放入干燥器中冷却至室温后称量，再放入烘箱内干燥30 min，取出放入干燥器中冷却至室温后称量。重复此步骤，直至连续两次称量之差不大于0.3 mg。

9　结果计算

凝胶含量w以试样的质量分数计，数值以%表示，按式(1)进行计算：

$$w=\frac{m_2-m_1}{m_0}\times 100 \qquad (1)$$

式中：

m_2——过滤器和凝胶质量，单位为克(g)；

m_1——过滤器质量，单位为克(g)；

m_0——试样质量，单位为克(g)。

取两次平行测定结果的算术平均值为试验结果，按照GB/T 8170进行数值修约，结果表示至小数点后一位。

10　允许差

10.1　凝胶含量小于1.0%时，两次平行测定结果之差不大于0.2%；

10.2　凝胶含量在1.0%~2.0%时，两次平行测定结果之差不大于0.5%。

11 试验报告

试验报告应包括以下内容：

a)本标准的编号；

b)溶解温度；

c)溶解时间；

d)试验结果；

e)在测定过程中观察到的任何异常现象；

f)试验日期。

ICS 71.040.50
G 34

SH

中华人民共和国石油化工行业标准

SH/T 1149—2006

合成橡胶胶乳　取样

Synthetic rubber latex—Sampling

（ISO 123：2001，MOD）

2006-05-12 发布　　2006-11-01 实施

中华人民共和国国家发展和改革委员会　发布

目　　次

前　言

本标准修改采用国际标准ISO 123：2001《橡胶胶乳—取样》(英文版)。

为便于使用，本标准做了下列修改：

——“本国际标准”一词改为“本标准”；

——删除国际标准的前言；

——适用范围只保留了合成胶乳部分，标题改为“合成橡胶胶乳　取样”；

——引用的两个国际标准改为相应的行业标准；

——对于顶部有盖并且桶内空气含量少于2%的桶装胶乳，增加了采用电动滚筒设备进行混匀的方式，以增加方法的可操作性。

——按照汉语语言习惯，对标准的文字进行了编辑性修改。

本标准由中国石油化工股份有限公司提出。

本标准由全国橡胶与橡胶制品标准化技术委员会合成橡胶分技术委员会归口（SCA/TC35/SC6)。

本标准起草单位：中国石油天然气股份有限公司兰州石化分公司石油化工研究院、中国石油天然气集团公司兰州石油化工公司胶乳厂。

本标准主要起草人：孙丽君、吴毅、王玉海、王芳、笪敏峰。

合成橡胶胶乳　取样

警告：使用本标准的人员应熟悉正规实验室操作规程。本标准无意涉及因使用本标准可能出现的所有安全问题。制定相应的安全和健康规程并确保符合国家法规是使用者的责任。

1　范围

本标准规定了合成橡胶胶乳的取样步骤。

本标准适用于桶装、槽车装和储罐装合成橡胶胶乳的取样。

2　规范性引用文件

下列文件中的条款通过本标准的引用而成为本标准的条款。凡是注日期的引用文件，其随后所有的修改单（不包括勘误的内容）或修订版均不适用于本标准，然而，鼓励根据本标准达成协议的各方研究是否可使用这些文件的最新版本。凡是不注日期的引用文件，其最新版本适用于本标准。

SH/T 1154—1999　合成胶乳总固物含量的测定（ISO 124：1997，idt）

SH/T 1153—1992（1998）　橡胶胶乳—凝固物含量的测定（筛余物）（ISO 706：1985，mod）

ISO 3310-1：2000　试验筛—技术要求和检测—第一部分：金属丝网试验筛

ISO 15528：2000　油漆、清漆及其原材料—取样

3　术语和定义

下列术语和定义适用于本标准。

3.1

批 lot

在认定均一的条件下进行加工和生产的一定量的胶乳。

注：一批可以装在一个或多个容器中。例如，它可以由数桶胶乳组成。

3.2

样品 sample

从一批胶乳中抽取的一定数量的胶乳。

3.3

实验室样品 laboratory sample

代表该批胶乳并用于实验室检验和试验的一定量的胶乳。

3.4

试样 test sample

对实验室样品进行过滤所得到的一定量的适用于试验的胶乳。

注：用于测定凝固物/筛余物含量的样品是实验室样品，不是试样。

3.5

试验部分 test portion

从试样（3.4）或实验室样品（3.3）中取出一定量的胶乳来进行特定的测试。例如，从试样中准确称量一定量的胶乳，单独做总固物含量的测定。

3.6

凝固物含量/筛余物 coagulum content/sieve residue

在 SH/T 1153—1992（1998）规定的试验条件下，留住孔径为 180μm±10μm 或其他合适孔径

的过滤器上的粗外来物和凝固的橡胶。

注：在胶乳装货或成批交货等检查时，通常所说的凝固物。实验室样品中不应包括块状胶乳的表皮和凝固的橡胶。

4 原理

从成批的胶乳中抽取有代表性的样品作为实验室样品，过滤实验室样品制备试样。

5 仪器

设备中浸入胶乳的部分不应含铜。

5.1 搅拌器：用于混匀桶中胶乳。对于开口型圆桶，应使用 5.1.1 和 5.1.2 规定的器具。

5.1.1 柱塞：由带孔的镀铬盘或不锈钢盘组成，直径约为 150mm。盘上的孔洞边缘光滑，直径大约 10mm。

5.1.2 电动搅拌器：速度能控制在 5rad/s～21rad/s（50r/min～200r/min）。

将最小直径为 110mm 的不锈钢螺旋桨装在一个不锈钢轴上，此不锈钢轴应有足够的长度，以便螺旋桨能够达到距离桶底约为整个胶乳深度的十分之一处。

根据需要，也可以在一个轴上安装两个螺旋桨，较低位置的螺旋桨应满足上述位置的要求。轴的旋转速度应能使胶乳迅速地翻滚而不形成旋涡。

5.1.3 电动滚筒：（非强制性的），滚筒转速约为 1rad/s（10r/min）。

5.2 取样装置：由对胶乳呈化学惰性的材料构成，能抽取大约 1L 的样品。

5.2.1 桶装胶乳取样管：见 5.2.1.1 条或 5.2.1.2 条。

5.2.1.1 取样管：玻璃管、不锈钢管、惰性塑料管或其他对胶乳呈化学惰性的材料管子，内径为 10mm～15mm，长度至少 1m，两端开口，当从胶乳中取出时可关闭上端。

注：用两端开口的管子插入胶乳中，能更有效地获得不同深度的样品。

5.2.1.2 取样管：不锈钢管，内径约 25mm，长度至少 1m，底部活塞可以遥控，如图 1。

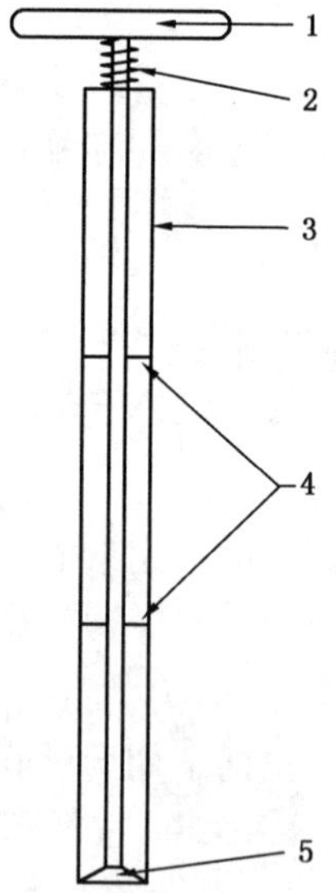

1—手把；
2—弹簧；
3—管子；
4—阀杆导轨；
5—简易阀。

图 1 用于桶、槽车和小型储罐的取样管（无刻度）

5.2.2 槽车和储罐装胶乳的取样装置

当胶乳深度等于或大于 3m 时，应使用 5.2.2.1 规定的取样装置；当胶乳深度小于 3m 时，应使用 5.2.2.1 或 5.2.2.2 规定的取样装置。

5.2.2.1 不锈钢圆桶形取样器：容积大约 1L，用盖子或活塞加以封闭，可以遥控打开。这种取样器可以固定安装以插到需要的深度，如图 2。

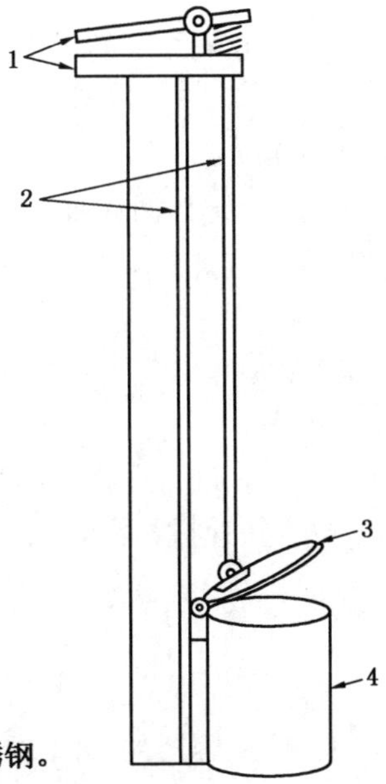

1—手把（手压开盖）；
2—杆；
3—盖；
4—合适尺寸的容器。
注：长度为取到样品的合适长度；材料为不锈钢。

图2　胶乳取样装置实例

5.2.2.2　取样管：不锈钢管，内径为25mm，长度为3m，底部可以遥控进行开启或关闭。

5.3　烧杯：2L，可抗冲击，内壁应光滑且与胶乳不进行化学反应。

5.4　样品瓶：1L，有螺帽。瓶子内壁光滑，由不与胶乳起化学反应的材料制成。

注：在装运过程中，最好使用深螺纹的细颈容器。

5.5　过滤器：不锈钢丝网或对胶乳呈化学惰性的合成布，孔径为180μm+10μm。

6　取样

6.1　概述

在取样的整个过程中，应避免空气进入胶乳，并尽量少地使胶乳暴露于空气中。

6.2　取样次数

6.2.1　除非有另外协议，否则均应按照6.2.2步骤进行取样。

6.2.2　每一批胶乳都应取样。如果一批胶乳被分装在若干个容器（例如桶）中，则应从10%的容器（桶）内进位取整数进行抽取，（例如，十二个桶里抽取两桶，六十四个桶里抽取七桶等）。

6.3　初步检查

目测检验胶乳，记录所出现的膏化现象、粗凝聚物、结皮和外来物质等。

6.4　从桶中取样

6.4.1　混匀

取样前应按照以下步骤，用手工或机械的方式先将胶乳混合均匀。

若桶是敞口的，最好用一个带孔的不锈钢柱塞（5.1.1）手动搅拌桶内胶乳至少5min；也可以用电动搅拌器（5.1.2）搅拌桶内胶乳10min，使胶乳均匀，应避免过分搅拌。

若桶的顶部有盖，且桶内空气含量少于2%，那么上述手动或机械搅匀都不合适。应先放倒桶子，快速地来回滚动不少于10min，然后将其倒立约15min，重新放倒再次滚动10min；也可以在电动滚筒设备（5.1.3）上，以约1rad/s（10r/min）的速度，将桶滚动10min，然后将其倒立约15min，重新放倒再次滚动10min，以混匀胶乳。

如果只从单独一个桶内抽取胶乳，则在电动滚筒设备上，以约1rad/s（10r/min）的速度，将桶滚动24h以混匀胶乳。

6.4.2　取实验室样品

6.4.2.1 概述

胶乳混匀之后，按照6.4.2.2或6.4.2.3的规定立刻用一个清洁、干燥的取样管取样，一定要避免样品中夹杂有粗凝聚物或结皮。

6.4.2.2 从一个桶内取实验室样品

将两端开口的取样管（5.2.1.1）缓慢插入桶的底部，然后用塞子将上端塞住，取出取样管，并将管内的胶乳移入清洁干燥的样品瓶（5.4）中。重复操作直到装满样品瓶，留出2%~5%的空间（以允许热膨胀），然后拧紧螺帽。

注：样品瓶几乎装满和密封是很重要的。

6.4.2.3 从多个桶内取实验室样品

如果需要从多个桶内对同一批胶乳进行取样，则每个桶内抽出的胶乳可按比例减少。抽出的各个样品应置于一个烧杯（5.3）中，快速搅拌混合均匀，然后装入样品瓶中（仲裁检验时需要保留多个实验室样品）。

6.5 从槽车或储罐中取样

6.5.1 概述

为确保所取胶乳样品的均匀，应从容器的不同深度抽取样品。

注：对于固定的储罐，如果建立了能够得到均匀样品的条件后，就不必每次取样都进行均匀性检测。

6.5.2 取样

6.5.2.1 若使用有盖的取样器（5.2.2.1），则将取样器放到胶乳中要求的深度后打开盖子，停顿几分钟，使胶乳充满取样器，然后关闭盖子，取出取样器，将其中的胶乳倒入一个烧杯中，再由烧杯转入样品瓶中，样品瓶内应留出2%~5%的空间，拧紧样品瓶的螺帽。

6.5.2.2 若使用有底的取样器（5.2.2.2），则将取样器放入胶乳中要求的深度，打开管底，在胶乳充满取样管后，关闭管底，取出取样器，将其中胶乳倒入烧杯中，再由烧杯转入样品瓶中，样品瓶内应留出2%~5%的空间，拧紧样品瓶螺帽。

6.5.3 均匀性测试

如果怀疑样品已分层，分别从距离胶乳液面100mm处和距离胶乳底部100mm处取样。用过滤器（5.5）过滤实验室样品后，按照SH/T 1154—1999的规定分别测定其总固物含量。如果顶部和底部样品的总固物含量之差大于0.5%，则需要用有效的机械搅拌方式或泵充分混匀槽车或储罐中的胶乳，直至顶部和底部样品的总固物含量在允许偏差范围之内。

6.5.4 取实验室样品

当胶乳达到6.5.3规定的均匀化程度后，取三个体积相同的样品。第一个样品在胶乳上半部分的中间取，第二个样品在胶乳的中间取，第三个样品在胶乳下半部分的中间取。将三个样品倒入至一个烧杯中并加以搅拌，然后转入样品瓶内。

注：如果使用取样管，在取单个样品时，打开管底将管子插入胶乳中，从胶乳取出取样管之前先关闭管底。

6.5.5 凝固物/筛余物含量

用实验室样品测定凝固物含量（SH/T 1153—1992（1998））。

6.6 试样的制备

仔细搅拌实验室样品，用清洁、干燥的过滤器将实验室样品过滤至烧杯中，再将过滤后的胶乳倒入至另一个样品瓶中，瓶内留出2%~5%的空间，拧紧瓶盖。

7 实验室样品和试样的标记

样品标签应清楚的标记以下信息：

a）有关胶乳的说明；

b）盛装容器（槽车、储罐、船、桶）的尺寸和详细资料；

c）指明“实验室样品”或“试样”以及样品的编号；

d）发货人；

e）取样地点；

f）取样日期；

g）取样人姓名。

8 取样报告

取样报告应包含以下信息：

a）本标准的引用标准；

b）取样材料必不可少的识别描述；

c）取样次数；

d）容器中原先就存在的膏化现象、可见的块状粗凝聚物、结皮和外来杂质（如果有）的有关记录；

e）取样过程出现的任何异常情况；

f）槽车和储罐是最初均匀还是后来采取行为达到均匀的记录；

g）本标准中不包括的任何自选操作。

ICS 83.040.10
G 34
备案号：36280-2012

SH

中华人民共和国石油化工行业标准

SH/T 1150—2011
代替 SH/T 1150—1999

合成橡胶胶乳 pH 值的测定

Synthetic rubber latex—Determination of pH

（ISO 976：1996，Rubber and plastics—Polymer dispersions and rubber latices—Determination of pH，MOD）

2011-12-20 发布　　2012-07-01 实施

中华人民共和国工业和信息化部　发布

前　言

本标准按照 GB/T 1.1—2009 给出的规则起草。

本标准代替 SH/T 1150—1999《合成橡胶胶乳 pH 值的测定》，与 SH/T 1150—1999 相比，除编辑性修改外主要变化如下：

——删除了“ISO 前言”；

——规范性引用文件修改为不注日期引用（见第 2 章，1999 版的第 2 章）；

——修改了精密度内容（见第 8 章表 1，1999 版的第 8 章）；

——增加了一个关于操作建议的条文注解（见 6.3.3）。

本标准使用重新起草法修改采用 ISO 976：1996《橡胶—聚合物分散体和橡胶胶乳—pH 值的测定》以及 ISO 976：1996/Amd 1：2006。

本标准与 ISO 976：1996 及 ISO 976：1996/Amd 1：2006 相比，主要差异如下：

——修改了标准的名称；

——删除了“ISO 前言”；

——修改了标准适用范围，仅保留了合成橡胶胶乳的内容；

——用“本标准”代替“本国际标准”；

——将国际标准修改单内容写入标准正文中；

——将规范性引用文件替换为我国相应的标准。

——删除了国际标准注 3、注 5，将注 4、注 6、注 7 调整为本标准的第 4.2 条、第 6 章和第 6.2.2 条中的注；

——增加了一个关于操作建议的条文注解（见 6.3.3）；

——将 r 和 R 值修约至一位有效数字；

——按照汉语语言习惯对精密度内容的描述进行了编辑性修改，并删除了一些不影响执行标准的解释性文字。

本标准由中国石油化工集团公司提出。

本标准由全国橡胶与橡胶制品标准化技术委员会合成橡胶分技术委员会（SAC/TC35/SC6）归口。

本标准起草单位：中国石油天然气股份有限公司石油化工研究院。

本标准起草人：魏玉丽、孙丽君、笪敏峰、李晓银。

本标准于 1982 年 3 月作为国家标准 GB 2954—1982 首次发布，1990 年复审确认，1992 年清理整顿为石油化工行业标准，1999 年 6 月第一次修订，本次为第二次修订。

合成橡胶胶乳 pH 值的测定

警告：使用本标准的人员应熟悉正规实验室操作规程。本标准无意涉及因使用本标准可能出现的所有安全问题。制定相应的安全和健康制度，并确保符合国家有关法规是使用者的责任。

1 范围

本标准规定了用 pH 计测定合成橡胶胶乳 pH 值的方法。

本标准适用于合成橡胶胶乳。

注：pH 值大于 11 时，本方法的准确度会降低。

2 规范性引用文件

下列文件对于本文件的应用是必不可少的。凡是注日期的引用文件，仅所注日期的版本适用于本文件。凡是不注日期的引用文件，其最新版本（包括所有的修改单）适用于本文件。

GB/T 6682 分析实验室用水规格和试验方法（ISO 3696：1987，MOD）

GB/T 8170 数值修约规则与极限数值的表示和判定

SH/T 1149 合成橡胶胶乳 取样（SH/T 1149—2006，ISO 123：2001，MOD）

3 试剂

本标准使用已知 pH 值的分析纯标准缓冲溶液、无二氧化碳的蒸馏水或去离子水（GB/T 6682 中三级水）；如不能直接购买到标准缓冲溶液，则应按照下列方法，使用分析纯试剂和无二氧化碳的蒸馏水或去离子水自行配制。

3.1 pH 7 的标准缓冲溶液

将 3.40g 磷酸二氢钾（KH_2PO_4）和 3.55g 磷酸氢二钠（Na_2HPO_4）溶解于水中，转移至容量瓶中并稀释至 1000mL；该溶液应储存在耐化学药品的玻璃瓶或聚乙烯瓶中。在 23℃下，该溶液 pH 值为 6.87。

3.2 pH 4 的标准缓冲溶液

将 10.21g 邻苯二甲酸氢钾（$KOOCC_6H_4COOH$）溶解于水中，转移至容量瓶中并稀释至 1000mL。在 23℃下；该溶液应储存在耐化学药品的玻璃瓶或聚乙烯瓶中。该溶液 pH 值为 4.00。

3.3 pH 9 的标准缓冲溶液

将 3.814g 十水合四硼酸钠（$Na_2B_4O_7 \cdot 10H_2O$）溶解于水中，转移至容量瓶中并稀释至 1000mL；该溶液应储存在耐化学药品的玻璃瓶或聚乙烯瓶中，并装上捕集二氧化碳的碱石灰管；一个月更换一次溶液。在 23℃下，新配制的该溶液的 pH 值为 9.20。

注：碱性缓冲溶液是不稳定的，会从空气中吸收二氧化碳。当碱性缓冲溶液用作标定时，其准确度可用 pH 值为 4 的缓冲溶液鉴定。

3.4 参比电解液

3mol/L 的氯化钾氯化银饱和溶液。

4 仪器

实验室普通设备以及：

4.1 pH 计：输入阻抗至少为 $10^{12}\Omega$，分辨率为 0.01pH，并有温度补偿装置。

4.2 复合电极：由玻璃电极和银参比电极组成。银参比电极包在同轴的玻璃电极外，参比电极液靠化学惰性隔膜（例如由聚四氟乙烯或玻璃制成的伸缩式护套）和试样保持在电接通状态，此电极由电极生产商提供；玻璃电极也由生产商提供，应使用所需 pH 值范围的电极（如测定氯丁胶乳，可使用 pH 值在 pH0～pH14 范围的玻璃电极）。

注：电极在 pH 值为 0 至碱误差出现之前呈线性关系，碱误差和钠离子浓度有关，当 pH 值大于 11 时出现碱误差。

4.3 磁力搅拌器。

4.4 电极夹。

5 取样

按 SH/T 1149 规定的方法之一进行。

6 分析步骤

为了减少热和电的滞后效应，应保证试样、电极、水和标准缓冲溶液的温度尽可能的相互接近，试样和标准缓冲溶液的温差不大于 1℃。测定温度应为 23℃ ±3℃（热带地区为 27℃ ±3℃），pH 计（4.1）的温度补偿器应调整到实际温度。

注：pH 值在 20℃～30℃范围内的变化可忽略不计。另外 pH 计的温度补偿应调整到实际温度。

6.1 电极的维护

按照厂家的使用说明书维护复合电极（4.2），特别要注意以下几点：

6.1.1 如填充孔上装有盖子，则先移去盖子，再从填充孔向电极补加参比电解液（3.4）。轻轻取出安置的护套，清除掉胶乳沉积物，在护套复位前，让电解液滴出一滴。在校定和测定前，先移去电解液填充孔上的盖子，使参比电解液处于大气压下。

6.1.2 电极不使用时，应将电极带接头浸入电解液中。

6.2 pH 计的校准

6.2.1 启动 pH 计，使电路稳定，按生产厂的使用说明书校准 pH 计，如得不到使用说明书，则按下面的步骤进行。

6.2.2 选择两种标准缓冲溶液，一种是 pH 值为 7 的标准缓冲溶液（即接近电极零点），另一种是高于或低于第一种约 3 个 pH 单位且与试样的 pH 值相当的标准缓冲溶液。如果没有商品缓冲溶液，则用适宜的方法配制（见 3.1、3.2 和 3.3）。

6.2.3 让标准缓冲溶液、试样和电极在规定的温度下达到温度平衡，记录该温度，并对 pH 计的温度进行修正，使其与记录的平衡温度相一致。

6.2.4 依次用水和 pH 值为 7 的标准缓冲溶液沿电极壁从上至下冲洗电极。

6.2.5 将足量的同一种缓冲溶液加入大小合适、洁净而干燥的玻璃或惰性塑料容器中，放置在磁力搅拌器（4.3）的平台上，将电极用电极夹（4.4）夹好后浸入其中，为了防止污染电极，应保持电极中的参比电解液液面高出标准缓冲溶液液面5cm。

启动磁力搅拌器，轻轻搅拌标准缓冲溶液，待pH计读数稳定后，调节pH计定位调节旋钮，使pH计读数显示为标准缓冲溶液的pH值，取出电极，并倒出标准缓冲溶液。

6.2.6 依次用水和另一种标准缓冲溶液（pH 4或pH 9）冲洗电极，按6.2.5所述，将电极浸入所选择的一定量的标准缓冲溶液中，待pH计读数稳定后，调节pH计斜率调节旋钮，使pH计读数为标准缓冲溶液的pH值，取出电极，并倒出标准缓冲溶液。

确保电极斜率在-55.6mV/pH～-61.5mV/pH单位范围内，即理论值（23℃时为-58.57mV/pH单位）的95%～103%之间。

如果电极越出这个范围，则按照6.1规定的步骤进行维护。

注：如可购到pH值在9～11范围内的商品缓冲溶液，也可用其代替自配的pH值为9的缓冲溶液（3.3）。

6.3 测定试样

6.3.1 充分混合试样，以保证其均匀性。

6.3.2 依次用水和试样冲洗电极，取足够量的试样至另一个洁净而干燥的容器中，并按6.2.5所述将电极浸入其中，轻轻搅拌试样。待pH计读数稳定后，记录pH值。

立即用水冲洗掉电极上所有的胶乳，再用滤纸擦干电极。

6.3.3 重新取一份试样，按6.3.2规定，重复上述操作。

如果第二次读数与第一次读数之差不超过0.1个pH单位，则完成测定。

如果两次读数之差超过0.1个pH单位，则先进行必要的全面检验，查出误差源后，再重新进行两次测定。

如果需要连续进行一系列测定，则要按照6.2的规定，每隔30min或更短的时间间隔对pH计重新校准一次，校准的频率，以逐次检验时发现的变化大小而定。

注：对于那些易释放出酸性或碱性物质的胶乳，放置一段时间后，可能出现前后测定结果不一致的现象，建议可在短时间内完成测定。

7 结果的表示

计算两次读数的平均值，按照GB/T 8170的规定对计算结果进行修约，结果表示至0.1个pH值。

如果在23℃下进行测定，结果表示的就是该温度下的pH值。否则，还应规定测定温度。

8 精密度

8.1 表1给出了平均pH值和Ⅰ型精密度数据。

8.2 重复性：

在95%置信水平下，本方法的重复性限值r见表1。

在正常测试条件下，若同一个实验室得到的两个重复测定结果之差大于表1中r的数值（任何给定水平），则被认为是来自不同的样本。

8.3 再现性：

在95%置信水平下，本方法的再现性限值R见表1。

在正常测试条件下，若不同实验室得到的两个测定结果之差大于表1中R的数值（任何给定水平），将被认为是来自不同（非等同的）的样本。

表 1　pH 值测量的精密度估计值

平均值	实验室内		实验室间	
	S_r	R	S_R	R
10.56	0.021	0.1	0.174	0.5

$r=2.83\times S_r$

式中 r 为重复性（用测量单位表示），S_r 为实验室内标准偏差。

$R=2.83\times S_R$

式中，R 为再现性（用测量单位表示），S_R 为实验室间标准偏差。

9　试验报告

试验报告应包括如下内容：

a）本标准的编号；

b）关于样品的详细说明；

c）测定的温度；

d）试验过程中观察到的任何异常现象；

e）试验结果和单位的表示；

f）本标准中未包括的任何自选操作；

g）试验日期。

ICS 83.040.10
G 35

SH

中华人民共和国石油化工行业标准

SH/T 1151.1—2019
代替 SH/T 1151—1992

合成橡胶胶乳　机械稳定性的测定
第1部分：高速法

Rubber latex, synthetic—Determination of mechanical stability —Part 1: High-speed method

ISO 2006-1:2009, MOD

2019-05-02 发布　　2019-11-01 实施

中华人民共和国工业和信息化部　发布

前　　言

SH/T 1151《合成橡胶胶乳　机械稳定性的测定》分为两个部分：

——第1部分：高速法；

——第2部分：负荷下的中速法。

本部分为SH/T 1151的第1部分。

本部分按照GB/T 1.1—2009给出的规则起草。

本部分代替SH/T 1151—1992《合成胶乳高速机械稳定性的测定》，与SH/T 1151—1992相比，除编辑性修改外主要变化如下：

——修改了适用范围（见第1章，1992版的第1章）；

——关于规范性引用文件，本部分根据当前最新版本进行了调整，调整的情况集中反映在第2章“规范性引用文件”中，具体调整情况如下：

- 所有规范性引用文件由原来注日期引用修改为不注日期引用；
- 增加了GB/T 6003.1；
- 增加了GB/T 6682。

——增加了“术语和定义”（见第3章）；

——修改了“原理”（见第4章，1992版的第3章）；

——删除了“石蕊试纸”（见1992版的4.2）；

——修改了预过滤器和试验过滤器的孔径（见6.2、6.3，1992版的5.2、5.3）；

——增加了“天平”和“烘箱”（见6.4、6.5）；

——修改了试验过滤器的冲洗步骤（见8.7，1992版的第7章）；

——增加了一种“方法B”的结果表示方法（见9.3）；

——增加了精密度（见附录A）；

——增加了参考文献（见参考文献）。

本部分使用重新起草法修改采用ISO 2006-1：2009《合成橡胶胶乳—机械稳定性的测定—第1部分：高速法》。

本部分与ISO 2006-1：2009相比，除编辑性修改外，主要的技术性差异如下：

——关于规范性引用文件，本部分做了具有技术性差异的调整，以适应我国的技术条件，调整的情况集中反映在第2章“规范性引用文件”中，具体调整情况如下：

- 用修改采用国际标准的SH/T 1149代替了ISO 123；
- 用修改采用国际标准的SH/T 1154代替了ISO 124；
- 用修改采用国际标准的SH/T 1152代替了ISO 1652；
- 用修改采用国际标准的GB/T 6003.1代替了ISO 3310-1；
- 增加了用修改采用国际标准的GB/T 6682代替了ISO 3696。

——删除了“术语与定义”中的注；

——删除了搅拌设备的注；

——增加了预过滤器和试验过滤器平均孔径为45 μm±3 μm的不锈钢网布要求；

——增加了“天平”和“烘箱”；

——删除了重复操作的要求；

——删除了公式（1）和公式（2）中的注；

——公式（1）和公式（2）中增加了对计算结果表示的要求；
——将 A.2 “精密度结果” 修改为 “2006 年 ITP 获得的精密度”；
——修改了表 A.3 中部分精密度数据；
——附录 A 中增加了 “2017 年获得的实验室内重复性” 内容；
——参考文献中删除了 ISO 35，增加了 GB/T 6379.2—2004。

本部分由中国石油化工集团有限公司提出。

本部分由全国橡胶与橡胶制品标准化技术委员会合成橡胶分技术委员会（SAC/TC35/SC6）归口。

本部分起草单位：中国石油天然气股份有限公司石油化工研究院、浙江天晨胶业股份有限公司。

本部分主要起草人：魏玉丽、笪敏峰、杜烨、赵慧晖、李晓银、杨芳、张弘强、翟月勤。

本部分于 1982 年作为国家标准 GB 2955—1982 首次发布，1990 年复审确认，1992 年清理整顿为石油化工行业标准，1998 年复审确认，本次为第一次修订。

合成橡胶胶乳　机械稳定性的测定　第1部分：高速法

警示——使用本标准的人员应有正规实验室工作的实践经验。本标准并未指出所有可能的安全问题。使用者有责任采取适当的安全和健康措施，并保证符合国家有关法律法规规定的条件。

1　范围

SH/T 1151的本部分规定了测定合成橡胶胶乳高速机械稳定性的一种方法。

本部分适用于除复合型合成橡胶胶乳之外的其他合成橡胶胶乳。

2　规范性引用文件

下列文件对于本文件的应用是必不可少的。凡是注日期的引用文件，仅注日期的版本适用于本文件。凡是不注日期的引用文件，其最新版本（包括所有的修改单）适用于本文件。

GB/T 6003.1　试验筛技术要求和检验　第1部分：金属丝编织网试验筛（GB/T 6003.1—2012，ISO 3310-1：2000，MOD）

GB/T 6682　分析实验室用水规格和试验方法（GB/T 6682—2008，ISO 3696：1987，MOD）

SH/T 1149　合成橡胶胶乳　取样（SH/T 1149—2006，ISO 123：2001，MOD）

SH/T 1152　合成橡胶胶乳表观黏度的测定（SH/T 1152—2014，ISO 1652：2011，MOD）

SH/T 1154　合成橡胶胶乳总固物含量的测定（SH/T 1154—2011，ISO 124：2008，MOD）

3　术语和定义

下列术语和定义适用于本文件。

3.1

机械稳定性　mechanical stability

在规定的条件下，胶乳受到机械剪切后的抗凝固能力。

4　原理

在给定的时间里，高速搅拌胶乳试样后，将形成的凝固物进行分离并称重。形成的凝固物质量与机械稳定性成反比。胶乳的黏度值超过200 mPa·s时需要进行稀释。

5　试剂

除非另有规定，仅使用分析纯试剂。

5.1　水：GB/T 6682中规定的三级水或其他级别的水。

5.2　表面活性剂溶液：5%（质量分数），pH值为10±0.5的油酸钾溶液，对加入油酸钾溶液后易于凝固的胶乳，宜采用5%（质量分数）的合成阴离子型或非离子型表面活性剂溶液。

6 仪器

一般实验室仪器及以下：

6.1 机械稳定性测定仪：

6.1.1 胶乳容器：平底圆筒，高至少 100 mm，内径 58 mm±2 mm，壁厚约 2.5 mm。内表面光滑，最好使用玻璃容器。

6.1.2 搅拌设备：由一个长度可达到胶乳容器（6.1.1）底部的垂直不锈钢旋转轴和圆盘组成。旋转轴呈锥形逐渐变细，一直到底端直径约为 6.3 mm，圆盘由直径为 36.12 mm±0.03 mm，厚度为 1.57 mm±0.05 mm 的水平光滑的不锈钢制成，圆盘的正中心通过螺栓连接在旋转轴的底端。在整个测试过程中，此设备的搅拌速度应保持在 14000 r/min±200 r/min，在此转速下旋转轴的偏移不应超过 0.25 mm。

6.1.3 胶乳容器夹持器：应保证旋转轴的轴线与胶乳容器的轴线同轴，搅拌圆盘的底端与胶乳容器底部内表面的距离为 13 mm±1 mm。

6.2 预过滤器：平均孔径为 180 μm±10 μm，或 45 μm±3 μm 的不锈钢网布，应符合 GB/T 6003.1 要求。

6.3 试验过滤器：平均孔径为 180 μm±10 μm，或 45 μm±3 μm 的不锈钢网布圆盘，应符合 GB/T 6003.1 要求。试验过滤器每次试验前应干燥至恒重，且连续两次称量结果之差小于 1mg。试验时可将不锈钢网布圆盘牢固地固定于两个等内径在 25 mm~50 mm 不锈钢环之间。

6.4 分析天平：能精确至 0.0001 g。

6.5 分析天平：能精确至 0.01 g。

6.6 烘箱：温度可保持在 100℃±5℃。

7 取样

按 SH/T 1149 规定进行取样。

8 操作步骤

8.1 按 SH/T 1154 规定测定胶乳的总固物含量。

8.2 按 SH/T 1152 中规定的 L 型仪器测定胶乳的表观黏度，如果超过 200 mPa · s（200 cP），则用适量的水（5.1）稀释至可测定表观黏度范围的浓度，但胶乳降低的浓度不能超过总固物含量的 10%（质量分数）。

注：胶乳稀释后其稳定性可能会下降，原因是改变了其游离皂与吸附皂的平衡。

8.3 通过合适的加热设备调节胶乳温度至 25℃±3℃，然后将胶乳通过预过滤器（6.2）过滤到烧杯中，再准确称取 50 g±0.5 g（精确至 0.01 g）胶乳至胶乳容器中（6.1.1）。

8.4 牢固地将胶乳容器置于夹持器（6.1.3）中，并开始搅拌胶乳，确保搅拌速度（6.1.2）为 14000 r/min±200 r/min。在相关方商定下，胶乳搅拌时间可为 1 min~30 min，在此搅拌期间容器内胶乳的升温不应超过 60℃、高度不应超过 100 mm。当胶乳中含有氨时，应限定搅拌时间，因为在试验过程中氨的蒸发损失可能会成为额外的不稳定的原因。如果需要控制起泡，应将一种糊状有机硅消泡剂涂抹在容器内表面的上部周围。

8.5 搅拌停止后立即移开胶乳容器，用表面活性剂溶液（5.2）或水冲洗干净搅拌轴和圆盘上的胶乳沉积物，并收集到烧杯中。

8.6 用表面活性剂溶液或水润湿试验过滤器（6.3）并将胶乳和冲洗液倒入试验用过滤器中。用表面活性剂溶液或水确保全部胶乳和包括结皮在内的沉积凝固物全部转移。

8.7 用表面活性剂溶液或水冲洗试验过滤器上的残余物直至其不再含有胶乳和不再混浊，然后用水冲洗直到冲洗液变清澈。

8.8 小心移开含湿的凝固物的试验过滤器，用滤纸吸干底面，将过滤器置于表面皿中。

8.9 将置有试验过滤器的表面皿置于100℃±5℃的烘箱中干燥。干燥15 min后，转移至干燥器中冷却至室温。然后从表面皿上小心取下过滤器并称量。以15 min干燥时间为周期重复此干燥过程，直到两次连续称量之差小于1 mg为止。

9 结果表示

9.1 总则

根据8.3~8.9操作步骤，试验结果有9.2和9.3两种表示方法。

9.2 方法A

胶乳的机械稳定性以由形成的凝固物占胶乳试样的质量分数 w_c（A）计，数值以百分数（%）表示，按公式（1）计算：

$$w_c(\mathrm{A}) = \frac{m_c}{m} \times 100 \qquad (1)$$

式中：

m_c——形成的凝固物质量，单位为克（g）；

m——胶乳试样质量，单位为克（g）。

计算结果取两次测定结果的平均值并表示到小数点后三位。

9.3 方法B

胶乳的机械稳定性以由形成的凝固物占胶乳总固物的质量分数 w_c（B）计，数值以百分数（%）表示，按公式（2）计算：

$$w_c(\mathrm{B}) = \frac{m_c}{m \times \mathrm{TSC}/100} \times 100 \qquad (2)$$

式中：

m_c——形成的凝固物质量，单位为克（g）；

m——胶乳试样质量，单位为克（g）；

TSC——胶乳试样中总固物含量，以质量分数表示（%）。

计算结果取两次测定结果的平均值并表示到小数点后三位。

10 试验报告

试验报告应包括以下内容：

a）本部分的标准编号；

b）关于样品的详细说明；

c）机械稳定性所采用的计算方法；

d）胶乳是否稀释（如果稀释，稀释到多少），测定的胶乳总固物含量和采用的有机硅消泡剂的名称以及更多信息；

e）测试时间，用分钟表示；

f）试验结果；

g）试验过程中注意到的任何异常现象；

h）本部分及本部分所引文件中未规定的任何操作和任何自选操作的详细内容；

i）试验日期。

附 录 A
(资料性附录)
精密度

A.1 2006 年 ITP 获得的精密度

A.1.1 概述

2006 年 ITP 获得的精密度采用网筛孔径为 180 μm±10 μm。

本试验方法的精密度采用了 3 种合成橡胶胶乳（见表 A.1），按 ISO/TR 9272 规定，于 2006 年采用实验室间试验程序（ITP）进行测定。1 型精密度的测定是由形成的凝固物占胶乳试样总固物的质量分数 w_c（B）计算得到。

来自 4 个国家的 6 家实验室参加了本项目。

试验结果是每种胶乳试样两个测试结果的平均值（如，$n=2$）。试验结果在不同的两天得到，每两个测试之间的时间间隔为 7 天。

采用的试验条件见表 A.2。

除非有文件证明精密度测定结果的确适用于被测试的材料或产品，否则这次 ITP 测定的精密度结果不能用于接收或拒收任何一类材料或产品的测定结果。

表 A.1 测试用样品

试 样	浓度 %	黏度 mPa·s
NBR	51	50
X-SBR-1	50	100
X-SBR-2	51	100

表 A.2 试 验 条 件

项 目	条 件
总固物含量	按 SH/T 1154 规定
机械稳定性测试仪器： 1）搅拌速度 2）搅拌时间	 14000 r/min±200 r/min 30 min
结果表示	按 9.3 规定

A.1.2 精密度结果

A.1.2.1 概述

ITP 结果见表 A.3。本结果是按 ISO/TR 9272：2005 中第 8、9、10 章规定采用剔除离群值后得到的。

A.1.2.2 重复性

对已经确定的试验方法，重复性 r 是一合适的值，已经在表 A.3 列出了每种材料的 r 值。两个单独测试的结果之差大于表中的给定值，应认为可疑并建议采取适当的调查。

A.1.2.3 再现性

对已经确定的试验方法，重复性 R 是一合适的值，已经在表 A.3 列出了每种材料的 R 值。两个单独测试的结果之差大于表中的给定值，应认为可疑并建议采取适当的调查。

表 A.3 精密度结果

材料	平均值 %	实验室内			实验室间		
		s_r	r	(r)	s_R	R	(R)
NBR	0.142	0.006	0.016	12	0.146	0.41	291
X-SBR-1	0.088	0.014	0.040	45	0.014	0.04	45
X-SBR-2	0.003	0.001	0.002	88	0.002	0.01	271

s_r——重复性标准偏差；
r——重复性，以测量单位表示；
(r)——相对重复性，以相对百分数表示；
s_R——再现性标准偏差；
R——再现性，以测量单位表示；
(R)——相对再现性，以相对百分数表示。

A.2 2017 年获得的精密度

A.2.1 概述

2017 年获得的试验室内重复性采用网筛孔径为 45 μm±3 μm。

本试验方法的精密度采用了 2 种合成橡胶胶乳（见表 A.4），由三位操作人员在不同的两台仪器上分别测定得到。每种胶乳试样每天测定 1 次~2 次，共重复测定 4 次，每种胶乳试样应在一周内完成测试。本次精密度试验将每一操作人员在每一台仪器上对每一种胶乳的测定结果作为来自一个实验室的数据，这样每种胶乳共有来自六个实验室的数据。采用的试验条件见表 A.5。

表 A.4 测试用样品

试样	总固物含量 %	表观黏度 mPa · s
X-SBR-3	48.88	168
X-SBR-4	50.59	183

表 A.5 试验条件

项目	条件
总固物含量	按 SH/T 1154 规定
机械稳定性测试仪器： 1）搅拌速度 2）搅拌时间	 14000 r/min±200 r/min 15 min
结果表示	按第 9 章规定

A.2.2 精密度结果

本试验方法按 GB/T 6379.2 规定，对所有数据进行一致性和离群值检验后得到了精密度结果，具体数值见表 A.6。

表 A.6 精密度结果

材料	平均值 %		实验室内		
			s_r	r	(r)
X-SBR-3	w_c（A）	0.020	0.005	0.013	65
	w_c（B）	0.040	0.009	0.027	68
X-SBR-4	w_c（A）	0.026	0.003	0.010	38
	w_c（B）	0.052	0.007	0.020	38
注：精密度符号定义见表 A.3。					

参 考 文 献

[1] GB/T 6379.2—2004 测量方法与结果的准确度（正确度与精密度） 第2部分：确定标准测量方法重复性与再现性的基本方法

[2] ISO/TR 9272：2005，Rubber and rubber products—Determination of precision for test method standards

ICS 83.040.10
G 34

SH

中华人民共和国石油化工行业标准

SH/T 1152—2014
代替 SH/T 1152—1992

合成橡胶胶乳表观黏度的测定

Synthetic Rubber latex—Determination of apparent viscosity

(ISO 1652：2011，Rubber latex—Determination of apparent viscosity by the Brookfield test method，MOD)

2014-05-06 发布　　　　2014-10-01 实施

中华人民共和国工业和信息化部　发布

前　言

本标准按照 GB/T 1.1—2009 给出的规则起草。

本标准代替 SH/T 1152—1992《合成胶乳黏度的测定》。

本标准与 SH/T 1152—1992 相比，主要技术变化如下：

——修改了标准名称(见封面)；

——规范性引用文件中增加引用 GB/T 8170(见第 2 章)；

——增加了术语和定义(见第 3 章)；

——增加了数字黏度计(见第 4 章注、8.3 注)；

——修改了试验温度(见 5.3、8.1，1992 版的第 6 章)；

——增加了对过滤筛网的规定(见 5.4)；

——将“试样制备”和“试验步骤”两章分条表示(见第 7 章、第 8 章)；

——增加了试验结果的取值和数值的修约要求(见第 9 章)；

——增加了精密度(见第 10 章)。

本标准使用重新起草法修改采用 ISO 1652：2011《橡胶胶乳 用 Brookfield 法测定表观黏度》。

本标准与 ISO 1652：2011 的主要技术性差异如下：

——修改了标准名称(见封面)；

——范围仅适用于合成橡胶胶乳(见第 1 章)；

——关于规范性引用文件，本标准做了具有技术性差异的调整，以适应我国的技术条件，调整的情况集中反映在第 2 章“规范性引用文件”中，具体调整如下：

- 用修改采用国际标准的 SH/T 1149 代替了 ISO 123(见第 6 章)；
- 用等同采用国际标准的 SH/T 1154—2011 代替了 ISO 124：2008(见第 7 章)；
- 增加引用 GB/T 8170(见第 9 章)。

——增加了数字黏度计(见第 4 章注、8.3 注)；

——仅规定了 L 型黏度计(见 5.1)；

——增加了预过滤步骤(见 7.4)；

——增加了试验结果的取值和数值的修约要求(见第 9 章)；

——增加了方法的允许差(见 10.2)。

为便于使用，本标准还做了下列编辑性修改：

——删除 ISO 1652：2011 的资料性附录 A“黏度测定方法”和附录 B“精密度说明”。

本标准由中国石油化工集团公司提出。

本标准由全国橡胶与橡胶制品标准化技术委员会合成橡胶分技术委员会(SAC/TC35/SC6)归口。

本标准起草单位：中国石油天然气股份有限公司石油化工研究院。

本标准参加单位：上海高桥巴斯夫分散体有限公司、重庆长寿捷圆化工有限公司、日照锦湖金马化学有限公司。

本标准主要起草人：李晓银、李淑萍、王芳、魏玉丽、笪敏峰、曹帅英、贾慧青、高杜娟。

本标准于 1992 年 5 月首次发布，1998 年复审确认，本次为第一次修订。

合成橡胶胶乳 表观黏度的测定

警告：使用本标准的人员应熟悉正规实验室操作规程。本标准无意涉及因使用本标准可能出现的所有安全问题。制定相应的安全和健康规程并确保符合国家法规是使用者的责任。

1 范围

本标准规定了用L型黏度计测定合成橡胶胶乳表观黏度的方法。

本标准适用于合成橡胶胶乳表观黏度的测定。

2 规范性引用文件

下列文件对于本文件的应用是必不可少的。凡是注日期的引用文件，仅所注日期的版本适用于本文件。凡是不注日期的引用文件，其最新版本(包括所有的修改单)适用于本文件。

GB/T 8170 数值修约规则与极限数值的表示和判定

SH/T 1149 合成橡胶胶乳 取样(SH/T 1149—2006，ISO 123：2000，MOD)

SH/T 1154—2011 合成橡胶胶乳总固物含量的测定(ISO 124：2008，MOD)

3 术语和定义

下列术语和定义适用于本文件。

3.1

试样 test sample

从混合均匀的实验室样品中，取一定量的用于测定的胶乳样品。

4 原理

将一个特定的转子浸入胶乳至规定的深度，在恒定的旋转频率和可控制的剪切速率下旋转，以所产生的力矩确定胶乳的表观黏度。用根据旋转频率和转子大小而定的系数乘以转矩读数得到表观黏度。

注1：对于数字黏度计，直接读取黏度数，并按其说明书要求进行操作。

注2：数字黏度计和表盘黏度计会得到不同的测定结果。

5 仪器

5.1 L型黏度计

适用范围为0 mPa·s~2000 mPa·s。由一台同步电动机组成，电动机在恒定的旋转频率下带动转轴，转轴可连接不同形状和尺寸的转子。

测定胶乳表观黏度时，将转子浸入胶乳至规定的深度，使转子在胶乳中转动，胶乳对转子的阻力会使转轴产生一个力矩。由此产生的平衡力矩由指针表示在刻有0~100个单位的刻度盘上。

L 型黏度计在满刻度偏转时，产生的弹簧力矩为 67. 37 μN · m±0. 07 μN · m(673. 7 dyn · cm±0. 7 dyn · cm)。

转子应按图 1 精确加工，其尺寸见表 1。转子应该有一个凹槽或其他标记，指示转子需要浸入胶乳的深度。

表 1　转子尺寸

单位为毫米

转子号数	A ±1. 3	B ±0. 03	C ±0. 03	D ±0. 06	E ±1. 3	F ±0. 15
L1	115. 1	3. 18	18. 84	65. 10	—	81. 0
L2	115. 1	3. 18	18. 72	6. 86	25. 4	50. 0
L3	115. 1	3. 18	12. 70	1. 65	25. 4	50. 0

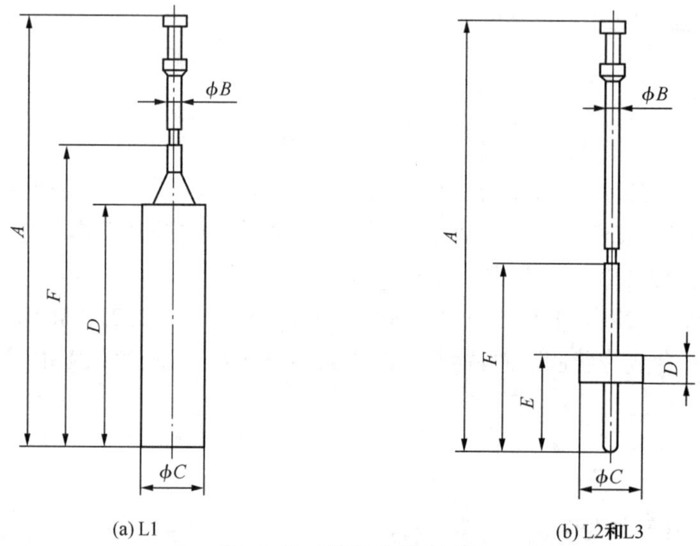

图 1　L 型黏度计转子

电机壳上应安装水准仪，以指示连接在电机轴上的转子是否垂直。

为了在操作过程中保护转子，应使用防护装置，防护装置由棱角锉圆、弯成 U 形的矩形条钢制成，截面积约为 9. 5 mm×3 mm。

防护装置垂直部分的上端应牢固地接在电机壳上，可拆卸，便于清洗。防护装置的水平部分则通过内半径为 6 mm 的圆弧与垂直部分连接。

注：虽然防护装置的主要功能是保护，但它是仪器不可缺少的部分，如果不安装防护器，测定的胶乳黏度很可能发生变化。

当防护装置牢固地连接在电机壳上时，防护装置两个垂直部分的内表面之间的距离应为 31. 8 mm±0. 8 mm，防护装置水平部分上表面与转子底部之间的垂直距离不得小于 10 mm。

5. 2　玻璃烧杯：内径至少为 85 mm，容量至少为 600 mL。

5. 3　水浴：温度可控制在 23 ℃±2 ℃。

5. 4　过滤筛网：用孔径约为 500 μm±25 μm 的不锈钢丝网制成。

6　取样

按照 SH/T 1149 规定的方法之一取样。

7 样品制备

7.1 用过滤筛网(5.4)过滤胶乳样品。

7.2 如果需要测定已知总固物的胶乳黏度，按照 SH/T 1154—2011 的规定测定样品总固物含量。必要时用蒸馏水或纯度与之相当的水将总固物含量稀释至所需总固物含量。稀释时，应将水缓慢地加入胶乳样品中，轻轻搅拌混合物 5 min，避免空气混入。

7.3 如果胶乳中混有空气且其黏度小于 200 mPa·s，则应将胶乳在常温下静置 24 h 以除去空气。

7.4 如果胶乳中夹带空气但不含有其他挥发性组分，且其黏度大于 200 mPa·s，则应将胶乳在真空下脱气，直至不再有气泡逸出。

8 试验步骤

8.1 将按照第 7 章制备好的样品倒入烧杯（5.2）中，然后将烧杯放入 23 ℃±2 ℃的水浴(5.3)中，慢慢搅拌试样直至温度达到水浴温度，记录准确温度。立即将转子牢固地连接在电机轴上，将防护装置牢固地装在黏度计(5.1)的电机壳上，将转子和防护装置小心地插入试样中，直至试样表面位于转子轴上凹槽的中间刻线处。应避免带入空气。转子应垂直放入试样中(通过调节电机壳上的水准仪)并处于烧杯的中心。

8.2 选择黏度计转速为 60 $r \cdot min^{-1} \pm 0.2\ r \cdot min^{-1}$。启动黏度计的电机，读取最靠近分刻度单位的平衡读数。达到平衡读数，可能需经过 20 s~30 s。

8.3 应使用能测定黏度的最小号数转子。在 10~90 刻度单位之间的读数是可信的。如果读数小于 10 刻度单位或大于 90 刻度单位，应分别使用更大或更小的转子进一步测定。

注：对于数字黏度计，调节转子至所用的转子档，当转子旋转稳定后，记录读数。

8.4 在每次测定后，应将转子从仪器上拆卸下来清洗干净。

9 结果表示

取得读数后，用表 2 中所列相应的因子计算胶乳的黏度，以 mPa·s 表示。

表 2 刻度 0~100 的读数换算成 mPa·s 所需的因子

转子号数	因　子
L1	×1
L2	×5
L3	×20

取两次平行测定结果为试验结果，按照 GB/T 8170 进行数值修约，结果保留 1 位小数。

10 精密度

10.1 允许差

两次平行测定结果之差不大于试验结果的 1%。

10.2 重复性

数字黏度计的重复性见附录 A。

11 试验报告

试验报告应包括以下内容:

a)本标准的编号;

b)关于样品的详细说明;

c)试验结果;

d) 所用仪器和转子号数;

e) 胶乳的总固物含量(是否经过稀释);

f) 试验温度;

g) 试验过程中观察到的任何异常现象;

h) 本标准或引用标准中未包括的任何自选操作;

i) 试验日期。

附 录 A
(规范性附录)
数字黏度计的精密度

A.1 按照 GB/T 6379.2 的规定确定数字黏度计的精密度，精密度数值(95%置信水平)见表 A.1。

A.2 表 A.1 中的数据是测定结果的平均值和试验方法的精密度估算值。有 3 个实验室参加了精密度实验，每个实验室对每种胶乳样品重复测定 6 次，在一周内完成实验。

A.3 重复性：在重复性条件下，两次独立测试结果的绝对差值不大于 r。

表 A.1 精密度数值

材 料	平 均 值	S_r	r
氯丁胶乳	16.0	0.14	0.42
羧基丁苯胶乳	132.1	0.62	1.86

表中所列符号定义如下：
S_r = 重复性标准差；
r = 重复性(以测量单位表示)。

参 考 文 献

[1] GB/T 6379.2—2004 测量方法与结果的准确度(正确度与精密度) 第2部分：确定标准测量方法重复性与再现性的基本方法

ICS 83.060
G 34
备案号：36281-2012

SH

中华人民共和国石油化工行业标准

SH/T 1153—2011
代替 SH/T 1153—1992

合成橡胶胶乳 凝固物含量(筛余物)的测定

Synthetic rubber latex—Determination of coagulum content(sieve residue)

(ISO 706：2004(E)，Rubber Latex—Determination of coagulum content(sieve residue)，MOD)

2011-12-20 发布　　2012-07-01 实施

中华人民共和国工业和信息化部　发布

前　言

本标准按照 GB/T 1.1—2009 给出的规则起草。

本标准代替 SH/T 1153—1992《合成胶乳凝固物含量的测定》。

本标准与 SH/T 1153—1992 相比，技术内容的主要变化如下：

——标准名称修改为《合成橡胶胶乳 凝固物含量(筛余物)的测定》(见封面)；

——规范性引用文件由“注日期引用”修改为“不注日期引用”，增加了 2 个引用文件(见第 2 章，1992 版的第 2 章)；

——增加了“实验室样品”的术语(见 3.1)；

——增加了用孔径 45μm 不锈钢筛网测定凝固物含量(见 3.2，6.2)；

——增加了“方法原理”(见第 4 章)；

——增加了孔径为 710μm±25μm 过滤筛网(见 6.1)，用 710μm 过滤筛网粗滤样品(见 8.3)；

——修改了方法的允许差(见第 9 章，1992 版的第 9 章)；

——增加了方法的精密度(见第 10 章)。

本标准使用重新起草法修改采用 ISO 706：2004(E)《橡胶胶乳 凝固物(筛余物)含量的测定》，与 ISO 706：2004(E)的主要差异如下：

——修改了标准名称；

——关于规范性引用文件，本标准做了具有技术性差异的调整，以适应我国的技术条件，调整的情况集中反映在第 2 章“规范性引用文件”中，具体调整如下：

- 用等效采用国际标准的 GB/T 6003.1 代替了 ISO 3310-1；
- 用修改采用国际标准的 SH/T 1149 代替了 ISO 123。

——删除了 2 个引用文件中，增加了 1 个引用文件(见第 2 章)；

——删除了与天然橡胶相关的内容；

——增加了用 45μm 不锈钢筛网测定凝固物含量(见 3.2，6.2)；

——增加了一个条文注释(见第 4 章)；

——按照汉语言习惯对精密度内容进行了编辑性修改，并删除了一些不影响执行标准的解释性文字(见第 10 章)；

——删除了附录 A。

本标准由中国石油化工集团公司提出。

本标准由全国橡胶与橡胶制品标准化技术委员会合成橡胶分技术委员会(SAC/TC35/SC6)归口。

本标准起草单位：中国石油天然气股份有限公司石油化工研究院。

本标准参加单位：上海高桥巴斯夫分散体有限公司，重庆长寿化工有限责任公司。

本标准起草人：李晓银、孙丽君、陈跟平、方芳、高杜娟、翟月勤、魏玉丽。

本标准所代替标准的历次发布情况：

——SH/T 1153—1992。

合成橡胶胶乳　凝固物含量(筛余物)的测定

警告：使用本标准的人员应有正规实验室工作的实践经验。本标准并未指出所有可能的安全问题。使用者有责任采取适当的安全和健康措施，并保证符合国家有关法规规定的条件。

1　范围

本标准规定了合成橡胶胶乳凝固物含量(筛余物)的测定方法。

本标准适用于合成橡胶胶乳中凝固物含量(筛余物)的测定。

2　规范性引用文件

下列文件对于本文件的应用是必不可少的。凡是注日期的引用文件，仅所注日期的版本适用于本文件。凡是不注日期的引用文件，其最新版本(包括所有的修改单)适用于本文件。

GB/T 6003.1　金属丝编织网试验筛(GB/T 6003.1—1997，eqv ISO 3310-1：1990)

GB/T 8170　数值修约规则与极限数值的表示和判定

SH/T 1149　合成橡胶胶乳　取样(SH/T 1149—2006，ISO 123：2000，MOD)

3　术语与定义

下列术语和定义适用于本文件。

3.1

实验室样品 laboratory sample

用于实验室检验的，能代表一批产品的一定量胶乳。

3.2

凝固物 coagulum content

筛余物 sieve residue

留在平均孔径为180μm±10μm、45μm±3μm的不锈钢过滤筛网（符合GB/T 6003.1)上的物料，这些物料由凝固的橡胶絮凝块和杂质组成。

注：通常理解的“凝块”是胶乳在装载、运输过程中形成的，实验室样品不包括胶乳的表皮和粗的凝块(残留在710μm±25μm筛网上的凝块)，这些物料在试验前应通过粗过滤除去。

4　方法原理

将实验室样品用粗过滤筛网过滤，过滤后的样品与表面活性剂溶液混合，再用规定孔径的过滤筛网过滤混合液，洗去过滤筛网上未凝固的胶乳，通过干燥筛余物来计算凝固物含量。

注：与水不发生凝聚的胶乳，可用水代替表面活性剂溶液。

5　试剂

除非另有规定，在分析过程中应使用分析纯的试剂和蒸馏水或相当纯度的水。

5.1 非离子型表面活性剂溶液

5%(质量分数)的水溶性乙氧基烷基酚溶液，溶液的 pH 值为 7.0±0.5。

6 仪器

6.1 粗过滤筛网

用孔径为 710μm±25μm 的不锈钢丝网制成。

6.2 试验过滤筛网

用孔径为 180μm±10μm、45μm±3μm 的不锈钢丝网制成的圆盘，并符合 GB/T 6003.1 的规定，也可用合成纤维布制成。

如果过滤筛网需要清洗(如重复使用)，将其浸入 5%(体积分数)的硝酸溶液中煮沸 30min，用水冲洗并干燥至恒重。

注意：用合成纤维制作的过滤筛网不能用硝酸清洗。

6.3 不锈钢环

2 个，内径相等，并在 25mm~50mm 之间。

6.4 烧杯

容量为 600mL。

6.5 烘箱

温度可控制在 100℃±5℃。

6.6 干燥器

6.7 天平

一台精度为 1mg 或更精确，另一台精度为 1g。

7 取样

按照 SH/T 1149 规定的方法之一取实验室样品。实验室样品不应包括任何干的胶乳结皮和粗的凝块。

8 试验步骤

8.1 按照下列步骤作平行试验。

8.2 充分搅拌实验室样品以保证样品均匀。

8.3 用 710μm 的粗过滤筛网(6.1)过滤适量的实验室样品于干净的烧杯(6.4)中，盖住烧杯口确保胶乳表面不结皮。

8.4 在温度为 100℃±5℃的烘箱(6.5)中干燥试验过滤筛网(6.2)至恒重，称量，精确至 1mg，记录该质量(m_1)，用不锈钢环(6.3)固定试验过滤筛网。

用烧杯(6.4)称取按第8.3条制备的样品200 g±1g(m_0)，精确至1g，加入200mL非离子表面活性剂溶液(5.1)，充分混合。

用表面活性剂溶液湿润试验过滤筛网，将胶乳和表面活性剂的混合液倒入试验过滤筛网，立即用少量的表面活性剂溶液洗涤烧杯，将洗涤液一并倒入试验过滤筛网。继续用少量表面活性剂溶液冲洗试验过滤筛网，直至试验过滤筛网中无胶乳残留物，再用200mL水冲洗。

8.5 小心地取出有湿凝固物的试验过滤筛网，用滤纸吸干试验过滤筛网的底部。

8.6 将试验过滤筛网和凝固物放在100℃±5℃的烘箱中干燥30min，取出放入干燥器(6.6)内冷却至室温，称量，精确至1mg。再将试验过滤筛网和凝固物放回100℃±5℃的烘箱中继续干燥15min，取出放入干燥器内冷却至室温，称量。重复上述操作步骤，每次干燥时间均为15min，直至连续两次称量之差小于1mg。记录干燥的试验过滤筛网和凝固物的质量(m_2)。

9 结果的表示

凝固物含量x以胶乳的质量百分数计，数值以%表示，按式(1)进行计算：

$$x=\frac{m_2-m_1}{m_0}\times 100 \qquad (1)$$

式中：

m_0——试样的质量，单位为克(g)；

m_1——试验过滤筛网的质量，单位为克(g)；

m_2——试验过滤筛网和干凝固物的质量，单位为克(g)。

取两次平行测定结果的平均值作为试验结果，按照GB/T 8170进行数值修约，结果保留1位有效数字。如果单个测定结果与平均值之差大于0.001%，应重新进行试验。

10 精密度

10.1 表1给出了凝固物含量的平均值和Ⅰ型精密度数据。

10.2 重复性

在95%置信水平下，本方法的重复性限值r见表1。

在重复性试验条件下，若同一个实验室得到的两个重复测定结果之差大于表1中r的数值(任何给定水平)，则被认为是来自不同的样本。

10.3 再现性

在95%置信水平下，本方法的再现性限值R见表1。

在再现性试验条件下，若不同实验室得到的两个测定结果之差大于表1中R的数值(任何给定水平)，则被认为是来自不同的样本。

表 1　精密度数据

平均值	实验室内		实验室间	
	s_r	r	s_R	R
0.001	0.0004	0.001	0.0005	0.002

$r=2.83\times s_r$

式中：r 为重现性(以测量单位表示)；s_r 为实验室内标准偏差。

$R=2.83\times s_R$

式中：R 为再现性(以测量单位表示)；s_R 为实验室间标准偏差。

11　试验报告

试验报告应包括以下内容：

a)本标准的编号；

b)关于样品的详细说明；

c)试验过滤筛网的孔径；

d)试验结果；

e)试验过程中观察到的任何异常现象；

f)不包括在本标准或引用文件中的任何操作，以及其他任何认为有必要的操作；

g)试验日期。

ICS 83.040.10
G 34

SH

中华人民共和国石油化工行业标准

SH/T 1155—1999
eqv ISO 705：1994

合成橡胶胶乳密度的测定

Synthetic rubber latex—Determination of density

1999-06-10 发布　　2000-01-01 实施

国家石油和化学工业局　发布

前　言

本标准等效采用国际标准 ISO 705：1994《橡胶胶乳—5℃至 40℃的密度测定》，对 SH/T 1155—1992《合成胶乳密度测定法》进行了修订。

本标准与 ISO 705：1994 的主要差异是：

1. 适用范围缩小，只适用于合成橡胶胶乳；
2. 删除了在标准温度下测定胶乳密度所引用的方法；
3. 删除了不同温度的天然胶乳浓缩液密度校正公式。

本标准与 SH/T 1155—1992 的主要差异是：

1. 扩大了测定温度的范围；
2. 密度瓶不同。

本标准自实施之日起，废止并代替 SH/T 1155—1992。

本标准由兰州化学工业公司提出。

本标准由全国橡胶与橡胶制品标准化技术委员会合成橡胶分技术委员会归口。

本标准起草单位：兰州化学工业公司化工研究院。

本标准起草人：吴毅。

本标准于 1982 年作为国家标准 GB 2959—1982 首次发布，1990 年复审确认 GB 2959—1982（1990），1992 年清理整顿调整为石油化工行业标准 SH/T 1155—1992。1999 年第一次修订。

ISO 前 言

ISO（国际标准化组织）是各国家标准团体（ISO 成员团体）的世界性联合机构。制定国际标准的工作通常由 ISO 各技术委员会进行。凡对已建立技术委员会项目感兴趣的成员团体均有权参加该委员会。与 ISO 有联系的政府和非政府的国际组织，也可参加此项工作。在电工技术标准化的所有方面，ISO 与国际电工技术委员会（IEC）紧密合作。

技术委员会采纳的国际标准草案，要发给成员团体进行投票。作为国际标准发布时，要求至少有 75%投票的成员团体投赞成票。

国际标准 ISO 705 是由 ISO/TC 45，橡胶与橡胶制品技术委员会，SC3 橡胶工业用原材料（包括胶乳）分会制定的。

做过技术修订的第二版废止并代替了第一版（ISO 705：1974）。

本标准的现行版本，按现行的办法规定了温度校正的计算，扩大了范围，增加了合成胶乳和预硫化天然胶乳。

中华人民共和国石油化工行业标准

SH/T 1155—1999
eqv ISO 705：1994
代替 SH/T 1155—1992

合成橡胶胶乳密度的测定

Synthetic rubber latex—Determination of density

警告：使用本标准的人员应熟悉正规实验室操作规程。本标准无意涉及因使用本标准可能出现的所有安全问题。制定相应的安全和健康制度，并确保符合国家法规是使用者的责任。

1 范围

本标准规定了温度在5℃~40℃下合成橡胶胶乳密度的测定方法。

本标准适用于合成橡胶胶乳。

制定本标准的目的是在不能直接称量胶乳的质量或不能控制实验室温度的地方，利用密度的测定来计算已知体积的胶乳质量。

2 引用标准

下列标准所包含的条文，通过在本标准中引用而构成为本标准的条文。本标准出版时，所示版本均为有效。所有标准都会被修订，使用本标准的各方应探讨使用下列标准最新版本的可能性。

SH 1149—1992（1998） 合成胶乳取样法（eqv ISO 123：1985）

3 仪器

3.1 密度瓶（附温比重瓶）：容量50mL，附有带磨口的温度计及磨口玻璃帽。

3.2 恒温水浴：温度可以调节，控制温度精度±0.2℃。

3.3 天平：感量1mg。

3.4 锥形瓶：两个，容量至少200mL，均配有橡皮塞。在橡皮塞上装有两根玻璃管，一根短的是与洗耳球相连的入口管，另一根是几乎伸到瓶底的导出管。

4 取样

胶乳样品应至少静置24h以保证空气泡逸出，记录取样时胶乳的温度 θ，按SH 1149规定的方法之一取样，注意不要混入空气，并保证试样瓶装满胶乳。

5 分析步骤

取样后应尽快进行测定。

调节恒温水浴温度至 θ（见第4章），轻轻搅动胶乳试样，不要混入空气，将适量的胶乳装入锥形瓶（3.4）中，并置于恒温水浴中，在另一个锥形瓶中装入刚制备的冷蒸馏水，也置于恒温水浴中。

将清洁干燥的密度瓶（3.1）连同磨口玻璃帽和所附温度计一起称量，精确至1mg。将密度瓶塞上磨口温度计，但不放磨口玻璃帽，也把它置于恒温水浴中并浸至瓶颈。使密度瓶和两个分别装有胶乳和水的锥形瓶达到恒温水浴的温度，此过程至少需要20min。

国家石油和化学工业局 1996-06-10 批准　　2000-01-01 实施

用洗耳球从装胶乳的锥形瓶中先压出几毫升胶乳，弃去，然后再压入足够量胶乳到密度瓶中并使之完全装满，塞上磨口温度计并立即将其顶部表面擦净（建议用镜头纸擦）。注意不要使胶乳从毛细管中溢出。从恒温水浴中取出密度瓶，立即盖上磨口玻璃帽，尽快将密度瓶表面擦干，然后称量，精确至1mg。

将密度瓶中胶乳倒掉，并用蒸馏水冲洗至无胶乳，如前所述，将密度瓶再浸入恒温水浴至瓶颈，用吸耳球从装蒸馏水的锥形瓶中将蒸馏水压入密度瓶内。在水浴中静置5min。然后，倒掉密度瓶中的蒸馏水，再将密度瓶放回水浴中，用同样的方法将水重新充满密度瓶。立即盖上磨口玻璃帽。尽快将密度瓶表面擦干，然后称量，精确至1mg。

6　分析结果的表述

恒温水浴温度下胶乳的密度ρ以克每立方厘米表示，由下列计算公式给出：

$$\rho=\frac{m_1\rho_w}{m_w} \qquad (1)$$

式中：m_1——密度瓶中胶乳的质量，g；

m_w——密度瓶中水的质量，g；

ρ_w——在水浴温度下水的密度，g/cm^3（见表1）。

所得结果应表示至三位小数。

表1　在不同温度下水的密度

温度,℃	密度，g/cm^3	温度,℃	密度，g/cm^3
5	1.0000	23	0.9975
6	0.9999	24	0.9973
7	0.9999	25	0.9970
8	0.9998	26	0.9968
9	0.9998	27	0.9965
10	0.9997	28	0.9962
11	0.9996	29	0.9959
12	0.9995	30	0.9956
13	0.9994	31	0.9953
14	0.9992	32	0.9950
15	0.9991	33	0.9947
16	0.9989	34	0.9944
17	0.9988	35	0.9940
18	0.9986	36	0.9937
19	0.9984	37	0.9933
20	0.9982	38	0.9930
21	0.9980	39	0.9926
22	0.9978	40	0.9922

7　允许差

平行测定的两个结果之差不大于$0.001g/cm^3$。

8 试验报告

试验报告应包括以下内容：

a）本标准的编号；

b）关于样品的详细说明；

c）胶乳和水浴的温度；

d）试验结果和单位的表示；

e）在试验过程中观察到的任何异常现象；

f）本标准中未包含的任何自选操作；

g）试验日期。

ICS 83.040.10
G 35

SH

中华人民共和国石油化工行业标准

SH/T 1156—2014
代替 SH/T 1156—1999

合成橡胶胶乳表面张力的测定

Synthetic rubber latex—Determination of surface tension

(Plastics/rubber—Polymer dispersionsand rubber latices(natural andsynthetic)—Determination of surface tension by the ring method ISO 1409：2006，MOD)

2014-05-06 发布 2014-10-01 实施

中华人民共和国工业和信息化部 发布

目　　次

前　言

本标准按照 GB/T 1.1—2009 给出的规则起草。

本标准代替 SH/T 1156—1999《合成橡胶胶乳表面张力的测定》。

本标准与 SH/T 1156—1999 的技术差异如下：

——修改标准范围(见第 1 章)；

——修改规范性引用文件为不注日期引用(见第 2 章)；

——增加 GB/T 6682—2008《分析实验室用水规格和试验方法》(见第 2 章)；

——增加白金板法的测试原理(见第 3 章)；

——增加自动表面张力仪及相关内容(5.2、7.4.2、8.2)；

——修改试样制备(7.3)；

——修改允许差为精密度(见第 9 章)。

本标准使用重新起草法修改采用国际标准 ISO 1409：2006(E)《塑料/橡胶-聚合物分散体和橡胶胶乳(天然和合成)-环法测定表面张力》。

本标准与 ISO 1409：2006 的技术差异如下：

——修改了标准的名称；

——修改标准范围，本标准仅适用于合成橡胶胶乳(见第 1 章)；

——关于规范性引用文件，本标准做了具有技术性差异的调整，以适应我国的技术条件，调整的情况集中反映在第 2 章“规范性引用文件”中，具体调整如下：

- 用非等效采用国际标准的 GB/T 6682—2008 代替了 ISO 3696：1987；
- 用修改采用国际标准的 SH/T 1149 代替了 ISO 123；
- 用修改采用国际标准的 SH/T 1152 代替了 ISO 1652；
- 用修改采用国际标准的 SH/T 1154 代替了 ISO 124；
- 用修改采用国际标准的 SH/T 1155 代替了 ISO 705；

——增加白金板法的测试原理(见第 3 章)；

——增加自动表面张力仪及相关内容(5.2、7.4.2、8.2)；

——纠正公式(2)的错误(8.1.1)。

本标准由中国石油化工集团公司提出。

本标准由全国橡胶与橡胶制品标准化技术委员会合成橡胶分技术委员会归口(SAC/TC35/SC6)。

本标准起草单位：中国石油天然气股份有限公司石油化工研究院。

本标准参加单位：上海高桥巴斯夫分散体有限公司，重庆长寿化工有限责任公司。

本标准主要起草人：翟月勤、王学丽、李淑萍、汤妍雯、笪敏峰、曹帅英、沈海龙、耿占杰、贾慧青。

本标准的历次发布情况为：

GB 2960—1982、SH/T 1156—1992、SH/T 1156—1998。

合成橡胶胶乳表面张力的测定

1 范围

本标准规定了白金环法和白金板法测定合成橡胶胶乳表面张力的方法。

本标准适用于黏度小于200 mPa·s的合成橡胶胶乳。为达到这样黏度，可以用蒸馏水稀释试样总固物含量至40%(质量分数)，如果合成橡胶胶乳的黏度仍达不到要求，可进一步稀释试样。

2 规范性引用文件

下列文件对于本文件的应用是必不可少的。凡是注日期的引用文件，仅所注日期的版本适用于本文件。凡是不注日期的引用文件，其最新版本(包括所有的修改单)适用于本文件。

GB/T 6682—2008　分析实验室用水规格和试验方法(ISO 3696：1987，NEQ)

SH/T 1149　合成橡胶胶乳　取样(SH/T 1149—2006，ISO 123：2000，MOD)

SH/T 1152　合成橡胶胶乳表观黏度的测定(SH/T 1152—2014，ISO 1652：2011，MOD)

SH/T 1154　合成橡胶胶乳总固物含量的测定(SH/T 1154—2011，ISO 124：2008，MOD)

SH/T 1155　合成橡胶胶乳密度的测定(SH/T 1155—1999，eqv ISO 705：1994)

3 原理

白金环法(du Nouy环法)：将系在表面张力仪上的一根水平悬浮的金属丝环浸入胶乳试样中，然后慢慢拉出，当环离开胶乳表面前的那一瞬间，所需的力达到最大值。此力用扭力天平、传感器或其他合适的测试仪器测定。

白金板法(Wilhelmy板法)：将白金板浸入试样中，白金板周围受到试样向下的表面张力作用，在浸入状态下由感应器感测向上的平衡力，仪器将感测到向上的平衡力转化为表面张力值并显示出来。

4 试剂

4.1 蒸馏水

无二氧化碳的蒸馏水或纯度相当的水(GB/T 6682—2008规定的三级水)。

4.2 甲苯

分析纯。

5 仪器

5.1 手动表面张力仪

配备有平均周长为60 mm或40 mm(分别相当于9.55 mm或6.37 mm的内半径)的白金环或铂-铱

合金环，金属丝额定半径为 0.185 mm 或其他。

5.2 自动表面张力仪

可调节平台移动速率为 10 mm/min。

配备有平均周长为 60 mm 或 40 mm(分别相当于 9.55 mm 或 6.37 mm 的内半径)的白金环或铂-铱合金环，金属丝额定半径为 0.185 mm 或其他。

配备有铂片或者铂/铱制成的白金板，长为 20 mm、宽为 0.2 mm、高为 10 mm，且表面粗糙。

5.3 玻璃皿

容量约 50 mL，内径至少为 45 mm，可适合在自动调温器中使用。

5.4 恒温水浴或其他调温装置

温度可调节至 23 ℃±1 ℃(热带地区可调至 27 ℃±1 ℃)。

6 取样

按照 SH/T 1149 规定的方法取样。

7 分析步骤

7.1 仪器准备

仔细清洁玻璃皿(5.3)，将白金环或白金板先用水冲洗干净，再在酒精灯的氧化焰区灼烧，直至白金环或白金板变红为止，时间 20 s~30 s。在处理表面张力仪的环时，避免触摸或扭曲环，确保测定期间环与液体表面平行。在处理白金板时，白金板与水流保持一定的角度冲洗，在 Bunsen 灯或酒精灯的氧化焰区灼烧白金板时应与水平面呈约 45°角进行。

7.2 仪器校正

7.2.1 手动表面张力仪校正

按照制造厂家说明书，用标准砝码或参比液体[蒸馏水(4.1)或甲苯(4.2)]仔细校正张力仪的标度，标度单位以 mN/m 表示。

一般选用标准砝码进行校正，结果计算(见第 8 章)根据不同的校正方法应采用不同的校正系数。

7.2.2 自动表面张力仪校正

按照制造厂家的说明书，用标准砝码校正张力仪。

7.3 试样制备

按照 SH/T 1154 测定试样总固物含量，按 SH/T 1152 测定试样黏度。如果试样黏度大于 200 mPa·s，则可以用蒸馏水将试样总固物含量稀释至 40%±1%(质量分数)。如果试样黏度仍达不到要求，可进一步稀释试样直至黏度小于 200 mPa·s。

注：将胶乳总固物含量稀释至 40%(质量分数)，对胶乳表面张力产生很小的影响。在某些情况下，可能要求测定高固物含量胶乳的表面张力，在这样的情况下，只要黏度小于 200 mPa·s，按规定方法测定，准确度几乎没有影响。

按照 SH/T 1155 测定稀释过的试样密度。

7.3.1 将稀释后的试样盛入锥形瓶并置于恒温水浴(5.4)，将稀释试样的温度调节至 23 ℃±1 ℃(热带地区 27 ℃±1 ℃)。自动表面张力仪可使用配套的恒温槽加热。

7.3.2 用移液管从液面下取大约 25 mL 的稀释试样移至玻璃皿中，试样深度至少 10 mm，用硬滤纸消除试样表面的空气泡，立即测定表面张力，避免由于表面结皮而引起的误差。

7.4 测定

自动表面张力仪的操作是通过软件由仪器自动完成，不同厂家生产的自动表面张力仪设置可能不同，应按说明书进行操作。

测定过程中张力仪不应受气流干扰。

7.4.1 手动表面张力仪测定

7.4.1.1 将盛有试样(7.3.2)的玻璃皿放到可调节平台上，使之处于环的正下方。按照厂家说明书调节仪器，当挂上干燥环刻度盘读数为零时，表面张力仪悬梁应处于平衡位置(悬梁上的指针与反射镜上的标线重合)。升起平台直至试样与环接触，然后将环浸入液面中，深度约 5 mm 处。

7.4.1.2 调节平台螺旋，使平台慢慢下降，同时增加环金属丝的扭力，均衡这两项调节，使张力仪悬梁保持其平衡位置，当粘在环上的胶膜接近破裂点时，操作更要缓慢。

7.4.1.3 记录环与胶乳分离前那一瞬间刻度盘上的最大读数(这对于未稀释的高黏度胶乳尤为重要)。

7.4.1.4 在胶膜破裂之前，立即再次升起玻璃皿，重新将环浸入试样中，重复测定，如果胶膜破裂，则按 7.1 规定清洁环，并进行重复测定。

7.4.1.5 连续测定 4 次，舍去第一次读数，只取后三次读数的平均值，且三次读数中的最大值和最小值与中值之差应在±0.5 mN/m 之内。

注：在 20 ℃~30 ℃范围内，合成橡胶胶乳表面张力温度系数为-0.1 mN/m℃。

7.4.2 自动表面张力仪测定

打开表面张力仪，挂上吊钩及清洁后的白金板或白金环，预热 30 min。

7.4.2.1 白金板法

将盛有试样(7.3.2)的玻璃皿放到可调节的平台上，使之处于白金板的正下方，白金板下端距离试样表面约 3 mm~5 mm。

连续测定 3 次，舍去第一次读数，取后两次试验结果的平均值作为测定结果。

按 7.1 规定的方法清洁白金板并重复测定。

7.4.2.2 白金环法

将盛有试样(7.3.2)的玻璃皿放到可调节平台上，使之处于环的正下方，环与试样表面相距 3 mm~5 mm。

将环浸至液面下约 5 mm 处，然后提升环至与液面分离，仪器自动测量一个最大值，读取表面张力测试值。

连续测定 3 次，舍去第一次读数，取后两次试验结果的平均值作为测定结果。

按 7.1 规定清洁环并重复测定。

8 分析结果的表述

8.1 手动表面张力仪测定

8.1.1 按标准砝码校正

如果表面张力仪已用标准砝码校正，试样的表面张力(σ)，数值以毫牛顿每米(mN/m)计，按公式(1)计算：

$$\sigma = MF \qquad (1)$$

式中：

M ——刻度盘的读数，单位为毫牛顿每米(mN/m)；

F ——校正系数，按公式(2)计算：

$$F = 0.725 + \sqrt{\frac{0.03678M}{R^2\rho} + P} \qquad (2)$$

式中：

R——环的平均半径，单位为毫米(mm)；

ρ——试样的密度；单位为克每立方厘米(g/cm^3)；

P——常数，按公式(3)计算

$$P = 0.04534 - \frac{1.679r}{R} \qquad (3)$$

式中：

r——环丝的半径，单位为毫米(mm)。

所得结果应表示至一位小数。

注 1：某些计算 F 的公式包括重力常数 G，本公式已将该数直接并入常数 0.03678，以避免可能出现的混淆。

注 2：对平均周长为 60 mm 或 40 mm(R 分别为 9.55 mm 或 6.37 mm)，r 为 0.185 mm 的标准环给定 P 为：$P_{60}=+0.01282$ 或 $P_{40}=-0.00343$。

注 3："表面张力"和"表面自由能"是同义词，两者的数值也相同，分别为 mN/m 和 mJ/m^2 表示。

注 4：因为每个试样，分别计算系数 F 可能不切合实际，为便于使用，根据金属环规格给出了相关的校正值 $\Delta\sigma$（参见附录 B)。

8.1.2 按参比液体校正

如果表面张力仪已用参比液校正，试样的表面张力(σ')，数值以毫牛顿每米(mN/m)计，按公式(4)计算：

$$\sigma' = M' \times F' \qquad (4)$$

式中：

M' ——刻度盘上的读数，单位为毫牛顿每米(mN/m)；

F' ——校正系数，按公式(5)计算：

$$F' = F\sigma''/M'' \qquad (5)$$

式中：

F ——按公式(2)计算；

σ'' ——参比液的表面张力，单位为毫牛顿每米(mN/m)；

M'' ——测试参比液体刻度盘上的读数，单位为毫牛顿每米(mN/m)。

所得结果应表示至一位小数。

8.2 自动表面张力仪测定

由仪器直接显示测量结果或根据仪器自带程序进行结果计算。

9 精密度

精密度参见附录A。

10 试验报告

试验报告应包括下列项目：
a)本标准的编号；
b)关于试样的说明；
c)试验温度；
d)试样最初和稀释后总固物含量；
e)使用的方法；
f)试验结果；
g)在测定过程中注意到的任何异常现象；
h)本标准中未包括的任选操作；
i)试验日期。

附　录　A
(资料性附录)
试验方法精密度

通过准确地操作和控制，即严格遵循操作程序，可得到如下精密度：
重复性：1.0 mN/m；
再现性：2.0 mN/m。

注：该精密度是按照ISO/TR 9272：1986《橡胶和橡胶制品—试验方法的精密度》确定。

附 录 B
(资料性附录)
校 正 值

对每次测定都计算校正系数是非常花时间的。使用带电子数据处理的张力仪，结果可自动校正。手动表面张力仪如不能自动校正，建议用从表面张力仪刻度盘上的读数 M 中减去校正值 $\Delta\sigma$ 来表示试样的表面张力。

$$\sigma = M - \Delta\sigma \qquad (B.1)$$

表 B.1 和表 B.2 给出了周长为 40 mm 和 60 mm，金属环丝额定半径为 0.185 mm 的校正值。

表 B.1 校正值 $\Delta\sigma$(张力环周长为 40 mm)

试样密度 ρ/(g/cm^3)	刻度盘上的读数 M									
	20	30	40	45	50	55	60	65	70	72
	校正值 $\Delta\sigma$									
0.85	2.8	3.2	3.1	2.9	2.6	2.2	1.7	1.2	0.6	0.3
0.95	3.0	3.5	3.5	3.4	3.2	2.9	2.6	2.1	1.6	1.4
1.05	3.2	3.8	3.9	3.9	3.8	3.6	3.3	3.0	2.5	2.4
1.15	3.3	4.0	4.3	4.3	4.3	4.1	3.9	3.7	3.3	3.2
1.25	3.4	4.2	4.6	4.7	4.7	4.6	4.5	4.3	4.0	3.9

表 B.2 校正值 $\Delta\sigma$(张力环周长为 60 mm)

试样密度 ρ/(g/cm^3)	刻度盘上的读数 M									
	20	30	40	45	50	55	60	65	70	72
	校正值 $\Delta\sigma$									
0.85	2.5	3.3	3.9	4.1	4.2	4.3	4.3	4.3	4.2	4.2
0.95	2.6	3.5	4.1	4.3	4.5	4.7	4.8	4.8	4.8	4.8
1.05	2.6	3.6	4.3	4.6	4.8	5.0	5.1	5.2	5.3	5.3
1.15	2.7	3.7	4.4	4.8	5.0	5.3	5.5	5.6	5.7	5.8
1.25	2.7	3.8	4.6	4.9	5.2	5.5	5.7	5.9	6.1	6.1

ICS 83.040.10
G 34

SH

中华人民共和国石油化工行业标准

SH/T 1157.1—2012

生橡胶　丙烯腈-丁二烯橡胶(NBR)中结合丙烯腈含量的测定　第1部分：燃烧(Dumas)法

Rubber, raw—Determination of bound acrylonitrile content in acrylonitrile-butadiene rubber(NBR)—Part 1: Combustion(Dumas) method

ISO 24698-1:2008(E), MOD

2012-11-07 发布　　2013-03-01 实施

中华人民共和国工业和信息化部　发布

前　言

SH/T 1157《生橡胶　丙烯腈-丁二烯橡胶(NBR)中结合丙烯腈含量的测定》分为两个部分：

——第1部分：燃烧(Dumas)法；

——第2部分：凯氏定氮法。

本部分为SH/T 1157的第1部分。

本部分按照GB/T 1.1—2009给出的规则起草。

本部分使用重新起草法修改采用ISO 24698-1：2008(E)《生橡胶 丙烯腈-丁二烯橡胶(NBR)中结合丙烯腈含量的测定　第1部分：燃烧(Dumas)法》。

本部分与ISO 24698-1：2008的主要技术性差异：

——将自动分析仪修改为元素分析仪，便于标准的使用(见5.1)；

——关于规范性引用文件，本部分做了具有技术性差异的调整，以适应我国的技术条件，调整的情况集中反映在第2章“规范性引用文件”中，具体调整如下：

- 用修改采用国际标准的GB/T 3516—2006代替了ISO 1407：1992(见5.3)；
- 用等同采用国际标准的GB/T 15340代替了ISO 1795(见6.1)；
- 用修改采用国际标准的SH/T 1149代替了ISO 123(见6.2)；
- 增加引用了GB/T 8170(见第8章)。

——增加了标准物质氨基苯磺酸(见4.1.4)；

——删除了5.2，5.7和5.9；

——修改了生胶的取样和制样条件，提高可操作性(见6.1)；

——修改了胶乳的干燥条件，提高可操作性(见6.2)；

——删除了7.3，将7.11调整为7.2，7.4~7.11的编号调整为7.3~7.10；

——修改了对试样量的规定，不同型号的仪器所需试样量不同，试样量可根据仪器使用说明书要求而定(见7.3)；

——增加了对公式(2)中3.79的解释，便于理解；增加了对试验结果数值的修约要求，提高判定的可操作性，消除歧义(见第8章)；

——增加精密度的表述和数值，提高可操作性(见第9章)。

为便于使用，本部分还做了下列编辑性修改：

——删除ISO 24698-1：2008的资料性附录A“Dumas燃烧法自动分析仪”；

——在本部分的附录A中，删除了ISO 24698-1：2008的资料性附录B中的精密度数值，安排在第9章。

本部分由中国石油化工集团公司提出。

本部分由全国橡胶与橡胶制品标准化技术委员会合成橡胶分技术委员会(SAC/TC35/SC6)归口。

本部分起草单位：中国石油天然气股份有限公司石油化工研究院。

本部分参加单位：中国石油天然气股份有限公司兰州石化分公司。

本部分主要起草人：李晓银、范国宁、陈跟平、杨芳、笪敏峰、刘俊保、魏玉丽。

生橡胶　丙烯腈-丁二烯橡胶(NBR)中结合丙烯腈含量的测定　第1部分：燃烧(Dumas)法

1　范围

本部分规定了燃烧(Dumas)法测定丙烯腈-丁二烯橡胶(NBR)中结合丙烯腈含量的方法。

本部分适用于NBR生胶和胶乳。

注：对于相同的橡胶样品，本部分和本标准的第2部分可能会得到不同的测定结果。

2　规范性引用文件

下列文件对于本文件的应用是必不可少的。凡是注日期的引用文件，仅所注日期的版本适用于本文件。凡是不注日期的引用文件，其最新版本(包括所有的修改单)适用于本文件。

GB/T 3516—2006 橡胶 溶剂抽出物的测定(ISO 1407：1992，MOD)

GB/T 8170 数值修约规则与极限数值的表示和判定

GB/T 15340 天然、合成生胶取样及其制样方法(GB/T 15340—2008，ISO 1795：2000，IDT)

SH/T 1149 合成橡胶胶乳 取样(SH/T 1149—2006，ISO 123-2000，MOD)

3　原理

样品中的氮在高纯氧环境下转化为氮氧化物，氮氧化物在催化剂的作用下还原为氮气，通过吸附或其他分离方法除去生成的二氧化碳和水蒸气，利用热导检测器(TCD)进行检测，得到氮的质量分数，通过计算得到样品中的结合丙烯腈含量。

4　试剂与原材料

4.1　标准物质：

4.1.1　L-天门冬氨酸：纯度≥99%；

4.1.2　L-谷氨酸：纯度≥99%；

4.1.3　EDTA：纯度≥99%；

4.1.4　氨基苯磺酸：纯度≥99%。

4.2　氧气：纯度≥99.99%或符合分析仪说明书要求。

4.3　载气：

4.3.1　氦气：纯度≥99.995%或符合分析仪说明书要求；

4.3.2　二氧化碳：纯度≥99.995%或符合分析仪说明书要求。

4.4　乙醇：纯度≥95%(体积分数)。

4.5　甲醇：纯度≥99.8%(体积分数)。

5 仪器

5.1 元素分析仪：

5.1.1 通则

元素分析仪由以下部分组成：

a) 燃烧单元：能够提供样品在高纯氧环境下充分燃烧所需的最低温度；

b) 高纯氧加氧器：能够提供充足的高纯氧使样品完全燃烧；

c) 还原单元：能够将氮氧化物转化为氮气；

d) 副产物吸收器(或分离器)：能够除去生成的二氧化碳和水；

e) 热导检测器：能够检测生成的氮气；

f) 微处理器：能够用标准物质校准仪器，并将检测器的响应信号转化为样品中氮的质量分数。

5.1.2 性能要求：

通过测定标准物质来确定仪器的准确性。标准物质连续10次测定结果的平均值应在理论值的±0.2%范围内。氮质量分数的相对标准偏差*RSD*按式(1)进行计算，*RSD*应≤0.5%。

$$RSD(\%) = \frac{s}{w_N} \times 100 \tag{1}$$

式中：

s——标准偏差；

w_N——氮质量分数平均值，单位为%。

5.2 抽提器：应符合GB/T 3516—2006中方法B的规定。

5.3 烧杯：容量300mL。

5.4 搅拌器。

5.5 筛子：孔径150μm。

5.6 烘箱：温度可控制在100℃±2℃。

5.7 燃烧管：应符合分析仪说明书要求。

6 取样和制样

6.1 生胶

按照GB/T 15340的规定取样并制备样品。

从制备的样品中称取3g~5g试样，剪成宽约5mm，长约30mm的细条，将试样逐条放入抽提器中(5.2)，加入100mL乙醇(4.4)，在溶液微沸下抽提1h，取去抽提液，重新加入100mL乙醇，再抽提1h。抽提后的试样在100℃±2℃的烘箱(5.6)中干燥2h，取出试样放入干燥器中冷却、备用。

6.2 胶乳

按照SH/T 1149规定的方法取约500g样品。

在搅拌下，向盛有150mL乙醇(4.4)或甲醇(4.5)的烧杯(5.3)中逐滴加入NBR胶乳(约含5g丁腈橡胶)使胶乳凝聚。加完后继续搅拌5min，将烧杯中的物料倒在一个干净的150μm的筛子(5.5)中得到凝聚物。再将得到的凝聚物与100mL乙醇或甲醇倒入烧杯并搅拌5min，将烧杯中的物料倒在150μm的筛子中得到凝聚物。然后将凝聚物在100℃±2℃的烘箱中干燥2h，取出放入干燥器中冷却、备用。

7 试验步骤

7.1 按照仪器说明书要求操作仪器。步骤如7.2到7.10所述。
7.2 用标准物质(4.1)校准仪器。
7.3 称取按第6章制备的试样(试样量和称量精度根据仪器说明书要求而定)，放入进样盘中，称量结果输入微处理器。
7.4 试样送入燃烧管(5.7)，在高纯氧环境下燃烧。
7.5 燃烧后的气体通过载气到还原单元。
7.6 在还原单元，燃烧管中的氮氧化物转化为氮气，残余的氧气被吸收。
7.7 通过吸收剂或者其他分离装置除去生成的二氧化碳和水。
7.8 通过TCD检测器测定生成的氮气。
7.9 系统中的残余气体与载气一并排出。
7.10 通过微处理器将检测器的响应值转化为氮质量分数。

8 结果计算

结合丙烯腈含量 w_A 以试样的质量分数计，数值以%表示，按式(2)进行计算：

$$w_A = 3.79 \times w_N \tag{2}$$

式中：

w_N——氮的质量分数，单位为%；

3.79——氮的质量分数转化为丙烯腈质量分数的系数。

取两次重复测定结果为试验结果，按照GB/T 8170进行数值修约，结果保留2位小数。

9 精密度

精密度的获得参见附录A，精密度数值(95%置信水平)见表1。

重复性：在重复性条件下，两次独立测试结果的绝对差值不大于 r。

再现性：在再现性条件下，两次独立测试结果的绝对差值不大于 R。

表1 结合丙烯腈含量的精密度数值

材料	平均值	实验室内			实验室间			实验室数量[a]
		s_r	r	(r)	s_R	R	(R)	
NBR1	25.13	0.149	0.421	1.675	0.366	1.036	4.123	11
NBR2	33.18	0.128	0.362	1.091	0.481	1.361	4.101	11
合并值	—	0.139	0.393	1.414	0.427	1.209	4.112	

表中所列符号定义如下：
s_r=重复性标准差；
r= 重复性(以测量单位表示)；
(r)= 相对重复性(以百分数表示)；
s_R=再现性标准差；
R=再现性(以测量单位表示)；
(R)= 相对再现性(以百分数表示)。

[a] ITP中删除了离群值后的最终实验室数量。

10 试验报告

试验报告应包括以下内容：

a）本部分的编号；

b）试验样品的说明；

c）所使用仪器的详细说明；

d）所使用的标准物质；

e）试验结果；

f）试验日期。

附 录 A
(资料性附录)
精密度

A.1 总则

2006年，开展了用燃烧法测定NBR中结合丙烯腈含量方法精密度的试验室间测试方案(ITP)试验。按照ISO/TR 9272[1)]确定了1型精密度。

有10家实验室参加了ITP试验，其中有两家实验室使用了两种不同类型的分析仪。由于这两家试验室提供的数据来自两种类型的分析仪，这些数据可视为来自不同的实验室。这样就给出了12个实验室提供的数据。

ITP试验中使用了两种不同的NBR，试验结果表示结合丙烯腈含量的单个(次)测定值。

如果没有文献能证明这种精密度结果可应用到被测的产品或材料上，则本ITP实验测出的精密度结果不可作为接受或拒绝被测试一组材料或产品的判断依据。

A.2 精密度结果

精密度结果是按ISO/TR 9272：2005中规定的离群值删除原则获得的。

---

1) ISO/TR 9272：2005, Rubber and rubber products — Determination of precision for test method standards

ICS 83.040.10
G 35

SH

中华人民共和国石油化工行业标准

SH/T 1157.2—2015
代替 SH/T 1157—1997

生橡胶　丙烯腈-丁二烯橡胶(NBR)中结合丙烯腈含量的测定 第2部分：凯氏定氮法

Rubber, raw—Determination of bound acrylonitrile content in acrylonitrile-butadiene rubber(NBR)—Part 2: Kjeldahl method

(ISO 24698-2：2008，NEQ)

2015-07-14 发布　　2016-01-01 实施

中华人民共和国工业和信息化部　发布

前　言

SH/T 1157《生橡胶　丙烯腈-丁二烯橡胶(NBR)中结合丙烯腈含量的测定》分为两个部分：

——第1部分：燃烧(Dumas)法；

——第2部分：凯氏定氮法。

本部分为SH/T 1157的第2部分。

本部分按照GB/T 1.1—2009给出的规则起草。

本部分代替SH/T 1157—1997《丁腈橡胶中结合丙烯腈含量的测定》。

本部分与SH/T 1157—1997的主要技术差异：

——标准名称修改为《生橡胶　丙烯腈-丁二烯橡胶(NBR)中结合丙烯腈含量的测定　第2部分：凯氏定氮法》；

——修改了范围(见第1章，1997版的第1章)；

——修改了规范性引用文件(见第2章，1997版的第2章)；

——增加了方法B(相关内容见4.1、4.7、4.12、4.13、5.1、7.2、9.2)；

——增加了取样(见第6章)。

本部分使用重新起草法参考ISO 24698-2：2008《生橡胶　丙烯腈-丁二烯橡胶(NBR)中结合丙烯腈含量的测定　第2部分：凯氏定氮法》制定，与ISO 24698-2：2008的一致性程度为非等效。

本部分由中国石油化工集团公司提出。

本部分由全国橡胶与橡胶制品标准化技术委员会合成橡胶分技术委员会(SAC/TC 35/SC 6)归口。

本部分起草单位：中国石油天然气股份有限公司石油化工研究院、中国石油天然气股份有限公司兰州石化分公司、宁波顺泽橡胶有限公司。

本部分主要起草人：李晓银、李箐、翟月勤、王学丽、杨伟燕、范国宁、李淑萍、曹帅英。

本部分所代替标准的历次版本发布情况：SH/T 1157—1984、SH/T 1157—1992、SH/T 1157—1997。

生橡胶　丙烯腈-丁二烯橡胶(NBR)中结合丙烯腈含量的测定
第2部分：凯氏定氮法

警告：使用本标准的人员应有正规实验室工作的实践经验。本标准并未指出所有可能的安全问题。使用者有责任采取适当的安全和健康措施，并保证符合国家有关法律法规规定的条件。

1　范围

SH/T 1157 的本部分规定了采用凯氏定氮法测定丙烯腈-丁二烯橡胶(NBR)中结合丙烯腈含量的两种方法：方法 A 和方法 B。

本部分适用于测定 NBR 生橡胶，其他 NBR 也可参照使用。

这两种方法可能会得到不同的测定结果，在有争议的情况下，宜使用方法 A。

2　规范性引用文件

下列文件对于本文件的应用是必不可少的。凡是注日期的引用文件，仅注日期的版本适用于本文件。凡是不注日期的引用文件，其最新版本(包括所有的修改单)适用于本文件。

GB/T 601　化学试剂　标准滴定溶液的制备

GB/T 6682 分析实验室用水规格和试验方法

GB/T 8170 数值修约规则与极限数值的表示和判定

GB/T 15340 天然、合成生胶取样及其制样方法(GB/T 15340—2008，ISO 1795：2000，IDT)

GB/T 24131—2009　生橡胶 挥发分含量的测定(ISO 248：2005，MOD)

3　方法概要

试样经无水乙醇抽提并干燥后，在混合催化剂作用下，用硫酸加热消解，试样中的氮转化为硫酸氢铵，在强碱作用下经蒸馏分解出氨，用硼酸溶液进行吸收，最后用硫酸标准滴定溶液滴定。

注：方法 B 可将蒸馏、吸收、滴定和结果计算等过程合为一体，自动快速完成。

4　试剂和材料

除非另有规定，仅使用分析纯试剂，分析用水应符合 GB/T 6682 中三级水的规定。

4.1　硫酸铵(标准物质)，纯度≥99.5%。

4.2　硫酸：ρ=1.84g/mL。

4.3　无水乙醇。

4.4　乙醇：纯度≥95%(体积分数)。

4.5　锌：颗粒状。

4.6　混合催化剂 A：将 30 质量份硫酸钾(K_2SO_4)，4 质量份硫酸铜($CuSO_4 \cdot 5H_2O$)，1 质量份的硒粉或 2 质量份的十水硒酸钠($Na_2SeO_4 \cdot 10H_2O$)混合，研制成均匀的粉末。

4.7　混合催化剂 B：将 K_2SO_4 和 $CuSO_4 \cdot 5H_2O$ 按照质量比 8：1 混合均匀。

4.8 硫酸标准滴定溶液：$c(H_2SO_4)=0.1$ mol/L，按 GB/T 601 进行配制和标定。

4.9 氢氧化钠溶液：40%(质量分数)。将 400g 氢氧化钠溶于 600 mL 水中。

4.10 硼酸溶液：40 g/L。将 40 g 硼酸溶于 1 L 水中，可加热溶解，然后冷却至室温。

4.11 混合指示剂 A：将 0.1 g 甲基红和 0.05 g 亚甲基蓝溶于 100 mL 乙醇(4.4)中，倒入棕色瓶中备用。

4.12 混合指示剂 B：将 0.07 g 甲基红和 0.1 g 溴甲酚绿溶于 20 mL 乙醇中，定容至 100 mL，倒入棕色瓶中备用。或者按照仪器使用说明书要求配制。

4.13 硼酸吸收液：将 10 mL 混合指示剂 B(4.12)加入 1000 mL 硼酸溶液(4.10)中。或者按照仪器使用说明书要求配制。

5 仪器

5.1 自动凯氏定氮仪

5.1.1 消解单元：配有内置恒温器，温度可控制在 420 ℃±5 ℃。

5.1.2 蒸馏单元：具有凯氏蒸馏功能，能将一定体积的氢氧化钠溶液加入消解管中，进行水蒸气蒸馏一定时间，将释放的氨气冷凝吸收到滴定单元的硼酸溶液中。

5.1.3 滴定单元：具有自动滴定功能，最小滴定单位为 0.01 mL，可根据滴定池内颜色变化进行终点判断。

5.1.4 数据处理单元：能通过标准物质校准仪器，并将滴定结果转化为样品中氮的质量分数。

5.1.5 消解管：容量 250 mL。

5.2 天平：精度 0.1 mg。

5.3 真空烘箱：温度可控制在 100 ℃±2 ℃，余压不大于 13.3 kPa。

5.4 抽提器：带磨口的锥形瓶，容量 250 mL，附冷凝管。

5.5 凯氏烧瓶：容量 1000 mL。

5.6 液滴捕获器：直径 50 mm。

5.7 分液漏斗：容量 150 mL。

5.8 冷凝管：长约 200 mm。

5.9 吸收瓶：容量 500 mL 的锥形瓶。

6 取样和制样

6.1 按照 GB/T 15340 的规定取样，按照 GB/T 24131—2009 中第 4 章的规定进行试样均化。

6.2 从上述样品中称取 3 g~5 g 试样，剪成宽约 5 mm，长约 30 mm 的细条，将试样逐条放入抽提器(5.4)中，加入 100 mL 无水乙醇(4.3)，在溶液微沸下抽提 1 h，弃去抽提液，重新加入 100 mL 无水乙醇，再抽提 1 h。抽提后的试样在 100 ℃±2 ℃的真空烘箱(5.3)中干燥 2 h，取出试样放入干燥器中冷却至室温，将试样剪成碎粒，放入干燥器中备用。

7 分析步骤

7.1 方法 A

7.1.1 称取按第 6 章制备的试样约 1 g，精确至 0.1 mg，置于凯氏烧瓶(5.5)底部，避免试样黏附在瓶颈上。加入 6.5 g 混合催化剂 A(4.6)和 30 mL 硫酸(4.2)，轻轻旋转凯氏烧瓶，使试样、催化剂与硫酸充分混合。将凯氏烧瓶倾斜地放置在通风橱内的加热器上加热，使溶液保持微沸，直至溶液变成清澈透明的绿色后，再继续煮沸 60 min，使试样完全消解。

7.1.2 待凯氏烧瓶内溶液冷却至室温后，加入 250 mL 水冲洗瓶颈并稀释溶液，摇匀，然后加入 0.5 g 锌(4.5)，立即连接凯氏烧瓶、液滴捕获器(5.6)、分液漏斗(5.7)和冷凝器(5.8)(装置见图 1)，通入冷却水。

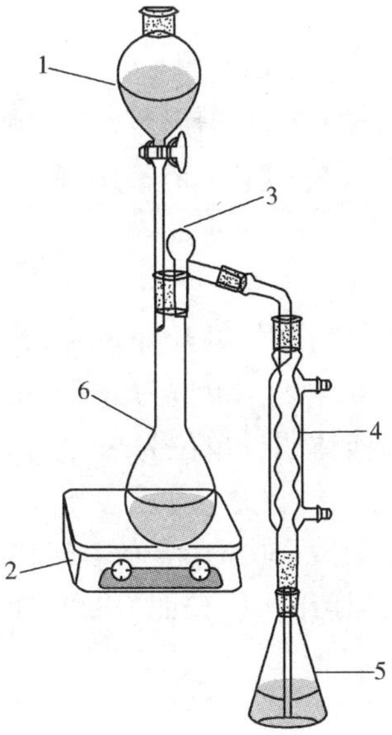

说明：

1—分液漏斗；

2—加热器；

3—液滴捕获器；

4—冷凝器；

5—吸收瓶；

6—凯氏烧瓶。

图 1 凯氏定氮装置

7.1.3 在吸收瓶(5.9)中加入 100 mL 硼酸溶液(4.10)和 2 滴混合指示剂 A(4.11)，将冷凝器导管末端浸没在硼酸溶液内。经分液漏斗，向凯氏烧瓶中加入 100 mL 氢氧化钠溶液(4.9)，用少量水洗涤分液漏斗，洗涤液也加入凯氏烧瓶中。关闭分液漏斗，再往分液漏斗中加入少许水。然后加热蒸馏，在稳定的蒸馏速度下，收集馏出液约 200 mL 为止，降低吸收瓶，用水洗涤导管末端，洗涤液并入吸收瓶中。

7.1.4 用硫酸标准滴定溶液(4.8)滴定吸收液至刚出现紫色为终点。

7.1.5 按上述步骤进行空白试验。

7.2 方法 B

7.2.1 消解

称取按第 6 章制备的试样 0.25 g~0.50 g，精确至 0.1 mg，置于消解管(5.1.5)中，加入 5.0 g 混合催化剂 B(4.7)和 20 mL 硫酸(4.2)。将消解管放入消解单元(5.1.1)，在 420 ℃±5 ℃下消解 120 min 后，将消解管冷却至室温。

7.2.2 测定

7.2.2.1 按照仪器说明书要求操作仪器，用硫酸铵标准物质(4.1)校准仪器。

7.2.2.2 设定硫酸标准滴定溶液浓度、氢氧化钠溶液 60 mL、蒸馏水 80 mL、硼酸吸收液(4.13) 50 mL。

7.2.2.3 将消解管放入蒸馏单元进行蒸馏和滴定，记录标准滴定溶液体积，数据处理单元将滴定结果转化为试样中的结合丙烯腈含量。同时进行空白试验。

8 结果计算

结合丙烯腈含量 w_A 以试样的质量分数计，数值以%表示，按式(1)进行计算：

$$w_A = \frac{c(V_1 - V_2) \times 0.1061}{m} \times 100 \tag{1}$$

式中：

c——硫酸标准滴定溶液浓度，单位为摩尔每升(mol/L)；

V_1——试样消耗的硫酸标准滴定溶液体积，单位为毫升(mL)；

V_2——空白消耗的硫酸标准滴定溶液体积，单位为毫升(mL)；

m——试样的质量，单位为克(g)。

0.1061——与 1.00 mL 硫酸标准滴定溶液[$c(H_2SO_4)$ = 0.1 mol/L]相当的以克表示的丙烯腈的质量。

取两次重复测定结果的平均值作为试验结果，按照 GB/T 8170 进行数值修约，结果保留两位小数。

9 精密度

9.1 方法 A

平行测定两个结果的绝对差值不大于 0.50%。

9.2 方法 B

结合丙烯腈含量不大于 33.0%时，两次重复测定结果的绝对差值应不大于 0.35%；

结合丙烯腈含量在 33.1%~45.0%时，两次重复测定结果的绝对差值应不大于 0.45%。

10 试验报告

试验报告应至少包括以下内容：

a)本部分的编号；

b)试验样品的说明；

c)所使用的方法；

d)试验结果；

e)试验过程中观察到的任何异常现象；

f)本部分或引用标准中未包括的任何自选操作；

g)试验日期。

ICS 83.060
G 34
备案号：30330-2011

SH

中华人民共和国石油化工行业标准

SH/T 1159—2010
代替 SH/T 1159—1992

丙烯腈-丁二烯橡胶(NBR)溶胀度的测定

Acrylonitrile-butadiene rubber (NBR)—Determination of the swelling ratio

2010-11-10 发布　　2011-03-01 实施

中华人民共和国工业和信息化部　发布

前　言

本标准参考美国材料与试验协会标准 ASTM D471-06《橡胶性能的标准测试方法—液体的影响》中的第 5~10 章中的内容进行修订。

本标准代替 SH/T 1159—1992《丁腈橡胶溶胀度测定方法》。

本标准与 SH/T 1159—1992 相比主要差异如下：

——变更了标准名称。标准名称改为《丙烯腈-丁二烯橡胶(NBR)溶胀度的测定》；

——增加了规范性引用文件(本版的第 2 章)；

——改变了溶胀试样的液体(本版的 5.4 条)。溶胀试样的液体由“苯：溶剂油 = 1：3(体积比)”改为“参比燃油：B：异辛烷：甲苯 = 7：3(体积比)；C：异辛烷：甲苯 = 5：5(体积比)；D：异辛烷：甲苯 = 6：4(体积比)”；

——改变了溶胀时间(本版的 6.2 条)。方法Ⅰ中溶胀时间由 24h 改为 22h，方法Ⅱ中溶胀时间由 1h 改为 3h。

本标准由中国石油化工集团公司提出。

本标准由全国橡胶与橡胶制品标准化技术委员会合成橡胶分技术委员会(SAC/TC35/SC6)归口。

本标准主要起草单位：中国石油天然气股份有限公司石油化工研究院兰州化工研究中心。

本标准主要起草人：王春龙、孙丽君、吴毅、沈海陇。

本标准所代替标准的历次发布情况为：

本标准于 1984 年以国家标准首次发布，标准编号为 GB 4488—1984；1992 年清理整顿为石油化工行业标准，标准编号为 SH/T 1159—1992。

丙烯腈-丁二烯橡胶(NBR)溶胀度的测定

警告：使用本标准的人员应熟悉正规实验室操作规程。本标准并未涉及所有可能出现的安全问题，如果有所涉及也与其应用相关。使用者有责任制定适当的安全和健康制度并确保符合国家有关法规规定。

1 范围

本标准规定了测定丙烯腈-丁二烯橡胶(NBR)硫化胶溶胀后质量变化的两个方法。当测定结果有争议时，应以方法Ⅰ为基准方法进行仲裁。

本标准适用于以丁二烯和丙烯腈为单体，采用乳液聚合法生产的丙烯腈-丁二烯橡胶(NBR)。

2 规范性引用文件

下列文件中的条款通过本标准的引用而成为本标准的条款。凡是注日期的引用文件，其随后所有的修改单(不包括勘误的内容)或修订版均不适用于本标准，然而，鼓励根据本标准达成协议的各方研究是否可使用这些文件的最新版本。凡是不注日期的引用文件，其最新版本适用于本标准。

SH/T 1611—2004 丙烯腈-丁二烯橡胶(NBR)评价方法(ISO 4658：1999，MOD)

3 试样制备

3.1 按SH/T 1611—2004中相关规定取样并进行混炼和硫化。

3.2 将硫化好的试片裁成厚度为2.0mm±0.2mm、长和宽分别为20mm的方形试样备用。

4 设备

实验室常用设备以及：

4.1 容器：金属材质，密封耐压，内径60mm，内壁高40mm，壁厚≥5mm，具有旋口盖；

4.2 具塞广口瓶：容积为150mL；

4.3 恒温设备：温度可以控制在23℃±2℃；

4.4 恒温设备：温度可以控制在98℃±2℃；

4.5 天平：精度为0.0001g；

4.6 称量瓶：直径约35mm、高度约25mm。

注：恒温设备可以是水浴、油浴或其他非明火设备。

5 试剂

5.1 异辛烷：分析纯；

5.2 甲苯：分析纯；

5.3 丙酮：分析纯；

5.4 参比燃油：B：异辛烷：甲苯=7：3(体积比)；C：异辛烷：甲苯=5：5(体积比)；D：异辛烷：甲苯=6：4(体积比)。

注：参比燃油B、C、D相当于主要的商品汽油，其中参比燃油C代表典型的高芳香族优质汽油。根据硫化胶的用途，还可以选用其他合适比例的参比燃油进行溶胀。

6 试验步骤

6.1 方法Ⅰ(仲裁法)

平行取2个试样，分别准确称量至0.1mg，均记为m_1。将试样用细棉线从中心串联穿通，水平悬挂于装有100mL参比燃油(5.4)的具塞广口瓶(4.2)中，试样与试样之间、试样与容器壁之间均应避免互相接触，试样应全部浸没在参比燃油中。

盖紧瓶盖，将广口瓶放入恒温设备(4.3)中，在(23±2)℃下保持22h。取出广口瓶，用镊子将试样从广口瓶中取出，抽出细棉线，迅速将试样浸入到丙酮中，取出后用滤纸擦干试样，再分别将试样立即放到两个已恒重的称量瓶(质量均记为m)中，盖上称量瓶盖称量，精确到0.1mg，均记为m_2。从广口瓶中取出试样到将试样放入称量瓶并盖上盖子，整个过程应不超过30s。

6.2 方法Ⅱ

平行取2个试样，分别准确称量至0.1mg，均记为m_1。将试样用细棉线从中心串联穿通，水平悬挂于装有100mL参比燃油的容器(4.1)中，试样与试样之间、试样与容器壁之间均应避免互相接触，试样应全部浸没在参比燃油中。

拧紧旋口盖，将容器放入恒温设备(4.4)中，在(98±2)℃下保持3h，取出容器，在冷水中冷却10min，从冷水中取出容器，用镊子将试样从容器中取出，抽出细棉线，在30s内将试样浸入到同种新鲜冷却的参比燃油中，经(30~60)min冷却到室温后取出试样，迅速将试样浸入到丙酮中，取出后用滤纸擦干试样，再分别将试样立即放入到两个已恒重的称量瓶(质量均记为m)中，盖上称量瓶盖称量，精确到0.1mg，均记为m_2。从同种新鲜冷却的参比燃油中取出试样到将试样放入称量瓶并盖上盖子，整个过程应不超过30s。

注1：参比燃油只限用一次。

注2：每个浸泡时间的误差应该在±15min或±1%范围内，取其中较大者。

注3：在方法Ⅱ中，应保证容器在冷水中充分冷却后再打开盖子。

7 结果计算

丙烯腈-丁二烯橡胶硫化胶的溶胀度以质量改变量R_s计，数值以%表示，按公式(1)计算：

$$R_s = \frac{(m_2 - m) - m_1}{m_1} \times 100 \quad \cdots\cdots (1)$$

式中：

m——称量瓶的恒重质量，单位为克(g)；

m_1——试样溶胀前的质量，单位为克(g)；

m_2——试样溶胀后的质量与称量瓶质量之和，单位为克(g)。

计算结果表示到小数点后一位，取平行测定结果的算术平均值作为测定结果。

8 允许差

8.1 本章中所规定的允许差是丙烯腈-丁二烯橡胶硫化胶在参比燃油C中溶胀度的允许差，未必适用于其他参比燃油。

8.2 同种方法平行测定结果之差不大于1.5%。

9 试验报告

试验报告应包括以下内容：

a) 本标准的编号；

b) 关于样品的详细说明；

c) 选用的方法(方法Ⅰ或方法Ⅱ)；

d) 选用的参比燃油(燃油B、燃油C或燃油D)；

e) 试验过程中观察到的任何异常现象；

f) 本标准未包括的任何自选操作；

g) 试验结果及表述方法；

h) 试验日期。

中华人民共和国石油化工行业标准

SH/T 1500—1992

合成胶乳　命名及牌号规定

代替 ZB G34 001—87

本标准适用于合成胶乳的命名及牌号规定。

本标准规定了合成胶乳的命名方法，以及按标称总固物含量、标称结合共聚单体含量、主要使用特征和根据具体情况增加的附加特征为依据，而制订的《合成胶乳　命名及牌号规定》。

本标准参照采用 ISO/DIS 1629—1985《橡胶和胶乳—命名法》及 ISO 2438—1981《合成胶乳—代号制订》。

1　合成胶乳命名

合成胶乳命名根据合成胶乳的组成用英文词头字母表示。“R”表示聚合物的主链中含有不饱和碳链的合成胶乳。“M”表示主链中含有亚甲基型饱和碳链的合成胶乳。“X”表示聚合物链中含有羧基取代基的合成胶乳。为了把合成胶乳与合成橡胶区别开，在合成胶乳组成的英文词头字母后面加英文胶乳词头字母“L”表示。合成胶乳分类表示如下：

ABRL——丙烯酸、丁二烯胶乳

BRL——丁二烯胶乳

CRL——氯丁胶乳

IIRL——丁基胶乳

IRL——异戊胶乳

NBRL——丁腈胶乳

PBRL——丁吡胶乳

PSBRL——丁苯吡啶胶乳

SBRL——丁苯胶乳

SCRL——苯乙烯、氯丁二烯胶乳

XNBRL——羧基丁腈胶乳

XSBRL——羧基丁苯胶乳

XBRL——羧基丁二烯胶乳

XCRL——羧基氯丁胶乳

EPDML——乙烯、丙烯和二烯烃三元胶乳

EPML——乙丙胶乳

为了第 2.2 条的需要，紧接在词头字母为 R 的二烯烃的前一个单体(如有的话)称为共聚单体。

为了第 2.2 条的需要，将 M 前的二烯烃(如有的话)称为共聚单体。

2　合成胶乳的牌号规定

本标准按照合成胶乳的化学组成、标称总固物含量、标称结合共聚单体含量、主要使用特征，根据具体情况可增附加特征而制订的一套合成胶乳的牌号规定。

2.1　标称总固物含量：

胶乳以质量百分数计的标称总固物含量，在牌号中用第一位数字表示如下：

中国石油化工总公司 1992-05-20 批准　　　　1992-05-20 实施

1——低于 20.0%

2——20.0%~29.0%

3——30.0%~39.9%

4——40.0%~49.9%

5——50.0%~59.9%

6——60.0%~69.9%

7——70.0%或更高。

2.2 标称结合共聚单体含量:

聚合物所含的以质量百分数计的标称结合共聚单体含量，在牌号中用第二位数字表示如下:

0——无共聚单体。

1——低于 20.0%

2——20.0%~29.9%

3——30.0%~39.9%

4——40.0%~49.9%

5——50.0%~59.9%

6——60.0%~69.9%

7——70.0%或更高。

至于用聚苯乙烯或一种丁苯共聚物补强的丁苯胶乳，则其结合共聚单体含量应包括补强共聚物中的结合苯乙烯含量，在尾标上以大写英文字母 Y 表示。

2.3 主要使用特征:

合成胶乳主要使用特征，在牌号中用一个或两个大写的英文字母(除 Y 外)表示如下:

A——通用型

B——地毯工业用

C——造纸工业用

D——海绵制品工业用

E——纺织工业用

F——胶乳制品工业用

G——胶粘剂用

H——印染工业用

I——涂料工业用

J——轮胎工业及橡胶制品骨架材料浸渍用

K——胶乳水泥用

L——胶乳沥青用

M——农业用

N——食品工业用

2.4 如主要使用特征不能区分产品牌号时，在其后可再加短线及一位阿拉伯数字表示附加特征。

3 举例

3.1 SBRL51C

SBRL 5 1 C

- C——造纸工业用
- 1——结合苯乙烯含量在 20.0% 以下
- 5——总固物含量在 50.0% ~ 59.9%
- SBRL——丁苯胶乳

3.2 PSBRL41J

PSBRL 4 1 J

- J——轮胎工业用
- 1——结合苯乙烯含量在 20.0% 以下
- 4——总固物含量在 40.0% ~ 49.0%
- PSBRL——丁苯吡啶胶乳

3.3 XSBRL54B

XSBRL 5 4 B

- B——地毯工业用
- 4——结合苯乙烯含量在 40.0% ~ 49.9%
- 5——总固物含量在 50.0% ~ 59.9%
- XSBRL——羧基丁苯胶乳

3.4 CRL50LK-X

CRL 5 0 LK - X

- X——附加特征的数字
- LK——胶乳沥青、胶乳水泥用
- 0——无共聚单体
- 5——总固物含量在 50.0% ~ 59.9%
- CRL——氯丁胶乳

3.5 SBRL63AY

SBRL 6 3 A Y

- Y——已予补强
- A——通用型
- 3——结合苯乙烯含量在 30.0%～39.9%
- 6——总固物含量在 60.0%～69.9%
- SBRL——丁苯胶乳

4 命名手续

合成胶乳研制和生产单位，在对其合成胶乳新品种进行鉴定或以产品进行销售时，事先应向合成橡胶分技术委员会提供产品有关技术资料。合成橡胶分技术委员会会同研制、生产单位根据本标准，确定新产品的名称和牌号，并报请主管部门审批。

附加说明：

本标准由中国石油化工总公司提出，由全国橡胶及橡胶制品标准化委员会合成橡胶分技术委员会归口。

本标准由兰州化学工业公司化工研究院负责起草。

本标准主要起草人赵柏年、钱金珠。

本标准由全国橡胶及橡胶制品标准化委员会合成橡胶分技术委员会负责解释。

ICS 83.040.10
G 35

SH

中华人民共和国石油化工行业标准

SH/T 1501—2019
代替 SH/T 1501—2001

合成橡胶胶乳干聚物制备

Synthetic rubber latex—Preparation of dry polymer

(ISO 2028:2015, MOD)

2019-12-24 发布 2020-07-01 实施

中华人民共和国工业和信息化部 发布

前　言

本标准按照 GB/T 1. 1—2009 给出的规则起草。

本标准代替 SH/T 1501—2001（2009）《合成胶乳干聚物制备》。

本标准与 SH/T 1501—2001（2009）的技术差异如下：

—— 修改了标准范围（见第 1 章）；

—— 修改了规范性引用文件为不注日期引用（见第 2 章）；

—— 增加了 GB/T 6682《分析实验室用水规格和试验方法》（见第 2 章）；

—— 修改了原理（见第 3 章）；

—— 增加了关于分析天平的规定（见标准文本 5. 10）；

—— 修改 6. 1 为第 6 章，以后各章号按顺序依次排列（见第 6 章、第 7 章）；

—— 增加了制备方法（见 7. 1. 5、7. 2. 3 和 7. 3. 3）。

本标准使用重新起草法修改采用国际标准 ISO 2028：2015（E）《合成橡胶胶乳 干聚物制备》。

本标准与 ISO 2028：2015 的技术差异如下：

—— 修改了标准范围（见第 1 章）；

—— 关于规范性引用文件，本标准做了具有技术性差异的调整，以适应我国的技术条件，调整的情况集中反映在第 2 章“规范性引用文件”中，具体调整如下：

用修改采用国际标准的 SH/T 1149 代替了 ISO 123；

用修改采用国际标准的 GB/T 8298 代替了 ISO 124；

—— 修改了原理（见第 3 章）；

—— 增加了关于恒温水浴、天平和筛子的规定（见 5. 5、5. 10 和 5. 11）；

—— 修改了凝聚剂 B 的用量（见 7. 1）；

—— 增加了制备方法（见 7. 1. 5、7. 2. 3 和 7. 3. 3）。

本标准由中国石油化工集团有限公司提出。

本标准由全国橡胶与橡胶制品标准化技术委员会合成橡胶分技术委员会归口（SAC/TC35/SC6）。

本标准起草单位：中国石油天然气股份有限公司石油化工研究院、浙江天晨胶业股份有限公司、安庆华兰科技有限公司、宁波顺泽橡胶有限公司、巴斯夫造纸化学品（江苏）有限公司、镇江奇美化工有限公司。

本标准主要起草人：赵慧晖、翟月勤、杜烨、王春龙、李晓银、陈海华、高杜娟、张弘强、张兆庆。

本标准的历次发布情况为：

SH/T 1501—1992、SH/T 1501—2001。

合成橡胶胶乳干聚物制备

警示：使用本标准的人员应有正规实验室工作的实践经验。本标准并未指出所有可能的安全问题，使用者有责任采取适当的安全和健康措施，并保证符合国家有关法规规定的条件。

1 范围

本标准规定了四种不同类型的合成胶乳（苯乙烯-丁二烯胶乳、羧基胶乳、丁腈胶乳和浓缩胶乳）干聚物制备方法，以用于有关物理、化学测试（如门尼黏度、结合苯乙烯或结合丙烯腈含量）。

本标准适用于含负离子表面活性剂的合成胶乳。

本标准对特种类型的胶乳，特别是对含非离子稳定剂的抗凝聚性胶乳的适用性需进一步确定。

本标准未必适用于那些含高黏性聚合物的胶乳。

注：在分离的干聚物中可能会存在影响聚合物特性的残余有机酸或其铝盐。

2 规范性引用文件

下列文件对于本文件的应用是必不可少的。凡是注日期的引用文件，仅注日期的版本适用于本文件。凡是不注日期的引用文件，其最新版本（包括所有的修改单）适用于本文件。

GB/T 6682 分析实验室用水规格和试验方法（GB/T 6682—2008，ISO 3696：1987，NEQ）

GB/T 8298 胶乳 总固体含量的测定（GB/T 8298—2017，ISO 124：2014，MOD）

SH/T 1149 合成橡胶胶乳 取样（SH/T 1149—2006，ISO 123：2000，MOD）

3 方法概要

采用凝聚剂或无水乙醇凝聚胶乳，将得到的凝聚物在鼓风烘箱中干燥至恒定质量。

4 试剂

除非另有规定，在分析中仅使用确认为分析纯的试剂，水应符合 GB/T 6682 中三级水的规定。

4.1 无水乙醇。

4.2 凝聚剂 A：聚胺类高分子电解质（聚丙烯酰胺，2-腈-2-胺甲醛缩合物等）的水溶液。将 2.5g 聚胺类高分子电解质溶于 50℃的 1L 水中，然后将该溶液稀释至 10L。

4.3 凝聚剂 B：硫酸铝的稀硫酸溶液。将 82mL 浓硫酸缓慢加入 1L 水中，冷却，制得稀硫酸溶液；将 200mL 浓度为 500g/L 的硫酸铝溶液倒入 200mL 水中，用纱布过滤，制得稀硫酸铝溶液；最后，将稀硫酸铝溶液加入稀硫酸中，再用水稀释至 1.5L。

4.4 抗氧剂乳液：如 TNPP（三壬基苯亚磷酸酯）。质量分数为 20%。将 25g 抗氧剂溶于 100mL 胶乳样品中。

注：最好选用已知的、适合于所制备干聚物的抗氧剂。

4.5 硫酸铝溶液：质量分数为 4%。将 4g 硫酸铝溶于 100mL 水中。

5 仪器设备

实验室常规仪器设备，以及下列仪器设备。

5.1 不锈钢烧杯：5L。

5.2 量筒：10mL、500mL 和 1000mL。

5.3 电动搅拌器：有两片直径为 35mm 的桨形叶片，每隔 50mm 呈直角安装在旋转轴上，搅拌速率可控制在 1000r/min。

5.4 磁力搅拌器。

5.5 低压蒸汽喷射装置或恒温水浴。

注：蒸汽是快速加热液体的最有效方法。

5.6 滤布：如纱布。

5.7 干燥盘：表面积（约 500cm^2）适宜的铝盘或搪瓷盘。

5.8 鼓风烘箱：温度可控制在 70℃±5℃和 100℃±2℃。

5.9 天平：能精确至 0.1g。

5.10 分析天平：能精确至 1mg。

5.11 筛子：孔径 150μm。

6 取样

按照 SH/T 1149 规定的方法取样。

如果胶乳总固物含量未知，则按 GB/T 8298 规定的方法测定。

7 操作步骤

7.1 苯乙烯-丁二烯胶乳（SBRL）（总固物含量小于 55%）

7.1.1 如果不确定胶乳中是否含抗氧剂，则将约含 100g 干聚物的胶乳倒入干燥的烧杯中，加入 10mL 抗氧剂乳液（4.4），搅拌均匀。

7.1.2 将 2000mL±5mL 凝聚剂 A（4.2）加入不锈钢烧杯（5.1）中，通过喷射蒸汽或水浴（5.5）加热至 65℃±5℃。插入电动搅拌器（5.3），以约 1000r/min 的速度搅拌，并连续缓慢地加入胶乳试样（7.1.1）。为保证混合均匀，待试样加完后，再继续搅拌 1min，然后缓慢地逐滴加入 15mL 凝聚剂 B（4.3）。如果此时未形成细小的胶粒且浆液不清，则表明未完全凝聚，应再加入适量凝聚剂 B，直至胶乳完全凝聚。

7.1.3 用一洁净的滤布（5.6）过滤，再用 50℃±5℃的水冲洗凝聚出的胶块 120s±15s。沥干水分，包住凝聚出的胶块，将其浸入装有 40℃±5℃水的烧杯中至少 120s±15s，同时缓慢挤压。

将包有胶块的滤布从水中取出，尽量挤去水分。

7.1.4 将胶块倒在铺有双层洁净滤布的干燥盘（5.7）中，确保胶块在盘表面上充分展开。在 70℃±5℃的鼓风烘箱（5.8）中干燥 5h。冷却至室温后用天平（5.9）称量干燥盘和干燥胶块的总质量，精确至 0.1g。将干燥盘重新放入烘箱中干燥 1h，冷却至室温后再称量。重复此过程，直至相邻两次称量之差小于 0.5g。

7.1.5 对于仅用于测定结合苯乙烯含量的胶乳，可直接用无水乙醇凝聚制备干聚物。在搅拌下向盛有 150mL 无水乙醇（4.1）的烧杯中逐滴加入约含 5g 干聚物的胶乳，胶乳凝聚后继续搅拌 5min。将烧杯中的物料倒在干净的筛子（5.11）中得到凝聚物，然后将得到的凝聚物与 100mL 无水乙醇重新倒入烧杯中搅拌 5min，再将烧杯中的凝聚物倒在筛子（5.11）中，将凝聚物剪成小块并充分展开。最后将凝聚物在100℃±2℃的鼓风烘箱中干燥2h，在干燥器中冷却至室温后用天平（5.10）称量筛子和干燥胶块的总质量，精确至1mg。将筛子重新放入烘箱中干燥15min，在干燥器中冷却至室温后再称量。重复此过程，直至相邻两次称量之差不大于5mg。

7.2 羧基胶乳（X-SBRL和X-NBRL）

7.2.1 如果不确定胶乳中是否含抗氧剂，则将约含100g干聚物的胶乳倒入干燥的烧杯中，加入10mL抗氧剂乳液，搅拌均匀。

7.2.2 将加有抗氧剂的胶乳（7.2.1）置于1L烧杯中，加入500mL水，搅拌均匀。按7.1.2，7.1.3和7.1.4规定的步骤制备干聚物。

7.2.3 对于仅用于测定结合丙烯腈含量的羧基丁腈胶乳，可直接用无水乙醇凝聚制备干聚物，步骤见7.1.5。

注1：若使用凝聚剂A凝聚羧基丁腈胶乳，在分离的聚合物中，残留的聚胺类高分子电解质可能干扰结合丙烯腈的测定。

注2：采用凝聚剂A和无水乙醇两种方法制得的羧基丁腈胶乳干聚物，在测定结合丙烯腈含量时可能会得到不同结果。

7.3 丁腈胶乳（NBRL）

7.3.1 如果不确定胶乳中是否含抗氧剂，则将约含100g干聚物的胶乳倒入干燥的烧杯中，加入10mL抗氧剂乳液，搅拌均匀。

7.3.2 将2000mL硫酸铝溶液（4.5）加入不锈钢烧杯中，通过喷射蒸汽或水浴加热至65℃±5℃。插入电动搅拌器，以约1000r/min的速度搅拌，并连续缓慢地加入按7.3.1制备的试样。待试样加完后继续搅拌5min，再按7.1.3和7.1.4规定的方法制备干聚物。

7.3.3 对于仅用于测定结合丙烯腈含量的丁腈胶乳，可直接用无水乙醇凝聚制备干聚物，步骤见7.1.5。

7.4 浓缩胶乳（总固物含量大于55%）

7.4.1 如果不确定胶乳是否含抗氧剂，则将200g±5g胶乳倒入干燥的烧杯中，加入10mL抗氧剂乳液，搅拌均匀。

7.4.2 将2000mL无水乙醇加入配有磁力搅拌器（5.4）的不锈钢烧杯中。在缓慢搅拌时，加入按7.4.1制备的试样。继续搅拌，直至胶乳完全凝聚，且浆液清澈。按7.1.3和7.1.4的规定制备干聚物。

8 试验报告

试验报告应包括以下内容：

a）本标准的编号；

b）关于样品的详细说明；

c）是否加抗氧剂；

d）所采用的凝聚剂；

e）所使用的方法（7.1，7.2，7.3或7.4）；

f）试验过程中观察到的任何异常现象；

g）本标准中未包括的任何自选操作；

h）试验日期。

ICS 83.040.10
G 34

SH

中华人民共和国石油化工行业标准

SH/T 1502—2014

代替 SH/T 1502—1992

丁苯胶乳中结合苯乙烯含量测定 折光指数法

Determination of bound styrene content in styrene-butadiene rubber latex—Refractive index method

（ISO 3136 : 1983，Rubber latex — Styrene-butadiene — Determination of bound styrene content，MOD）

2014-05-06 发布　　　　2014-10-01 实施

中华人民共和国工业和信息化部　发布

前　言

本标准按照 GB/T 1.1—2009 给出的规则起草。

本标准代替了 SH/T 1502—1992《丁苯胶乳中结合苯乙烯含量测定》，与 SH/T 1502—1992 相比，除编辑性修改外，主要技术变化如下：

——修改了标准名称(见封面)；

——增加了前言；

——修改了适用范围(见第 1 章)；

——删除了“定义”(见 1992 年版第 3 章)；

——修改了“规范性引用文件”(见第 2 章)；

——将“试剂及仪器”(见 1992 年版第 5 章)内容修改为“试剂”(见第 4 章)和“仪器”(见第 5 章)，并给出具体的名称及规格；

——增加了“制样”(见第 7 章)；

——删除了“分析步骤”中干聚物样品制备的内容(见第 8 章)；

——修改了“分析结果的表述”(见第 9 章)；

——删除了附加说明(见 1992 年版的附加说明)。

本标准使用重新起草法修改采用 ISO 3136：1983《苯乙烯-丁二烯胶乳—结合苯乙烯含量测定》。

本标准与 ISO 3136：1983 的主要技术性差异如下：

——修改了标准名称(见封面)；

——修改了适用范围(见第 1 章)；

——关于规范性引用文件，本标准做了具有技术性差异的调整，以适应我国的技术条件，调整的情况集中反映在第 2 章“规范性引用文件”中，具体调整如下：

- 用等同采用国际标准的 GB/T 8656 代替了 ISO 2453；
- 用修改采用国际标准的 SH/T 1149 代替了 ISO 123；
- 删除 ISO 2028；
- 增加引用 GB/T 6682；
- 增加引用 SH/T 1154。

——将“试剂及仪器”内容修改为“试剂”(见第 4 章)和“仪器”(见第 5 章)，并给出具体的名称及规格；

——增加了“制样”(见第 7 章)；

——将“分析步骤”中凝聚剂由“甲醇存在下的氯化钠和硫酸”修改为“凝聚剂 A 和凝聚剂 B”，并将修改内容并入第 7 章“制样”中(见第 7 章、第 8 章)；

——增加了丁苯胶乳干聚物试片抽提质量(见第 8 章)；

——修改了“分析结果的表述”(见第 9 章)；

——增加了“允许差”(见第 10 章)。

本标准由中国石油化工集团公司提出。

本标准由全国橡胶与橡胶制品标准化技术委员会合成橡胶分技术委员会(SAC/TC35/SC6)归口。

本标准起草单位：中国石油天然气股份有限公司石油化工研究院。

本标准参加单位：中国石油天然气股份有限公司兰州石化分公司。

本标准主要起草人：高杜娟、赵家琳、魏玉丽、李淑萍、范国宁、笪敏峰、贾慧青、李洁、王学丽。

本标准于1990年作为专业标准ZB G34003—1990首次发布，1992年清理整顿为行业标准SH/T 1502—1992，本次为第一次修订。

丁苯胶乳中结合苯乙烯含量测定折光指数法

警告：使用本标准的人员应熟悉正规实验室操作规程。本标准无意涉及因使用本标准可能出现的所有安全问题。制定相应的安全和健康规程并确保符合国家法规是使用者的责任。

1 范围

本标准规定了测定丁苯胶乳(SBRL)中结合苯乙烯含量的方法。

本标准适用于以干聚物为基准的结合苯乙烯含量在质量分数为 18 %~40 %的低温(约 5 ℃)乳液聚合丁苯胶乳。

本标准不适用于补强丁苯胶乳、羧基丁苯胶乳(XSBRL)、丁苯吡啶胶乳(PSBRL)和溶液聚合型丁苯胶乳(SSBRL)。

2 规范性引用文件

下列文件对于本文件的应用是必不可少的。凡是注日期的引用文件，仅所注日期的版本适用于本文件。凡是不注日期的引用文件，其最新版本(包括所有的修改单)适用于本文件。

GB/T 6682 分析实验室用水规格和试验方法(GB/T 6682—2008，ISO 3696：1987，MOD)

GB/T 8658 乳液聚合型苯乙烯-丁二烯橡胶生胶结合苯乙烯含量的测定 折光指数法（GB/T 8658—1998，ISO 2453：1991，IDT)

SH/T 1149 合成橡胶胶乳 取样(SH/T 1149—2006，ISO 123：2001，MOD)

SH/T 1154 合成橡胶胶乳总固物含量的测定(SH/T 1154—2011，ISO 124：2008，MOD)

3 方法概要

丁苯胶乳的干聚物经乙醇-甲苯共沸液抽提，压成薄试片测定折光指数，计算结合苯乙烯含量。

4 试剂

本标准使用分析纯试剂和蒸馏水或者纯度相当的水(GB/T 6682 中规定的 3 级)。

4.1 凝聚剂 A：阳离子型聚丙烯酰胺的水溶液(也可采用其他聚胺类高分子电解质，如 2-腈-2-胺甲醛缩合物)。将 2.5 g 阳离子型聚丙烯酰胺溶于 50 ℃、1 L 水中，然后量取 200 mL 该溶液稀释至 2 L。

4.2 凝聚剂 B：硫酸铝的稀硫酸溶液。将 82 mL 浓硫酸(密度 1.84 g/cm^3)缓慢加入 1 L 水中，冷却，制得稀硫酸溶液；将 100 g 十八水合硫酸铝倒入 200 mL 水中，搅拌溶解，用滤布过滤，制得硫酸铝溶液；最后将该硫酸铝溶液加入稀硫酸中，再用蒸馏水稀释至 1.5 L。

4.3 抗氧剂乳液：将 25 g 抗氧剂三壬基苯亚磷酸酯(TNPP)溶于 100 mL 丁苯胶乳中。

5 仪器

实验室常用仪器及以下：

5.1 恒温水浴：温度可控制在 65 ℃±5 ℃；
5.2 电动搅拌器：速度可控制在 1 000 r/min；
5.3 分析天平：能精确至 0.01 g。

6 取样

按 SH/T 1149 规定的方法之一取样。

注：若丁苯胶乳中总固物含量未知，则按 SH/T 1154 规定的方法测定，根据总固物含量计算胶乳取样量。

7 制样

7.1 将约含 40 g 干聚物的丁苯胶乳倒入烧杯中，加入 4 mL 抗氧剂乳液(4.3)，搅拌均匀，制得胶乳试样。
7.2 将 800 mL±5 mL 凝聚剂 A (4.1)加入烧杯中，通过恒温水浴(5.1)加热至 65 ℃±5 ℃。插入电动搅拌器(5.2)，以约 1 000 r/min 的速度搅拌，并连续缓慢地加入胶乳试样(7.1)。为保证混合均匀，待试样加完后，再继续搅拌 1 min，然后缓慢地逐滴加入 7.5 mL 凝聚剂 B(4.2)。
7.3 用滤布过滤，再用 50 ℃±5 ℃的水冲洗凝聚出的胶块约 2 min。沥干滤布，包住凝聚出的胶块，将其浸入装有 40 ℃±5 ℃水的烧杯中至少 2 min，同时不断地缓慢挤压。将包有胶块的滤布从水中取出，挤干水分，压成厚度为 0.2 mm~0.3 mm 试片，制得丁苯胶乳干聚物试片。

8 分析步骤

称取 1 g 丁苯胶乳干聚物试片，按 GB/T 8658 的规定，用乙醇-甲苯共沸液抽提，干燥，再压成薄试片，测定折光指数。

9 结果计算

丁苯胶乳中结合苯乙烯含量 W_s 以质量分数计，数值用%表示，按公式(1)计算。

$$W_s = 23.50 + 1164(n_{25} - 1.53456) - 3497(n_{25} - 1.53456)^2 \qquad (1)$$

式中：

n_{25}——25 ℃下的折光指数。

所得结果应表示至两位小数。

10 允许差

两次平行测定结果之差不大于 0.50 %。

11 试验报告

试验报告应包括以下内容：

a)本标准的编号；

b)关于样品的详细说明；

c)在测定过程中观察到的任何异常现象；

d)试验结果；

e)本标准中未包括的任何自选操作；

f)试验日期。

ICS 83.040.10
G 34

SH

中华人民共和国石油化工行业标准

SH/T 1503—2014
代替 SH/T 1503—1992

丁腈胶乳中结合丙烯腈含量的测定

Rubber-Nitrile latex-Determination of bound acrylonitrile content

(ISO 1656：1996，Rubber，raw natural，and rubber latex，
nature—Determination of nitrogen content，NEQ)

2014-05-06 发布　　2014-10-01 实施

中华人民共和国工业和信息化部　发布

前　言

本标准按照 GB/T 1.1—2009 给出的规则起草。

本标准代替 SH/T 1503—1992《丁腈胶乳中结合丙烯腈含量测定》。本标准与 SH/T 1503—1992 相比，除编辑性修改外主要技术变化如下：

——增加了前言；

——删除规范性引用文件 SH/T 1501(见第 2 章)；

——增加了烘箱（见 6.2)；

——增加了电子天平(见 6.10)；

——修改了胶乳干聚物的制备方法(见第 7 章)；

——删除了试样的抽提步骤(见 1992 版第 7 章)。

本标准使用重新起草法参考 ISO 1656：1996《天然生胶和天然胶乳—氮含量的测定》编制，与 ISO 1656：1996 一致程度为非等效。

本标准由中国石油化工集团公司提出。

本标准由全国橡胶与橡胶制品标准化技术委员会合成橡胶分技术委员会(SAC/TC35/SC6)归口。

本标准起草单位：中国石油天然气股份有限公司石油化工研究院。

本标准参加单位：中国石油天然气股份有限公司兰州石化分公司。

本标准主要起草人：范国宁、翟月勤、韩萍、耿占杰、王芳、高杜娟、杨芳。

本标准于 1990 年作为专业标准 ZB G 34003—1990 首次发布，1992 年清理整顿为行业标准 SH/T 1503—1992，本次为第一次修订。

丁腈胶乳中结合丙烯腈含量的测定

警告：使用本标准的人员应熟悉正规实验室操作规程。本标准无意涉及因使用本标准可能出现的所有安全问题。制定相应的安全和健康规程并确保符合国家法规是使用者的责任。

1 范围

本标准规定了乳液聚合丁腈胶乳(NBRL)共聚物中结合丙烯腈含量的测定方法。

本标准适合于以干聚物为基准的结合丙烯腈含量在18%~45%的丁腈胶乳。

2 规范性引用文件

下列文件对于本文件的应用是必不可少的。凡是注日期的引用文件，仅所注日期的版本适用于本文件。凡是不注日期的引用文件，其最新版本(包括所有的修改单)适用于本文件。

SH/T 1149 合成橡胶胶乳 取样(SH/T 1149—2006，ISO 123：2000，MOD)

3 术语和定义

下列术语和定义适用于本文件。

3.1

结合丙烯腈 bound acrylonitrile content

以丙烯腈为一组分的共聚物中所结合的丙烯腈。

4 方法原理

用无水乙醇凝聚胶乳，将凝聚物干燥后在催化剂存在下用硫酸加热消解，使丙烯腈中的氮转化成硫酸氢铵，加入过量的氢氧化钠溶液蒸馏，蒸出的氨用硼酸溶液吸收后，用硫酸标准滴定溶液滴定。

5 试剂

除非另有说明，在分析中仅使用确认为分析纯试剂和蒸馏水或去离子水或相当纯度的水。

5.1 无水乙醇。

5.2 锌：颗粒状。

5.3 硫酸：密度为1.84 g/mL。

5.4 混合催化剂：

警告：硒粉有毒，混合催化剂配制和使用过程中需要在良好通风条件下进行，避免吸入粉尘和蒸气，防止皮肤与其直接接触。

将下列物质研细至约150 μm，按质量份混合均匀。

硒粉1份；

硫酸铜($CuSO_4 \cdot 5H_2O$)4份；

硫酸钾(无水)30 份。

5.5 硫酸标准滴定溶液：$c(1/2H_2SO_4) = 0.2$ mol/L。

5.6 硼酸溶液：质量分数为 0.2%。

5.7 氢氧化钠溶液：质量分数为 40% 。

5.8 混合指示剂：

将 0.1 g 甲基红和 0.05 g 亚甲基蓝溶于 100 mL 乙醇(体积分数为 95%)中，这种指示剂应在使用时配制。

6 仪器

6.1 筛子：孔径 150 μm。

6.2 烘箱：温度可控制在 100 ℃±2 ℃。

6.3 凯氏烧瓶：800 mL。

6.4 短径玻璃漏斗：直径 30 mm~40 mm。

6.5 液滴捕获器：直径 50 mm。

6.6 分液漏斗：150 mL。

6.7 球形冷凝器：长 200 mm。

6.8 吸收瓶：锥形瓶，500 mL。

6.9 抽提器：锥形瓶，容积 200 mL~250 mL，带有回流冷凝装置。

6.10 电子天平：能精确至 0.0001 g。

7 试样的制备

按照 SH/T 1149 规定的方法取样。

在搅拌下，向盛有 150 mL 乙醇(5.1)的烧杯中逐滴加入约含 5 g 固体丁腈橡胶的丁腈胶乳，胶乳凝聚后继续搅拌 5 min，将烧杯中的物料倒在干净的筛子(6.1)中得到凝聚物。再将得到的凝聚物与 100 mL 新鲜的乙醇倒入烧杯中并搅拌 5 min，将烧杯中的物料倒在筛子中得到凝聚物。然后将凝聚物在 100 ℃±2 ℃的烘箱(6.2)中干燥 2 h，取出放入干燥器中冷却、备用。

8 分析步骤

称取试料约 1 g，精确至 0.0001 g，置于干燥的凯氏烧瓶(6.3)的底部，避免沾附在瓶颈上，加入 6.5 g 混合催化剂(5.4)和 20 mL 硫酸(5.3)，瓶口插一短颈玻璃漏斗(6.4)，将凯氏烧瓶倾斜放置在通风橱内的电炉上，逐渐升温加热，保持微沸，直至溶液透明，继续加热 60 min，使试样消解完全。

待凯氏烧瓶内溶液冷却后，用蒸馏水冲洗漏斗瓶颈，加入蒸馏水至溶液体积为 250 mL~300 mL，然后加入 0.5 g 锌粒(5.2)，立即塞好装有液滴捕获器(6.5)和分液漏斗(6.6)的橡皮塞，装上球型冷凝器(6.7)，通入冷却水，装置见图 1。

在吸收瓶(6.8)内加入 100 mL 硼酸溶液(5.6)及 3 滴混合指示剂(5.8)，将冷凝器导管下端浸没在吸收液内。

经分液漏斗向凯氏烧瓶内加入 100 mL 氢氧化钠溶液(5.7)，用少量蒸馏水冲洗后塞好分液漏斗，再往分液漏斗中加入 50 mL 蒸馏水。然后加热蒸馏，在恒定的蒸馏速度下，收集约 200 mL 蒸出液，降低吸收瓶，用蒸馏水洗涤导管下端。

用硫酸滴定标准溶液(5.5)滴定吸收液至淡紫色刚出现为终点，指示剂变色过程为亮绿-浅灰-淡紫。

按上述测定的方法同时进行空白实验。

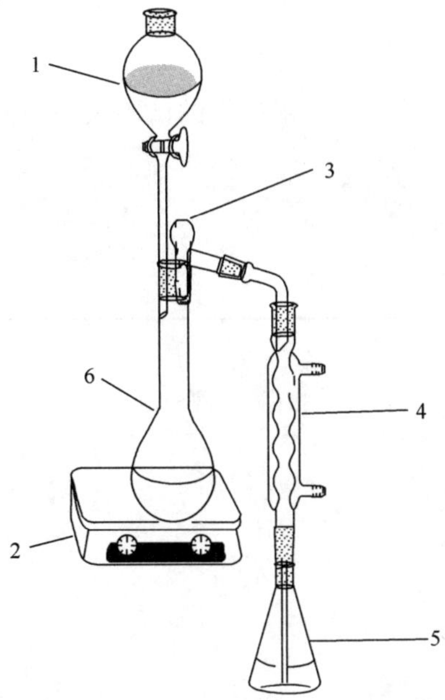

1—分液漏斗；2—加热器；3—液滴捕获器；
4—冷凝器；5—吸收瓶；6—凯氏烧瓶

图1　凯氏定氮装置

9　分析结果的表述

结合丙烯腈含量 w 以质量分数计，数值用%表示，按式(1)进行计算：

$$w=\frac{(V_1-V_2)\times c\times 0.106\times 100}{m} \qquad (1)$$

式中：

V_1——硫酸标准滴定溶液的体积的数值，单位为毫升(mL)；

V_2——空白实验所消耗硫酸标准滴定溶液的体积的数值，单位为毫升(mL)；

c——硫酸标准滴定溶液浓度的准确数值，单位为摩尔每升(mol/L)；

m——试料质量，单位为克(g)；

0.106——与1.00 mL硫酸标准滴定溶液[$c(1/2H_2SO_4)=2.000$ mol/L]相当的以克表示的丙烯腈的质量。

两次平行测定结果的平均值为试验结果，结果表示至小数点后两位。

10　允许差

平行测定的两个结果之差不大于0.50%。

11 实验报告

a) 本标准的编号；

b)试验结果和表示方法；

c)试验过程中观察到的任何异常现象及自由选择的试验条件的说明；

d) 试验日期。

ICS 83.060
E 35

SH

中华人民共和国石油化工行业标准

SH/T 1539—2007
代替 SH/T 1539—1993

苯乙烯-丁二烯橡胶（SBR）溶剂抽出物含量的测定

Rubber, styrene-butadiene (SBR)—Determination of total extracts

2007-08-01 发布　　2008-01-01 实施

中华人民共和国国家发展和改革委员会　发布

前　言

本标准修改采用 ASTM D5774-95 的第 4~11 章内容。

为便于使用，并与其他相关标准相互协调，本标准做了下列修改：

——标准名称修改为“苯乙烯-丁二烯橡胶(SBR)溶剂抽出物含量的测定”；

——引用标准改为我国的国家标准；

——抽提次数由三次改为两次；

——样品量由 6g 改为 2g；

——增加了抽出物含量小于 30%的方法精密度；

——按照汉语语言习惯做了适当的编辑性修改。

本标准由中国石油化工股份有限公司提出。

本标准由全国橡胶与橡胶制品标准化技术委员会合成橡胶分技术委员会(SAC/TC35/SC6)归口。

本标准主要起草单位：中国石油天然气股份有限公司兰州石化公司石油化工研究院。

本标准主要起草人：孙丽君、张翠兰、吴毅、李淑萍。

本标准 1993 年首次发布。

苯乙烯-丁二烯橡胶(SBR)溶剂抽出物含量的测定

警告：使用本标准的人员应有正规实验室工作的实践经验，本标准并未指出所有可能的安全问题，使用者有责任采取适当的安全和健康措施，并保证符合国家有关法规规定的条件。

1 范围

本标准规定了苯乙烯-丁二烯生橡胶(SBR)溶剂抽出物含量的测定方法。

本标准适用于苯乙烯-丁二烯生橡胶(SBR)。对于其他类型的橡胶尚需加以验证。

2 规范性引用文件

下列文件中的条款通过本标准的引用而成为本标准的条款。凡是注日期的引用文件，其随后所有的修改单(不包括勘误的内容)或修订版均不适用于本标准，然而，鼓励根据本标准达成协议的各方研究是否可使用这些文件的最新版本。凡是不注日期的引用文件，其最新版本适用于本标准。

GB/T 6038—1993 橡胶试验胶料的配料、混炼和硫化设备及操作程序(neq ISO/DIS 2393：1989)

3 术语和定义

下列术语和定义适用于本标准。

溶剂抽出物 extracts

在规定条件下，用溶剂从干燥的合成生橡胶中抽提出来的物质。

4 方法摘要

将已称量过的橡胶试样，分别用100mL热溶剂抽提二次，每次抽提60min，抽提后的橡胶试样再用100mL丙酮抽提5min。将抽提后的橡胶干燥至恒重，根据抽提前后橡胶试样的质量差计算溶剂抽出物的含量。

5 试剂

除非另有规定，本标准仅使用分析纯试剂。

5.1 无水乙醇：分析纯。

5.2 甲苯：分析纯。

5.3 ETA(乙醇-甲苯-共沸物)：将70份体积的无水乙醇(见5.1)和30份体积的甲苯(见5.2)混合。

5.4 丙酮：分析纯。

5.5 H-ITM(水合异丙醇-甲苯混合物)：将75份(体积)的水合异丙醇与25份(体积)的甲苯混合，然后将92份(体积)的该溶液与8份(体积)的水混合。

6 仪器

6.1 天平：最小读数0.1mg。

6.2 锥形瓶：磨口，容积为400mL~500mL。

6.3 冷凝器：球形或蛇形冷，长度为400mm。

6.4 量筒：100mL。

6.5 真空烘箱：能维持温度为105℃、余压力不大于3.0kPa(23mmHg)。

6.6 铝皿或表面皿。

7 试样制备

称取橡胶约250g(精确至0.1g)，按照GB/T 6038—1993的规定，用窄铅条调节开炼机辊距至0.25mm±0.05mm，辊筒表面温度保持在105℃±5℃。将已称量的橡胶在开炼机上反复通过4min，不允许试样包辊，并防止试样损失(当部分橡胶有粘辊现象时，可适当调整辊距)，称量试样，精确至0.1g。将试样在开炼机上再通过2min，并称量。如果在4min末和6min末试样质量之差小于0.1g，则停止过辊；否则，继续使试样过辊2min，直至连续两次称量之差小于0.1g为止。将干燥后的试样压成厚度不大于0.5mm的薄片，并剪成宽约5mm、长约30mm的条，备用。

8 分析步骤

将一张圆形滤纸置于锥形瓶(见6.2)底部，用量筒(见6.4)加入100mL ETA(见5.3)[或H-ITM(见5.4)]；称取约2g(精确至0.0001g)制备好的试样(见7)，将试样逐条加入锥形瓶中，每次加入后应摇晃锥形瓶，使每条试样完全被试剂浸湿，以防粘连；将回流冷凝器(见6.3)装在锥形瓶上，然后将该锥形瓶放在水浴中加热，在缓慢回流的条件下，抽提60min，弃去抽提液。重新加入100mL ETA，再抽提60min，弃去抽提液。最后加入100mL丙酮(见5.4)，在回流的条件下抽提5min，弃去丙酮溶液。将试样转移至已恒重的铝皿或表面皿(见6.6)中，将此皿放入真空烘箱中(见6.5)，在温度为105℃±5℃、余压力不大于3.0kPa(23mmHg)下干燥1.5h，取出铝皿置于干燥器中冷却至室温后称量。

9 结果计算

橡胶中的溶剂抽出物含量以从橡胶中抽提出物质的质量分数W计，数值以%表示，按公式(1)计算：

$$W = \frac{m_1 - m_2}{m_1} \times 100\% \qquad (1)$$

式中：

m_1——抽提前试样的质量，g；

m_2——抽提后试样的质量，g。

计算结果表示到小数点后两位。

10 精密度

10.1 允许差

平行测定两个结果之差应不大于0.16%；取两次平行测定结果的平均值作为试验结果。

10.2 重复性和再现性

对于抽出物含量大于30%的样品，本标准还规定了方法的1型精密度。在同一实验室内，或在不同实验室之间重复测定结果之差应符合表1中对应材料的精密度规定，或符合表1中精密度的合并均值；取两次重复测定结果的平均值作为试验结果。

表1 溶剂抽出物含量测定的1型精密度

材　料	抽出物均值,%	S_r	r	(r)	S_R	R	(R)
1	30.05	0.112	0.317	1.05	0.137	0.39	1.29
2	32.45	0.082	0.232	0.72	0.458	1.30	4.01
3	39.73	0.132	0.374	0.94	0.289	0.82	2.06
合并均值	34.08	0.111	0.314	0.92	0.322	0.91	2.29

注：S_r——重复性标准差，以测量单位表示；
r——重复性，以测量单位表示；
(r)——相对重复性，百分数；
S_R——再现性标准差，以测量单位表示；
R——再现性，以测量单位表示；
(R)——相对再现性，百分数。

11 试验报告

本标准规定试验报告所包括的内容至少应给出以下几个方面的内容：

——使用标准的编号；

——使用的方法(如果标准中包括几个方法)；

——有关样品的详细说明；

——使用的抽提溶剂；

——试验结果，包括涉及“结果计算”一章的内容；

——与基本分析步骤的差异；

——观察到的任何异常现象；

——试验日期。

ICS 83.040.10
G 34

SH

中华人民共和国石油化工行业标准

SH/T 1608—2014
代替 SH/T 1608—1995

羧基丁苯胶乳对钙离子稳定性的测定

Carboxyl styrene-butadiene rubber latex—Determination of calcium stability

2014-05-06 发布 2014-10-01 实施

中华人民共和国工业和信息化部 发布

前　言

本标准按照 GB/T 1.1—2009 给出的规则起草。

本标准代替 SH/T 1608—1995《丁苯胶乳对钙离子稳定性的测定》，与 SH/T 1608—1995 相比，除编辑性修改外主要技术变化如下：

——标准名称修改为《羧基丁苯胶乳对钙离子稳定性的测定》(见封面)；

——增加了前言；

——规范性引用文件由注日期修改为不注日期(见第 2 章，1995 版的第 2 章)；

——增加了规范性引用文件 SH/T 1154 和 GB/T 6682(见第 2 章)；

——修改了搅拌器(见 5.1)；

——增加了一种滴加仪器(见 5.2)；

——修改了不锈钢网筛孔径(见 5.5)；

——将“6.1 试样”修改为“6 试样制备”(见第 6 章，1995 版的 6.1)；

——将“6.2 测定”修改为“7 分析步骤”，以后各章号按顺序依次排列(见第 7 章，1995 版的 6.2)；

——增加了方法 B(见 6.2、7.2)；

——修改了方法 A 的允许差(见 9.1)；

——增加了方法 B 的允许差(见 9.2)；

——删除了附加说明(见 1995 版的附加说明)。

本标准由中国石油化工集团公司提出。

本标准由全国橡胶与橡胶制品标准化技术委员会合成橡胶分技术委员会(SAC/TC35/SC6)归口。

本标准起草单位：中国石油天然气股份有限公司石油化工研究院。

本标准参加单位：上海高桥巴斯夫分散体有限公司、浙江天晨胶业股份有限公司。

本标准主要起草人：贾慧青、杨芳、魏玉丽、姚自余、笪敏峰、王芳、高杜鹃。

本标准于 1995 年 3 月首次发布，本次为第一次修订。

羧基丁苯胶乳对钙离子稳定性的测定

警告：使用本标准的人员应熟悉正规实验室操作规程。本标准无意涉及因使用本标准可能出现的所有安全问题。制定相应的安全和健康规程并确保符合国家法规是使用者的责任。

1 范围

本标准规定了羧基丁苯胶乳对钙离子稳定性的测定方法。

本标准适用于造纸用羧基丁苯胶乳，其他羧基丁苯胶乳可参照使用。

2 规范性引用文件

下列文件对于本文件的应用是必不可少的。凡是注日期的引用文件，仅所注日期的版本适用于本文件。凡是不注日期的引用文件，其最新版本(包括所有的修改单)适用于本文件。

GB/T 6682 分析实验室用水规格和试验方法(GB/T 6682—2008，ISO 3696：1987，MOD)

SH/T 1149 合成橡胶胶乳 取样(SH/T 1149—2006，ISO 123：2000，MOD)

SH/T 1154 合成橡胶胶乳总固物含量的测定(SH/T 1154—2011，ISO 124：2008，IDT)

3 方法概要

在规定的时间内，按一定的速度搅拌试样，匀速加入一定量的氯化钙溶液，依据产生的凝聚物量，衡量胶乳的稳定性。

4 试剂

4.1 蒸馏水或者纯度相当的水(GB/T 6682 中规定的 3 级水)。

4.2 氯化钙($CaCl_2$)溶液的质量分数：1 %。

5 仪器

5.1 搅拌器：转速可调为 500 r/min ±10 r/min。

搅拌叶片：螺旋桨式搅拌桨(即标准型搅拌桨，四叶片)，直径 50 mm，刀具杆直径 8 mm，刀具杆长度 350 mm。

搅拌装置见图 1。

5.2 滴定管(或恒流泵)：50 mL，分度值 0.1 mL。

5.3 分析天平：能够精确至 0.0001 g。

5.4 天平：能够精确至 0.1 g。

5.5 不锈钢网筛：筛孔孔径为 45 μm±3 μm(325 目)。

5.6 真空烘箱：温度可控制在 120 ℃±2 ℃和真空度可恒压在 0.03 MPa±0.005 MPa。

5.7 烧杯：250 mL 和 500 mL。

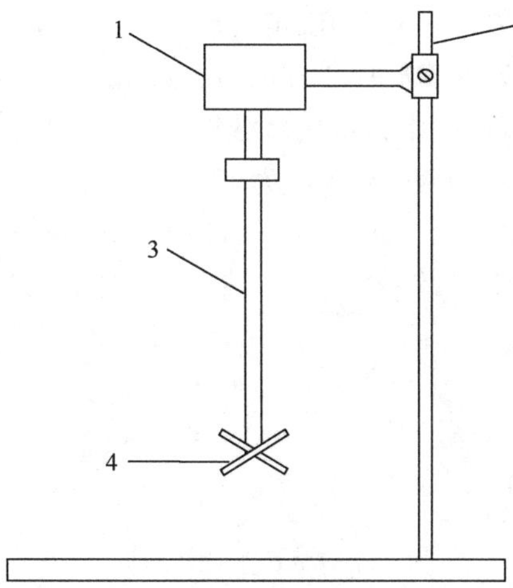

说明：
1—电机；
2—支架；
3—刀具杆；
4—搅拌桨。

图1　搅拌装置图

6　试样制备

6.1　方法A(仲裁法)

按照SH/T 1149的规定取样，样品经不锈钢网筛(5.5)过滤后，称取试样200 g±0.2 g于500 mL烧杯(5.7)中。

6.2　方法B

按照SH/T 1149的规定取样，样品经不锈钢网筛(5.5)过滤后，称取试样50 g±0.2 g于250 mL烧杯(5.7)中。

6.3　总固物含量的测定

按照SH/T 1154测定样品的总固物含量。

7　分析步骤

7.1　方法A(仲裁法)

调节试样温度为25 ℃±3 ℃，将搅拌器(5.1)叶片插入试样(6.1)中，叶片下端距烧杯底部约3 mm，调节搅拌速度为500 r/min±10 r/min，用滴定管(5.2)在5.5 min±0.5 min内，沿叶片边缘匀速滴入50 mL $CaCl_2$溶液(4.2)。用已恒定质量(m_1)的不锈钢网筛(5.5)过滤，用水将烧杯及叶片上残余物料一并冲入网筛中，再用水缓慢彻底冲洗网筛中凝聚物。

将网筛置于真空烘箱(5.6)中，调节真空烘箱温度为120 ℃±2 ℃，真空度为0.03 MPa±0.005 MPa，干燥30 min后取出，置于干燥器中冷却至室温，称量(m_2)，精确至0.0001 g。

在马弗炉中烧掉网筛中凝聚物(温度约600 ℃)，清理网筛备用。

7.2　方法B

调节试样温度为45 ℃±3 ℃，将搅拌器(5.1)叶片插入试样(6.2)中，叶片下端距烧杯底部约

3 mm，调节搅拌速度为 500 r/min±10 r/min，用滴定管(5.2)在 1 min±0.1 min 内，沿叶片边缘匀速滴入 10 mL $CaCl_2$ 溶液(4.2)，滴加完后继续搅拌 2 min，用已恒定质量(m_1)的不锈钢网筛(5.5)过滤，用水将烧杯及叶片上残余物料一并冲入网筛中，再用水缓慢彻底冲洗网筛中凝聚物。

将网筛置于真空烘箱(5.6)中，调节真空烘箱温度为 120 ℃±2 ℃，真空度为 0.03 MPa±0.005 MPa，干燥 30 min 后取出，置于干燥器中冷却至室温，称量(m_2)，精确至 0.0001 g。

在马弗炉中烧掉网筛中凝聚物(温度约 600 ℃)，清理网筛备用。

8 结果计算

8.1 胶乳干胶质量

试样干胶质量(m)，数值用克(g)表示，按式(1)计算：

$$m = m_0 \times c \qquad (1)$$

式中：

m_0——试样质量，单位为克(g)；

c——样品总固物含量，单位为%(质量分数)。

8.2 钙离子稳定性

胶乳钙离子稳定性以胶乳的凝聚物占干胶的质量分数计，数值用%表示，按式(2)计算：

$$钙离子稳定性 = \frac{m_2 - m_1}{m} \times 100 \qquad (2)$$

式中：

m_1——不锈钢网筛质量，单位为克(g)；

m_2——不锈钢网筛加胶乳凝聚物的质量，单位为克(g)。

两次平行测定结果的算术平均值为试验结果，结果保留至小数后三位。

9 允许差

9.1 方法 A(仲裁法)：当钙离子稳定性小于 0.020%时，平行测定的两个结果之差不大于 0.005%。

9.2 方法 B：当钙离子稳定性小于 0.020%时，平行测定的两个结果之差不大于 0.010%。

10 试验报告

试验报告应包括以下内容：

a)本标准的编号；

b)有关样品的详细说明；

c)采用的方法(A 法或 B 法)；

d)在测试过程中观察到的任何异常现象及自由选择的试验条件说明；

e)试验结果；

f)试验日期。

SH

中华人民共和国石油化工行业标准

SH/T 1609—95

羧基丁苯胶乳

1995-03-29 发布　　　　1995-10-01 实施

中国石油化工总公司　　发布

中华人民共和国石油化工行业标准

SH/T 1609—95

羧基丁苯胶乳

1 主题内容与适用范围

本标准规定了羧基丁苯胶乳(XSBRL)45B、(XSBRL)46C的技术要求、试验方法、检验规则及包装、标志、贮存、运输等要求。

本标准适用于以丁二烯、苯乙烯为主要单体，不饱和羧酸为第三单体，采用高温乳液聚合制得的羧基丁苯胶乳。

2 引用标准

GB 2828—84 逐批检查计数抽样程序及抽样表(适用于连续批的检查)
SH 1149—92 合成胶乳取样法
SH/T 1150—92 合成胶乳 pH 值测定法
SH/T 1151—92 合成胶乳高速机械稳定性测定法
SH/T 1152—92 合成胶乳粘度测定法
SH/T 1153—92 合成胶乳凝固物含量测定法
SH/T 1154—92 合成胶乳总固物含量测定法
SH/T 1156—92 合成胶乳表面张力测定法
SH/T 1594—94 丁苯胶乳挥发性不饱和物的测定
SH/T 1608—95 丁苯胶乳对钙离子稳定性的测定

3 技术要求和试验方法

羧基丁苯胶乳为橡胶在水介质中的胶体分散体，呈乳白色，无机械杂质。其技术指标和试验方法应符合表1规定。

表 1

项目		XSBRL46C			XSBRL45B			试验方法
		优等品	一等品	合格品	优等品	一等品	合格品	
总固物,%		48.0~52.0			48.0~52.0			SH/T 1154
pH 值		7.0~9.0			7.0~9.0			SH/T 1150
高速机稳性,%	≤	0.20			—			SH/T 1151 1)
黏度，mPa·s	≤	300			300			SH/T 1152
表面张力，mN/m		40~55			40~55			SH/T 1156
挥发性不饱和物,%	≤	0.05	0.08	0.10	0.08	0.10	0.12	SH/T 1594
钙离子稳定性,%	≤	0.10	0.15	0.20	—			SH/T 1608
凝固物 80 目,%	≤	—			0.05	0.08	0.10	SH/T 1153
凝固物 200 目,%	≤	0.01	0.02	0.05	—			

注：1) XSBRL46C 高速机械稳定性的允许差：平行测定的两个结果之差不大于0.05%。

中国石油化工总公司 1995-03-29 批准　　　　1995-10-01 实施

4 检验规则

生产厂按本标准对出厂的 XSBRL45B、XSBRL46C 进行检验，保证所出厂的产品符合本标准的要求。每批产品应附有一定格式的质量证明书。

用户有权对所收到的 XSBRL45B、XSBRL46C 按本标准进行验收，如任何一项不符合本标准要求时，应在到货后两个月内提出异议。供需双方如发生质量争议，可协商解决或由质量仲裁单位按本标准进行仲裁检验。使用单位如因保管、使用不当等原因造成产品质量下降，不应提出异议。

4.1 出厂检验按 SH/T 1149 进行取样，并对所取样本进行全项检验。检验结果中任何一项不符合相应的等级要求时，应选取两倍数量的包装桶重新取样，对该项进行复检，并以复检结果作为该批产品质量判定的依据。

4.2 需仲裁检验时，根据 GB 2828 按表 2 所示批量大小抽取规定的样本数对质量争议项目检验，并进行质量判定。

表 2

批量数 N	样本数 n	合格判定数 A_c
1~8	2	0
9~15	3	0
16~25	5	1
26~50	8	1
51~90	13	2
91~150	20	3

注：当样本 n 中不合格品数大于批的合格判定数 A_c 时，则该批产品为不合格，反之为合格。

4.3 如发生重量争议，可在整批胶乳中随机抽取若干个胶乳包装单元，称取总净重，其总净重与额定总重量之差应小于额定总重量的 0.5%。

5 包装、标志、贮存和运输

5.1 胶乳包装形式可以是内涂树脂的铁桶、聚乙烯桶、不锈钢槽罐。

5.2 产品标志应包括产品名称、牌号、批号和生产日期、净重、生产厂名及注册商标、标准编号等。

5.3 XSBRL45B、XSBRL46C 贮存温度应保持在 5℃~35℃，避免长期接触空气和日晒。质量保证期自生产日期起为 6 个月。

5.4 XSBRL45B、XSBRL46C 在运输过程中应防止低温及日光曝晒，避免包装破损和杂物混入。

附加说明：

本标准由兰州化学工业公司提出。

本标准由全国橡胶与橡胶制品标准化技术委员会合成橡胶分技术委员会归口。

本标准由兰州化学工业公司兰化合成橡胶厂负责起草。

本标准主要起草人俞重、黄友根。

ICS 83.040.10
G 35
备案号：36283-2012

SH

中华人民共和国石油化工行业标准

SH/T 1610—2011
代替 SH/T 1610—2001

热塑性弹性体 苯乙烯-丁二烯嵌段共聚物(SBS)

Thermoplastic elastomers—Styrene-butadiene block copolymer

2011-12-20 发布　　2012-07-01 实施

中华人民共和国工业和信息化部　发布

前　　言

本标准按照 GB/T 1.1—2009 给出的规则起草。

本标准代替 SH/T 1610—2001《苯乙烯-丁二烯嵌段共聚物(SBS)》，除编辑性修改外主要技术内容变化如下：

——修改了标准名称，即由前版的“苯乙烯-丁二烯嵌段共聚物(SBS)”改为“热塑性弹性体苯乙烯-丁二烯嵌段共聚物(SBS)”(见封面)；

——修改了制定指标的方式，即由前版的按照 SBS 产品牌号制定技术指标改为按照 SBS 产品用途制定技术指标(见第 3 章，前版第 3 章)；

——修改了沥青改性用 SBS 和胶黏剂用 SBS 的性能项目(见表 1、表 2 和表 3，前版表 1)；

——修改了技术指标(见表 1、表 2 和表 3，前版表 1)；

——增加了附录 B(规范性附录)、附录 C(规范性附录)。

本标准由中国石油化工集团公司提出。

本标准由全国橡胶与橡胶制品标准化技术委员会合成橡胶分技术委员会(SAC/TC35/SC6)归口。

本标准主要起草单位：中国石油化工股份有限公司北京燕山分公司质量监督检验中心、中国石油天然气股份有限公司石油化工研究院。

本标准主要起草人：彭金瑞、孙丽君、崔广洪、于洪洸、吴毅、骆献辉。

本标准所代替标准的历次发布情况为：

——SH/T 1610—1995、SH/T 1610—2001。

热塑性弹性体 苯乙烯-丁二烯嵌段共聚物(SBS)

1 范围

本标准规定了热塑性弹性体苯乙烯-丁二烯嵌段共聚物(SBS)(以下简称SBS)的要求、试验方法、检验规则以及包装、标志、贮存、运输等。

本标准适用于以苯乙烯和1,3-丁二烯为主要原料,采用阴离子聚合方法制得的线型SBS、星型SBS及添加填充油的SBS,该SBS主要用于改性沥青、制鞋和制胶黏剂。

2 规范性引用文件

下列文件对于本文件的应用是必不可少的。凡是注日期的引用文件,仅所注日期的版本适用于本文件。凡是不注日期的引用文件,其最新版本(包括所有的修改单)适用于本文件。

GB/T 265—1988 石油产品运动黏度测定法和动力黏度计算法

GB/T 528—2009 硫化橡胶或热塑性橡胶 拉伸应力应变性能的测定(ISO 37:2005, IDT)

GB/T 531.1—2008 硫化橡胶或热塑性橡胶 压入硬度试验方法 第1部分:邵氏硬度计法(邵尔硬度)(ISO 7619-1:2004, IDT)

GB/T 2941—2006 橡胶试样环境调节和试样的标准温度、湿度及时间(eqv ISO 23529:2004)

GB/T 3516—2006 橡胶 溶剂抽出物的测定(ISO 1407:1992, MOD)

GB/T 3682—2000 热塑性塑料熔体质量流动速率和熔体体积流动速率的测定(idt ISO 1133:1997)

GB/T 4498—1997 橡胶灰分的测定(neq ISO 247:1990)

GB/T 8170 数值修约规则与极限数值的表示和判定

GB/T 9352—2008 热塑性塑料压塑试样的制备(ISO 293:1986, NEQ)

GB/T 15340—2008 天然、合成生胶取样及其制样方法(ISO 1795:2000, IDT)

GB/T 19187 合成生胶抽样检查程序

GB/T 24131—2009 生橡胶 挥发分含量的测定(ISO 248:1991, MOD)

3 要求

3.1 外观:白色或浅色固体,不含机械杂质及油污。

3.2 沥青改性用SBS的技术要求见表1。

3.3 制鞋用SBS的技术要求见表2。

3.4 胶黏剂用SBS的技术要求见表3。

表1　沥青改性用SBS技术要求

项　目		指　标		
		优等品	一等品	合格品
挥发分/%(质量分数)	≤	0.50	0.70	1.00
灰分/%(质量分数)	≤	0.25		
结合苯乙烯含量/%(质量分数)		M±2.0		M±3.0
熔体流动速率/(g/10min)		供方提供的数据		
300%定伸应力/MPa	≥	1.8		
拉断伸长率/%	≥	520		

注：M 由供方提供。

表2　制鞋用SBS技术要求

项　目		指　标					
		非充油SBS[a]			充油SBS[b]		
		优等品	一等品	合格品	优等品	一等品	合格品
挥发分/%(质量分数)	≤	0.50	0.70	1.00	0.50	0.70	1.00
灰分/%(质量分数)	≤	0.20			0.20		
300%定伸应力/MPa	≥	4.0	3.0		1.6	1.4	
拉伸强度/MPa	≥	26.0	22.0		16.0	14.0	
拉断伸长率/%	≥	700	570		1000	850	
拉断永久变形/%	≤	50	55		40	45	
硬度/邵尔A	≥	90	88		65	62	
熔体流动速率/(g/10min)		供方提供的数据			供方提供的数据		

[a] 指苯乙烯：丁二烯=40：60(质量比)的SBS。

[b]指填充50份油、苯乙烯：丁二烯=40：60(质量比)的SBS。

表3　胶黏剂用SBS技术要求

项　目		指　标		
		优等品	一等品	合格品
挥发分/% (质量分数)	≤	0.50	0.70	1.00
灰分/%(质量分数)	≤	0.20	0.20	0.20
25%甲苯溶液黏度/(mPa·s)		1000~1300	950~1450	850~1850
结合苯乙烯含量/%(质量分数)		36.0~40.0		
熔体流动速率/(g/10min)		0.1~5.0		
300%定伸应力/MPa	≥	3.5		
拉伸强度/MPa	≥	24.0		
拉断伸长率/%	≥	700		
拉断永久变形/%	≤	55		
硬度/邵尔A	≥	85		

4 试验方法

4.1 挥发分的测定

按照 GB/T 24131—2009 的烘箱法 B 进行测定。

4.2 灰分的测定

按照 GB/T 4498—1997 进行测定。

4.3 300%定伸应力、拉伸强度、拉断伸长率、拉断永久变形的测定

取附录 A 制备的试片，按照 GB/T 528—2009 进行测定，采用哑铃状 I 型裁刀。平行测定的两个实验结果之差不大于表 4 的规定，取两个平行实验结果的平均值作为最终测定结果。

4.4 硬度的测定

取附录 A 制备的试片，按照 GB/T 531.1—2008 进行测定。

4.5 甲苯溶液黏度

按照附录 B 进行测定。

4.6 结合苯乙烯含量的测定

按照附录 C 进行测定。

4.7 熔体流动速率

按照 GB/T 3682—2000 进行测定。采用 200℃，5kg，标准口模内径为 2.095mm±0.005mm 的试验条件(充油 SBS 采用 190℃，5kg，标准口模内径为 2.095mm±0.005mm 的试验条件)。试验前应对样品进行烘干处理(在 100℃±5℃条件下烘烤时间一般应控制在 1.5h 以上)，或者直接用预成型片或模压成型的试片剪碎后测定。平行测定的两个实验结果之差不大于表 4 的规定，取两个平行实验结果的平均值作为最终测定结果。

表 4 各测定项目允许差

产品类别	300%定伸应力/MPa	拉伸强度/MPa	拉断伸长率/%	拉断永久变形/%	熔体流动速率/(g/100min)
沥青改性 SBS(线型)	0.5	—	50	—	0.1
沥青改性 SBS(星型)	0.5	—	70	—	—
制鞋用非充油 SBS[a]	0.5	3.5	50	6	0.05
制鞋用充油 SBS[b]	0.6	2.5	50	6	0.2
胶黏剂用 SBS	0.5	3.5	50	6	0.1

[a] 指苯乙烯：丁二烯=40：60(质量比)的 SBS。

[b] 指填充 50 份油，苯乙烯：丁二烯=40：60(质量比)的 SBS。

5 检验规则

5.1 检验分类与检验项目

5.1.1 SBS 产品检验项目分为型式检验项目和出厂检验项目。表 1～表 3 所列项目均为型式检验项目。对于沥青改性用 SBS，表 1 中的"挥发分"和"熔体质量流动速率"为出厂检验项目；对于制鞋用 SBS，表 2 中除"灰分"外其余项目均为出厂检验项目；对于胶黏剂用 SBS，表 3 中所有项目均为出厂检验项目。
5.1.2 正常情况下，每月至少进行一次型式检验。

5.2 组批规则

SBS 以同一生产线上、相同原料、相同工艺所生产一个班次的同一牌号的产品为一批。

5.3 抽样方法

按照 GB/T 19187 的规定进行抽样。根据所测项目取适量的各实验室样品，将等量的各实验室样品均匀混合制成实验室混合样品。

5.4 出厂检验

生产厂应按照本标准、用实验室混合样品对出厂的 SBS 产品进行检验，保证所有出厂产品符合本标准的要求。每批产品应附有一定格式的质检报告单，质检报告单中应包括表 1(或表 2、表 3)中所有分析项目。

5.5 复检与判定规则

出厂检验结果中任何一项不符合本标准技术要求时，应重新取双倍样品进行复检，并按复检结果对产品质量进行判定。

6 包装、标志、运输和贮存

6.1 包装

6.1.1 SBS 产品可采用三合一纸塑包装袋或其他包装形式包装。包装袋材料应保证在运输、码放、贮存时不污染和泄漏产品。
6.1.2 每包产品的净含量可为 20kg 或其他。

6.2 标志

SBS 产品外包装袋上应有明显的标志，标志内容可包括：产品的名称、牌号、净含量、生产厂(公司)名称、注册商标、生产日期和批号等。

6.3 运输

SBS 产品在运输过程中，应避免高温和阳光直接照射或雨水浸泡，运输车辆应整洁，避免包装袋破损和杂物混入。

6.4 贮存

SBS 产品应贮存在常温、干燥、通风、清洁的仓库中，成行成垛整齐堆放并保持一定行距，不应露天堆放，防止日光直接照射。SBS 产品质量保证期为自生产之日起 1 年。

附 录 A
(规范性附录)
预成型片和压塑胶片的制备

A.1 预成型片的制备

A.1.1 辊炼设备

采用辊筒外径为155mm±5mm开放式炼胶机。

A.1.2 辊炼程序

A.1.2.1 按5.3的要求取样，称取试样250g。辊筒温度按表A.1的规定。
A.1.2.2 将炼胶机挡板距离调至最大，辊距调至0.5mm使SBS成型；将辊距调至2.0mm，试样折叠通过20次~25次。
A.1.2.3 按压塑胶片要求的厚度下片，放置在平整、洁净、干燥的金属板上。

A.2 预成型片的制备

A.2.1 模塑设备

A.2.1.1 模压机

采用GB/T 9352—2008规定的模压机二台，分别用于模塑加热和冷却。

A.2.1.2 模具

采用GB/T 9352—2008规定的溢流式模具，模塑胶片厚度为2.0mm±0.2mm。为了避免模腔与胶片粘连，可以将聚酯薄膜材料垫在模腔的上下两面。

A.2.2 操作程序

A.2.2.1 将预成型片切成符合模腔尺寸的试样，并在试样上标出预成型片批号、压延方向。试样质量应符合GB/T 9352—2008规定。
A.2.2.2 模塑：

压板和模具的温度按表A.1的规定，当温度恒定后，将A.2.2.1切好的试样放入模具，置于下压板上。

闭合压板，在接触压力下对试样预热10min；立即在模腔上施加不低于3.5MPa压强，排气三次，排气间隔为3s；在该压强下保持10min，随即冷却。

A.2.2.3 冷却：

将模具迅速取出，立即置于冷却模压机上，闭合压板，在模腔上施加压强不低于3.5MPa下冷却至脱模，脱模温度应低于40℃。

A.2.2.4 压塑胶片在测试前的调节按GB/T 2941—2006规定执行。

表 A.1　各类型 SBS 测试条件

项目	沥青改性(线型)	沥青改性(星型)	制鞋用非充油 SBS[a]	制鞋用充油 SBS[b]	胶黏剂用 SBS
辊筒温度	125℃±5℃	130℃±5℃	125℃±5℃	100℃±5℃	125℃±5℃
压板和模具温度	155℃±3℃	165℃±3℃	165℃±3℃	165℃±3℃	155℃±3℃

[a] 指苯乙烯：丁二烯=40：60(质量比)的 SBS。

[b] 指填充 50 份油，苯乙烯：丁二烯=40：60(质量比)的 SBS。

附　录　B
(规范性附录)
SBS 甲苯溶液动力黏度的测定

B.1　范围

本附录规定了测定 SBS 甲苯溶液动力黏度的方法。

本方法适用于 SBS 质量分数约为 25%和 15%的甲苯溶液动力黏度的测定。

B.2　方法概要

将 SBS 用甲苯溶解后，在 25℃下用旋转式黏度计测定该溶液的动力黏度，用符号 η_{25} 表示，其单位为 mPa·s(毫帕斯卡·秒)。

B.3　试剂

B.3.1　甲苯，化学纯。

警告：甲苯有毒，实验过程中应在通风良好的环境中进行，样品处理时应戴防护手套。实验后残液应回收集中处理。

B.4　仪器

B.4.1　旋转式黏度计：带恒温水浴，恒温水浴控温范围为 0℃~40℃，控温精度为 0.1℃。

B.4.2　运动黏度测定器：带符合 GB/T 265—1988 的恒温水浴，温度范围为常温~100℃，控温精度为 0.1℃。

B.4.3　三角瓶：250mL，具塞。

B.5　分析步骤

B.5.1　如果测定 25%甲苯溶液黏度，则在三角瓶(B.4.3)中称取 120g 甲苯(B.3.1)，准确至 0.01g，盖上瓶塞。再称取 40g SBS 样品，准确至 0.01g，放入三角瓶中并盖上瓶塞。放置 60min，并每隔 15min 搅拌一次。

如果测定 15%甲苯溶液黏度，则在三角瓶中称取 136g 甲苯，准确至 0.01g，盖上瓶塞。再称取 24gSBS 样品，准确至 0.01g，放入三角瓶中并盖上瓶塞。放置 60min，并每隔 15min 搅拌一次。

B.5.2　将运动黏度测定器(B.4.2)水浴温度控制在 25℃±0.1℃范围内，恒温 30min 以上。

B.5.3　将装有样品溶液的三角瓶置于水浴中，每隔 10min 搅拌一次，待温度达到 25℃±0.1℃、且样品完全溶解后，恒温 20min。

B.5.4　用旋转式黏度计(B.4.1)测定该溶液的动力黏度。

B.6　结果表述

计算两次平行测定结果的算术平均值作为实验结果，按照 GB/T 8170 的规定对计算结果进行修约，结果保留至整数位。

B.7　精密度

在同一实验室，同一操作者两次重复测试结果的绝对差不大于这两个测定结果算术平均值的 5%。

B.8 试验报告

报告应包括下列内容:

a)本标准编号;

b)有关样品的详细说明;

c)每个试样的测定结果;

d)试验过程中的异常情况说明;

e)试验温度;

f)试验日期。

附 录 C
(规范性附录)
SBS 中结合苯乙烯含量的测定

C.1 范围

本附录规定了采用红外光谱法(相对法)，测定苯乙烯-丁二烯嵌段共聚物(SBS)中苯乙烯含量的分析步骤。苯乙烯含量的表示是相对于整个聚合物的质量百分含量。

注1：如果使用已知微观结构含量的SBS(通过1H-核磁谱得到)进行校准，红外光谱也可以给出微观结构的绝对值。

注2：本方法等同采用ISO 21561：2005《苯乙烯-丁二烯橡胶(SBR)—溶液聚合SBR微观结构的测定》中的红外方法(相对法)。

C.2 方法原理

C.2.1 将少量抽提过的SBS试样溶解在环己烷中，并在溴化钾片上涂膜。

C.2.2 在600cm^{-1}~1200cm^{-1}范围内，测定溴化钾涂片上SBS试样的红外光谱。根据特定波长处的吸光度，利用汉普顿方法(见参考文献[1])，计算出苯乙烯的含量。

C.2.3 使用已知微观结构绝对值(由^{1}H-NMR谱法获得)的SBS试样进行校准，也可给出红外光谱法测定微观结构的绝对值。

C.3 试剂

在分析过程中，应使用分析纯试剂。

C.3.1 无水乙醇-甲苯共沸物(ETA)：将7份体积的无水乙醇与3份体积的甲苯混合。

C.3.2 丙酮。

C.3.3 环己烷。

C.4 仪器

C.4.1 红外光谱仪：傅立叶变换红外(FT-IR)光谱仪或双光束红外光谱仪。

C.4.2 抽提器：符合GB/T 3516—2006的要求。

C.4.3 真空烘箱：温度可控制在50℃~60℃。

C.4.4 分析天平：可精确至0.1mg。

C.4.5 样品瓶：20mL，带盖。

C.4.6 移液管：10mL。

C.4.7 巴斯德吸液管。

C.4.8 金属隔片：厚度为0.1mm。

C.4.9 溴化钾片：用于红外光谱法。

C.4.10 夹具：用于夹溴化钾片。

C.5 取样

按照GB/T 19187—2008的规定取适量生胶试样。

C.6 分析步骤

C.6.1 试样溶液的制备

C.6.1.1 按照 GB/T 3516—2006 的规定，用无水乙醇-甲苯共沸物 ETA(C.3.1)或丙酮(C.3.2)抽提 SBS 试样，将抽提后试样置于真空烘箱中，在 50℃～60℃下干燥。
C.6.1.2 将 0.2g 按 C.6.1.1 制备的 SBS 试样放进样品瓶(C.4.5)中。
C.6.1.3 用移液管(C.4.6)准确移取 10mL 环己烷(C.3.3)，并注入样品瓶中，盖上盖子，摇动样品瓶使 SBS 试样完全溶解。

C.6.2 涂膜制备

C.6.2.1 将金属隔片(C.4.8)放在溴化钾片(C.4.9)上，用巴斯德吸液管(C.4.7)将样品溶液均匀地涂在金属隔片孔隙中。
C.6.2.2 从金属隔片上除去多余的样品溶液，使样品薄膜的厚度均匀。
C.6.2.3 蒸发掉溴化钾片上的样品溶液。
C.6.2.4 从溴化钾片上取下隔片，把溴化钾片夹在准备好的夹具(C.4.10)上，插入红外光谱仪中。

C.6.3 红外光谱的测定

C.6.3.1 用傅立叶变换红外光谱仪(C.4.1)进行测定
C.6.3.1.1 在 $600cm^{-1}$～$1200cm^{-1}$ 范围内，测定空白溴化钾片的背景光谱。
C.6.3.1.2 在 $600cm^{-1}$～$1200cm^{-1}$ 范围内，测定样品溴化钾片的光谱。
C.6.3.1.3 为了获得较好的重复性，样品光谱的最大吸光度应在 0.10～0.15 范围内。
C.6.3.1.4 红外光谱图见图 C.1。
C.6.3.2 用双光束红外光谱仪进行测量
C.6.3.2.1 将空白溴化钾片放在样品和参比的通路上，在吸光度模式下测定 $600cm^{-1}$～$1200cm^{-1}$ 范围内的背景光谱。
C.6.3.2.2 将样品溴化钾片放在样品通路上，同时将空白溴化钾片放在参比通路上，在吸光度模式下测定 $600cm^{-1}$～$1200cm^{-1}$ 范围内的样品光谱。
C.6.3.2.3 为了获得较好的重复性，样品光谱的最大吸光度应该在 0.10～0.15 范围内。
C.6.3.2.4 从样品光谱中减去背景光谱得到另一个不同的光谱，用于微观结构的计算。

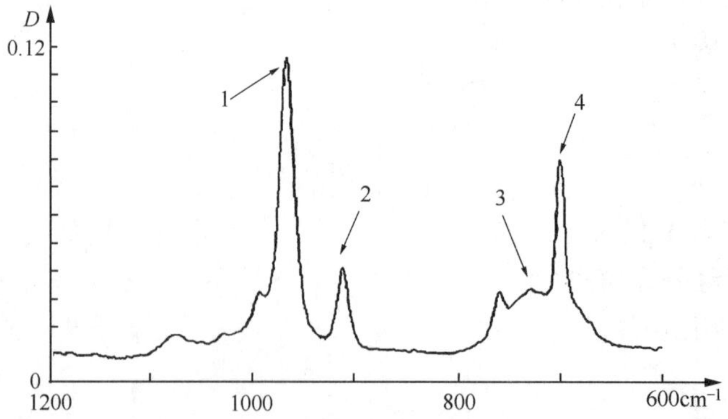

1—1,4 反式键；2—1,2 乙烯基键；3—1,4 顺式键；4—苯乙烯

图 C.1 采用红外光谱测定 SBS 试样的示例

C.7 苯乙烯含量的测定

C.7.1 吸光度的测定

按照表 C.1 规定的波数测定 SBS 各微观结构组分的吸光度值。

表 C.1 SBS 各微观结构组分与特征波数值

吸光度符号	微观结构组分	波数/cm^{-1}	备注
D_{trans}	1，4 反式键	967	测量谱峰最高处的吸光度
D_{vinyl}	1，2 乙烯基键	911	测量谱峰最高处的吸光度
D_{cis}	1，4 顺式键	724	谱峰最高处的波数受聚合物性质的影响，例如苯乙烯含量。当谱峰最高处非常明显时，使用 $720cm^{-1}$ ~ $740cm^{-1}$ 范围内谱峰最高处的吸光度。在这种情况下，$724cm^{-1}$ 处的吸光度不是必须的
$D_{styrene}$	苯乙烯	699	测量谱峰最高处的吸光度

C.7.2 计算

C.7.2.1 总则

按照汉普顿等式，SBS 试样中的苯乙烯和其他微观结构含量，由样品在对应波数处的吸光度来计算。

C.7.2.2 归一化

按公式（C.1）~公式（C.4）对测量的吸光度进行归一，以百分数（%）计：

$$\%D_{trans}=\frac{D_{trans}}{D_{trans}+D_{vinyl}+D_{cis}+D_{styrene}}\times 100 \qquad (C.1)$$

$$\%D_{vinyl}=\frac{D_{vinyl}}{D_{trans}+D_{vinyl}+D_{cis}+D_{styrene}}\times 100 \qquad (C.2)$$

$$\%D_{cis}=\frac{D_{cis}}{D_{trans}+D_{vinyl}+D_{cis}+D_{styrene}}\times 100 \qquad (C.3)$$

$$\%D_{styrene}=\frac{D_{styrene}}{D_{trans}+D_{vinyl}+D_{cis}+D_{styrene}}\times 100 \qquad (C.4)$$

式中：

D_{trans}——SBS 中 1,4-反式键的吸光度；

D_{vinyl}——SBS 中 1,2-乙烯基键的吸光度；

D_{cis}——SBS 中 1,4-顺式键的吸光度；

$D_{styrene}$——SBS 中苯乙烯吸光度。

C.7.2.3 苯乙烯和其他微观结构组分浓度的计算

SBS 中苯乙烯和其他微观结构组分的浓度用 g/L 表示，按公式（C.5）~公式（C.8）计算：

$$c_{styrene}=-0.0138\times\%D_{vinyl}-0.2604\times\%D_{cis}+0.3739\times\%D_{styrene} \qquad (C.5)$$

$$c_{trans}=0.3937\times\%D_{trans}-0.0112\times\%D_{vinyl}-0.0361\times\%D_{cis}-0.0065\times\%D_{styrene} \qquad (C.6)$$

$$c_{vinyl}=-0.0067\times\%D_{trans}+0.3140\times\%D_{vinyl}-0.0154\times\%D_{cis}-0.0071\times\%D_{styrene} \qquad (C.7)$$

$$c_{cis}=-0.0044\times\%D_{trans}-0.0274\times\%D_{vinyl}+1.8347\times\%D_{cis}-0.0251\times\%D_{styrene} \qquad (C.8)$$

式中：

$c_{styrene}$——SBS 中苯乙烯的浓度，单位为 g/L；

c_{trans}——SBS 中 1，4 反式键的浓度，单位为 g/L；
c_{vinyl}——SBS 中 1，2 乙烯基键的浓度，单位为 g/L；
c_{cis}——SBS 中 1，4 顺式键的浓度，单位为 g/L。

C.7.2.4 苯乙烯和其他微观结构含量的计算

苯乙烯含量用质量百分数表示，按照公式（C.9）计算，丁二烯部分的微观结构组分含量以摩尔分数表示，按照公式（C.10）~公式（C.12）计算：

$$X_{styrene}=\frac{c_{styrene}}{c_{trans}+c_{vinyl}+c_{cis}+c_{styrene}}\times 100 \qquad (C.9)$$

$$X_{trans}=\frac{c_{trans}}{c_{trans}+c_{vinyl}+c_{cis}}\times 100 \qquad (C.10)$$

$$X_{vinyl}=\frac{c_{vinyl}}{c_{trans}+c_{vinyl}+c_{cis}}\times 100 \qquad (C.11)$$

$$X_{cis}=\frac{c_{trans}}{c_{trans}+c_{vinyl}+c_{cis}}\times 100 \qquad (C.12)$$

式中：
$X_{styrene}$——SBS 中苯乙烯的含量，单位为%（质量分数）；
X_{trans}——SBS 中丁二烯部分 1,4-反式键的含量,单位为%(摩尔分数)；
X_{vinyl}——SBS 中丁二烯部分 1,2-乙烯基的含量,单位为%(摩尔分数)；
X_{cis}——SBS 中丁二烯部分 1,4-顺式键的含量,单位为%(摩尔分数)。

计算两次测定结果的平均值为最终实验结果，按照 GB/T 8170 的规定对计算结果进行修约，结果保留至小数点后一位。

C.8 对给出绝对结果的红外方法的校准

C.8.1 通过使用^{1}H-核磁方法对 SBS 试样中已知苯乙烯含量的测定，可以用来校准红外方法得到的苯乙烯含量（见图 C.2）。

C.8.2 用来对未知样品进行红外光谱测定的条件（分辨率、扫描时间等），应该与使用标准样品绘制校准曲线的测定条件相同。

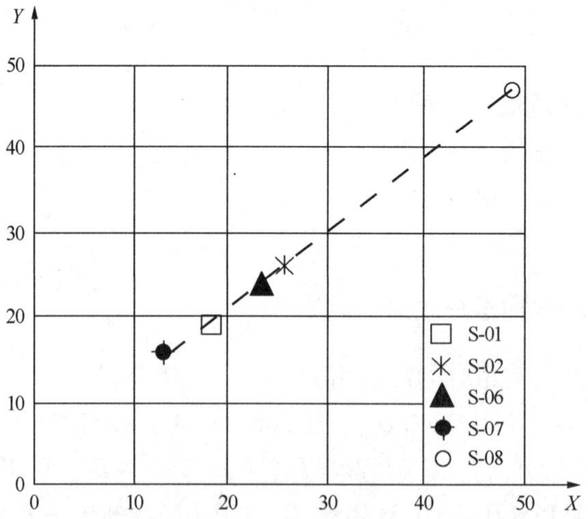

图 C.2 连接核磁方法和红外方法的苯乙烯含量的校准曲线

注：X——核磁方法得到的苯乙烯含量（在 SBS 试样中的质量百分数）；Y——红外方法得到的苯乙烯含量（在 SBS 试样中的质量百分数）。

C.9 精密度

本方法精密度值见表 C.2。

表 C.2 采用红外方法测试 SBS 试样中苯乙烯含量的精密度值

试样	平均值	实验室内			实验室间		
	%	s_r	r	(r)	s_R	R	(R)
SBS-1	24.9	0.45	1.27	5.09	0.60	1.71	6.87
SBS-2	25.4	0.41	1.15	4.53	0.67	1.89	7.45

s_r：重复性标准偏差；
r：重复性，以测量值单位表示；
(r)：重复性，以相对百分数表示；
s_R：再现性标准偏差；
R：再现性，以测量值单位表示；
(R)：再现性，以相对百分数表示。

C.10 试验报告

实验报告应包括以下内容：

a）本标准的编号；

b）样品的详细说明；

c）试验过程中的异常情况说明；

d）试验日期。

参考文献

[1] 汉普顿，R. R. 分析化学，21 (1949)，923

ICS 83.060
G 35

SH

中华人民共和国石油化工行业标准

SH/T 1626—2017
代替 SH/T 1626—2005

充油苯乙烯-丁二烯橡胶(SBR)1712

Oil-extended styrene-butadiene rubber (SBR) 1712

2017-07-07 发布　　2018-01-01 实施

中华人民共和国工业和信息化部　发布

前 言

本标准依据 GB/T 1.1—2009 给出的规则起草。

本标准代替 SH/T 1626—2005。

本标准与 SH/T 1626—2005 的技术差异如下：

——修改了规范性引用文件（见第 2 章）：

- GB/T 528、GB/T 8657、GB/T 15340、GB/T 19187、SH/T 1718 均采用现行版本；
- GB/T 4498.1—2013 代替 GB/T 4498—1997、GB/T 24131—2009 代替 GB/T 6737—1997；
- 增加 GB/T 9869—2014、GB/T 16584—1996、GB/T 24797.1、ASTM D3185-06。

——修改了标准名称；

——修改了要求（见第 3 章，2005 年版的第 3 章）；

——修改了试验方法（见第 4 章，2005 年版的表 1）；

——修改了检验规则（见第 5 章，2005 年版的第 4 章）；

——修改了保质期（见第 7 章；2005 年版的 5.5）。

本标准由中国石油化工集团公司提出。

本标准由全国橡胶与橡胶制品标准化技术委员会合成橡胶分技术委员会（SAC/TC35/SC6）归口。

本标准主要起草单位：中国石油化工股份有限公司齐鲁分公司、中国石油天然气股份有限公司石油化工研究院、中国石油天然气股份有限公司兰州石化分公司、申华化学工业有限公司、南京扬子石化金浦橡胶有限公司、福建省福橡化工有限责任公司、中国石油天然气股份有限公司吉林石化分公司。

本标准主要起草人：孙秀莲、翟月勤、赵吉红、蒋秀荣、赵又穆、王春龙、王小为、姚晓辉、郭景学、黄建鑫、张欣荣。

本标准所代替标准的历次发布情况为：

——SH/T 1626—1996、SH/T 1626—2005。

充油苯乙烯-丁二烯橡胶（SBR）1712

1 范围

本标准规定了充油苯乙烯-丁二烯橡胶（SBR）1712［即充油丁苯橡胶（SBR）1712，简称 SBR 1712］产品的要求、试验方法、检验规则以及包装、标志、运输与贮存和保质期。

本标准适用于以丁二烯和苯乙烯为单体，以松香酸钾皂和脂肪酸皂为乳化剂，采用低温乳液聚合并填充高芳烃油而制得的 SBR 1712。

2 规范性引用文件

下列文件对于本文件的应用是必不可少的。凡是注日期的引用文件，仅注日期的版本适用于本文件。凡是不注日期的引用文件，其最新版本（包括所有的修改单）适用于本文件。

GB/T 528—2009　硫化橡胶或热塑性橡胶　拉伸应力应变性能的测定

GB/T 1232.1　未硫化橡胶　用圆盘剪切黏度计进行测定　第 1 部分：门尼黏度的测定

GB/T 2449.1—2014　工业硫磺　第 1 部分：固体产品

GB/T 2941　橡胶物理试验方法试样制备和调节通用程序

GB/T 4498.1—2013　橡胶　灰分的测定　第 1 部分：马弗炉法

GB/T 6038　橡胶试验胶料　配料、混炼和硫化设备及操作程序

GB/T 8656—1998　乳液和溶液聚合型苯乙烯-丁二烯橡胶（SBR）评价方法

GB/T 8657—2014　苯乙烯-丁二烯生橡胶　皂和有机酸含量的测定

GB/T 8658—1998　乳液聚合型苯乙烯-丁二烯橡胶生胶结合苯乙烯含量的测定　折光指数法

GB/T 9869—2014　橡胶胶料 硫化特性的测定　圆盘振荡硫化仪法

GB/T 15340—2008　天然、合成生胶取样及其制样方法

GB/T 16584—1996　橡胶 用无转子硫化仪测定硫化特性

GB/T 19187—2016　合成生橡胶抽样检查程序

GB/T 19188—2003　天然生胶和合成生胶贮存指南

GB/T 24131—2009　生橡胶　挥发分含量的测定

GB/T 24797.1　橡胶包装用薄膜　第 1 部分：丁二烯橡胶（BR）和苯乙烯-丁二烯橡胶（SBR）

SH/T 1718—2015　充油橡胶中油含量的测定

ASTM D3185-06　橡胶标准试验方法 丁苯橡胶（SBR）的评价（包括充油丁苯橡胶）［Standard Test Methods for Rubber—Evaluation of SBR（Styrene-Butadiene Rubber）Including Mixtures with Oil］

3 要求

3.1　外观：深色块状胶，无异物。

3.2　SBR 1712 的技术指标见表 1。

表 1　SBR 1712 的技术指标

项　　目		优等品	合格品
挥发分,%（质量分数）	≤	0.60	0.80
灰分,%（质量分数）	≤	0.40	
有机酸,%（质量分数）		3.90～5.70	3.65～5.85
皂,%（质量分数）	≤	0.50	
油含量,%（质量分数）		25.3～29.3	24.3～30.3
结合苯乙烯,%（质量分数）		22.5～24.5	
生胶门尼黏度 *ML*(1+4)(100℃)		44～54	43～55
300%定伸应力(145℃，35min)，MPa		M^{a}±2.0	M^{a}±2.5
拉伸强度(145℃，35min)，MPa	≥	19.4	18.4
拉断伸长率(145℃，35min),%	≥	460	
混炼胶门尼黏度 *ML*(1+4)(100℃)	≤	70	
硫化特性[b]		报告值	

[a]技术指标的中值，由供方提供。

[b] 如果用户需要，由供方提供。

4　试验方法

4.1　挥发分含量的测定

按 GB/T 24131—2009 中热辊法 A 或烘箱法 B 测定，其中烘箱法 B 为仲裁法。采用烘箱法 B 测定时，室温下在开炼机上过辊两遍压成薄片，再在烘箱中干燥 2h，干燥过程中试样应与热空气充分接触。

4.2　灰分含量的测定

按 GB/T 4498.1—2013 中方法 A 测定。

4.3　有机酸、皂含量的测定

按 GB/T 8657—2014 中方法 B 测定。

4.4　油含量的测定

按 SH/T 1718—2015 中 A 法测定。

4.5　结合苯乙烯含量的测定

按 GB/T 8658—1998 测定。

4.6　生胶门尼黏度的测定

按 GB/T 15340—2008 中 8.3.2.2 规定的过辊法制备试验样品，按 GB/T 1232.1 测定。

4.7　300%定伸应力、拉伸强度、拉断伸长率的测定

4.7.1 混炼胶的制备

a）概述：试验胶料的配料、混炼和硫化设备及操作程序按 GB/T 6038 进行；

b）配方：采用 ASTM D3185-06 表 2 中 2B 配方；

c）配合剂：炭黑采用 ASTM IRB No.8，硫磺采用 GB/T 2449.1—2014 中优等品（其中水分含量应小于 0.5%）；

d）混炼程序：按 ASTM D3185-06 中 7.2 方法 A 的规定制备混炼胶；

e）混炼胶调节：混炼后和硫化前将胶料调节 2h～24h，如有可能，在 GB/T 2941 规定的标准实验室温度和湿度下调节。

4.7.2 试片的制备

a）硫化条件：在温度 145℃ 下硫化 35min；

g）试片制备：采用 GB/T 528—2009 规定的 1 型裁刀制备；

h）试片调节：按 GB/T 528—2009 规定调节。

4.7.3 测定

按 GB/T 528—2009 测定。

4.8 混炼胶门尼黏度的测定

从 4.7 制备的混炼胶中剪取试样，按 GB/T 1232.1 测定。

4.9 硫化特性

从 4.7 制备的混炼胶中剪取试样，按 GB/T 8656—1998 中第 6 章的规定设置试验参数，按 GB/T 16584—1996 或 GB/T 9869—2014 测定，测定时间 30min。

5 检验规则

5.1 检验分类与检验项目

5.1.1 检验分类

SBR 1712 产品检验分为型式检验和出厂检验，第 3 章中所列项目均为型式检验项目，正常情况下，每月进行一次型式检验。

5.1.2 出厂检验项目

外观及表 1 中的挥发分、有机酸、油含量、结合苯乙烯、生胶门尼黏度、300%定伸应力、拉伸强度、拉断伸长率为出厂检验项目。

5.2 组批规则和抽样方案

5.2.1 组批规则

以同一生产线上、相同原料、相同工艺生产的同一牌号的产品组批；生产厂也可以按一定生产周期或储存料仓为一批对产品进行组批，每批不大于 300t。

5.2.2 抽样方案

按 GB/T 19187—2016 的规定进行抽样，出厂检验可在线取样。

5.3 判定规则

5.3.1 出厂判定规则

按 GB/T 19187—2016 中 3.4 规定的混合实验室样品进行检验和验收。如果采用烘箱法 B 测定挥发分含量，则在进行化学分析测试前需用热辊法干燥胶样。任何一项不符合表 1 技术要求时，取保留样品，应对不合格项进行复验，按复验结果进行质量判定。

5.3.2 仲裁判定规则

按照 GB/T 19187—2016 规定对挥发分和生胶门尼黏度分别进行单包检验和验收。其他项目按 5.3.1 规定进行。

6 包装、标志、运输与贮存

6.1 包装

内层包装薄膜应符合 GB/T 24797.1 的规定。

外层用纸塑复合袋或采用用户认可的其他形式包装。每袋净含量 35kg 或其他包装单元。

6.2 标志

每个包装袋应清楚地标明产品名称、牌号、净含量、生产厂（公司）名称、地址、商标、标准编号、生产日期或生产批号等。

每批产品应附有质量证明书。

6.3 运输

在运输过程中，应防止日光直接照射和雨水浸泡，运输车辆应整洁，避免包装破损和杂物混入。

6.4 贮存

贮存时，应成行成垛整齐堆放，并保持一定行距，堆放高度不大于 10 包。贮存条件应符合 GB/T 19188—2003 的要求。

7 保质期

自生产之日起保质期为 1 年。

ICS 83.060
G 34

SH

中华人民共和国石油化工行业标准

SH/T 1717—2008/ISO 2302：2005

代替 SH/T 1717—2002

异丁烯-异戊二烯橡胶（IIR）评价方法

Isobutene-isoprene rubber（IIR）—Evaluation procedures

（ISO 2302：2005，IDT）

2008-04-23 发布　　2008-10-01 实施

中华人民共和国国家发展和改革委员会　发布

前　言

本标准等同采用ISO 2302：2005异丁烯-异戊二烯橡胶(IIR)评价方法(英文版)

为便于使用，并与其他相关标准相互协调，本标准做了下列修改：

——删除了国际标准的前言；

——规范性引用文件中的标准改为相对应的我国国家标准；

——按照汉语语言习惯做了适当的编辑性修改。

本标准修订后与其前版存在以下差异：

——删除了规范性引用文件GB/T 6737—1997；

——增加了硫化特性精密度内容；

——“密炼机初混炼开炼机终混炼”程序列入标准正文之中，而不再以附录的形式给出；

——挥发分含量的测定方法以附录的形式给出。

本标准的附录A为规范性附录。

本标准由中国石油化工集团公司提出。

本标准由全国橡胶与橡胶制品标准化技术委员会合成橡胶分技术委员会(SAC/TC35/SC6)归口。

本标准主要起草单位：中国石油天然气股份有限公司兰州化工研究中心、中国石油化工股份有限公司北京燕山石化分公司合成橡胶事业部。

本标准主要起草人：孙丽君、郑国军、徐天昊、毕文新、王进。

本标准2002年首次发布。

异丁烯-异戊二烯橡胶(IIR)评价方法

警告：使用本标准的人员应有正规实验室工作的实践经验，本标准并未指出所有可能的安全问题，使用者有责任采取适当的安全和健康措施，并保证符合国家有关法规规定的条件。

1 范围

本标准规定了异丁烯-异戊二烯生橡胶(IIR)(即“丁基橡胶”)的物理、化学实验方法和评价所有类型的异丁烯-异戊二烯橡胶硫化特性所用的标准材料、标准试验配方、设备及操作程序。

2 规范性引用文件

下列文件中的条款通过本标准的引用而成为本标准的条款。凡是注日期的引用文件，其随后所有的修改单(不包括勘误的内容)或修订版均不适用于本标准，然而，鼓励根据本标准达成协议的各方研究是否可使用这些文件的最新版本。凡是不注日期的引用文件，其最新版本适用于本标准。

GB/T 528—1998 硫化橡胶或热塑性橡胶拉伸应力—应变性能的测定(eqv ISO 37：1994)

GB/T 1232.1—2000 未硫化橡胶用圆盘剪切黏度计进行测定 第1部分：门尼黏度的测定(neq ISO 289—1：1994)

GB/T 2941—2006 橡胶物理试验方法试样制备和调节通用程序(ISO 23529：2004，IDT)

GB/T 4498—1997 橡胶—灰分的测定(eqv ISO 247：1991)

GB/T 6038—2006 橡胶试验胶料的配料、混炼和硫化设备及操作程序(ISO 2393：1994，MOD)

GB/T 9869—1997 橡胶胶料硫化特性的测定(圆盘振荡硫化仪法)(idt ISO 3417：1991)

GB/T 15340—1994 天然、合成生胶取样及制样方法(idt ISO 1795：1992)

GB/T 16584—1996 橡胶 用无转子硫化仪测定硫化特性(eqv ISO 6502：1991)

3 取样和试样制备

按照 GB/T 15340—1994 的规定取约 1.5kg 实验室样品。

按照 GB/T 15340—1994 的规定制备试样。

4 生胶的物理和化学试验

4.1 门尼黏度

按照 GB/T 15340—1994 中 8.2.2.1 的规定制备试样。不过辊，从实验室样品直接取样，试样应尽可能不带空气，以免夹带的空气附在转子和模腔表面。

如果实验双方同意或者考虑到样品必须需要过辊，应按照 GB/T 15340—1994 中 8.2.2.2 的规定制备试样。

按照 GB/T 1232.1—2000 的规定测定试样的门尼黏度，用 $ML(1+8)125℃$ 表示。

4.2 挥发分

按照附录 A 中的热辊法测定挥发分含量；对于易粘辊的橡胶，可按照附录 A 中的烘箱法测定挥发分含量。

4.3 灰分

按照 GB/T 4498—1997 的规定测定灰分含量。

5 异丁烯-异戊二烯橡胶混炼胶的制备

5.1 标准试验配方

标准试验配方见表 1。应是国家或国际标准参比材料(或有关各方共同认可的材料)。

表1　标准试验配方

材　料	质 量 份
异丁烯-异戊二烯橡胶(IIR)	100.00
硬脂酸[a]	1.00
工业参比炭黑[b]	50.00
氧化锌[a]	3.00
硫磺[a]	1.75
二硫代四甲基秋兰姆(TMTD)[a]	1.00
合计	156.75

[a] 应使用粉末材料(工业用标准硫化剂)。

[b] 使用现行工业参比炭黑。

5.2　操作程序

5.2.1　设备和程序

试验胶料的配料、混炼和硫化设备及操作步骤应按照 GB/T 6038—2006 中第6、7、8 和9条的规定进行。

5.2.2　混炼程序

5.2.2.1　总则

本标准规定了三种可供选用的混炼方法：

——方法 A：开炼机混炼；

——方法 B：小型密炼机混炼；

——方法 C：密炼机混炼。

注：几种混炼方法得到的结果可能稍有不同。

5.2.2.2　方法 A——开炼机混炼

标准的实验室开炼机每批投料量应是配方量的四倍(即 4×156.75g＝627.00g)，以 g 计。在整个混炼过程中，辊筒表面温度应保持在 45℃±5℃。

混炼过程中，辊间应保持适量的堆积胶，如在规定的辊距下达不到这种效果，有必要调整辊距。

投胶量也可为配方量的 2 倍，在这种情况下必须进一步调整辊距。

	持续时间 (min)	累计时间 (min)
a)将开炼机辊距固定在 0.65mm，使橡胶包辊。	1.0	1.0
b)混合炭黑和硬脂酸，沿辊筒等速均匀地加入炭黑和硬脂酸。增大开炼机的辊距，以保持辊间有适量的堆积胶。当炭黑全部加完以后，从每边作 3/4 割刀 1 次。	10.0	11.0
如果堆积胶或辊筒表面有明显的散落炭黑，则不能割刀。要确保将散落在接料盘中的所有物料都加入胶料中。		
c)加入氧化锌、硫磺和 TMTD。	3.0	14.0
d)从每边作 3/4 割刀 3 次。	2.0	16.0
e)下片。再将辊距调节至 0.8mm，将胶料打卷纵向薄通 6 次。	2.0	18.0
合计	18.0	

f)将混炼胶压成约 6mm 厚的胶片，检查胶料质量(见 GB/T 6038—2006)，如果胶料质量与理论值之差超过＋0.5%或-1.5%，则弃去该胶料，重新混炼。

g) 取足够的胶料供硫化仪试验用。

h) 按照 GB/T 528—1998 的规定，将混炼胶压成厚度约为 2.2mm 的胶片，用于制备试片；或压成适当厚度，用于制备环状或哑铃状试样。

i) 混炼后，将胶料调节 2h ~ 24h。如有可能，可在 GB/T 2941—2006 规定的标准温度和湿度下进行调节。

5.2.2.3　方法 B——小型密炼机(MIM)混炼

小型密炼机的额定混炼胶容量为 64mL，每批胶料量可为配方量的 0.47 倍(即 0.47×156.75g=73.67g)。

小型密炼机的模腔温度保持在 60℃±3℃，空载转速为 6.3rad/s~6.6rad/s(60r/min~63r/min)。

将实验室开炼机温度调节至 50℃±5℃，辊距定为 0.5mm，使胶料过辊 1 次以制备胶片，将该胶片剪成约 25mm 宽的胶条。

除橡胶以外的配料(如炭黑)，如果事先按配方要求的比例掺混后，再加入小型密炼机中，可使加料更容易，加料量更准确。可选用如下方法之一进行掺混：

——用研钵和研杵。

——用双锥型混合器。(即用带有加强型的旋转棒搅拌 10min)。

——用掺混器。(即每 3s 混合 5 次为一个混合周期，每个混合周期后都要将粘在内壁上的物料刮下来。注意：如果混合时间超过 3s，硬脂酸会熔融，使分散性变差)。("Waring"型掺混器适用于这种混合)。

	持续时间(min)	累计时间(min)
a) 加入橡胶，放下上顶栓，塑炼橡胶。	1.0	1.0
b) 升起上顶栓，小心加入氧化锌、硫磺、硬脂酸和 TMTD，避免任何损失。然后加入炭黑，清扫密炼机进料口，放下上顶栓。	1.0	2.0
c) 混炼橡胶。	3.0	5.0
d) 关闭转子，升起上顶栓。清理混炼室并卸下胶料。记录胶料最高温度。		

在累计混炼 5min 之后，卸下混炼胶料的最终温度不应超过 120℃，如果超过此温度，废弃该胶料，用不同的投胶量或模腔温度重新混炼。

e) 将胶料通过辊温为 50℃±5℃，辊距为 3.0mm 的开炼机 2 次。

f) 检查胶料质量(见 GB/T 6038—2006)并记录，如果胶料质量与理论值之差超过+0.5%或-1.5%，则弃去该胶料，重新混炼。

g) 按照 GB/T 9869—1997 或 GB/T 16584—1996 的规定，割下试片，用于测定硫化特性。如果需要，试验前应在 23℃±2℃下调节 2h~24h。

h) 如果需要，按照 GB/T 528—1998 的规定，将混炼胶压成约 2.2mm 厚度，用于制备试片；或压成适当厚度，用于制备环状试片或哑铃状试片。为获得压延效应，在辊温为 50℃±5℃，适当辊距的开炼机上，将胶料纵向对折，过辊 4 次，并放在表面干燥的平板上冷却。

i) 在混炼后和硫化前，将胶料调节 2h~24h。如有可能，可在 GB/T 2941—2006 规定的标准温度和湿度下进行调节。

5.2.2.4　方法 C——密炼机初混炼，开炼机终混炼

5.2.2.4.1　通则

A1 型密炼机(见 GB/T 6038—2006)的额定容量为 1170mL±40mL，每批胶料质量为 8.5×

156.72g=1332g 较为合适。

快辊转速应设定为 7rad/s~8rad/s(67rpm~87rpm)

终混炼过程中，辊筒之间应保持适量的堆积胶。如果在规定的辊距下达不到此效果，可对辊距进行微小的调整。

5.2.2.4.2 **步骤 1——密炼机初混炼步骤**

	持续时间（min）	累计时间（min）
a）调节密炼机温度，将密炼机起始温度设定为 50℃。关闭卸料口，开动转子，升起上顶栓。		
b）投入胶料，放下上顶栓，塑炼胶料。	0.5	0.5
c）升起上顶栓，加入氧化锌、硬脂酸和炭黑，放下上顶栓。	0.5	1.0
d）混炼胶料。	2.0	3.0
e）升起上顶栓，清扫密炼室进料口和上顶栓顶部，放下上顶栓。	0.5	3.5
f）混炼胶料。	1.5	5.0
g）卸下胶料。		
h）用合适的测量设备迅速测量胶料的温度。如果测量的温度超出 150℃~170℃的范围，废弃胶料，再用不同的投胶量，重新混炼。		
i）将胶料通过辊温为 50℃±5℃，辊距为 2.5mm 的开炼机 3 次。并压制成约 10mm 厚度。检查胶料质量(见 GB/T 6038—2006)。如果胶料质量与理论值之差超过+0.5%或-1.5%，则弃去该胶料，重新混炼。		
g）将胶料至少调节 30min~24h。如果可能，可在 GB/T 2941—2006 规定的标准温度和湿度下调节。		

5.2.2.4.3 **步骤 2——开炼机终混炼步骤**

标准实验室开炼机投入胶料质量为标准配方量的三倍(即 462g 母炼胶)，以 g 计。

将开炼机温度设定为 50℃±5℃，辊距为 1.5mm。

	持续时间（min）	累计时间（min）
a）使母炼胶包在慢辊上。	1.0	1.0
b）加入硫黄和 TMTD。在硫黄和促进剂完全分散之前不要进行割刀。	1.5	2.5
c）从每边作 3/4 割刀 3 次。每次割刀间隔 15s。	2.5	5.0
d）从开炼机上下片。将辊距调节至 0.8mm，将胶料打卷交替从两端纵向薄通 6 次。	2.0	7.0
e）将混炼胶压成约 6mm 厚的胶片，检查胶料质量(见 GB/T 6038—2006)，如果胶料质量与理论值之差超过+0.5%或-1.5%，则弃去该胶料，重新混炼。取足够的胶料供硫化仪试验用。		
f）按照 GB/T 528—1998 的规定，将混炼胶压成约 2.2mm 厚的胶片，用于制备试片；或压成适当厚度，用于制备环状或哑铃状试片。		
g）在混炼之后硫化之前，将胶料调节 2h~24h。如有可能，可在 GB/T 2941—2006 规定的标准温度和湿度下进行调节。		

6 硫化特性评价

6.1 用圆盘振荡硫化仪

测定下列标准试验参数：

M_L，规定时间的 M_H，t_{S1}，$t'_C(50)$ 和 $t'_C(90)$。

按照 GB/T 9869—1997 的规定，采用下列试验条件：

振荡频率：1.7Hz(100 周/min)。

振幅：1°。

振幅可以为 3°。如果选择此振幅，用测定 t_{S2} 代替测定 t_{S1}。

量程：至少选择 M_H 为满量程的 75%。

模腔温度：160℃±0.3℃。

预热时间：无。

6.2 用无转子硫化仪

测量下列标准试验参数：

F_L，规定时间的 F_H，t_{S1}，$t'_C(50)$ 和 $t'_C(90)$。

按 GB/T 16584—1996 的规定，采用下列试验条件：

振荡频率：1.7Hz(100 周/min)。

振幅：0.5°。

振幅可以为 1°。如果选择此振幅，用测定 t_{S2} 代替测定 t_{S1}。

量程：至少选择满量程的 75%。

模腔温度：160℃±0.3℃。

预热时间：无。

注：两种类型硫化仪测定的结果可能不同。

7 硫化胶拉伸应力-应变性能评价

在 150℃下硫化试片 20min、40min 和 80min。

如有可能，应在 GB/T 2941—2006 规定的标准实验室温度和湿度下将硫化试片调节 16h~96h。

按照 GB/T 528—1998 的规定测定拉伸应力-应变性能。

注：方法 B(小型密炼机法)可提供评价硫化特性用和评价应力-应变特性一个试片的胶料。建议在 150℃硫化 40min。但是也可以使用其他条件。

8 精密度

8.1 概述

本标准按照 ISO/TR 9272 进行精密度计算，以重复性和再现性表示。

8.2 精密度说明

本方法 2 型Ⅲ级实验室间精密度是四个实验室各自在不同的三天内，对三种不同材料(IIR)采用室间程序进行试验得到的。

8.3 精密度结果

计算所得的重复性和再现性结果见表 2。

表 2 中使用的符号定义如下：

r=重复性，以测量单位表示，指一个数值。在指定概率下，实验室内两个试验结果的绝对差应低于该值。

(r)= 相对重复性，用百分数表示。

表 2 中这三个试验结果是在相同的条件下(同一实验室、同一操作者和同一设备)，在规定的时间周期内，用同一试验方法和相同的试验材料获得的。除非另有说明，概率为 95%。

R=再现性，以测量单位表示，指一个数值。在指定概率下，实验室间两个实验结果的绝对差应低于该值。

(R)= 相对再现性，用百分比表示。

表 2 中这三个试验结果是在不同的条件下(不同的实验室、不同的操作者和不同的设备)，在规定的时间周期内，用同一试验方法和相同的试验材料获得的。除非另有说明，概率为 95%。

表 2 IIR 硫化特性参数精密度

性　能	单　位	中点值[a]	实验室内			实验室间		
			S_r	r	(r)	S_R	R	(R)
M_L	dNm	14.95	0.22	0.61	4.33	0.51	1.45	10.18
M_H	dNm	70.95	1.07	3.04	4.27	2.51	7.11	9.98
t_{S1}	min	2.50	0.11	0.32	14.37	0.21	0.58	26.53
$t'_C(50)$	min	9.40	0.13	0.36	3.90	0.29	0.81	8.69
$t'_C(90)$	min	26.05	0.95	2.70	10.21	1.41	3.98	15.07

S_r：重复性标准偏差，以测量单位表示。

S_R：再现性标准偏差，以测量单位表示。

[a] 在 160℃、1.7Hz、振幅 3°测定；使用中点值计算(r)和(R)。

9 实验报告

实验报告应包括以下内容：

a) 本标准引用的标准；

b) 关于样品的详细说明；

c) 挥发分含量测定选用的方法(热辊法或烘箱法)；

d) 灰分测定选用的方法(方法 A 或方法 B)；

e) 制备混炼胶使用的参比材料；

f) 使用 5.2.2 条中的哪个混炼方法；

g) 制备混炼胶过程中实验室的环境条件；

h) 对第 6 章中所使用的硫化仪、测定 M_H 的时间、剪切振幅等信息说明；

i) 试验过程中观察到的任何异常现象；

j) 本标准未包括的任何自选操作；

k) 试验结果及表述方法；

l) 试验日期。

附 录 A
（规范性附录）
异丁烯-异戊二烯橡胶（IIR）挥发分含量的测定

A.1 范围

本附录规定了测定异丁烯-异戊二烯橡胶（IIR）生胶中水分和其他挥发性物质的两种方法：热辊法和烘箱法。

A.2 原理

A.2.1 热辊法

试样在加热的开炼机上辊压直到所有的挥发分被赶除，辊压过程中的质量损失即为挥发分含量。

A.2.2 烘箱法

试样在烘箱中干燥至恒重，此过程中的质量损失即为挥发分含量。

A.3 设备

A.3.1 开炼机：应符合中 GB/T 6038—2006 的要求。

A.3.2 烘箱：鼓风式，能将温度控制在 105℃±5℃。

A.3.3 铝皿或玻璃表面皿：深约 15mm、直径（或长度）80mm。

A.4 操作步骤

A.4.1 热辊法

A.4.1.1 按照 GB/T 15340—1994 的规定称取约 250g 胶样，精确至 0.1g（质量 m_1）。

A.4.1.2 按照 GB/T 6038—2006 规定，用窄铅条将开炼机辊距调节至 0.25mm±0.05mm，辊筒表面温度保持在 105℃±5℃。

A.4.1.3 将已称量的胶样（A.4.1.1）在开炼机（A.3.1）上反复通过 4min，不允许试样包辊，并小心操作以防试样损失，称量试样质量，精确至 0.1g。再将试样在开炼机上通过 2min，再称量试样的质量。如果在 4min 末和 6min 末，试样质量之差小于 0.1g，可计算挥发分含量；否则，将试样在开炼机上再通过 2min，直至连续两次称量之差小于 0.1g（最终质量 m_2）。每次称量之前，应使试样在干燥器中冷却至室温。

A.4.1.4 结果表示

挥发分的质量分数，用质量百分数表示，按公式（A.1）计算：

$$\frac{m_1 - m_2}{m_1} \times 100 \qquad \text{(A.1)}$$

式中：

m_1——辊压前试样的质量，单位为克（g）；

m_2——辊压后试样的质量，单位为克（g）。

所得结果应表示至二位小数。

A.4.2 烘箱法

A.4.2.1 直接从橡胶样品中取约 10g 试样，手工剪成约 2mm×2mm×2mm 的小块，置于玻璃表面皿或铝皿（A.3.3）中称量。精确到 1mg（质量 m_3）。

A.4.2.2 将称量后的试样放入烘箱（A.3.2）中，在 105℃±5℃下干燥 1h，干燥的过程中应打开鼓风；取出试样，放入干燥器中冷却至室温后称量；再将试样干燥 30min，取出试样，放入干燥器中冷却至室温后称量，如此反复，直到连续两次称量值之差不大于 1mg（最终质量 m_4）。

A.4.2.3 结果表示

挥发分的质量分数，用质量百分数表示，按公式（A.2）计算：

$$\frac{m_3 - m_4}{m_3} \times 100 \cdots\cdots (A.2)$$

式中：

m_3——干燥前试样的质量，单位为克(g)；

m_4——干燥后试样的质量，单位为克(g)。

所得结果应表示至二位小数。

A.5 允许差

A.5.1 热辊法

挥发分含量小于0.20%时，两次平行测定结果之差不大于0.04%。

挥发分含量在0.21%~0.40%时，两次平行测定结果之差不大于0.12%。

挥发分含量在0.41%~0.70%时，两次平行测定结果之差不大于0.15%。

A.5.2 烘箱法

挥发分含量小于0.22%时，两次平行测定结果之差不大于0.04%。

挥发分含量在0.23%~0.70%时，两次平行测定结果之差不大于0.15%。

挥发分含量在0.71%~1.00%时，两次平行测定结果之差不大于0.22%。

A.6 实验报告

实验报告应包括以下内容：

a) 关于样品的详细说明；

b) 测定所采用的方法；

c) 每个试样的测试结果；

d) 本附录未包括的任何自选操作；

e) 试验日期。

ICS 83.060
G 35

SH

中华人民共和国石油化工行业标准

SH/T 1718—2015
代替 SH/T 1718—2002

充油橡胶中油含量的测定

Oil-extended synthetic rubber—Determination of oil content

2015-07-14 发布　　2016-01-01 实施

中华人民共和国工业和信息化部　发布

前　言

本标准按照 GB/T 1.1—2009 给出的规则起草。

本标准代替 SH/T 1718—2002《充油橡胶中油含量的测定》，与 SH/T 1718—2002 相比，主要技术差异如下：

——修改了规范性引用文件，具体如下：

- 删除了 GB/T 6737—1997；
- GB/T 8657—2000 修改为 GB/T 8657；
- 增加了 GB/T 24131—2009。

——修改了试样制备（见第 6 章，2002 版的第 6 章）；

——修改了试样量（见 7.1，2002 版的 7.1）；

——修改了试样干燥时间（见 7.1，2002 版的 7.1）；

——修改了公式（1）和公式（2）中各参数的符号（见第 8 章，2002 版的第 8 章）。

本标准由中国石油化工集团公司提出。

本标准由全国橡胶与橡胶制品标准化技术委员会合成橡胶分技术委员会（SAC/TC35/SC6）归口。

本标准起草单位：中国石油天然气股份有限公司石油化工研究院。

本标准主要起草人：魏玉丽、王芳、王学丽、吴毅、李洁、孙丽君、耿占杰、王春龙。

本标准于 2002 年 5 月 31 日首次发布，本次为第一次修订。

充油橡胶中油含量的测定

警告：使用本标准的人员应有正规实验室工作的实践经验。本标准并未指出所有可能的安全问题。使用者有责任采取适当的安全和健康措施，并保证符合国家有关法律法规规定的条件。

1　范围

本标准规定了测定充油橡胶中油含量的方法。

本标准适用于充油苯乙烯-丁二烯橡胶（SBR）、充油丁二烯橡胶（BR）、充油苯乙烯-丁二烯嵌段共聚物（SBS）和充油乙烯-丙烯-二烯烃共聚物（EPDM）。

2　规范性引用文件

下列文件对于本文件的应用是必不可少的。凡是注日期的引用文件，仅注日期的版本适用于本文件。凡是不注日期的引用文件，其最新版本（包括所有的修改单）适用于本文件。

GB/T 8657　苯乙烯-丁二烯生胶　皂和有机酸含量的测定（GB/T 8657—2000，eqv，ISO 7781：1996）

GB/T 24131—2009　生橡胶　挥发分含量的测定（GB/T 24131—2009，ISO 248：2005，MOD）

3　方法概要

干燥后的试样经选定的溶剂抽提，测定其总抽出物含量，从总抽出物含量中减去除油以外的其他主要抽出组分的含量，其差值即为油含量。

4　试剂

除非另有说明，在分析中仅使用确认为分析纯的试剂和蒸馏水或相当纯度的水。

4.1　抽提剂 A：乙醇-甲苯共沸物（ETA）。将无水乙醇与甲苯按体积比 7：3 混合。

4.2　抽提剂 B：异丙醇-甲苯-水混合液。将无水异丙醇与甲苯按体积比 75：25 混合，然后将该溶液与蒸馏水按体积比 92：8 混合。

4.3　抽提剂 C：丁酮。

4.4　丙酮。

5　仪器

5.1　天平：精度为 0.0001 g。

5.2　加热器：恒温水浴或其他加热器（如电热套）。

5.3　真空烘箱：可抽至余压不大于 3.0 kPa、温度可保持在 105 ℃±5 ℃。

5.4　烘箱：可鼓风，温度可保持在 130 ℃±3 ℃。

5.5　锥形瓶：400 mL~500 mL。

5.6　回流冷凝器：球形或蛇形，长度约400 mm。
5.7　量筒：100 mL。

6　试样制备

按照GB/T 24131—2009规定的热辊法干燥试样，将干燥后的试样薄片剪成宽约5 mm、长约30 mm的细条，备用。

7　分析步骤

7.1　A法（仲裁法）

将一张圆形滤纸放到锥形瓶（5.5）底部，用量筒（5.7）加入100 mL抽提剂A（4.1），对于明矾凝聚的橡胶应使用抽提剂B（4.2），对于充油乙烯-丙烯-二烯烃共聚物应使用抽提剂C（4.3）。称取约2g（精确至0.0001 g）制备好的试样，将试样逐条加入锥形瓶中，每次加入后应摇晃锥形瓶，保证每条试样完全浸湿，避免粘连。将回流冷凝器（5.6）装在锥形瓶上，然后将该锥形瓶放在加热设备（5.2）中加热，在回流的条件下，抽提1 h，转移抽提液。

重新加入100 mL抽提剂，再抽提1 h，转移抽提液。分别用10 mL抽提剂洗涤试样三次，转移洗涤液。

最后加入100 mL丙酮（4.4），回流5 min，弃去回流液（对于充油乙烯-丙烯-二烯烃共聚物不需要此步操作）。

将试样转移至已恒重的铝皿中，再放入真空烘箱（5.3）中，在温度为105 ℃±5 ℃、压力不大于3.0 kPa下干燥0.5 h，冷却至室温后称量。

7.2　B法（快速法）

将一张圆形滤纸放到锥形瓶底部，用量筒加入150 mL抽提剂A，对于明矾凝聚的橡胶应使用抽提剂B，对于充油乙烯-丙烯-二烯烃共聚物应使用抽提剂C。称取约1 g（精确至0.0001 g）制备好的试样，将试样逐条加入锥形瓶中，每次加入后应摇晃锥形瓶，使每条试样完全被溶剂浸湿，避免粘连；将回流冷凝器装在锥形瓶上，然后将该锥形瓶放在加热设备中加热，在回流的条件下，抽提1 h，弃去抽提液。

加入150 mL丙酮，回流15 min，弃去回流液（对于充油乙烯-丙烯-二烯烃共聚物不需要此步操作）。

将试样转移至已恒重的铝皿中，再放入烘箱（5.4）中，在鼓风及温度为130 ℃±3 ℃下干燥15 min，冷却至室温后称量。

8　分析结果的表述

充油橡胶中油含量以油的质量分数w计，数值以%表示，按公式（1）计算：

$$w = \frac{m_1 - m_2}{m_1} \times 100 - (w_o + w_s + w_a) \qquad (1)$$

式中：

m_1——抽提前试样的质量，单位为克（g）；

m_2——抽提后试样的质量，单位为克（g）；

w_o——有机酸含量，质量分数，数值以%表示（按照 GB/T 8657 测定）；

w_s——皂含量，质量分数，数值以%表示（按照 GB/T 8657 测定）；

w_a——抗氧剂（或抗臭氧剂）含量，质量分数，数值以%表示；若抗氧剂（或抗臭氧剂）无法测出，可按公式（2）计算：

$$w_a = \frac{p_a}{p} \times 100 \tag{2}$$

式中：

p_a——橡胶配方中抗氧剂量，以份数表示（即每 100 份橡胶中抗氧剂的份数）；

p——橡胶配方中各组分总量，以份数表示（即 100 份橡胶、100 份橡胶中油的份数和 100 份橡胶中炭黑份数的总和）。

计算结果应保留两位小数。

9 允许差

平行测定的两个结果绝对差值不大于 0.28%。

10 试验报告

试验报告应至少包括下列内容：

a）本标准的编号；

b）关于样品的详细说明；

c）采用的方法；

d）试验结果；

e）在试验过程中观察到的任何异常现象；

f）本标准或引用标准中未包括的任何自选操作；

g）试验日期。

ICS 83.060
G 35

SH

中华人民共和国石油化工行业标准

SH/T 1727—2017
代替 SH/T 1727—2004

丁二烯橡胶微观结构的测定 红外光谱法

Determination of microstructure of butadiene rubber — Infra-red spectrometry

(ISO 12965:2000, Butadiene rubber—Determination of microstructure by infra-red spectrometry, MOD)

2017-07-07 发布 2018-01-01 实施

中华人民共和国工业和信息化部 发布

前　言

本标准按照 GB/T 1.1—2009 给出的规则起草。

本标准代替 SH/T 1727—2004《丁二烯橡胶微观结构的测定　红外光谱法》。

本标准与 SH/T 1727—2004 的主要技术性变化如下：

——修改了规范性引用文件

- 用 GB/T 3516—2006 代替了 ISO 1407：1992；
- 用 GB/T 15340—2008 代替了 GB/T 15340—1994；
- 删除 ISO/TR 9272：1986，将其修改为参考文献。

——修改试剂“二氯甲烷”为“环己烷”（见第 4 章、7.2，2004 年版的第 4 章、7.2）；

——增加试剂“乙醇/甲苯（ETA）”（见 4.2）

——增加抽提试验样品使用 GB/T 3516—2006 方法 B（见 7.1）；

——删除 ISO/TR 9272：1986，将其列入参考文献（见附录 A，2004 年版的第 8 章）。

本标准使用重新起草法修改采用 ISO 12965：2000《丁二烯橡胶微观结构的测定　红外光谱法》。

本标准与 ISO 12965：2000 的主要技术性变化如下：

——纳入了 ISO 12965/Cor. 1：2005 技术内容；

——关于规范性引用文件，本标准做了具有技术性差异的调整，以适应我国的技术条件，调整的情况集中反映在第 2 章“规范性引用文件”中，具体调整如下：

- 用修改采用国际标准的 GB/T 3516—2006 代替了 ISO 1407：1992；
- 用等同采用国际标准的 GB/T 15340—2008 代替了 ISO 1795：2000；
- 删除 ISO/TR 9272：1986，将其列入参考文献。

——增加试剂“乙醇/甲苯（ETA）”（见 4.2）

——增加抽提试验样品使用 GB/T 3516—2006 方法 B（见 7.1）；

——修改精密度的叙述，并将精密度内容移至附录 A（见附录 A，2004 年版的第 8 章）。

本标准由中国石油化工集团公司提出。

本标准由全国橡胶与橡胶制品标准化技术委员会合成橡胶分技术委员会（SAC/TC35/SC6）归口。

本标准起草单位：中国石油天然气股份有限公司石油化工研究院、中国石油化工股份有限公司北京燕山分公司、青岛伊科思新材料股份有限公司。

本标准主要起草人：翟月勤、赵家琳、魏玉丽、吴毅、李晓银、陈跟平、秦鹏、彭金瑞、林庆菊。

本标准所代替的历次版本发布情况：

——SH/T 1727—2004。

丁二烯橡胶微观结构的测定　红外光谱法

警示：使用本标准的人员应有正规实验室工作的实践经验。本标准并未指出所有可能的安全问题。使用者有责任采取适当的安全和健康措施，并保证符合国家有关法规规定的条件。

1　范围

本标准规定了用红外光谱仪涂膜法测定丁二烯橡胶（BR）微观结构的方法。

本标准适用于丁二烯橡胶。

2　规范性引用文件

下列文件对于本文件的应用是必不可少的。凡是注日期的引用文件，仅注日期的版本适用于本文件。凡是不注日期的引用文件，其最新版本（包括所有的修改单）适用于本文件。

GB/T 3516—2006　橡胶 溶剂抽出物的测定（ISO 1407：1992，MOD）

GB/T 15340—2008　天然、合成生胶取样及制样方法（ISO 1795：2000，IDT）

3　概要

3.1　将少量抽提过的橡胶溶解在环己烷中，并在盐片上涂膜。

3.2　在 $2000cm^{-1}$ ~ $600cm^{-1}$ 范围内获得光谱。根据固定波长的吸光度计算出顺式（*cis*）、反式（*trans*）和乙烯基（vinyl）的含量。

4　试剂

除非另有规定，仅使用分析纯试剂。

4.1　环己烷。

4.2　乙醇/甲苯（ETA）：7 体积无水乙醇与 3 体积甲苯的混合物。

5　仪器

5.1　双光束红外光谱仪或傅里叶变换红外（FTIR）光谱仪，分辨率不低于 $2cm^{-1}$。在 $2000cm^{-1}$ ~ $600cm^{-1}$ 光谱区域内，吸光度与浓度成线性分布。

5.2　盐片。

5.3　天平，精度 0.1mg。

5.4　真空烘箱，温度能控制在 50℃ ~60℃。

6　取样

按照 GB/T 15340—2008 的规定进行。

7 操作步骤

7.1 将橡胶样品压制成尽可能薄的胶片；采用ETA混合溶剂（4.2），按照GB/T 3516—2006中方法B抽提试验样品，在50℃~60℃的真空烘箱中干燥样品。

7.2 取抽提过的试样约100mg，溶解在约20mL环己烷中。如果溶液中存在凝胶，则过滤去除凝胶。

7.3 涂膜时，在水平放置的盐片（5.2）上加3滴或4滴胶液，使胶液均匀地分布在光束通过的盐片上。最好在室温下蒸发溶剂。

7.4 检查测试范围内的透光率是否在50%~30%之间，若超出这个范围，则清理盐片，用适量胶液重复7.3步骤。

7.5 当达到7.4要求时，在2000cm^{-1}~600cm^{-1}内扫描。

7.6 在2000cm^{-1}~600cm^{-1}区间画基线，不能切峰（中、高及低顺式丁二烯橡胶红外光谱图的基线见图1、图2、图3）。

7.7 测量965（A_{965}）cm^{-1}、909（A_{909}）cm^{-1}和728 cm^{-1}（A_{728}）处的吸光度，这些吸光度分别表征*trans*（A_{965}）、vinyl（A_{909}）和*cis*（A_{728}）的含量。

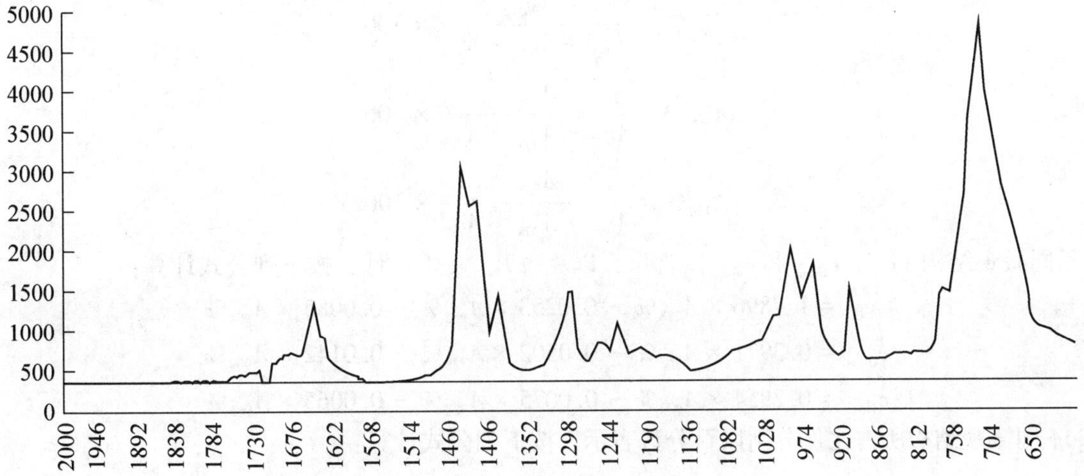

图1 样品A（中顺式丁二烯橡胶）

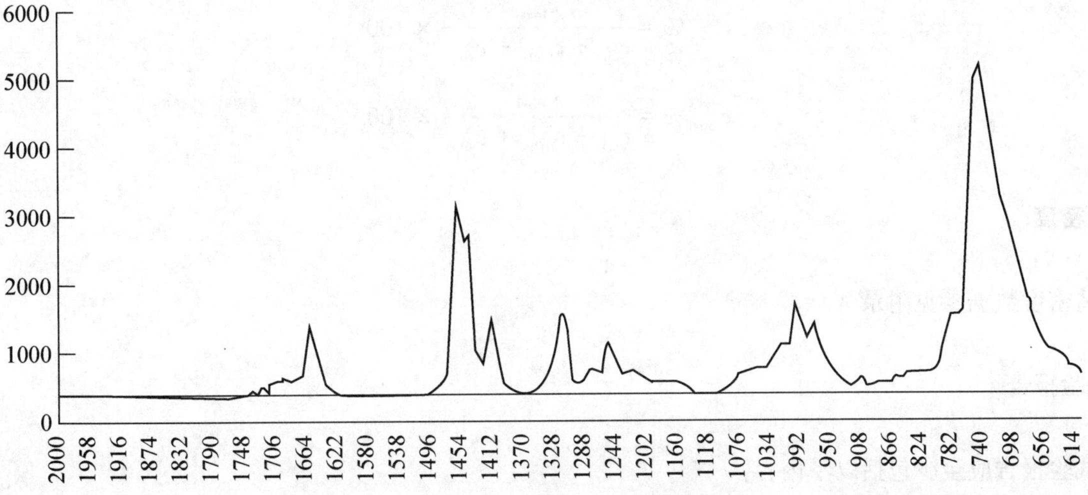

图2 样品B（高顺式丁二烯橡胶）

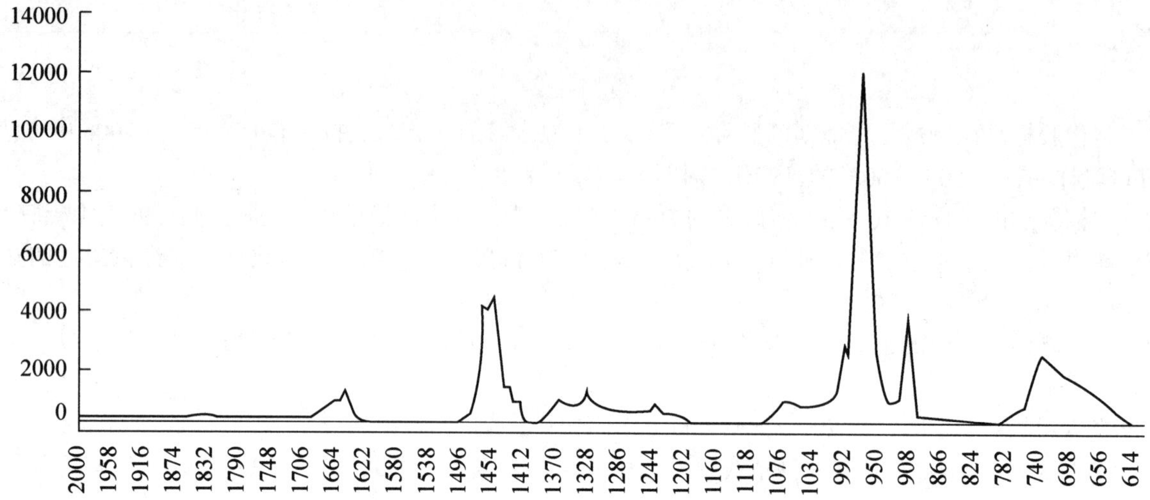

图3 样品C（低顺式丁二烯橡胶）

7.8 不同微观结构的相对吸光度按下列公式计算：

$$A_{965}\% = \frac{A_{965}}{A_{965} + A_{909} + A_{728}} \times 100 \tag{1}$$

$$A_{909}\% = \frac{A_{909}}{A_{965} + A_{909} + A_{728}} \times 100 \tag{2}$$

$$A_{728}\% = \frac{A_{728}}{A_{965} + A_{909} + A_{728}} \times 100 \tag{3}$$

7.9 不同微观结构（c_{cis}，c_{trans} 和 c_{vinyl}）含量，以克每升（g/L）计，按下列公式计算：

$$c_{cis} = 1.7896 \times A_{728}\% - 0.0253 \times A_{965}\% - 0.0085 \times A_{909}\% \tag{4}$$

$$c_{trans} = 0.3971 \times A_{965}\% - 0.0502 \times A_{728}\% - 0.0142 \times A_{909}\% \tag{5}$$

$$c_{vinyl} = 0.2954 \times A_{909}\% - 0.0075 \times A_{728}\% - 0.0065 \times A_{965}\% \tag{6}$$

7.10 不同微观结构所占比例分别以百分数表示，按下列公式计算：

$$c_{cis}\% = \frac{c_{cis}}{c_{cis} + c_{trans} + c_{vinyl}} \times 100 \tag{7}$$

$$c_{trans}\% = \frac{c_{trans}}{c_{cis} + c_{trans} + c_{vinyl}} \times 100 \tag{8}$$

$$c_{vinyl}\% = \frac{c_{vinyl}}{c_{cis} + c_{trans} + c_{vinyl}} \times 100 \tag{9}$$

8 精密度

精密度数据参见附录A。

9 试验报告

试验报告应至少包括以下内容：

a）本标准的编号；

b）试验样品的详细说明；

c）凝胶情况（见 7.2）；

d）试验结果；

e）与分析方法不同的任何偏差；

f）试验日期。

附　录　A
(资料性附录)
精密度

A.1　概述

A.1.1　本标准采用 ISO 12965：2000 的精密度。

A.1.2　1994 年开展了实验室间精密度试验，确定了 1 型精密度。有关精密度用的概念和术语参照 ISO/TR 9272：1986。

A.1.3　将三种具有不同微观结构（见图 1、图 2 和图 3）的丁二烯橡胶材料（A、B 和 C）分发给参与的实验室，各实验室按照本试验方法进行分析。

A.1.4　按照 ISO/TR 9272：1986 的规定计算以重复性和再现性表示的精密度。

A.1.3　精密度数据是 6 个实验室对 3 个水平的试样分别重复 5 次而获得的。

A.2　精密度结果

顺式（*cis*）含量的精密度结果见表 A.1，反式（*trans*）含量的精密度结果见表 A.2，乙烯基（vinyl）含量的精密度结果见表 A.3。

按本标准规定进行试验，如果实验室内两次重复试验结果的绝对差大于 r（合并值），则视为可疑，应进行相应的研究，查找原因。

按本标准规定进行试验，如果实验室间两次再现试验结果的绝对差大于 R（合并值），则视为可疑，应进行相应的研究，查找原因。

表 A.1　*cis* 含量的精密度数据

样　品	平均值 %	室内			室间		
		s_r	r	(r)	s_R	R	(R)
A	93.48	0.33	0.91	0.97	0.46	1.28	1.37
B	97.52	0.22	0.61	0.63	0.84	2.33	2.39
C	39.94	0.49	1.36	3.41	0.66	1.83	4.58
合并值	76.98	0.36	1.00	1.30	0.67	1.86	2.42

表中：
s_r：室内标准差；
s_R：室间标准差；
r：重复性，以测量值单位表示；
(r)：重复性，以百分数表示；
R：再现性，以测量值单位表示；
(R)：再现性，以百分数表示。

表 A.2 *trans* 含量的精密度数据

样 品	平均值 %	室内			室间		
		s_r	r	(r)	s_R	R	(R)
A	3.50	0.13	0.36	10.3	0.22	0.61	17.4
B	1.86	0.16	0.44	23.7	0.35	0.97	52.1
C	50.2	0.40	0.11	2.21	0.42	1.16	2.31
合并值	18.52	0.26	0.72	3.89	0.34	0.94	5.08

表中：

s_r：室内标准差；

s_R：室间标准差；

r：重复性，以测量值单位表示；

(r)：重复性，以百分数表示；

R：再现性，以测量值单位表示；

(R)：再现性，以百分数表示。

表 A.3 vinyl 含量的精密度数据

样 品	平均值 %	室内			室间		
		s_r	r	(r)	s_R	R	(R)
A	3.05	0.10	0.28	9.18	0.31	0.86	28.2
B	0.35	0.11	0.30	85.7	0.19	0.53	151.4
C	9.62	0.13	0.36	3.74	0.17	0.47	4.89
合并值	4.34	0.11	0.30	6.91	0.23	0.64	14.75

表中：

s_r：室内标准差；

s_R：室间标准差；

r：重复性，以测量值单位表示；

(r)：重复性，以百分数表示；

R：再现性，以测量值单位表示；

(R)：再现性，以百分数表示。

参 考 文 献

[1] ISO/TR 9272：1986 Rubber and rubber products—Determination of precision for test method standards

ICS 83.060
G 35
备案号：36284-2012
6

SH

中华人民共和国石油化工行业标准

SH/T 1743—2011
代替 SH/T 1743—2004

乙烯-丙烯-二烯烃橡胶(EPDM)评价方法

Rubber，ethylene-propylene-diene(EPDM)—Evaluation procedure

(ISO 4097：2007，MOD)

2011-12-20 发布 2012-07-01 实施

中华人民共和国工业和信息化部 发布

目　次

前　言

本标准按照 GB/T 1.1—2009 给出的规则起草。

本标准代替 SH/T 1743—2004《乙烯-丙烯-二烯烃橡胶(EPDM)—评价方法》。

本标准与 SH/T 1743—2004 相比的主要技术变化：

——规范性引用文件由“注日期引用”修改为“不注日期引用”(见第 2 章)；

——表 1 中增加了两个配方；

——修改表 1 中脚注内容；

——表 1 中增加段“称量允许误差也可以按照 GB/T 6038 的规定进行”；

——删除了前版的附录 A(资料性附录)。

本标准使用重新起草法修改采用国际标准 ISO 4097：2007《乙烯-丙烯-二烯烃橡胶(EPDM) 评价方法》(英文版)。

本标准与 ISO 4097：2007 的技术差异及其原因如下：

——关于规范性引用文件，本标准做了具有技术性差异的调整，以适应我国的技术条件，调整的情况集中反映在第 2 章“规范性引用文件”中，具体调整如下：

- 用等同采用国际标准的 GB/T 528 代替了 ISO 37；
- 用非等效采用的国际标准的 GB/T 1232.1 代替了 ISO 289-1；
- 用等同采用国际标准的 GB/T 2941 代替了 ISO 23529；
- 用修改采用国际标准的 GB/T 4498 代替了 ISO 247；
- 用修改采用国际标准的 GB/T 6038 代替了 ISO 2393；
- 用等同采用国际标准的 GB/T 9869 代替了 ISO 3417；
- 用等同采用国际标准的 GB/T 15340 代替了 ISO 1795；
- 用修改采用国际标准的 GB/T 16584 代替了 ISO 6502；
- 用等同采用国际标准的 GB/T 24131 代替了 ISO 248。

——表 1 中增加段“称量允许误差也可以按照 GB/T 6038 的规定进行”。

本标准由中国石油化工集团公司提出。

本标准由全国橡胶与橡胶制品标准化技术委员会合成橡胶分技术委员会归口(SAC/TC35/SC6)。

本标准起草单位：中国石油天然气股份有限公司石油化工研究院兰州化工研究中心、中国石油天然气股份有限公司吉林石化分公司有机合成厂。

本标准主要起草人：翟月勤、陈跟平、张欣荣、吴毅、李莉、刘俊保、方芳。

本标准所代替标准的历次版本发布情况：

——SH/T 1743—2004。

乙烯-丙烯-二烯烃橡胶(EPDM)评价方法

警告：使用本标准的人员应熟悉正规实验室操作规程。本标准无意涉及因使用本标准可能出现的所有安全问题。制定相应的安全和健康规程并确保符合国家法规是使用者的责任。

1 范围

本标准规定了：

——生胶的物理和化学试验；

——评价乙烯-丙烯-二烯烃橡胶(即三元乙丙橡胶)及其充油橡胶的硫化特性所用的标准材料、标准试验配方、设备和操作程序。

2 规范性引用文件

下列文件对于本文件的应用是必不可少的。凡是注日期的引用文件，仅所注日期的版本适用于本文件。凡是不注日期的引用文件，其最新版本(包括所有的修改单)适用于本文件。

GB/T 528 硫化橡胶或热塑性橡胶拉伸应力应变性能的测定(GB/T 528—2009，ISO 37：2005，IDT)

GB/T 1232.1 未硫化橡胶用圆盘剪切黏度计进行测定 第1部分：门尼黏度的测定(GB/T 1232.1—2000，ISO 289-1：1994，NEQ)

GB/T 2941 橡胶物理试验方法试样制备和调节通用程序(GB/T 2941—2006，ISO 23529：2004，IDT)

GB/T 4498 橡胶 灰分的测定(GB/T 4498—1997，ISO 247：1990，MOD)

GB/T 6038 橡胶试验胶料 配料、混炼和硫化 设备及操作程序(GB/T 6038—2006，ISO 2393：1994，MOD)

GB/T9869 橡胶胶料硫化特性的测定(圆盘振荡硫化仪法)(GB/T 9869—1997，ISO 3417：1991，IDT)

GB/T 15340 天然、合成生胶取样及制样方法(GB/T 15340—2008，ISO 1795：2000，IDT)

GB/T 16584 橡胶 用无转子硫化仪测定硫化特性(GB/T 16584—1996，ISO 6502：1991，MOD)

GB/T 24131 生橡胶 挥发分含量的测定(GB/T 24131—2009，ISO 248：2005，IDT)

3 取样和样品制备

3.1 按照GB/T 15340的规定取样约1.5kg。

3.2 按照GB/T 15340的规定制备试样。

4 生胶的物理和化学试验

4.1 门尼黏度

按照 GB/T 1232.1 测定门尼黏度，试样制备见 3.2(不过辊)。

如需要过辊，开炼机辊筒表面温度应保持在 50℃±5℃(如果是低门尼橡胶，辊筒温度应为 35℃±5℃)。如果过辊，应记录在试验报告中。

除非有关团体同意使用试验温度(100℃或 150℃)和/或试验时间(1+8)min，否则测定结果以 *ML*(1+4)125℃表示。

4.2 挥发分

按照 GB/T 24131 测定挥发分含量。

4.3 灰分

按照 GB/T 4498 测定灰分含量。

5 评价用混炼胶试样的制备

5.1 标准试验配方

标准试验配方见表 1。

配方 1 适用于标称乙烯质量百分含量小于 67%的非充油 EPDM;

配方 2 适用于标称乙烯质量百分含量大于或等于 67%的非充油 EPDM;

配方 3 适用于低门尼的非充油 EPDM;

配方 4 适用于在 100 份橡胶中含油量小于或等于 50 份油的充油 EPDM;

配方 5 适用于在 100 份橡胶中含油量大于 50 份小于 80 份油的充油 EPDM;

配方 6 适用于在 100 份橡胶中含油量大于或等于 80 份油的充油 EPDM。

表 1 评价 EPDM 橡胶用标准试验配方

材料	试验配方					
	1	2	3	4	5	6
	质量份数					
EPDM	100.00	100.00	100.00	100.00+x[a]	100.00+y[b]	100.00+z[c]
硬脂酸	1.00	1.00	1.00	1.00	1.00	1.00
工业参比炭黑[d]	80.00	100.00	40.00	80.00	80.00	150.00
ASTM103#油[e]	50.00	75.00	—	50.00-x[a]	—	—
氧化锌	5.00	5.00	5.00	5.00	5.00	5.00
硫磺	1.50	1.50	1.50	1.50	1.50	1.50
二硫化四甲基秋兰姆(TMTD)[f]	1.00	1.00	1.00	1.00	1.00	1.00
巯基苯并噻唑(MBT)	0.50	0.50	0.50	0.50	0.50	0.50
合计	239.00	284.00	149.00	239.00	189.00+y[b]	259.00+ z[c]
称量允许误差也可以按照 GB/T 6038 的规定进行。						

表1(续)

[a] x 是每 100 份基本胶料中含油量小于或等于 50 份时，油的质量份数。 [b] y 是每 100 份基本胶料中含油量大于 50 份或小于 80 份时，油的质量份数。 [c] z 是每 100 份基本胶料中含油量大于或等于 80 份时，油的质量份数。 [d] 应使用工业参比炭黑。 [e] 这种密度为 0.92g/cm^3 的油，由 Sun Refining and Marketing 公司生产，由 R. E. Carroll 股份有限公司(1570 North oiden Avenue Ext, Trenton, NJ08638, 美国)经销。国外用户可直接与 Sunoco Overseas 股份有限公司(1801 Market Street, Philadelphia PA 19103-1699, 美国)接洽。也可以选用其他油，但结果稍有不同。 [f] 标准参比材料 TMTD 可以由 Forcoven Products 有限公司(P. O Box 1556, Humble Texas 77338, 美国)提供，代号为 IRM1。

应使用国家或国际标准参比材料。如果无法获得标准参比材料，可使用有关团体双方认可的材料。

5.2 操作程序

5.2.1 设备和程序

试样制备、混炼和硫化所用的设备及程序应与 GB/T 6038 相一致。

5.2.2 混炼程序

5.2.2.1 总则

本标准规定了三种可供选择的混炼操作程序。

方法 A——密炼机混炼；

方法 B——开炼机混炼；

方法 C——密炼机初混炼和开炼机终混炼。

注：按标准试验配方用开炼机混炼 EPDM 橡胶比混炼其他橡胶更困难，用密炼机进行混炼时可取得较好的效果。由于开炼机混炼 EPDM 橡胶较为困难，所以，只有在没有密炼机的时候才推荐使用方法 B。

5.2.2.2 方法 A——密炼机混炼

5.2.2.2.1 初混炼程序

	保持时间 min	累积时间 min
a) 调节密炼机温度，在大约 5min 内达到终混炼温度 150℃。关闭卸料口，设定转子速度为 8 rad/s(77r/min)时，开启电机，升起上顶栓。	0	0
b)装入橡胶、氧化锌、炭黑、油和硬脂酸。放下上顶栓。	0.5	0.5
c)混炼胶料。	2.5	3.0
d)升起上顶栓，清扫密炼机加料颈部和上顶栓顶部，放下上顶栓。	0.5	3.5
e)当胶料温度达 150℃或在 5min 后，满足其中一个条件即可卸下胶料。	1.5(最多)	5.0
总时间(最多)	5.0	

f) 立即将胶料在辊距为 2.5mm，辊温为 50℃±5℃的实验室开炼机上薄通三次。检查胶料质量（见 GB/T 6038），如果胶料质量与理论值之差超过+0.5%或-1.5%，废弃此胶料，重新混炼。

g) 将混炼后胶料调节 30min~24h。如有可能，在 GB/T 2941 规定的标准温度和湿度下调节。

5.2.2.2.2 **终混炼程序**

	保持时间 min	累积时间 min
a) 调节密炼室温度和转子温度至 40℃±5℃，关闭卸料口，开启电机，以 8 rad/s(77r/min) 的速度启动转子，升起上顶栓。	0	0
b) 装入按 5.2.2.2.1 制备好的一半胶料、促进剂、硫磺和剩余的胶料。放下上顶栓。	0.5	0.5
c) 混炼胶料直到温度达到 110℃或总混炼时间达到 2min，满足其中一个条件即可卸料。	1.5（最多）	2.0
总时间（最多）	2.0	

d) 立即将胶料在辊距为 0.8mm，辊温为 50℃±5℃的实验室开炼机上薄通。

e) 使胶料打卷纵向薄通六次。

f) 将胶料压成约 6mm 的厚度，检查胶料质量（见 GB/T 6038）。如果胶料质量与理论值之差超过+0.5%或-1.5%，废弃此胶料，重新混炼。

g) 切取足够的胶料供硫化仪试验用。

h) 按照 GB/T 528 的要求，将胶料压成约 2.2mm 的厚度，用于制备硫化试片；或者制成适当厚度，用于制备环形试样。

i) 将混炼后胶料调节 30min~24h。如有可能，在 GB/T 2941 规定的标准温度和湿度下调节。

5.2.2.3 **方法 B——开炼机混炼**

标准实验室开炼机胶料质量（以 g 计）应为配方量的 2 倍。混炼过程中辊筒的表面温度应保持在 50℃±5℃。在开始混炼前，将氧化锌、硬脂酸、油和炭黑放在合适的容器中混合。

混炼期间，应保持辊筒间隙有适量的滚动堆积胶，如果按下面规定的辊距达不到这种要求，有必要对辊距稍作调整。

	保持时间 min	累积时间 min
a) 设定辊温为 50℃±5℃，辊距为 0.7mm，将橡胶在快速辊上包辊。	1.0	1.0
b) 沿辊筒用刮刀均匀地加入油、炭黑、氧化锌和硬脂酸的混合物。	13.0	14.0
注：采用配方 2、4 和 5 时，可以留一部分油在程序 c 中添加。	[程序 b+c]	
c) 当加入约一半混合物时，将辊距调至 1.3mm，从每边作 3/4 割刀一次。然后加入剩余的混合物，再将辊距调节到 1.8mm。当全部混合物加完后，从每边作 3/4 割刀两次。务必将掉入接料盘中的所有物料加入混炼胶中。		
d) 沿辊筒均匀地加入促进剂和硫磺，辊距保持在 1.8mm。	3.0	17.0
e) 从每边作 3/4 割刀三次，每刀间隔为 15s。	2.0	19.0

f)下片。辊距调节至0.8mm，将胶料打卷，从两端交替加入纵向薄通六次。　2.0　21.0

总时间　21.0

g)将胶料压成约6mm的厚度，检查胶料质量(见GB/T 6038)，如果胶料质量与理论值之差，超过+0.5%或-1.5%，废弃此胶料，重新混炼。

h)切取足够的胶料供硫化仪试验用。

i)将胶料压成约2.2mm的厚度，用于制备硫化试片；或者制成适当的厚度，用于制备环形试样。

j)将混炼后胶料调节30min~24h。如有可能，在GB/T 2941规定的标准温度和湿度下调节。

5.2.2.4 方法C——密炼机初混炼开炼机终混炼

5.2.2.4.1 步骤1 初混炼程序

	保持时间 min	累积时间 min
a)调节密炼机温度，在大约5min内达到终混炼温度150℃。关闭卸料口，设定转子速度为8 rad/s(77r/min)时，开启电机，升起上顶栓。	0	0
b)装入橡胶、氧化锌、炭黑、油和硬脂酸。放下上顶栓。	0.5	0.5
c)混炼胶料。	2.5	3.0
d)升起上顶栓，清扫密炼机加料颈部和上顶栓顶部，放下上顶栓。	0.5	3.5
e)当温度达150℃或在5min后，满足其中一个条件即可卸下胶料。	1.5(最多)	5.0
总时间(最多)	5.0	

f)立即将胶料在辊距为2.5mm，辊温为50℃±5℃的实验室开炼机上薄通三次。检查胶料质量(见GB/T 6038)，如果胶料质量与理论值之差超过+0.5%或-1.5%，废弃此胶料。重新混炼。

g)将混炼后胶料调节30min~24h。如有可能，在GB/T 2941规定的标准温度和湿度下调节。

5.2.2.4.2 步骤2 开炼机终混炼程序

在混炼期间，应保持辊筒间隙有适量的滚动堆积胶，如果按下面规定的辊距达不到这种要求，有必要对辊距稍作调整。

标准实验室开炼机胶料质量(以g计)应为配方量的2倍。

	保持时间 min	累积时间 min
a)设定辊温为50℃±5℃，辊距为1.5mm，将母炼胶在快速辊上包辊并加入硫磺和促进剂，待其完全分散后，再割刀。务必将掉入接料盘中的所有物料加入混炼胶中。	1.0	1.0
b)每边作3/4割刀三次，每次间隔15s。	2.0	3.0
c)下片。辊距调节至0.8mm，将胶料打卷，从两端交替加入纵向薄通六次。	2.0	5.0
总时间	5.0	

d)将胶料压成约 6mm 的厚度，检查胶料质量(见 GB/T 6038)。如果胶料质量与理论值之差超过+0.5%或-1.5%，废弃此胶料，重新混炼。

e)切取足够的胶料供硫化仪试验用。

f)将胶料压成约 2.2mm 的厚度，用于制备硫化试片；或者制成适当的厚度，用于制备环形试样。

g)将混炼后胶料调节 30min~24h。如有可能，在 GB/T 2941 规定的标准温度和湿度下调节。

6 用硫化仪评价硫化特性

警告：硫化过程中，可能产生亚硝酸铵。

6.1 用圆盘振荡硫化仪测试

测定下列标准试验参数：

在规定时间的 F_L、F_{max}(在规定的时间)、t_{s1}、$t'_c(50)$和 $t'_c(90)$。

按 GB/T 16584，采用以下试验条件：

振荡频率：　1.7Hz(100 周/min)

振幅：　0.5°

选择性：　至少选择 F_{max} 为满量程的 75

注：对某些橡胶 75%可能不合适。

模腔温度：160℃±0.3℃

预热时间：　无

6.2 用无转子硫化仪测试

测定下列标准试验参数：

在规定时间的 F_L、F_{max}(在规定的时间)、t_{s1}、$t'_c(50)$和 $t'_c(90)$。

按 GB/T 16584，采用以下试验条件：

振荡频率：　1.7Hz(100 周/min)

振幅：　0.5°

选择性：　至少选择 F_{max} 为满量程的 75%

注：对某些橡胶 75%可能不合适。

模腔温度：　160℃±0.3℃

预热时间：　无

7 硫化胶拉伸应力-应变性能的评价

警告：硫化过程中，可能产生亚硝酸铵。

试片在 160℃下硫化，从 10min、20min、30min、40min 和 50min 的硫化点中选择三个硫化点，中间的硫化点应尽量接近 $t'_c(90)$。这三个硫化点应包括该实验胶料的欠硫、正硫和过硫。

硫化试片在标准温度下调节 16h~96h。如有可能，按 GB/T 2941 规定，在标准温度和标准湿度下调节。

按 GB/T 528 规定测定应力-应变性能。

8 精密度

8.1 导则

密炼机方法的精密度结果以 ASTM D3568-2003[6] 的数据为基础，按 ISO/TR 9272 : 1986[3] 计算出重复性和再现性。

8.2 精密度说明

8.2.1 密炼机混炼

本标准规定了(实验室间)2 型精密度。按照实验室间程序，使用三种不同的 EPDM 橡胶，由八个实验室各自在两天内，使用国际参比炭黑 NO.6(IRB NO.6)，按照密炼法(方法 A)混炼。仅开展了硫化仪(圆盘振荡)试验。

8.2.2 开炼机混炼

本标准规定了使用圆盘振荡硫化仪测定硫化特性的 2 型(在实验室间)精密度。按照实验室间程序，使用一种 EPDM 橡胶，由八个实验室各自在三天内按照开炼法(方法 B)混炼进行试验。

8.3 精密度结果

计算出的重复性和再现性数值见表 2 和表 3。

在表 2 和表 3 中使用的符号定义如下：

r：重复性，用测量单位表示。这是一个数值，在指定的概率下，实验室内两个实验结果的绝对差应低于此值。

(r)：相对重复性，用百分比表示。

两个试验结果是在相同的试验条件下(同一实验室，同一操作者和同一仪器)，在规定的时间周期内，采用同一实验方法和相同试验材料所得到的。除非另有说明，概率为 95%。

R：再现性，用测量单位表示。这是一个数值，在指定的概率下，实验室之间的两个试验结果之差的绝对值应低于此值。

(R)：相对再现性，用百分比表示。

两个试验结果的相对再现性是在不同的条件下(不同的实验室，不同的操作者和不同的仪器)，在规定的时间周期内，采用同一试验方法和相同的试验材料得到的。除非另有说明，概率为 95%。

表 2 各种试验参数的 2 型精密度(密炼法)

参数	单位	数值范围[a]	实验室内			实验室间		
			s_r	r	(r)	s_R	R	(R)
M_L	dN · m	6.7~12.4	0.50	1.42	14.8	1.24	3.51	36.6
M_H	dN · m	32.7~46.9	1.29	3.65	9.2	3.66	10.4	26.1
t_{s1}	min	2.2~2.7	0.11	0.31	12.4	0.38	1.08	43.2
$t'_c(90)$	min	12.6~15.6	0.64	1.81	12.8	1.20	3.40	24.1

注：s_r：重复性标准差，以测量单位计。

s_R：再现性标准差，以测量单位计。

[a] 在温度为 160℃，频率为 1.7Hz，振幅为 1°时测量。用平均值计算(r)和(R)。

表 3 各种试验参数的 2 型精密度(开炼法)

参数	单位	数值范围[a]	实验室内			实验室间		
			s_r	r	(r)	s_R	R	(R)
M_L	dN · m	7.00	0.54	1.51	21.57	1.49	4.19	59.86
M_H	dN · m	46.09	1.06	2.96	6.42	2.41	6.74	14.62
t_{s1}	min	2.23	0.05	0.14	6.72	0.25	0.69	30.94
$t'_c(50)$	min	4.43	0.18	0.49	11.06	0.27	0.75	16.93
$t'_c(90)$	min	13.47	0.45	1.25	9.28	0.95	2.67	19.82

注：s_r：重复性标准差，以测量单位计。

s_R：再现性标准差，以测量单位计。

[a] 在温度为 160℃，频率为 1.7Hz，振幅为 1°弧时测量。用平均值计算(r)和(R)。

9 试验报告

试验报告包括以下内容：

a)本标准的编号；

b)关于样品的详细说明；

c)测定门尼黏度的时间和温度，是否使用制样程序(如果有，注明参数)；

d)测定灰分使用的方法(GB/T 4498 中 A 法或 B 法)；

e)使用的标准试验配方；

f)使用的参比材料；

g)5.2.2 中使用混炼方法；

h)5.2.2.2.1g)或 5.2.2.2.2i)或 5.2.2.3.j)或 5.2.2.4.1g)和 5.2.2.4.2g)中使用的调节时间；

i)第 6 章中：

——使用的硫化仪类型；

——引用标准；

——M_H 或 F_{max} 的时间；

——硫化试验使用的振幅；

j)第 7 章中使用的硫化时间；

k)测定过程中观察到的任何异常现象；

l)本标准或引用标准中未包括的任何自选操作；

m)分析结果和单位的表述；

n)试验日期。

参 考 文 献

[1] ISO 1382 橡胶—词汇
[2] ISO 6472 橡胶配合剂—缩略语
[3] ISO/TR 9272：1986 橡胶和橡胶制品—试验方法标准精密度的测定
[4] ASTM D88 赛氏黏度的标准试验方法
[5] ASTM D2161 运动黏度转化为赛氏通用黏度或赛氏弗洛黏度的标准操作规程
[6] ASTM D3568-03 橡胶的标准试验方法—包括充油EPDM(乙烯-丙烯-二烯共聚物)的评价

ICS 83.060
G 35

SH

中华人民共和国石油化工行业标准

SH/T 1751—2005

乙烯-丙烯共聚物(EPM)和乙烯-丙烯-二烯烃三元共聚物(EPDM)中乙烯的测定

Determination of ethylene units in ethylene-propylene copolymer(EPM) and ethylene-propylene-diene terpolymers(EPDM)

2005-04-11 发布　　2005-09-01 实施

中华人民共和国国家发展和改革委员会　发布

目　次

前　言

本标准等同采用美国试验材料协会 ASTM D 3900：2000《生橡胶标准试验方法　乙烯-丙烯共聚物(EPM)和乙烯-丙烯-二烯烃(EPDM)三元共聚物中乙烯的测定》。

本标准等同翻译 ASTM D 3900：2000。

为便于使用，本标准做了下列编辑性修改：

a）修改了标准名称；

b）增加了目次；

c）对公式进行编号。

本标准由中国石油化工股份有限公司提出。

本标准由全国橡胶与橡胶制品标准化技术委员会合成橡胶分技术委员会归口(SAC/TC35/SC6)。

本标准起草单位：中国石油天然气股份有限公司兰州石化分公司石油化工研究院、中国石油天然气股份有限公司吉林石化分公司有机合成厂。

本标准主要起草人：王进、赵家林、李莉、郭洪达、吴毅。

乙烯-丙烯共聚物(EPM)和乙烯-丙烯-二烯烃三元共聚物(EPDM)中乙烯的测定

警告：使用本标准的人员应有正规实验室工作的实践经验。本标准并未指出所有可能的安全问题。使用者有责任采取适当的安全和健康措施，并保证符合国家有关法规规定的条件。

1 范围

1.1 本方法规定了乙烯质量百分数在35%~85%之间的乙烯-丙烯共聚物(EPM)和乙烯-丙烯-二烯烃三元共聚物(EPDM)中乙烯单体与丙烯单体含量的红外测试方法。

这四种方法囊括了多种工业聚合物，这些聚合物中含有的添加剂或聚合二烯烃单体会干扰不同的红外峰，除非有干扰存在，四种方法会得到同样的结果。测试方法按以下顺序给出。

1.1.1 压膜试验方法

试验方法A——乙烯质量百分数在35%~65%之间的EPM和EPDM。

试验方法B——乙烯质量百分数在60%~85%之间的EPM和EPDM，除乙烯/丙烯/1,4-己二烯三元共聚物。

试验方法C——乙烯质量百分数在35%~85%之间的EPM和EPDM，用近红外。

1.1.2 涂膜试验法

试验方法D——乙烯质量百分数在35%~85%之间的EPM和EPDM，除乙烯/丙烯/1,4-己二烯三元共聚物。

1.2 这些试验方法不适用于充油EPDM，除非事先已按试验方法D将填充油除去。

1.3 本标准使用国际标准单位制。

1.4 本方法不涉及所有安全问题。如果有，与使用者有关。本标准的使用者在使用本标准前，应负责建立相应的安全和健康规则，并在使用前判断受限规则的适用性。

2 参考文献

2.1 ASTM标准

D 297 橡胶制品试验方法—化学分析

D 3568 橡胶试验方法—乙烯-丙烯-二烯烃三元共聚物(EPDM)评价方法，包括充油混炼胶。

D 4483 橡胶和炭黑工业试验方法标准精密度测定

E 168 红外定量分析通用技术规程

3 试验方法摘要

3.1 试验方法A——测定所压制膜片在8.65/13.85μm(1156/722cm^{-1})处的红外吸光度比值，乙烯质量百分数可从标准聚合物的校正曲线上读出。

3.2 试验方法B——测定所压制薄型膜片在7.25/13.85μm(1379/722cm^{-1})处的红外吸光度比值，乙烯质量百分数可从标准聚合物的校正曲线上读出。

3.3 试验方法C——用近红外测定所压制膜片在8.65/2.35μm(1156/4255cm^{-1})处的红外吸光度比值，乙烯质量百分数可从标准聚合物的校正曲线上读出。

3.4 试验方法D——在盐片上铸超薄型膜片，测定其在7.25/6.85μm(1379/1460cm^{-1})处的红外吸光度比值，乙烯质量百分数可从标准聚合物的校正曲线上读出。

4 重要性和用途

4.1 本试验方法可用于按试验方法 D 3568 评价的不同 EPDM 聚合物的测定。

4.2 相同的乙烯含量，但乙烯序列分布的不同会导致结晶度和格林强度不同。由于其对 EPM 和 EPDM 的加工性和最终使用性是一项重要的变量，故橡胶中乙烯含量的测定不能作为判断有特定用途的某种橡胶的唯一测定方法。

5 干扰

5.1 乙烯-丙烯-1,4-己二烯在 7.25μm($1379cm^{-1}$)处有干扰峰，应使用方法 A 或 C 测定。

5.2 由于各种工业聚合物中含有的添加剂和稳定剂会干扰 8.65μm($1156cm^{-1}$)处峰的使用。应小心使用试验方法 A 和 C，或应使用标准中规定的试验方法 B 或 D。

5.3 有填充油存在时，会对所有测定产生干扰，故在红外分析前，必须除去填充油。

6 设备

6.1 液压平板硫化机：200MPa，150℃。

6.2 红外分光光度计：双光束，具有 1%或更高的百分透射率。对试验方法 A，B，D，满量程可记录波谱范围为 2.5μm~15μm($4000cm^{-1}$~$667cm^{-1}$ 或 $400000m^{-1}$~$66700m^{-1}$)。对试验方法 C，所需仪器应具有可记录波谱范围为 2.0μm~15μm($2000cm^{-1}$~$667cm^{-1}$ 或 $20000m^{-1}$~$66700m^{-1}$)的能力。任何符合这些要求的设备均可使用。该设备应由技术熟练的人员按操作手册进行最佳操作。红外定量分析的建议性通用技术规程在指南 E 168 中给出。

6.3 对常规试验，可用傅立叶红外(FTIR)代替双光束红外光谱仪。每种试验方法的分析步骤和校正部分中均给出了双光束红外光谱仪的基线校正步骤。用傅立叶红外测定时，样品膜温度应低于用双光束红外光谱仪测定的样品膜温度。一些部分结晶的聚合物也许响应不同。用 FTIR 也许会有不同数学形式的校正公式(见部分 30)。

7 取样

7.1 由于红外吸收实质上具有加和性，且受杂质影响，故应小心以尽可能确保用于光谱分析的试样具有代表性。

7.2 如可能，从新切割的表面取样，以避免试样部分氧化。

8 精密度和偏差

8.1 按指南 D 4483 制定精密度和偏差。参考指南 D 4483 中的术语和其他统计计算的说明。

8.2 该精密度和偏差部分中给出的精密度结果仅为按下述规定，用室间实验室程序对该材料进行测定的这些试验方法的精密度估计值。该精密度参数不能用于接收或拒绝任何没有证明的材料。该证明适用于那些特殊材料和包括这些试验方法的专用试验协议。

8.3 这些试验方法的精密度为 1 型精密度(室间)。重复性和再现性均是短期的。在几天的周期内，分别进行重复测试。

8.4 这些试验方法的精密度是在两天内，由几个实验室对几种材料的研究获得的，见以下数据：

试验方法	乙烯范围/%	实验室数	材料数
A	40~60	6	3
A	65~76	5	2
B	60~66	4	2

试验方法	乙烯范围/%	实验室数	材料数
D(非充油聚合物)	40~70	4	4
D(充油聚合物)	72	3	1

试验结果为乙烯百分数的单次测定结果。

8.5 试验方法 A，B 和 D 的重复性和再现性的精密度计算结果由表 1 给出。

表1 1型精密度

试验方法	乙烯范围/%	室内			室间		
		S_r	r	(r)	S_R	R	(R)
A	40~60	0.569	1.61	3.22	0.857	2.43	4.86
A	65~76	0.471	1.33	1.90	1.74	4.92	7.0
B	60~66	0.433	1.23	1.95	0.540	1.53	2.43
D(非充油)	40~70	0.856	2.42	4.40	2.11	5.97	10.9
D(充油)	72	2.12	6.00	8.3	3.55	10.0	13.9

注：对试验方法 C，由于数据不够，无法给出精密度结果。然而，在一个实验室内，建议试验方法 C 的精密度水平与其他试验方法相同。

8.6 这些试验方法的精密度可以用下列参数表示，即用 r，R，(r)或(R)值判定试验结果。该对应值即是在任何指定时间，对任一给定材料，按常规试验步骤得到的与表 1 中平均水平有关的并最接近平均水平的 r 值和 R 值。

8.7 重复性——这些试验方法的重复性 r 已经用表 1 中的对应值算出。按照标准的试验方法步骤，两次试验结果之差若大于表中的 r 值(对任一相应水平)，则应认作所用试样取自不同样本总体或非等质的样本总体。

8.8 再现性——这些试验方法的再现性 R 已经用表 1 中的对应值算出。在两个不同的实验室，按照标准的试验方法，两次试验测得的结果之差若大于表中的 R 值(对任一相应水平)，则应认作所用试样取自不同样本总体或非等质样本总体。

8.9 用平均水平的百分数表示重复性(r)和再现性(R)，它们的应用与上述 r 和 R 相同，对于参数(r)和(R)，两次试验结果之差用两次试验结果的算术平均值的百分数表示。

8.10 偏差

8.10.1 偏差是由 5 家美国 EPM/EPDM 制造商，对 6 种 EPM 标准聚合物进行循环检验得到的。每个制造商采用自己的红外光谱仪和吸光度/乙烯校正表，对 6 种标准胶样分别做 8 次测定。每个校正表均为用红外试验法对用同位素 C_{14} 标记的中试聚合物或用核磁共振确认的同等聚合物进行测定而确定的。

8.10.2 下列 10 种 EPM 标准胶的乙烯含量均为欧洲和北美洲实验联合体借助 13C 核磁共振(NMR)建立的：

标准号	乙烯质量分数/%
1	40.1
2	52.4
3	58.6
4	66.8
5	70.8
6	78.6
7	44.8
8	52.6
9	69.5
10	77.5

8.10.3 每个标准物均是由工业生产装置生产出来的，已留出相当大的量专用于校正(见13.2)。

8.11 试验方法A的精密度是使用FTIR光谱仪，在两天内由9个实验室对5种材料进行室间研究得到的。重复性和再现性的精密度计算结果见表2。所使用的FTIR光谱仪已经用通过13C NMR确认的乙烯质量分数校正。

表2 试验方法A的1型精密度

样品	平均水平/%	室内			室间		
		S_r	r	(r)	S_R	R	(R)
EPDM-1237	52.4	0.259	0.724	1.38	0.557	1.56	2.98
EPDM-865	56.9	0.225	0.629	1.11	0.688	1.93	3.39
EPDM-2154	58.1	0.197	0.550	0.947	0.766	2.15	3.70
EPDM-306	67.9	0.400	1.12	1.65	0.814	2.28	3.36
EPDM-227	74.4	0.711	1.99	2.67	1.12	3.14	4.22

试验方法A——压膜法，8.65/13.85μm峰值比

9 范围

9.1 本方法规定了乙烯质量分数在35%~65%的EPM和EPDM中乙烯分数的测定方法。

9.2 乙烯质量分数范围约为60%~80%时，也许可以小心使用此方法。但使用多台仪器进行测试时，它的精密度低于试验方法B的精密度。

9.3 一些工业聚合物中的添加剂在8.65μm($1156cm^{-1}$)的肩峰——约8.93μm($1120cm^{-1}$)处，产生一个附加吸光度，给扣除基线造成困难。如果有这种情况，必须使用试验方法B或D。

9.4 本法不适用于充油聚合物，除非事先通过抽提除去填充油。

10 试验方法摘要

10.1 本试验方法用丙烯单元的甲基官能团在8.65μm($1156cm^{-1}$)处的吸光度与乙烯单元的亚甲基官能团在13.85μm($722cm^{-1}$)处的吸光度的比值来计算乙烯含量。可使用一系列已知EPM聚合物绘制$A_{8.65}/A_{13.85}$对乙烯质量百分数的校正曲线。

11 试剂和材料

11.1 试剂纯度—所有试验均采用分析纯试剂。除非另有标明，所有试剂应符合美国化学协会分析试剂委员会的规定，这些规定应现行有效。假定事先已确定该试剂有足够高的纯度，可以不降低试验精度，则可以使用其他级别的试剂。

11.2 在进行以下分析时，特别是那些包括有毒或可燃试剂或二者均有的操作，应注意安全和健康问题。

11.3 丙酮。

11.4 黏性标签。

11.5 平滑钢板：200mm×200mm×1.5mm。

11.6 聚酯膜：无涂层，0.04mm厚。

11.7 特弗隆(TFE)氟碳涂层不锈钢或铝箔。

12 分析步骤

12.1 将聚合物切成尺寸与火柴头尺寸大小相同的小片(约0.2g)。

12.2　将聚合物放在两片聚酯膜或 TFE-氟碳涂层的不锈钢片或铝箔之间。

12.3　将装有聚合物的聚酯膜或 TFE-氟碳涂层的不锈钢片或铝箔放入平板硫化机的平板间，如果平板不光滑，则将膜片先夹入钢板中，再放入平板机的平板间，

12.4　于 150℃，70MPa 下，压制试样 30s~60s。

12.5　释放压力，从平板机上取下钢板，冷却，小心将试样从聚酯膜或 TFE-氟碳涂层膜上取下。对特别黏或脆的膜片，可用丙酮作脱膜剂。将膜片安装在光谱仪的样品夹持器上。

12.6　如果膜片有洞或其他瑕疵，废弃并重新制片。

12.7　在热压时，有些聚合物会发皱或表面不平，可以在加压下冷却至室温以获得光滑的膜片。在使用 TFE-氟碳涂层铝箔时，此步骤尤其重要。

12.8　对黏度特别大或脆的膜片，采用以下方法之一制样。

12.8.1　在 TFE-氟碳涂层铝箔之间压制膜片。冷却铝箔，将一侧箔片从样片上取下，将黏性标签贴在膜片上，分离膜片。将样品固定在红外分光光度计的样片夹持器上。

12.8.2　用其他可接受的光谱样品制备技术制作不易制样的膜片。

12.9　将样品置于光谱仪的样品光束下，以空气为参比光束，测量 13.85μm($722cm^{-1}$)处的总吸光度。如果总吸光度不在 0.5Å~0.8Å 之间，另压制一厚度合适的样片。

12.10　按仪器使用说明书进行红外光谱定量分析。使用推荐的控制设置。特别是应按建议控制扫描速度、增益和狭缝宽度，以得到一致的结果。

12.11　测量 7μm~16μm($1400cm^{-1}$~$600cm^{-1}$)范围内的光谱。

12.12　用约 8.20μm 和 8.93μm 处的肩峰给 8.65μm 处的峰画基线。8.20μm 处的吸光度通常应大于 8.93μm 处的吸光度。如果它小于 8.93μm 处的吸光度，表明可能有来自稳定剂的干扰(见图 1)。如果有可能，在进行红外测试前，除去此类外来杂质；最好使用方法 B 或 D，这两种方法不使用该峰。

12.13　在约 8.65μm 处测量吸光度(见图 2)。

12.14　用约 12.7μm 和 14.8μm 处的肩峰给 13.85μm 的峰画基线。

12.15　在约 13.85μm 处测量该峰的吸光度(见图 2)。如果这个峰较 8.65μm 处峰大的多(大于 5 倍)，表明乙烯含量较高。最好使用方法 B、C、D，以求更好的精密度。

12.16　对仲裁检验，重复该步骤做平行样。

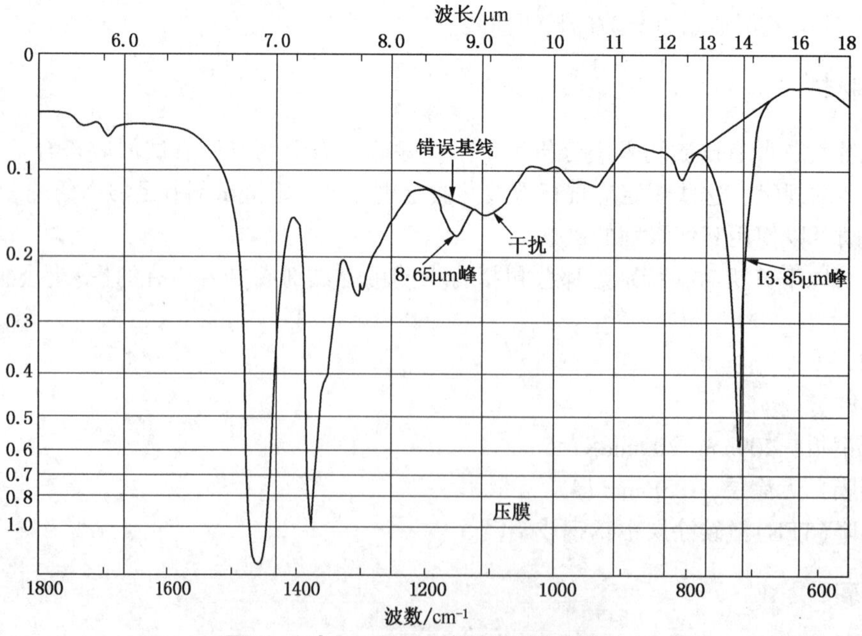

图 1　对 8.65μm 峰的干扰图解

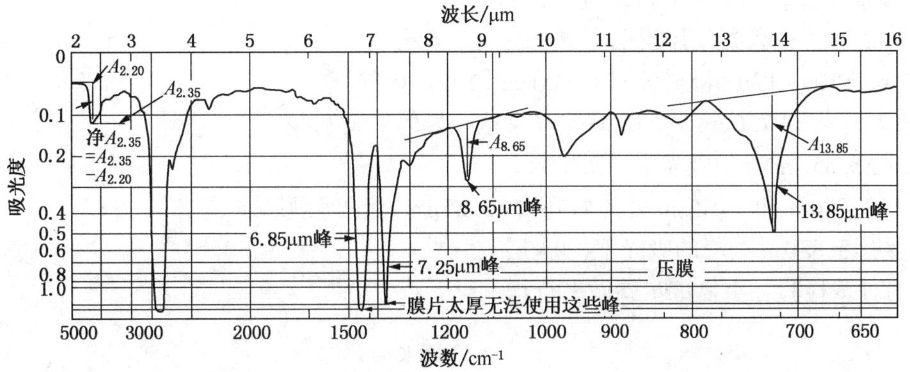

图 2　2.35μm，8.65μm 和 13.85μm 峰的基线

13　计算

13.1　用 8.65μm 处的吸光度除以 13.85μm 处的吸光度。

13.2　根据被测聚合物类型，用 $A_{8.65}/A_{13.85}$ 对乙烯质量百分数在 35%～65%的已知标准 EPM 绘制校正曲线。对标准物进行多次测定，建立一条精确的校正曲线。从标准物质管理员处获得建立该方法的此类标准物。

13.3　从校正曲线上，读取未知样品的乙烯质量分数。见部分 30。

14　报告

14.1　按单次试验报告试验结果。对仲裁检验，取两次单独测定结果的平均值报告试验结果。

14.2　对 EPM，报告乙烯质量分数，以最接近的整数值表示。

14.3　对 EPDM，报告乙烯/丙烯的质量比值(未修正二烯烃含量)，以最接近的整数值表示。

试验方法 B——压膜法，7.25/13.85μm 峰值比

15　范围

15.1　本试验方法规定了乙烯质量分数在 65%～85%之间的 EPM 和 EPDM 中乙烯分数的测定方法。

15.2　本试验方法也可用于乙烯质量分数低于 60%的精确测定，但在这一区域，所需膜片的厚度很难控制。

15.3　由于在 7.25μm 处存在干扰，本试验方法不适用于用 1,4 己二烯做第三单体的 EPDM。

15.4　本试验方法不适用于充油聚合物，除非事先已通过抽提将填充油除去。

16　试验方法摘要

16.1　本试验方法用丙烯单元的甲基官能团在 7.25μm 处的吸光度与乙烯单元的亚甲基官能团在 13.85μm 处的吸光度的比值来计算乙烯含量。可使用一系列已知 EPM 聚合物绘制 $A_{8.65}/A_{13.85}$ 对乙烯质量百分数的校正曲线。

17　分析步骤

17.1　基本样品制备见 12.1～12.7。

17.2　为使 7.25μm 的峰在范围内，该法使用的膜片厚度较试验方法 A 的薄。也许要用较长压制时间和较少的样品，在高达 200MPa 的压力下按 12.8 制备膜片。

17.3　将压制后的样品放在光谱仪的样品光束下，测量 7.25μm 处的总吸光度。如果大于 0.8A，

废弃，重新压制膜片，用更薄的样品进行试验。

17.4 依照12.10，按仪器使用说明书进行红外定量分析。

17.5 测量6.50μm～17μm(1400cm^{-1}～600cm^{-1})范围内的光谱。

17.6 用约7.1μm和7.6μm处的肩峰给7.25μm处的峰画基线。

17.7 测量约8.65μm处的吸光度(见图3)。

17.8 用约12.75μm和14.8μm处的肩峰给13.85μm处的峰画基线。

17.9 测量约13.85μm处峰的吸光度(见图2)。

17.10 仅对仲裁检验，重复该步骤做平行样。

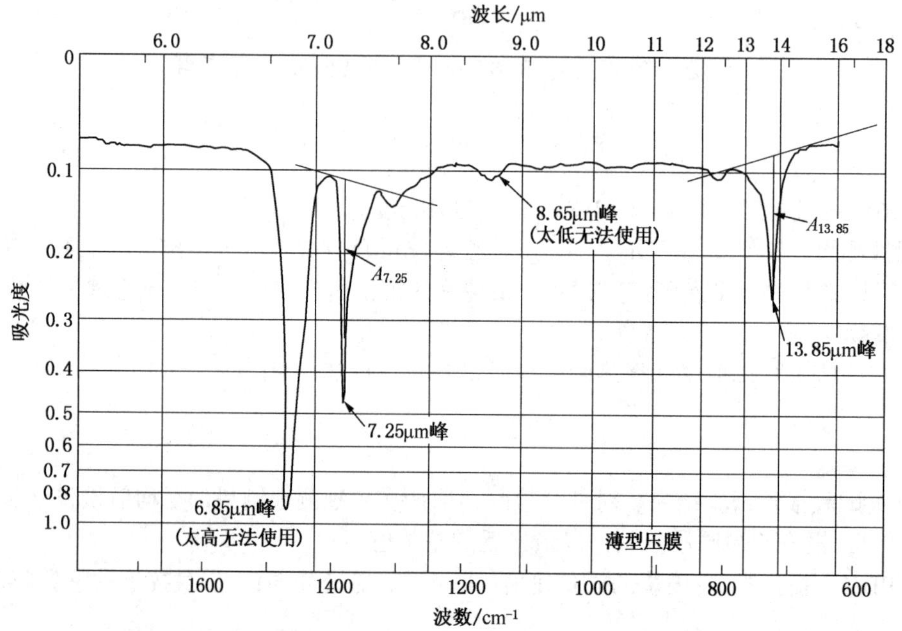

图3 7.25μm和13.85μm的基线(试验方法B)

18 计算

18.1 用7.25μm处的吸光度除以13.85μm处的吸光度。

18.2 根据被测聚合物类型，用$A_{7.25}/A_{13.85}$对乙烯质量百分数在60%～85%的已知标准EPM绘制校正曲线。标准物见13.2。

18.3 从校正曲线上，读取未知样品的质量百分数。见部分30。

19 报告

19.1 按单次试验报告试验结果。对仲裁检验，取两次单独测试的平均值报告试验结果。

19.2 对EPM，报告乙烯质量分数，以最接近的整数值表示。

19.3 对EPDM，报告乙烯/丙烯的质量比值(未修正二烯烃含量)，以最接近的整数值表示。

试验方法C——压膜法，8.65/2.35μm峰值比

20 范围

20.1 本试验方法规定了乙烯质量分数在35%～85%之间的EPM和EPDM中乙烯百分数的测定方法，包括以1,4-己二烯作第三单体的EPDM。

20.2 本试验方法可以用于其他EPDM和EPM，如果如5.2，9.3和12.12中描述的对8.65μm峰

存在干扰，则此时这些干扰不能被忽略，应使用试验方法 B 或 D。

20.3 本试验方法仅限于那些具有近红外测试能力的仪器。

21 试验方法摘要

21.1 本试验方法用丙烯单元的甲基官能团在 8.65μm 处的吸光度与 C—H 键在近红外 2.35μm 处的吸光度的比值来计算乙烯含量。

22 分析步骤

22.1 样品制备见 12.1~12.7。膜片厚度应约为 0.1mm~0.2mm。

22.2 压制后，将样品放在光谱仪的样品光束下，用空气作参比光束，测量 2.35μm 处的总吸光度。如果它小于 0.15A 或大于 0.2A，废弃，重新压制膜片，用厚度合适的样品进行试验。如果样品的乙烯含量相当高，样品应稍厚，以使 8.65μm 的峰具有一定高度。

22.3 根据 12.10，按仪器使用说明书进行红外光谱定量分析。

22.4 在同一台仪器下测量 2.0μm~10.0μm 范围内的光谱。

22.5 测量约 2.35μm 处峰的吸光度，测量约 2.20μm 处肩峰的吸光度，用 $A_{2.35}$ 减去 $A_{2.20}$ 得出净 $A_{2.35}$。

22.6 用约 8.20μm 和 8.93μm 处的肩峰给 8.65μm 处的峰画基线。8.20μm 处的吸光度通常应大于 8.93μm 处的吸光度。如果它小于 8.93μm 处的吸光度，表明可能有来自稳定剂的干扰(见图 1)。如果有可能，在进行红外测试前，除去此类外来杂质；最好使用方法 B 或 D，这两种方法不使用该峰。

22.7 测量约 8.65μm 处峰的吸光度(见图 2)。

22.8 对仲裁检验，重复该步骤做平行样。

23 计算

23.1 用 8.65μm 处的吸光度除以 2.35μm 处的吸光度。

23.2 根据被测聚合物类型，用 $A_{8.65}/A_{2.35}$ 对乙烯质量分数在 35%~85%的已知标准 EPM 绘制校正曲线。对标准物进行多次测定，建立一条精确的校正曲线。标准物见 13.2。

23.3 从校正曲线上，读取未知样品的乙烯质量分数。见部分 30。

24 报告

24.1 用单次测定结果报告试验结果。对仲裁检验，取两次单独测定结果的平均值报告试验结果。

24.2 对 EPM，报告乙烯质量百分数，以最接近的整数值表示。

24.3 对 EPDM，报告乙烯/丙烯的质量比值(未修正二烯烃含量)，以最接近的整数值表示。

试验方法 D——铸膜法，7.25/6.85μm 峰值比

25 范围

25.1 本试验方法规定了乙烯质量分数在 35%~85%之间的 EPM 和 EPDM 中乙烯分数的测定，由于在 7.25μm 处产生干扰，故不能用于含 1,4-己二烯的 EPDM。

25.2 本试验方法用于除去填充油后的充油聚合物。

25.3 本试验方法中的样品制备技术可用于制备试验方法 A，B，C——压膜法中的需抽提试样。

26 试验方法摘要

26.1 用溶剂抽提后，将聚合物膜涂在盐片上，用红外法测定。本试验方法使用丙烯单元的甲基

官能团在7.25μm处的吸光度与C—H键在6.85μm处的吸光度的比值来计算乙烯百分数。可使用一系列已知EPM聚合物绘制$A_{7.25}/A_{6.85}$对乙烯质量百分数的校正曲线。

27 仪器

27.1 抽提器，如方法D297中的图1或图2所示。

27.2 防爆高速搅拌器和小型容器。

27.3 真空烘箱。

28 试剂和材料

28.1 试剂纯度—所有试验均采用分析纯试剂。除非另有标明，所有试剂应符合美国化学协会分析试剂委员会的规定，这些规定应现行有效。假定事先已确定该试剂有足够高的纯度，可以不降低试验精度，则可以使用其他级别的试剂。

28.2 四氯化碳，光谱级或同等级别。

28.3 甲醇，光谱级或同等级别。

28.4 甲苯，光谱级或同等级别。

28.5 织物或细孔铁丝过滤网。

28.6 滴管。

28.7 软膏盒或其他密封容器。

28.8 盐片。

28.9 不锈钢筛网，开孔约0.177mm(80目，5.2密耳铁丝直径)。

29 样品制备

29.1 如果有填充油，在进行红外分析前，用下列方法之一将聚合物中的填充油除去。

29.1.1 按方法D297，用丙酮抽提聚合物膜片，除去填充油。

注：对那些在抽提过程中，由于所制备胶样相互粘结，导致容易结团的聚合物，以及较难抽提或抽提时间较长的充油聚合物，可将试样压在铁丝筛网上，采取双面支撑，扩大抽提面积进行抽提，以制备试样。

使用液压平板，将约1g的聚合物压入50mm×50mm的不锈钢筛网上(网孔约0.177mm，80目，5.2密耳铁丝直径)。抽提后，取下聚合物用于乙烯百分数测试。试验完成后，用马弗炉将残余聚合物燃尽，筛网可重新使用。

29.1.2 作为29.1.1的另一种可选方法，将约2g聚合物溶解于50cm³的四氯化碳中。一些聚合物也许不会完全溶解，但通过使用回流四氯化碳或防爆高速搅拌器和小型容器，或二者同时使用来获得最终分散体系。

29.1.2.1 将四氯化碳溶液缓慢倒入由250cm³热乙醇在400cm³的烧杯中快速搅拌引起的涡流中。为使部分较重的填充油留在溶液中，需要加热。

29.1.2.2 使其沸腾，直至聚合物彻底絮凝。

29.1.2.3 冷却，用织物或细孔铁丝筛网过滤聚合物。

29.1.2.4 在两片纸之间挤压聚合物，尽可能地除去溶剂。

29.1.2.5 如果怀疑没有将油完全除去，重复溶解和絮凝步骤。

29.2 此时，将从步骤29.1.1或29.1.2.4中得到的聚合物放在真空烘箱中干燥，或放入热平板中除去溶剂，用于试验方法A，B或C的膜片压制。然而，方法29.1.1和29.1.2均会除去少量低分子或少量高乙烯含量的EPM或EPDM或二者均有，这也许会改变疏松材料的乙烯含量，如果这非常重要，则不能使用此种样品制备方法。

29.3 将约2g取自29.1.1或29.1.2.4的样品溶解在约50cm³的甲苯或四氯化碳中。如果样品没有彻底溶解，可通过回流或采用防爆高速搅拌器，或二者均用来获取分散体系。

29.4 对非充油或不需要抽提的样品，将取自 7.2 的样品按 29.3 溶解，用于本试验方法。

30 校正

30.1 已得出大多数红外光谱仪的校正曲线的最佳回归等式：

方法 A、B 和 C：

$$乙烯质量分数 = a - b \times \ln(吸光度比值) \quad \cdots\cdots (1)$$

方法 D：

$$乙烯质量分数 = a - b \times (吸光度比值) \quad \cdots\cdots (2)$$

30.2 回归系数(上式 a 和 b)随着每台红外光谱仪和每台仪器的使用时间而改变。对每台设备，每个试验方法所建立的等式形式(线性，对数等)，却不随时间改变。

30.3 对试验方法 A，使用双光束光谱仪，某种样品校正曲线的典型分布如图 4 所示。

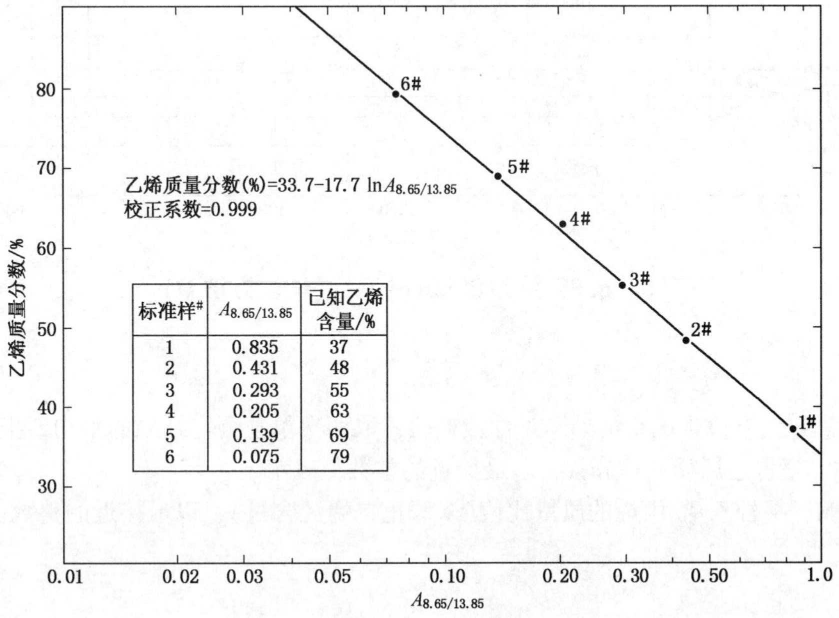

标准样[#]	$A_{8.65/13.85}$	已知乙烯含量/%
1	0.835	37
2	0.431	48
3	0.293	55
4	0.205	63
5	0.139	69
6	0.075	79

图 4 样品校正——试验方法 A

31 分析步骤

31.1 在一平整盐片上，用滴管滴加溶液，形成约 1mm~2mm 厚的液膜，用倒置的软膏盒或其他密闭容器盖住盐片以减缓蒸发。

31.2 膜片干燥后，测量 6.85μm 处的吸光度，总吸光度应在 0.35Å~0.75Å 之间为可接收。由于聚合物对溶剂有粘着力，在干燥的膜片上应没有残余溶剂，才能得到满意的分析结果。

31.3 测量 5.9μm~8.35μm 范围的光谱。

31.4 用约 6.37μm 和 7.8μm 的肩峰给 6.85μm 的峰画基线。

31.5 测量约 6.85μm 的吸光度(见图 5)。

31.6 用约 7.14μm 和 7.58μm 的肩峰给 7.25μm 的峰画基线。

31.7 测量约 7.25μm 峰的吸光度(见图 5)。

31.8 仲裁检验时，重复该步骤作平行样。

32 计算

32.1 用 7.25μm 处的吸光度除以 6.85μm 处的吸光度。

32.2 用 $A_{7.25}/A_{6.85}$ 对乙烯质量百分数在 35%~85% 的已知标准 EPM 绘制校正曲线。标准物见 13.2。

32.3 从校正曲线上，读取未知样品的乙烯质量分数。见部分 30。

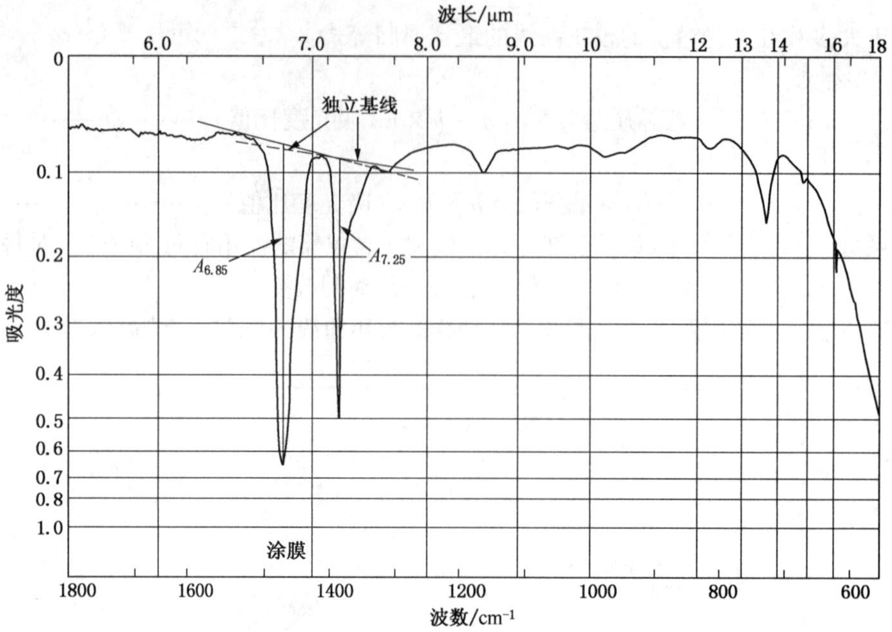

图 5 6.85 和 7.25μm 的基线(试验方法 D)

33 报告

33.1 用单次测定结果报告试验结果。对仲裁检验，取两次单独测定结果的平均值报告试验结果。

33.2 对 EPM，报告乙烯质量百分数，以最接近的整数值表示。

33.3 对 EPDM，报告乙烯/丙烯的质量比值(未修正二烯烃含量)，以最接近的整数值表示。

34 关键字

34.1 乙烯-丙烯共聚物；乙烯-丙烯-二烯烃三元共聚物；红外。

编者注：规范性引用文件中 ASTM E168 已废止，可采用 GB/T 6040—2002《红外光谱分析方法通则》。

ICS 83.040.10
G 34

SH

中华人民共和国石油化工行业标准

SH/T 1752—2006

合成生胶中防老剂含量的测定 高效液相色谱法

Rubber, raw synthetic—Determination of anti-degradants by high-performance liquid chromatography

(ISO 11089 : 1997, IDT)

2006-07-27 发布　　2006-10-11 实施

中华人民共和国国家发展和改革委员会　发布

前　言

本标准等同采用国际标准 ISO 11089：1997《合成生胶—用高效液相色谱法测定防老剂》。

本标准由中国石油化工集团公司提出。

本标准由全国橡胶与橡胶制品标准化技术委员会合成橡胶分技术委员会归口。

本标准起草单位：兰州石化公司化工研究院。

本标准主要起草人：韩萍、翟月勤。

ISO 前 言

ISO(国际标准化组织)是各国家标准团体(ISO 成员团体)的世界性联合机构。制定国际标准的工作通常由 ISO 各技术委员会进行。凡对已建立技术委员会项目感兴趣的成员团体均有权参加该委员会。与 ISO 有联系的政府和非政府的国际组织，也可参加此项工作。在电工技术标准化的所有方面，ISO 与国际电工技术委员会(IEC)紧密合作。

技术委员会采纳的国际标准草案，要发给成员团体进行投票。作为国际标准发布时，要求至少有 75%投票的成员团体投赞成票。

国际标准 ISO 11089 由 ISO/TC 45，橡胶与橡胶制品技术委员会制定。

合成生胶中防老剂含量的测定 高效液相色谱法

警告：使用本标准的人员应熟悉正规实验室操作规程。本标准无意涉及因使用本标准可能出现的所有安全问题。制定相应的安全和健康规程并确保符合国家法规是使用者的责任。

1 范围

本标准规定了合成生胶中下列防老剂含量的测定方法：

N-烷基-*N'*-苯基-对苯二胺；

N-芳基-*N'*-芳基-对苯二胺；

N-苯基-*β*-萘胺；

2,2,4-三甲基-1,2-二氢化喹啉聚合物。

本标准适用于氯丁橡胶(CR)、丁腈橡胶(NBR)、丁苯橡胶(SBR)等生胶。

当生胶中含有填充油时，会影响测定结果。

如果需要，本法稍作修改可用于其他胺类防老剂的测定。

2 原理

从生胶中定量抽提防老剂，用高效液相色谱(HPLC)将其与抽提的其余组分分离，并检测其组分峰，测量出峰面积。在相同条件下测定已知量的同种防老剂组分峰面积。计算生胶中防老剂的含量。

3 试剂

3.1 洗脱剂A：甲醇(HPLC级)和0.01mol/L乙酸铵(分析纯)水溶液1∶1(*V/V*)的混合物。

3.2 洗脱剂B：甲醇(HPLC级)。

3.3 抽提剂：异丙醇(HPLC级)和二氯甲烷(HPLC级)2∶1(*V/V*)的混合物。

4 仪器

普通实验室仪器以及：

4.1 高效液相色谱仪：具有梯度洗脱能力，由一个10μL固定回路进样器、一个可变波长的紫外-可见检测器及一个记录-积分数据系统组成。

4.2 高效液相色谱柱：反相型，粒子大小5μm的HYPERSIL ODS或SPHERI 5 ODS柱。若使用其他规格的色谱柱时，需修改洗脱程序。

4.3 超声波浴：容量约2L、频率47.6kHz±4.8kHz。

注：只要能完全抽提出防老剂，可用不同容量和操作频率的超声波浴。

4.4 分析天平：最小读数0.01mg。

5 色谱条件

5.1 A泵：输送洗脱剂A(3.1)。

5.2 B泵：输送洗脱剂B(3.2)。

5.3 流速：0.25mL/min。

5.4 柱温：40℃。

5.5 进样体积：10μL。

5.6 检测器波长：2,2,4-三甲基-1,2-二氢化喹啉聚合物为233nm；其他防老剂为295nm。

5.7 参比波长：550nm。

5.8 洗脱程序(表1)：

表1

时间 min	洗脱剂A %	洗脱剂B %
0	100	0
20	0	100
40	0	100
50	100	0
55	结　束	

6 操作步骤

6.1 将胶样在实验室开炼机上制成厚约0.25mm~0.50mm的胶片，取约1g胶片剪成约$5mm^2$的小碎片备用。按6.2至6.6步骤重复测定两次。

6.2 称取约200mg小块试样，准确至0.1mg，放入20mL烧瓶中。

6.3 用移液管准确移取10mL抽提剂(3.3)加入上述烧瓶中，加盖。

6.4 在超声波浴(4.3)中抽提3h，温度不得超过30℃。然后过滤抽提液，将其封存于样品瓶中。

注：若超声波浴温度超过30℃，可能会导致烧瓶破裂。必要时在抽提过程中定时地往浴缸中加入冷水，以保持浴缸内温度低于30℃。

6.5 将10μL抽提液(6.4)注入HPLC柱(4.2)中，按5.8程序洗脱。

6.6 记录试样防老剂的峰面积。

6.7 称取与试样中所含防老剂估计量相近的基准防老剂，准确至0.01mg，放入20mL烧瓶中。

6.8 用移液管准确移取10mL抽提剂，加入烧瓶中，溶解基准防老剂，溶解后过滤，制成基准防老剂溶液，封存于另一样品瓶中。如果需要，溶解过程可使用温度低于30℃的超声波浴。

6.9 将10μL基准防老剂溶液(6.8)注入HPLC柱中，按5.8程序洗脱。

6.10 记录基准防老剂的峰面积。

7 分析结果的表述

试样中防老剂的含量以质量百分数表示，由计算公式(1)给出：

$$防老剂(\%)=\frac{m_s \cdot A_c}{m_c \cdot A_s}\times 100 \qquad (1)$$

式中：m_s——基准防老剂的质量，mg；

m_c——试样的质量，mg；

A_s——基准防老剂的峰面积；

A_c——试样防老剂的峰面积。

所得结果应表示至一位小数。试验结果取两次测定结果的平均值。

8 试验报告

试验报告应包括下列内容：

a) 本标准的编号；

b) 关于样品的详细说明；

c) 样品中防老剂的含量,%；

d) 试验日期。

ICS 83.060
E 35

SH

中华人民共和国石油化工行业标准

SH/T 1759—2007

用凝胶渗透色谱法测定
溶液聚合物分子量分布

Determination of the molecular-mass distribution of solution polymers by gel permeation chromatography

（ISO 11344：2004，IDT）

2007-08-01 发布　　2008-01-01 实施

中华人民共和国国家发展和改革委员会　发布

目　次

前　言

本标准等同采用国际标准 ISO 11344：2004《合成生胶—用凝胶渗透色谱法测定溶液聚合物分子量分布》(英文版)。

本标准等同翻译 ISO 11344：2004。

本标准由中国石油化工股份有限公司提出。

本标准由全国橡胶与橡胶制品标准化技术委员会合成橡胶分技术委员会归口(SAC/TC 35/SC 6)。

本标准起草单位：中国石油天然气股份有限公司兰州石化分公司石油化工研究院。

本标准主要起草人：王进、汤妍雯、姚自余、吴毅。

用凝胶渗透色谱法测定
溶液聚合物分子量分布

警告：使用本标准的人员应有正规实验室工作的实践经验。本标准并未指出所有可能的安全问题。使用者有责任采取适当的安全和健康措施，并保证符合国家有关法规规定的条件。

1 范围

本标准规定了溶液聚合物分子量(用聚苯乙烯表示)及其分子量分布的测定方法。

本标准适用于可完全溶解于四氢呋喃(THF)的、分子量范围为 $5\times10^3 \sim 1\times10^6$ 的溶液聚合物。

2 规范性引用文件

下列文件中的条款通过本标准的引用而成为本标准的条款。凡是注日期的引用文件，其随后所有的修改单(不包括勘误的内容)或修订版均不适用于本标准，然而，鼓励根据本标准达成协议的各方研究是否可使用这些文件的最新版本。凡是不注日期的引用文件，其最新版本适用于本标准。

GB/T 14838—1993 橡胶与橡胶制品—试验方法标准精密度的确定(eqv ISO/TR 9272：1986)

3 原理

基于聚合物的分子尺寸不同，可将聚合物的分子组分在凝胶渗透柱中进行分离。已知量的聚合物稀释溶液被注射入溶剂流中，该溶剂流可携带其以平稳的速率通过凝胶渗透色谱柱。使用合适的检测器测定溶剂流中已分离的分子组分浓度。通过使用校正曲线，由保留时间和对应的浓度测定所分析试样的数均分子量($\overline{M}_n$)和重均分子量($\overline{M}_w$)。

4 通则

4.1 凝胶渗透色谱(GPC)，通常也叫尺寸排斥色谱(SEC)，它是基于聚合物分子尺寸，使聚合物的不同组分分离开的一种特殊的液相色谱。

4.2 聚合物的分子不是由具有相同分子量的分子组成，而是由具有不同分子量的组分按一定分布组成。因此，通常的分子量概念并不适用于聚合物材料。取而代之的是测定表1中所列的不同平均分子量。

表1 不同分子量的定义

重均分子量($\overline{M}_w$)	$=\Sigma(N_iM_i^2)/(N_iM_i)$ $=\Sigma(A_iN_i)/\Sigma A_i$
数均分子量($\overline{M}_n$)	$=\Sigma(M_iN_i)/\Sigma N_i$ $=\Sigma A_i/\Sigma(A_i/M_i)$
Z 均分子量($\overline{M}_z$)	$=\Sigma(N_iM_i^3)/\Sigma(N_iM_i^2)$ $=\Sigma(A_iM_i^2)/\Sigma(A_iM_i)$
峰分子量($\overline{M}_p$)	最高峰值处的分子量
式中： N_i——分子量为 M_i 的分子数； A_i——对应于分子量 M_i 的时间切片面积。	

在测定聚合物特性时，分子量分布是一项重要的参数。它可以用聚合物分散度 D 表征，由下式给出：

$$D = \overline{M}_w / \overline{M}_n$$

注：聚合物通常由具有一定分子尺寸范围的大分子构成，即使是单分散聚苯乙烯，与分散度值为 1.0 的具有单分子量的纯物质相比，它的分散性为 1.1。随着聚合物分子量分布范围的增大，分散度也会增大。

5 试剂和材料

除非另有规定，在分析中仅使用确认为分析纯的试剂和蒸馏水或去离子水或相当纯度的水。

5.1 四氢呋喃(THF)：溶剂，分析纯。

注：应备有大量的 THF，避免频繁补给。由于新溶剂的加入会引起溶入的空气及溶解杂质发生量的改变，从而导致折光指数发生较大的变化，并且保留时间也受到影响。泵头的气泡使泵入的溶剂量减少(使保留体积和保留时间出错)，如果气泡的体积达到极限值，会造成泵阻塞。加入新溶剂后，基线稳定需 2h~3h。

5.2 邻二氯苯的 THF 溶液(保留时间内标物)：将 250μL 邻二氯苯稀释在 1L THF 中。

5.3 聚苯乙烯标样组(最少 10 个)，分子量在 $5\times10^2 \sim 1\times10^7$ 范围内(取决于样品分子量)，且要求分子量分布很窄(D<1.10)。(此类标样组的例子见表 2)

表 2 聚苯乙烯标准物组

标 准 号	实际分子量 M_i	$D(=\overline{M}_w/\overline{M}_n)$
1	1030000	1.05
2	770000	1.04
3	336000	1.03
4	210000	1.03
5	156000	1.03
6	66000	1.03
7	30300	1.03
8	22000	1.03
9	11600	1.03
10	7000	1.04
11	5050	1.05

6 仪器

6.1 凝胶渗透色谱仪：由 6.1.1~6.1.8 规定的组件构成。

6.1.1 溶剂瓶：其有效容积应足以保证完成分析工作(见 5.1 的注)，无需补充。

6.1.2 在线自动脱气系统或氦气排气系统，以稳定液体流速，主要是防止在溶剂中产生气泡。

6.1.3 泵：确保 THF 溶剂以恒定的流速流动，流速设定范围为 1.7μL/s~1650μL/s 时，精度较高。

6.1.4 注射器或自动进样器：带有 100μL 注射孔。

6.1.5 柱子：用规整、坚硬、多孔的球形物质填充。柱子填充物的孔径大小以单位埃(1Å =

10^{-10}m)表示。填充球是由交联聚苯乙烯制成，聚苯乙烯是苯乙烯和二乙烯基苯的聚合产物。球形填充物的标称直径必须在5μm~10μm范围内。柱子一般长300mm；依据所分析物的分子量范围选择孔径大小。

注：在测定本标准规定方法的重复性和再现性时，宜使用孔径大小为10^3Å、10^4Å、10^4Å、10^5Å的四根柱子。溶剂首先从最低孔隙度的柱子进入，从最大孔隙度的柱子流出。也可使用其他合适的柱子。

推荐柱子的特征为：

线性范围：200~2000000；

保证柱效：>50000塔板数/m；

柱排列：4根柱(长300mm，内径4.6mm~8.0mm)。

6.1.6 检测器

可用多种类型的检测器，如：示差折光检测器，紫外吸收检测器，光散射检测器。

6.1.7 积分器，在淋洗所分析聚合物的过程中，可对至少150个时间切片进行积分。

6.1.8 专用计算机和软件，可避免较长时间和复杂的手工计算。

6.2 聚四氟乙烯过滤器(PTFE)，孔径大小为0.50μm~0.45μm。

6.3 注射器：10mL和250μL。

6.4 自动分离器(自选)，带玻璃瓶。

6.5 混合器。

7 分析条件

流速：17μL/s。

注射量：100μL溶液，或符合所用柱子容积的量。

内标物(邻二氯苯)的淋出时间：最短45min。

试验温度：(40±1)℃。

8 分析步骤

8.1 溶剂脱气

8.1.1 用PTFE过滤器(6.2)抽滤溶剂(5.1)。

8.1.2 在真空状态下和/或在超声波浴中将1L溶剂脱气30min。

要获得稳定的基线，最好在使用前脱气12h。使用按本条款规定进行脱气后的THF溶剂不间断地冲洗柱子达8h，以去除柱子中残留的任何过氧化物。

如果有在线自动脱气系统，可省略本条款中规定的脱气操作。

8.2 校正

8.2.1 用溶解在邻二氯苯溶液(5.2)中的聚苯乙烯标准物进行校正。为确保稳定的峰高，对每个单独的标准物按其分子量而称取不同的量。例如，对分子量约1000000的标准物浓度为1g/L(25mL的溶液(5.2)中含0.025g)，分子量低于30000的浓度为5g/L(25mL的溶液(5.2)中含0.125g)。校正点应包括所分析聚合物的全部分子量范围。

8.2.2 将该溶液轻轻晃动约1h。

8.2.3 用装在10mL注射器的PTFE过滤器(6.2)过滤每个标样溶液。

注：参比标样溶液可在6℃~7℃的冰箱中最长保存3个月。

8.2.4 通过举例说明校正步骤，如8.2.4.1~8.2.4.6所示。

8.2.4.1 按表3配制11个聚苯乙烯溶液。

8.2.4.2 用Mark-Houwink方程($(\eta)_i = KM_i^{\alpha}$)和已知的$K(=0.00016)$，$\alpha(=0.700)$值计算每个标样的特性黏度值$(\eta)_i$。

注：表3所列的聚苯乙烯标准溶液的特性黏度见表4。

表 3 聚苯乙烯参比标准物的溶液

溶 液 号	25mL 邻二氯苯的 THF 溶液(见 5.2)的克数	实际分子量 M_i
1	0.025	1030000
2	0.025	770000
3	0.030	336000
4	0.050	210000
5	0.050	156000
6	0.075	66000
7	0.125	30300
8	0.125	22000
9	0.125	11600
10	0.125	7000
11	0.125	5050

表 4 在表 3 中所列溶液的 $[\eta_i]$ 值

实际分子量 M_i	黏度 $[\eta_i]$
1030000	2.5888
770000	2.1119
336000	1.1818
210000	0.8505
156000	0.6907
66000	0.3783
30300	0.2193
22000	0.1753
11600	0.1120
7000	0.0786
5050	0.0626

8.2.4.3 当使用手动注射器时，从每个小玻璃瓶中抽取 250μL 的溶液冲洗注射孔，再注射 100μL，读取各标样对应峰的保留时间。如果有自动进样器，按仪器说明书操作。共重复三次。

8.2.4.4 计算每个标样所得三个保留时间的平均值，以及邻二氯苯(内标物)的所有各次测得的保留时间的平均值。(在本次试验中共测定 33 次)

8.2.4.5 用每个标样的平均保留时间对 $\lg(M_i[\eta]_i)$ 相应值作图，并计算最佳拟合线(见图 1)。

8.2.4.6 相关系数宜大于 0.9995。如果达不到，需对引起不良校正的标样重复校正步骤。不良校正可通过计算已认可(实际)分子量与用表征图 1 最佳拟合线的三维多项式计算出的分子量的差值找出。

图 1 是按下列三维多项式计算给出的最佳拟合线图。

$$\lg(M_i[\eta]_i)=26.07214465-1.746517348t_i+0.051765825t_i^2-0.000585847t_i^3$$

对这些数据来说，相关系数是 0.99976。

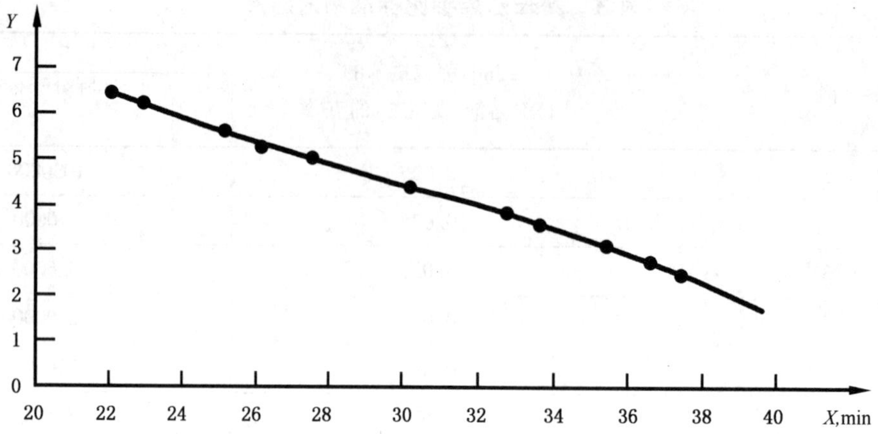

X——保留时间，min；

Y——lg($M_i[\eta]_i$)。

图 1　最佳拟合线图

表 5　图 1 中对应点的校正数据

实际分子量 M_i	保留时间 t_i	黏度$[\eta]_i$	校正分子量
1030000	22.08	2.5888	1058592
770000	22.89	2.1119	749179
336000	25.15	1.1818	331816
210000	26.15	0.8505	206277
156000	27.58	0.6907	158756
66000	30.18	0.3783	69059
30300	32.76	0.2193	29520
22000	33.68	0.1753	21760
11600	35.46	0.1120	11344
7000	36.64	0.0786	7266
5050	37.74	0.0626	4998

8.3　试验溶液的制备

8.3.1　大多数情况下，8.3.2 所规定的试验溶液浓度是适用的，但有可能会随着实际所试验的聚合物，预想的分子量范围，柱子容积，检测器类型和注射溶液的体积而改变。

8.3.2　将 0.075g 样品放入 50mL 的容量瓶中，加入约 35mL 已过滤(见 8.2.3)的邻二氯苯内标溶液(5.2)。

8.3.3　在搅拌器上缓慢搅动试验溶液 1h，以确保聚合物完全溶解，然后用已过滤的邻二氯苯内标溶液稀释至 50mL。

8.4　分析步骤

8.4.1　用溶剂冲洗柱子(流速 17μL/s)，直至基线稳定。

注：对某些检测器和柱子组来说，最多可花费 7h。

8.4.2　基线稳定后，在第 7 章规定的条件下，按下列步骤进行分析。

8.4.2.1　用注射器汲取 10mL 按 8.3 配制的试验溶液。

8.4.2.2　用安装在另一个注射器上的 PTFE 过滤器过滤该溶液，并转移至玻璃瓶中。

8.4.2.3　手动进样时，先注射约 250μL 试验溶液冲洗注射孔，然后再注入 100μL 试验溶液，开始分析。共重复三次。

8.4.2.4　如果使用自动进样器，按仪器使用说明书进行操作，共重复三次。

8.4.2.5　分子量参数通常由积分器(6.1.7)采用校正步骤中已贮存的数据进行计算。

9 结果的表述

9.1 如果内标物的淋出时间与校正过程(见8.2)中所确定的值相比，在±30s范围内，则结果是令人满意的。如果达不到，用新鲜溶剂冲洗柱子至少3h，然后重新计算内标物(邻二氯苯)的保留时间。

9.2 如果确认保留时间异常，需用聚苯乙烯标样重新校正该系统(见8.2)。

9.3 仪器软件可对大量有关分子量分布的数据进行计算(见附录A)。

9.4 报告三次测定结果的平均值。

a)重均分子量 $\overline{M}_w$；

b)数均分子量 $\overline{M}_n$；

c)Z均分子量 $\overline{M}_z$；

d)分散度 $D(=\overline{M}_w/\overline{M}_n)$；

e)峰分子量 M_p；

f)相对应的分子组分的峰面积百分数。

9.5 如果没有合适的软件，可用附录B(人工方法)所列方法计算结果。

9.6 自动方法(软件)和人工方法所得结果的比对见附录C。

10 精密度(仅适用于仪器软件法)

10.1 通过室间实验程序测定精密度。本程序使用两个具有双峰分子量分布的苯乙烯-丁二烯嵌段共聚物(溶液丁苯)试样。

SSBR1(97) 线型丁二烯-苯乙烯嵌段共聚物

SSBR2(97) 星型丁二烯-苯乙烯嵌段共聚物

对每种材料，样品均取自均匀且同批材料。

在相隔一周的不同两天内，在6个实验室内测定分子量分布(每个样品重复分析三次)。

重复性的三次实验结果是在相同条件(同一操作者，同一仪器和同一实验室)下，在规定的时间周期内，用同一实验方法，对规定的同一试验材料进行测定得到的。

再现性的三组实验结果是在不同条件(不同操作者、不同仪器和不同实验室)下，在规定的时间周期内，用同一实验方法对同一试验材料进行测定得到的。

10.2 计算参数如下：

重均分子量 $\overline{M}_w$；

数均分子量 $\overline{M}_n$；

分散度 $D(=\overline{M}_w/\overline{M}_n)$。

10.3 按GB/T 14838—1993进行精密度计算，用重复性和再现性表示。精密度的概念和术语可在GB/T 14838—1993中查阅。关于重复性和再现性的使用指南见附录D。

10.4 精密度结果见表6，表7和表8，除非另有说明，其置信概率为95%。

10.5 要在其他分析中得到表6，表7和表8给出的精密度，有必要注意所使用柱子的选择性。

表6 重均分子量 $\overline{M}_w \times 10^{-3}$——精密度结果

橡胶材料	平均值	实验室内			实验室间		
		S_r	r	(r)	S_R	R	(R)
SSBR1(97)	167.67	2.06	5.84	3.48	2.97	8.40	5.01
SSBR2(97)	361.22	3.85	10.90	3.02	5.60	15.85	4.39
合并值	264.44	2.96	8.37	3.16	4.28	12.12	4.59

表 7　数均分子量 $\overline{M}_n \times 10^{-3}$——精密度结果

橡胶材料	平均值	实验室内			实验室间		
		S_r	r	(r)	S_R	R	(R)
SSBR1(97)	138.42	1.57	4.44	3.20	25.43	71.97	52.00
SSBR2(97)	268.47	8.44	23.88	8.90	42.65	120.71	44.96
合并值	203.44	5.00	14.16	6.96	34.04	34.04	47.36

表 8　聚合物分散度 $\overline{M}_w/\overline{M}_n$——精密度结果

橡胶材料	平均值	实验室内			实验室间		
		S_r	r	(r)	S_R	R	(R)
SSBR1(97)	1.11	0.01	0.03	2.33	0.05	0.15	13.73
SSBR2(97)	1.26	0.03	0.07	5.71	0.11	0.30	24.11
合并值	1.19	0.02	0.05	4.13	0.08	0.23	19.26

11　实验报告

实验报告应包括以下内容：

a）本标准的引用文件；

b）关于所分析样品的详细说明；

c）所用柱子的类型及数量；

d）所用检测器类型；

e）所用聚苯乙烯标准样组；

f）所得分子量结果，特别是：

重均分子量 $\overline{M}_w$；

数均分子量 $\overline{M}_n$；

聚合物分散度 $D(=\overline{M}_w/\overline{M}_n)$；

g）与规定步骤的任何偏离；

h）本标准中不包括的任何自选操作；

i）分析日期；

j）所使用的步骤（软件或手动）。

附 录 A
(资料性附录)
用仪器软件计算分子量参数

A.1 通则

用按照 8.2 条规定步骤得到的特定校正曲线和表征聚合物特性的 GPC 谱图，仪器软件可完成所有关于分子量参数的计算。

A.2 色谱图采集

设置色谱图采集参数，并开始分析。在分析过程中，计算机屏幕上实时显示 GPC 曲线(见图 A.1)。

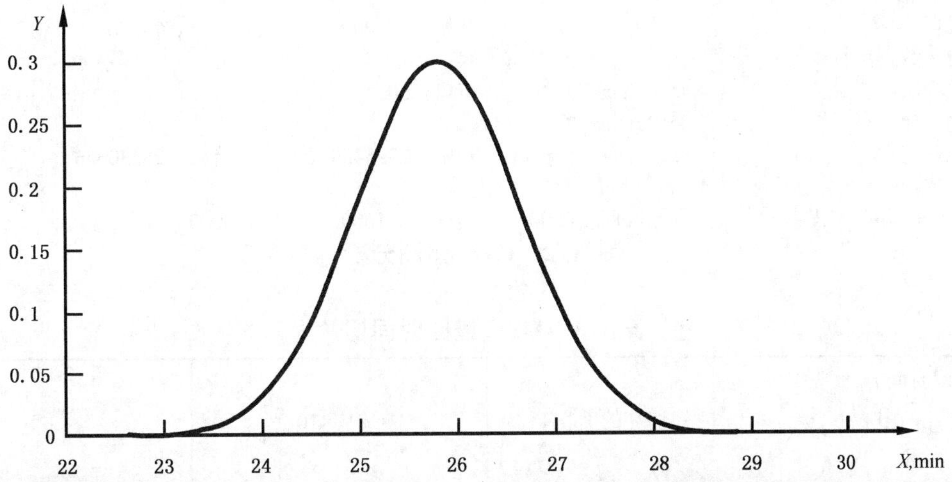

X——保留时间，min；

Y——检测器响应。

图 A.1 GPC 谱图

A.3 谱图分析

试验结束后(运行时间 55.0min)，设置下列参数，用该软件计算分子量参数。

a) 在谱图上选定包括所有色谱峰的基线时间范围。

注：在图 A.2 的例子中，基线的时间范围是从 22.0min 到 29.5min。

b) 通过仪器软件，画出一条从一端到另一端的直线，确定基线两端附近数据点的适当数值，消除基线噪音。

c) 谱图接收允许的最大变化范围(窗口)取决于参比峰的淋出时间。

注：在图 A.2 的例子中，参比峰的淋出时间是 45.41min，时间允许差±30s。±30s 的允许差是计算中的极限。实际上使用较短的时间允许差±20s。

d) 在基线上选择对色谱图积分的开始点和结束点。

注：图 A.2 的例子中，开始点是 23.54min，结束点是 28.30min。

e) 按 d)定义的开始点和结束点之间的谱图时间切片总数。

注：图 A.2 的例子中，时间切片为 30；通常，最佳切片数为 150。

f) Mark-Houwink 常数 K 和 α。

注：图 A.2 例子中，计算所使用的 K 和 α 是 $K=0.0001600$ 和 $\alpha=0.700$。

切片后的色谱切片图见图 A.2。特征谱图中每个时间切片的所有参数见表 A.1。

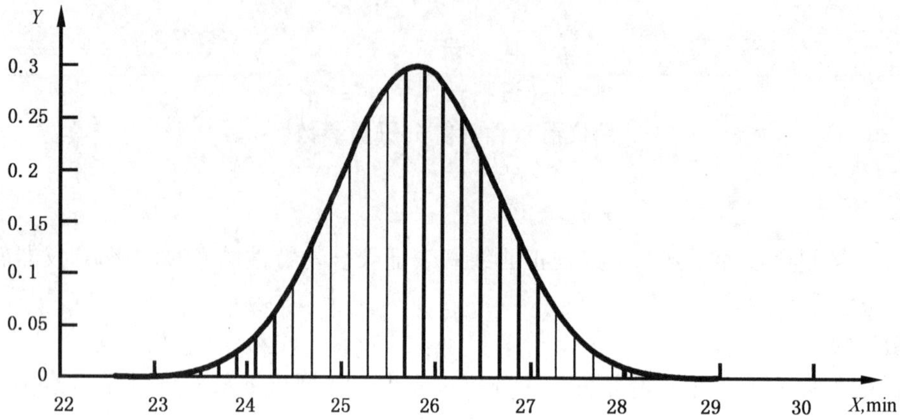

X：保留时间，min；
Y：检测器响应。

基线：		开始：22.00	结束：29.50
基线区数据点：		44	
参比峰时间：	45.41min	窗口：30s	
参比峰建立点：	45.42min		
过程：		开始：23.54min，	结束：28.30min
切片数：	30		
Mark-Houwink 方程：	开始时间：0.00	K：0.0001600	α：0.700000

图 A.2 GPC 谱图分析

表 A.1 GPC 谱图时间切片

保留时间 t_i（时间切片的中心点）min	时间切片的面积	$M_i[\eta]_i \times 10^{-3a}$	M_i^b
23.6219	4306	986	573977
23.7805	4043	893	541346
23.9391	3862	809	510849
24.0977	4875	734	482327
24.2563	15380	666	455633
24.4149	75628	605	430631
24.5735	268561	550	407199
24.7321	708384	500	385222
24.8907	1395968	456	364569
25.0493	2135893	415	345225
25.2079	2553702	379	327022
25.3664	2316451	346	309904
25.5250	1578818	316	293796
25.6836	859802	288	278630
25.8422	420762	264	264341
26.0008	210947	241	250871
26.1594	119798	221	238165
26.3180	78122	202	226173
26.4766	55340	185	214848
26.6325	40511	170	204147
26.7938	30408	156	194030
26.9524	23412	143	184460

表 A.1(续)

保留时间 t_i (时间切片的中心点) min	时间切片的面积	$M_i[\eta]_i \times 10^{-3}$[a]	M_i[b]
27.1110	18926	131	175403
27.2695	15512	120	166827
27.4281	12895	110	158701
27.5867	10632	101	151000
27.7453	8459	93	143696
27.9039	6722	86	136767
28.0625	5232	79	130189
28.2211	3764	72	123943

[a] 从校正曲线上测定(见图1)。

[b] 从 Mark-Houwink 方程计算，$K=0.00016$ 和 $\alpha=0.700$。

A.4 GPC 分析结果

最终的 GPC 分析结果见表 A.2。

表 A.2 GPC 分析结果

数均分子量 $\overline{M}_n$	316343	特性黏度	1.1460
重均分子量 $\overline{M}_w$	322380	聚合物分散度 M_w/M_n	1.0191
Z 均分子量 $\overline{M}_z$	327646	M_z/M_w	1.0163
峰分子量 M_p	323155		

附 录 B
(资料性附录)
人工方法计算分子量参数

B.1 当没有合适的软件时，按 B.2~B.9 给出的方法计算结果。

B.2 如图 A.1(检测器响应与保留时间的函数曲线，保留时间以 min 表示)所示，将色谱图划分为相同的时间切片。在下面给出的例子中，色谱图被分为 16 等份(相邻切片的保留时间间隔为 0.1586min，相当于 9516ms)。

B.3 对每个时间切片，从中心点画一条垂直于保留时间轴的直线，与色谱图相交。然后以交点确定检测器响应；再乘以 1000，给出 DR_i(以图 B.1 为例)。

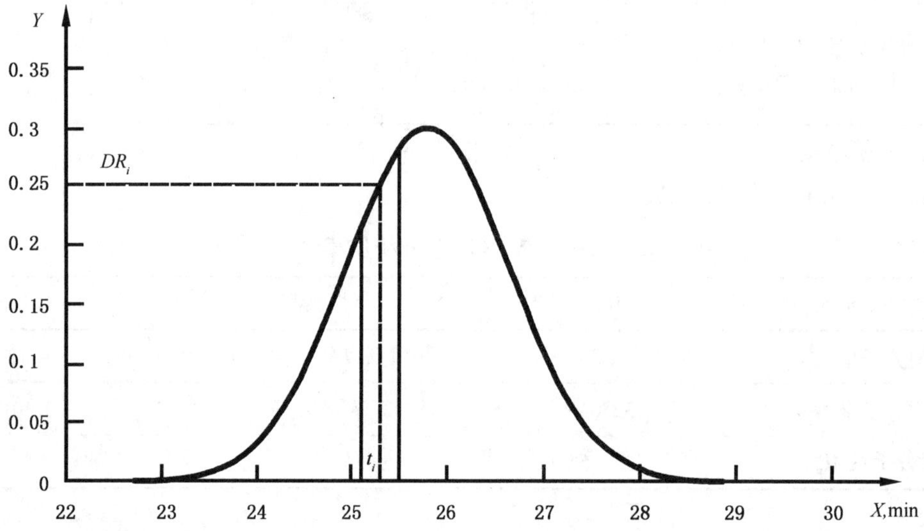

X——保留时间，min；

Y——检测器响应。

图 B.1 人工色谱分析举例

B.4 记录每个时间切片的中心点时间，用分钟表示，然后转换成微秒。

B.5 用 8.2.4.6 给出的等式，计算每个中心点时间的 $\lg M_i(\eta)_i$，该等式的校正曲线见图 1：

$$\lg M_i[\eta]_i = 26.07214465 - 1.746517348t_i + 0.051765825ti^2 - 0.000585847t_i^3$$

B.6 用 Mark-Houwink 方程，合理排列，测定每个时间切片的中心点的分子量。

$$[\eta]_i M_i = KM_i^{(1+\alpha)}$$

$$[\eta]_i M_i = 0.00016M_i^{1.7}$$

$$Z_i = 10^{\lg(M_i[\eta]_i)}$$

$$M_i = 10\exp\left[\frac{\lg\left(\frac{Z_i}{0.00016}\right)}{1.7}\right]$$

上述参数的汇总表见表 B.1。

B.7 以下式计算每个时间切片的面积(A_i)：

$$A_i = \Delta t_i \times DR_i$$

式中：

Δt_i——时间间隔(=9516ms)；

DR_i——检测器响应。

B.8 对每个切片，计算如表 B.2 所示的 A_i/M_i 和 A_iM_i 值。

B.9 用下列方程(见表 1)计算数均分子量、重均分子量和分散度，结果如下所示：

$$\overline{M}_n = \frac{\Sigma A_i}{\Sigma \dfrac{A_i}{M_i}} = 318085$$

$$\overline{M}_w = \frac{\Sigma(A_iM_i)}{\Sigma A_i} = 322666$$

$$分散度\ D = \overline{M}_w/\overline{M}_n = 1.014$$

表 B.1 GPC 谱图时间切片

切片	保留时间 t_i（时间切片的中心点）min	检测器响应 DR_i	时间切片面积 A_i	Z_i	M_i（按 B.6 测定）
1	24.4149	7.75	73749	605479.84	430631
2	24.5735	27.46	261309	550542.84	407199
3	24.7321	72.60	690862	500989.40	385222
4	24.8907	133.56	1270957	456247.29	364569
5	25.0493	218.19	2076296	415809.82	345225
6	25.2079	268.22	2552382	379227.93	327022
7	25.3664	247.61	2356257	346102.74	309904
8	25.5250	164.38	1564240	316080.41	293796
9	25.6836	89.36	850350	288845.89	278630
10	25.8442	46.10	438688	264118.73	264341
11	26.0008	23.05	219344	241648.98	250871
12	26.1594	12.32	117237	221213.60	238165
13	26.3180	7.45	70894	202613.37	226173
14	26.4766	5.32	50625	185670.19	214848
15	26.6352	4.26	40538	170224.62	204147
16	26.7938	2.84	27025	156133.84	194030

注：Δt_i=0.1586min=9516ms。

表 B.2 时间切片参数

切片	时间切片面积 A_i（见表 B.1）	M_i（见表 B.1）	A_i/M_i	$A_iM_i\times10^{-10}$
1	73749	430631	0.1713	3.176
2	261309	407199	0.6417	10.640
3	690862	385222	1.7930	26.614
4	1270957	364569	3.4860	46.339

表 B.2(续)

切片	时间切片面积 A_i (见表 B.1)	M_i (见表 B.1)	A_i/M_i	$A_iM_i\times10^{-10}$
5	2076269	345225	6.0140	71.676
6	2552382	327022	7.8050	83.469
7	2356257	309904	7.6030	73.021
8	1564240	293796	5.3242	45.957
9	850350	278630	3.0518	23.693
10	438688	264341	1.6596	11.596
11	219344	250871	0.8743	5.503
12	117237	238165	0.4923	2.792
13	70849	226173	0.3135	1.603
14	50625	214848	0.2356	1.087
15	40538	204147	0.1986	0.828
16	27025	194030	0.1393	0.524
合计	12660753	—	39.803	408.52

附 录 C
(资料性附录)
用自动方法(软件)和人工方法计算结果的比较

从下面的数据可以看出，用附录 A 和附录 B 中所述的两种方法计算所得结果是非常接近的：

	自动方法	人工方法
数均分子量 $\overline{M}_n$	316343	318085
重均分子量 $\overline{M}_w$	322380	322666
分散度 $D(=\overline{M}_w/\overline{M}_n)$	1.019	1.014

附　录　D
（资料性附录）
精密度结果使用指南

D.1　通则

使用精密度结果的一般步骤如下：用符号$|x_1-x_2|$表示任意两个测量值的绝对差（即忽略正负号）。在最靠近于所研究的"试验"数据平均值（测量参数）处，查出相应精密度表（无论任何的研究试验参数）。该行就会给出相应的用于判定过程的r，(r)，R或(R)。

D.2　重复性

D.2.1　使用按D.1得到的r和(r)值，可采用下列一般重复性陈述作出判定。

D.2.2　对于绝对差：在常规和正确操作的试验步骤下，用标称相同材料的样品得到的两个试验（值）平均值的差$|x_1-x_2|$，平均每20次不会多于一次超过表例重复性r。

D.2.3　对于两次试验（值）平均值的百分数差$[|x_1-x_2|/(x_1+x_2)/2]\times100$，在常规和正确操作的试验步骤下，用标称相同材料的样品得到的两个试验值间的百分数差，平均每20次不会多于一次超过表例重复性(r)。

D.3　再现性

D.3.1　使用按D.1得到的r和(r)值，可采用下列一般再现性陈述作出判定。

D.3.2　对于绝对差：在两个实验室内，在常规和正确操作的试验步骤下，用标称相同的材料的样品得到的两个独立测量试验（值）平均值的差$|x_1-x_2|$，每20次不会多于一次超过表例再现性R。

D.3.3　对于两个平均试验值间的百分数差$[|x_1-x_2|/(x_1+x_2)/2]\times100$：在两个实验室内，用常规和正确操作的试验步骤，用标称相同材料得到的两个独立测量试验（值）间的百分数差，每20次不会多于一次超过表例再现性(R)。

ICS 83.060
G 34

SH

中华人民共和国石油化工行业标准

SH/T 1760—2007

合成橡胶胶乳中残留单体和其他有机成分的测定 毛细管柱气相色谱 直接液体进样法

Determination of residual monomers and other organic components in synthetic rubber lattices by capillary-column gas chromatography—Direct liquid injection method

（ISO 13741-1，MOD）

2007-08-01 发布 2008-01-01 实施

中华人民共和国国家发展和改革委员会 发布

前　言

本标准修改采用 ISO 13741-1：1998《塑料/橡胶—聚合物分散体和橡胶胶乳(天然的和合成的)—用毛细管柱气相色谱法测定残留单体和其他有机成分 第1部分：直接液体注射法》(英文版)。

本标准与 ISO 13741-1：1998 的差异：

——修改了标准名称；

——删除了国际标准的前言；

——缩小了适用范围；

——“本部分”一词改为“本标准”；

——内标物由丙腈改为甲基异丁酮；

——内衬管的体积从标准要求的“至少 $1cm^3$”改为“至少 0.3 mL”；

——用于过滤胶乳中固体颗粒的不锈钢网布用玻璃棉代替；

——调整了表1中的操作条件；

——修改了典型挥发性流出物的组成；

——修改了待测物的校正因子；

——对公式进行编号；

——更换了典型色谱图。

本标准由中国石油化工股份有限公司提出。

本标准由全国橡胶与橡胶制品标准化技术委员会合成橡胶分技术委员会(SAC/TC35/SC6)归口。

本标准起草单位：中国石油天然气股份有限公司兰州石化分公司石油化工研究院。

本标准主要起草人：秦鹏、翟月勤、薛慧峰。

合成橡胶胶乳中残留单体和其他有机成分的测定 毛细管柱气相色谱 直接液体进样法

警告：使用本标准的人员应有正规实验室工作的实践经验。本标准并未指出所有可能的安全问题。使用者有责任采取适当的安全和健康措施，并保证符合国家有关法规规定的条件。

1 范围

1.1 本标准规定了采用毛细管柱气相色谱-液体直接进样法测定合成橡胶胶乳中残留单体和其他有机成分的方法。

1.2 本方法可以成功检测的残留单体包括1,3-丁二烯、顺-2-丁烯、反-2-丁烯、苯乙烯、丙烯腈等单体以及一些副产物，例如甲苯、乙苯和乙烯基环己烯、氰基环己烯。1,3-丁二烯可能会和反-2-丁烯、顺-2-丁烯共流出。

1.3 因为色谱通常会得到一系列峰，因此它仅能检测那些已知质量校正因子的挥发性组分的含量。对于一些未定性出的峰，建议采用一些辅助的方法，如质谱或者另外使用一根不同极性的色谱柱。

2 规范性引用文件

下列文件中的条款通过本标准的引用而成为本标准的条款。凡是注日期的引用文件，其随后所有的修改单(不包括勘误的内容)或修订版均不适用于本标准，然而，鼓励根据本标准达成协议的各方研究是否可使用这些文件的最新版本。凡是不注日期的引用文件，其最新版本适用于本标准。

GB 6682—1992 分析实验室用水规格和试验方法。(neq ISO 3696 : 1987)

3 原理

含有内标物的测试样品经水稀释后，注射到配有一根毛细管柱、一个火焰离子化检测器和具有线性温度程升能力的色谱里面。

4 试剂

除非另有说明，在分析中仅使用确认为分析纯的试剂和GB 6682—1992中规定的一级纯水。

4.1 载气：纯度不小于99.99%的氦气或氮气。

4.2 内标物：甲基异丁酮，纯度不小于99%。

样品中不存在的其他水溶性有机物也可以用作内标物，例如异丁醇或丙腈。内标物必须能够完全色谱分离，并且不干扰样品中原有的任何组分。

4.3 待测单体和其他有机物：纯度不小于99%。

4.4 二甲基甲酰胺(DMF)：纯度不小于99%。

4.5 四氢呋喃(THF)：纯度不小于99%。

5 仪器

普通实验室设备及下列仪器：

5.1 气相色谱仪：配有一个分流进样口，一个体积至少为0.3mL的直型衬管，一个火焰离子化检测器，具备柱箱线性温度程升能力。

5.2 毛细管柱：长30m，内径0.53mm，液膜厚度为1μm~5μm，固定相为二甲基聚硅氧烷。

5.3 合适的色谱仪工作站：能够准确记录色谱信号和处理色谱数据。

5.4 微量进样针：体积在10μL到50μL之间。

注：50μL的进样针要比小体积的进样针更加可靠和稳定，50μL的进样针不易堵塞，原则上小体积进样针(10μL)也可以使用。

5.5 分析天平：精确至0.1mg。

5.6 容量瓶：50mL和1000mL。

6 准备仪器

6.1 在内衬管里装填适量玻璃棉，用于在进样过程中过滤掉固体颗粒。

6.2 老化柱子：将柱子的一端与仪器进样口一端相连，柱子的另一端断开，以免柱流失污染检测器。按仪器操作手册上的值设置载气(4.1)流速，然后在220℃下净化柱子1 h(或更长时间)。

6.3 柱子老化后，将柱子断开的一端与检测器相连，然后根据想要的分离程度建立仪器的操作条件(参见表1)。给仪器充足的平衡时间，以便获得一条平稳的基线。

6.4 检测器温度的变化幅度应控制在1℃以内，没有循环的自动调温系统可能会导致基线不稳。

7 校正

7.1 为了确保结果可靠，有必要对仪器的灵敏度和保留时间进行校正。

将内标物(4.2)与单个组分或多个组分(4.3)配成混合溶液(溶剂可选DMF或THF)，将少量的混合溶液注入色谱柱，从而检测胶乳中待测物的灵敏度和保留时间。

7.2 称量大约100mg的甲基异丁酮和50mg~200mg的挥发性待测物(称量3到4个不同含量的平行样)，称量精确至0.1mg。将称量的样品放入50mL的容量瓶中，用二甲基甲酰胺或四氢呋喃稀释至刻度，混合均匀。

7.3 注入1μL溶液(7.2)到色谱柱，同时记录色谱信号，在相同的仪器条件下分析样品。

下面给出典型的挥发性流出物：

1,3-丁二烯；

顺-2-丁烯；

反-2-丁烯；

甲苯；

乙苯；

4-乙烯基环己烯；

苯乙烯。

7.4 测量每个待测物的峰面积，它们相对于内标物的相对质量校正因子(f'_i)，按公式(1)计算：

$$f'_i = \frac{A_s \times m_i}{A_i \times m_s} \quad \cdots\cdots (1)$$

式中：

A_s——内标物(甲基异丁酮)的峰面积；

m_s——溶液(7.2)中内标物的质量，单位为克(g)；

A_i——待测物的峰面积；

m_i——溶液(7.2)中待测物的质量，单位为克(g)。

7.5 部分待测物校正因子的参考值如下：

1,3-丁二烯	0.64
顺-2-丁烯	0.68
反-2-丁烯	0.68
甲苯	0.65

乙苯	0.68
4-乙烯基环己烯	0.68
苯乙烯	0.66

8 试验步骤

8.1 称量 250mg 的甲基异丁酮，精确至 0.1mg，加入到 1000mL 的容量瓶中。用水稀释至刻度，轻轻摇匀。计算内标物在溶液中的含量(W_s)，单位以毫克每千克(mg/kg)表示。

每天准备一份新鲜的溶液，尽量减少挥发，以保证实验的重复性。

8.2 称量大约 10g 的样品(m_d)，然后加入 30g (m_s)内标溶液(8.1)，称量均精确至 0.01g。

8.3 向色谱中注入大约 1μL 样品溶液(8.2)，仪器条件参见表 1 或者采用近似的条件。

注：为避免样品堵塞针头，建议采用一根 50μL 的进样针。

进样后，立即用水和与水互溶的溶剂(如四氢呋喃)清洗进样针。

8.4 每进样 10~20 次，清洗或更换内衬管。

8.5 测量内标物的峰面积 A_s 和待测物的峰面积 A_i。

表 1 典型的操作条件[a]

检测器	火焰离子化检测器(FID)
空气流速	250mL/min
氢气流速	35mL/min
色谱柱	
柱长	30m
内径	0.53mm
液膜厚度	1μm~5μm(二甲基聚硅氧烷)
载气	He 或 N_2
流速	4mL/min
吹扫气流速	1mL/min~2mL/min
温度	
进样口	150℃~200℃
检测器	250℃
柱起始温度	35℃
保持时间	5min
程升速率	5℃/min
柱最后温度	200℃(如果需要可以更高)
最后保持时间[b]	30min(或更长)
进样量	约 1μL
分流比	0~100:1

[a] 当分离出现问题，或者气相色谱仪的说明书上对其他条件有明确说明时，上述条件需要变动。另外，一根内径小于 0.53mm 的色谱柱可能更为合适：这种情况下，减小载气流速到 1mL /min 左右。

[b] 最后保持时间运行完后，建议将柱温升至 300℃左右净化柱子。

9 计算

胶乳中每一个待测物的含量(W_i)，单位以毫克每千克(mg/kg)表示，按公式(2)计算，

$$W_i = \frac{A_i \times f'_i \times W_s \times m_s}{A_s \times m_d} \quad \cdots\cdots (2)$$

式中：

A_i——待测物的峰面积；

f_i——由公式(1)得到的待测物的校正因子；

W_s——溶液(8.1)中内标物的含量，单位为毫克每千克(mg/kg)；

m_s——溶液(8.2)中内标溶液的质量，单位为克(g)；

A_s——内标物的峰面积；

m_d——溶液(8.2)中样品的质量，单位为克(g)。

所得结果表示至整数。

示例：

1000g 的水溶液中含有 260mg 的甲基异丁酮(W_s=260mg/kg)，10g 的胶乳(m_d=10g)与 30g 内标溶液(m_s=30g)混合，甲基异丁酮的峰面积为 18000 个单元，待测物的峰面积为 24000 个单元，测得的待测物的校正因子为 0.68。

待测物的含量：

$$W_i = \frac{24000 \times 0.68 \times 260 \times 30}{18000 \times 10} = 707(\text{mg/kg})$$

典型的色谱图见图 1。

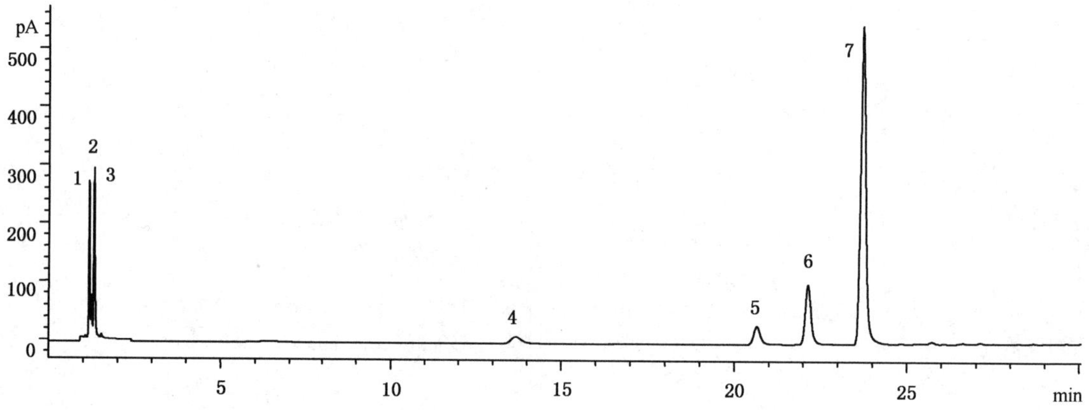

1——1,3-丁二烯；

2——反-2-丁烯；

3——顺-2-丁烯；

4——甲苯；

5——乙烯基环己烯；

6——乙苯；

7——苯乙烯。

图 1 典型的色谱图

分析结果小于 10mg/kg(检测限)时，用<10mg/kg 表示。

10 精密度

平行测定允许差：15%。

重复性：30%。

11 试验报告

试验报告应包括以下内容：

——本标准的引用标准；

——按第9章计算结果的表述；
——和表1不同的操作条件；
——使用的校正因子；
——试验日期。

ICS 83.060
G 34

SH

中华人民共和国石油化工行业标准

SH/T 1762—2008/ISO 14558：2000

橡胶　氢化丁腈橡胶(HNBR)剩余不饱和度的测定　红外光谱法

Rubber—Determination of residual unsaturation of hydrogenated nitrile rubber(HNBR) by infrared spectroscopy

(ISO 14558：2000，IDT)

2008-04-23 发布　　2008-10-01 实施

中华人民共和国国家发展和改革委员会　发布

前　言

本标准等同采用ISO 14558：2000《橡胶　氢化丁腈橡胶(HNBR)剩余不饱和度的测定　红外光谱法》(英文版)。

为便于使用，本标准作了下列编辑性修改：

——删除国际标准的前言；

——引用的国际标准改为相应的国家标准；

——按照汉语的语言习惯作了适当的编辑性修改。

本标准的附录A为资料性附录。

本标准由中国石油化工集团公司提出。

本标准由全国橡胶与橡胶制品标准化技术委员会合成橡胶分技术委员会(SAC/TC35/SC6)归口。

本标准起草单位：中国石油天然气股份有限公司兰州化工研究中心。

本标准主要起草人：赵家琳、翟月勤、薛慧峰。

橡胶　氢化丁腈橡胶(HNBR)剩余不饱和度的测定　红外光谱法

警告：使用本标准的人员应熟悉正规实验室操作规程。本标准未涉及因使用本标准可能出现的所有安全问题。制定相应的安全和健康制度并确保符合国家法规是使用者的责任。

1　范围

本标准规定了用涂膜法通过红外(IR)光谱测定氢化丁腈橡胶(HNBR)剩余不饱和度的方法。

2　规范性引用文件

下列文件中的条款通过本标准的引用而成为本标准的条款。凡是注日期的引用文件，其随后所有的修改单(不包括勘误的内容)或修订版均不适用于本标准，然而，鼓励根据本标准达成协议的各方研究是否可使用这些文件的最新版本。凡是不注日期的引用文件，其最新版本适用于本标准。

GB/T 15340—1994 天然和合成生胶—取样及制样方法(idt ISO 1795:1992)

3　原理

用甲基乙基酮(MEK)溶解 HNBR 生胶，再用甲醇沉淀；或在索氏抽提器中用甲醇对固体 HNBR 进行抽提。再将提纯的样品用 MEK 溶解并在溴化钾(KBr)片上涂膜。通过傅立叶变换(FT)或色散型红外光谱仪获得薄膜的红外光谱。

丙烯腈(AN)、丁二烯(BD)和氢化丁二烯(HBD)的特征吸收谱带的“校正吸光度”用基线法测定，剩余不饱和度(未氢化丁二烯中的双键)的百分率根据来自文献(见 8.5)的吸收系数计算。

4　试剂

建议使用分析纯试剂。若不降低测定精度也可使用其他等级的试剂。

4.1　甲基乙基酮(MEK)。

4.2　甲醇。

4.3　干的压缩氮气。

4.4　溴化钾片。

5　取样

生胶取样按照 GB/T 15340—1994 的规定进行。

6　仪器

6.1　磨口玻璃锥形瓶：50mL、具塞。

6.2　瓶震动器。

6.3　烧杯：250mL。

6.4　电磁搅拌器。

6.5　索氏抽提器：带有 150mL 接受瓶。

6.6　抽提套管。

6.7　加热装置：温度能控制在±2℃范围内。

6.8　傅立叶变换 IR(FTIR)光谱仪：具有 $2cm^{-1}$ 分辨率，或具有相同的光谱分辨率的色散型 IR 光谱仪。

7 程序

7.1 样品制备

7.1.1 沉淀提纯

7.1.1.1 将1g粉碎的HNBR试样放入锥形瓶(6.1)中。向锥形瓶中加入20mLMEK(4.1)。将瓶塞紧，放在瓶震动器上进行震动，直到样品完全溶解。

7.1.1.2 一边缓慢地向装有150mL甲醇的烧杯(6.3)中倒入MEK溶液，一边用电磁搅拌器快速搅拌甲醇，以使橡胶沉淀。

7.1.1.3 缓慢倒出溶剂，用50mL甲醇清洗沉淀的橡胶。缓慢倒出甲醇溶液，再用20mLMEK溶解沉淀的橡胶。

7.1.2 抽提提纯

将1g粉碎的HNBR试样放入抽提套管(6.6)中，在索氏抽提器(6.5)中用100mL甲醇萃取6h。从抽提套管中取出抽提样品试样，用20mLMEK溶解。

7.1.3 涂HNBR薄膜

在KBr片上用溶有HNBR的MEK溶液涂一层平滑的薄膜。

在氮气保护的条件下，用加热装置小心地蒸发薄膜中的MEK溶剂，注意薄膜加热不要超过100℃。

应选择合适的薄膜厚度，使其在2236cm^{-1}处谱带的吸光度<0.8A。使用色散型光谱仪，当不饱和度<1%时，应使薄膜在2236cm^{-1}处谱带的吸光度在0.7到0.8之间。

7.2 获得红外光谱

用2cm^{-1}分辨率的FTIR光谱仪，扫描50次，或者用色散型IR光谱仪和适当的扫描参数，获得光谱。

注：在大约1730cm^{-1}处出现谱带表示残余MEK，而在696cm^{-1}处谱带的出现则表示没有完全提纯。

8 计算

8.1 在大约下列谱带之间画基线：

——AN：在2280cm^{-1}到2200cm^{-1}之间，峰在2236cm^{-1}；

——BD：在1010cm^{-1}到910cm^{-1}之间，峰在970cm^{-1}；

——HBD：在840cm^{-1}到670cm^{-1}之间，峰在723cm^{-1}。

8.2 通过从谱峰最高点的吸光度减去谱峰对应基线的吸光度计算每个谱带(i)的校正吸光度$A(i)$。某些类别的HNBR在2214cm^{-1}处可能显示出一个腈谱带。如果出现这个谱带，则用$A(\mathrm{AN})=A(2236)+A(2214)$计算AN谱带的吸光度，并用该$A(\mathrm{AN})$值进行下一步计算。

8.3 如果使用透光度，则通过取“谱峰对应基线的百分透光率除以谱峰峰尖处的百分透光率”商的$\log_{10}$计算$A(i)$。

8.4 当计算再现性和标准偏差时，使用下列“归一化吸光度比”：

$$A(970)=A(970)/A(2236) \quad\cdots\cdots(1)$$

$$A(723)=A(723)/A(2236) \quad\cdots\cdots(2)$$

8.5 根据来自于文献的吸光系数和计算的归一化吸收比[见方程(1)和(2)]计算浓度$c(i)$，公式如下：

$$c(\mathrm{AN})=\frac{1}{\sum A(i)} \quad\cdots\cdots(3)$$

$$c(\mathrm{BD})=\frac{A(970)}{k(970)}\times\frac{1}{\sum A(i)} \quad\cdots\cdots(4)$$

$$c(\mathrm{HBD})=\frac{A(723)}{k(723)}\times\frac{1}{\sum A(i)} \quad \cdots\cdots (5)$$

式中：

$$\sum A(i)=1+\frac{A(723)}{k(723)}+\frac{A(970)}{k(970)} \quad \cdots\cdots (6)$$

注 1：吸光系数可以在标准的参考文献[1]中找到。这些系数是：

$k(2236)=1$

$k(970)=2.3\pm0.03$

$k(723)=0.255\pm0.002$

注 2：本测定仅在 $2236\mathrm{cm}^{-1}$ 和 $2214\mathrm{cm}^{-1}$ 处吸收谱带吸光系数相等时才有效。当它们不等时，仅从 $A(2236)$ 计算的 $c(\mathrm{AN})$ 会较小，因此由 $c(\mathrm{BD})$、$c(\mathrm{NBD})$ 计算出的剩余不饱和度就会太大。

8.6　计算百分比不饱和度 U（氢化丁二烯中双键的百分比）的公式

$$U=\frac{c(\mathrm{BD})}{c(\mathrm{BD})+c(\mathrm{HBD})}\times 100 \quad \cdots\cdots (7)$$

8.7　IR 光谱的解释和计算参见附录 A。

9　精密度

如果没有适用于这些材料的证明文件和包括这些实验方法的实验议定书，精密度参数不应用于接收/拒收这些材料的依据。

实验室内精密度评价（见表 1）。重复性和再现性都是短期的。一周内测出重复性实验结果。

不同不饱和度的三种材料（不同水平的氢化丁腈橡胶）用于室间试验。这些材料在一周内的间断两天里在七个实验室进行实验。每天都进行重复性试验。

当实验严格按程序进行时，会得到精确的再现性结果。

表 1　HNBR 的剩余不饱和度 U

HNBR	U（平均值）	实验室内			实验室间		
		S_r	r	(r)	S_R	R	(R)
材料 1	0.65	0.119	0.337	51.8	0.172	0.486	74.8
材料 2	2.3	0.111	0.316	13.7	0.149	0.421	18.3
材料 3	5.1	0.179	0.506	3.5	0.348	0.984	19.3

注：S_r——室内标准差；

r——重复性，以测量值单位表示；

(r)——重复性，材料平均值的百分率表示；

S_R——室间标准差；

R——再现性，以测量值单位表示；

(R)——再现性，以材料平均值的百分率表示。

10　试验报告

报告应包括下列内容：

a）每个样品标识所必需的所有详细情况；

b）获得结果所使用的实验参数；

c）每个 HNBR 样品的剩余不饱和度，精确到 0.1%；

d）规定方法的所有偏离；

e）分析日期。

附 录 A
（资料性附录）
红外光谱图的解析和计算示例

A.1 红外光谱的解释示例

表 A.1 部分不饱和的 HNBR

	校正吸光度			归一化吸光度比[a]	
	A(AN)（基线在 2280cm^{-1} 到 2200cm^{-1} 之间）	A(BD)（基线在 1005cm^{-1} 到 935cm^{-1} 之间）	A(AN)（基线在 840cm^{-1} 到 670cm^{-1} 之间）	A(970)	A(723)
	0.278	0.033	0.117	0.119	0.421
	0.127	0.015	0.056	0.118	0.441
	0.134	0.016	0.059	0.119	0.440
	0.193	0.023	0.082	0.119	0.425
	0.102	0.012	0.045	0.118	0.441
	0.310	0.037	0.130	0.119	0.419
平均				0.119	0.431
标准偏差				+0.001	+0.01

[a] 来自公式(1)和(2)。

A.2 不饱和度的计算示例

$$\sum A(i) = 1 + \frac{0.119}{2.3} + \frac{0.431}{0.255} = 2.742 \qquad (A.1)$$

$$c(AN) = \frac{1}{2.742} = 0.365 \qquad (A.2)$$

$$c(BD) = \frac{0.119}{2.3 \times 2.742} = 0.019 \qquad (A.3)$$

$$c(HBD) = \frac{0.431}{0.255 \times 2.742} = 0.616 \qquad (A.4)$$

$$U = \frac{0.019}{0.019 + 0.616} \times 100 = 3\% \qquad (A.5)$$

ICS 83.040.10
G 35

SH

中华人民共和国石油化工行业标准

SH/T 1763—2020
代替 SH/T 1763—2008

氢化丁腈生橡胶(HNBR)中残留不饱和度的测定 碘值法

Determination of residual unsaturation of raw hydrogenated nitrile rubber (HNBR)—Iodine value method

(ISO 17564:2008, Raw hydrogenated nitrile rubber (HNBR)—Determination of residual unsaturation by iodine value, MOD)

2020-12-09 发布　　2021-04-01 实施

中华人民共和国工业和信息化部 发布

前　言

本标准按照 GB/T 1.1—2009 给出的规则起草。

本标准代替 SH/T 1763—2008《腈类橡胶 氢化丁腈橡胶（HNBR）中残留不饱和度的测定 碘值法》，与 SH/T 1763—2008 相比，除编辑性修改外，主要技术变化如下：

——修改了标准名称；

——修改了规范性引用文件（见第 2 章，2008 版的第 2 章）：

- 规范性引用文件由原来注日期引用修改为不注日期引用；
- 删除了 ISO/TR 9272：1986。

——修改了根据碘值范围选择称样量时，碘值范围的表述（见 6.1，2008 版的 6.1）；

——修改了精密度内容（见附录 A，2008 版的第 8 章）。

本标准使用重新起草法修改采用 ISO 17564：2008《氢化丁腈生橡胶（HNBR）采用碘值法测定残留不饱和度》。

本标准与 ISO 17564：2008 的主要技术差异如下：

——关于规范性引用文件，本标准做了具有技术性差异的调整，以适应我国的技术条件，调整的情况集中反映在第 2 章“规范性引用文件”中，具体调整如下：

- 用等同采用国际标准的 GB/T 15340 代替了 ISO 1795。

——将附录 A 的内容移至正文中（见第 4 章，ISO 17564：2008 附录 A）；

——增加了计算结果取值的要求（见第 7 章）。

本标准由中国石油化工集团有限公司提出。

本标准由全国橡胶与橡胶制品标准化技术委员会合成橡胶分技术委员会（SAC/TC35/SC6）归口。

本标准起草单位：中国石油天然气股份有限公司石油化工研究院、赞南科技（上海）有限公司、宁波顺泽橡胶有限公司、赛轮集团股份有限公司、山东道恩特种弹性体材料有限公司。

本标准主要起草人：笪敏峰、赵慧晖、黄世英、张兆庆、杜烨、刘俊保、陈海华、刘雪婷。

本标准所代替标准的历次版本发布情况为：

——SH/T 1763—2008。

氢化丁腈生橡胶（HNBR）中残留不饱和度的测定　碘值法

警示——使用本标准的人员应该熟悉正规实验室的操作规程。本标准并未指出所有可能的安全问题。使用者有责任采取适当的安全和健康措施，并保证符合国家有关法规规定的条件。

1　范围

本标准规定了用韦氏（Wijs）试剂测定氢化丁腈生橡胶（HNBR）残留不饱和度（即碘值）的方法。

本标准适用于氢化丁腈生橡胶。

2　规范性引用文件

下列文件中对于本文件的应用必不可少。凡是注日期的引用文件，仅注日期的版本适用于本文件。凡是不注日期的引用文件，其最新版本（包括所有的修改单）适用于本文件。

GB/T 15340　天然、合成生胶取样及其制样方法（GB/T 15340—2008，ISO 1795：2000，IDT）

3　原理

将 HNBR 生胶样品溶于三氯甲烷中，加入过量的韦氏试剂，静置一定时间使韦氏试剂与 HNBR 中的残留不饱和物加成反应完全。用碘化钾溶液中和未反应的韦氏试剂，最终用硫代硫酸钠标准滴定溶液中的游离碘并计算碘值（不饱和度）。

4　试剂

除非另有要求，应使用分析纯试剂和去离子水或同等纯度的水。

4.1　三氯甲烷。

4.2　硫代硫酸钠标准滴定溶液：$c(Na_2S_2O_3) = 0.1\ mol/L$。

4.3　韦氏试剂：

称取 4.8 g~5.2 g 的三氯化碘（精确到 0.1 g），放进 1 L 的磨口棕色瓶中。再称取 5.5 g 碘（精确到 0.1 g），加入已经盛有 640 mL 冰醋酸的具塞碘量瓶中，盖上塞子，轻轻摇动使碘溶解。将碘/冰醋酸溶液倒入盛有三氯化碘的棕色瓶中，塞上塞子小心摇动混合。将试剂存于暗处，有效期为 30 d。

注：可采用市售同等纯度韦氏试剂。

4.4　碘化钾溶液：100 g/L。

4.5　淀粉指示剂：10 g/L。

5　仪器

5.1　机械振荡器。

5.2　恒温水浴：能控温 25℃±1℃。

5.3 分析天平：能够精确至0.1 mg。
5.4 碘量瓶：300 mL，具塞。
5.5 移液管：25 mL、10 mL。
5.6 滴定管：50 mL，最小刻度为0.1 mL。

6 分析步骤

6.1 按照GB/T 15340制备试样。参照表1中不饱和度（碘值），选择并称量试样，精确至0.1 mg，然后将试样置于300 mL碘量瓶（5.4）中。

表1 推荐的试样量

不饱和度（碘值），g碘/100g试样	试样质量，g
>30	0.35~0.40
>15，≤30	0.40~0.50
>8，≤15	0.50~0.70
≤8	0.90~1.00

6.2 向碘量瓶中加入50 mL三氯甲烷（4.1），盖上塞子，置于机械振荡器（5.1）上振荡至试样完全溶解，将碘量瓶放入25℃±1℃的恒温水浴（5.2）中静置30 min。
6.3 从水浴中取出碘量瓶，用移液管（5.5）准确加入25 mL韦氏试剂（4.3），立即盖上塞子，轻轻旋转瓶子使试液混合均匀，置于恒温水浴中静置120 min±5 min，使碘化反应完全。
6.4 待反应完全后，取出碘量瓶，用移液管（5.5）迅速加入10 mL的碘化钾溶液（4.4），立即盖上塞子并用力摇动。
6.5 松开塞子，用少量蒸馏水冲洗瓶塞和瓶口，确保洗液流入碘量瓶。重新盖上瓶塞，轻轻旋转碘量瓶，并静止5 min。
6.6 在20 min之内，用硫代硫酸钠标准滴定溶液（4.2）进行滴定，同时轻轻摇动碘量瓶。当上层溶液变成淡黄色时，加入1 mL淀粉指示剂（4.5）。盖上塞子用力摇动，然后继续滴定并间歇性的摇动碘量瓶，直到碘/淀粉混合液紫色消失。在碘化钾溶液加入之后的30 min内应完成全部滴定。

注：碘与淀粉的反应是在水层中进行，为了确保三氯甲烷中的碘完全移入水层，在瓶中加入淀粉后要用力摇动。

6.7 放置碘量瓶30 min，如果颜色重现，需要继续滴定，直至放置30 min后颜色不再出现。
6.8 按照6.2到6.7的步骤做空白实验。

7 结果计算

HNBR中残留不饱和度A以每100克试样所消耗的碘的质量计，数值以g/100g表示，按公式（1）计算：

$$A=\frac{(V_0-V_1)\times c\times 12.69}{m} \quad (1)$$

式中：

V_0——滴定空白消耗的硫代硫酸钠标准滴定溶液体积的数值，单位为毫升（mL）；
V_1——滴定试样消耗的硫代硫酸钠标准滴定溶液体积的数值，单位为毫升（mL）；
c——硫代硫酸钠标准滴定溶液浓度的数值，单位为摩尔每升（mol/L）；
12.69——碘的原子量×100/1000；

m——试样质量的数值，单位为克（g）。

计算结果表示至小数点后一位。

8 精密度

参见附录A。

9 试验报告

试验报告应包括以下内容：

a）本标准的编号；

b）关于样品的详细说明；

c）碘值及其表示方式；

d）试验过程中注意到的任何异常现象；

e）本标准中未规定的任何自选操作；

f）试验日期。

附 录 A
(规范性附录)
精密度

A.1 本精密度是根据实验室间精密度程序确定的。在该程序中使用了3种不同饱和度的材料（不同水平的HNBR）。4个实验室在间隔一周的两天里开展试验，每天进行重复测定。

A.2 按照ISO/TR 9272：2005进行精密度计算，结果以重复性和再现性表示。有关精密度的概念和术语 见ISO/TR 9272：2005中相关内容。

A.3 确定了1型实验室间精密度。由于测试结果是在间隔一周的两天获得的，因此确定的重复性和再现性都是短期的。所有数据均为$p=4$，$q=3$和$n=4$。

本精密度分析结果是按照ISO/TR 9272：2005列出的通用程序得到的。重复性值包括两个一致性的偏差来源（实验室天内和天间的重复测试）。最终的精密度结果见表A.1。若没有文件证明精密度结果适应于这些材料和测试协议包含该试验方法，则该精密度结果不应作为接受或拒绝被测材料的依据。

A.4 重复性：HNBR碘值的重复性r见表A.1。在同一实验室，按照标准测试方法程序，获得的两个试验结果之差，若大于表中所列的r值，则视为可疑值，需进行适当的检查。

A.5 再现性：HNBR碘值的再现性R见表A.1。在不同的实验室，按照标准测试方法程序，获得的两个试验结果之差，若大于表中所列的R值，则视为可疑值，需进行适当的检查。

表A.1 精密度结果

材　料	碘值（平均值）g/100g	实验室内			实验室间		
		s_r	r	(r)	s_R	R	(R)
1	5.05	0.184	0.520	10.30	0.259	0.732	14.50
2	10.38	0.148	0.420	4.05	0.596	1.686	16.24
3	26.86	0.240	0.679	2.53	0.498	1.409	5.25

s_r：重复性标准差；
r：重复性（以测量单位表示）；
(r)：重复性（以平均值的百分数表示）；
s_R：再现性标准差；
R：再现性（以测量单位表示）；
(R)：再现性（以平均值的百分数表示）。

参 考 文 献

[1] ISO/TR 9272：2005　Rubber and rubber products—Determination of precision for test method standards

ICS 83.060
G 35

SH

中华人民共和国石油化工行业标准

SH/T 1780—2015

异戊二烯橡胶（IR）

Isoprene rubber（IR）

2015-07-14 发布　　2016-01-01 实施

中华人民共和国工业和信息化部　发布

前　言

本标准按照 GB/T 1. 1—2009 给出的规则起草。

本标准由中国石油化工集团公司提出。

本标准由全国橡胶与橡胶制品标准化技术委员会合成橡胶分技术委员会（SAC/TC35/SC6）归口。

本标准起草单位：青岛伊科思新材料股份有限公司、中国石油天然气股份有限公司石油化工研究院、茂名鲁华化工有限公司、中国石油化工股份有限公司北京燕山分公司、中国石油天然气股份有限公司吉林石化分公司。

本标准主要起草人：王代强、翟月勤、王学丽、矫海霞、林庆菊、刘俊保、王春龙、张文文、彭金瑞、赵慧晖。

异戊二烯橡胶（IR）

1 范围

本标准规定了异戊二烯橡胶（简称“异戊橡胶”）的产品分类、技术要求、试验方法、检验规则及包装、标志、贮存、运输。

本标准适用于在稀土催化体系下经溶液聚合制得的异戊橡胶。

2 规范性引用文件

下列文件对于本文件的应用是必不可少的。凡是注日期的引用文件，仅注日期的版本适用于本文件。凡是不注日期的引用文件，其最新版本（包括所有的修改单）适用于本文件。

GB/T 528—2009 硫化橡胶或热塑性橡胶拉伸应力应变性能的测定（ISO 37：2005，IDT）

GB/T 1232.1—2008 未硫化橡胶用圆盘剪切黏度计进行测定 第1部分：门尼黏度的测定（GB/T 1232.1—2000，ISO 289-1：1994，NEQ）

GB/T 3516—2006 橡胶 溶剂抽出物的测定（ISO 1407：1992，MOD）

GB/T 4498.1—2013 橡胶 灰分的测定 第1部分：马弗炉法（ISO 247：2006，MOD）

GB/T 7043.2—2001 橡胶中铜含量的测定（ISO 6101-3：1997，NEQ）

GB/T 11202—2003 橡胶中铁含量的测定1，10-菲罗啉光度法（ISO 1657：1986，NEQ）

GB/T 19187 合成生胶抽样检查程序

GB/T 19188 天然生胶和合成生胶贮存指南（ISO 7664：2000，IDT）

GB/T 24131—2009 生橡胶 挥发分含量的测定（ISO 248：2005，MOD）

GB/T30918—2014 非充油溶液聚合型异戊二烯橡胶（IR）评价方法（ISO 2303：2011，MOD）

ISO 1795-2007 天然、合成生胶取样及制样方法（Rubber，raw nature and raw synthetic—Sampling and further preparative procedures）

3 产品分类

异戊橡胶按应用领域的不同分为通用制品用异戊橡胶和环保制品用异戊橡胶。

通用制品用异戊橡胶按照门尼黏度的不同划分牌号，共分为4个牌号，分别为IR60、IR70、IR80、IR90，对应的门尼黏度中心值分别为60、70、80、90。

环保制品用异戊橡胶按照门尼黏度的不同划分牌号，共分为4个牌号，分别为IR60F、IR70F、IR80F、IR90F，对应的门尼黏度中心值分别为60、70、80、90。

4 技术要求

4.1 外观

块状固体，不含机械杂质及油污。

4.2 技术指标

通用制品用异戊橡胶应符合表1规定，环保制品用异戊橡胶应符合表2规定。

表1 通用制品用异戊橡胶技术指标

项目		IR60		IR70		IR80		IR90	
		优等品	合格品	优等品	合格品	优等品	合格品	优等品	合格品
生胶门尼黏度/ ML（1+4）100℃		55~64		65~74		75~84		85~95	
挥发分质量分数/%	≤	0.60	0.80	0.60	0.80	0.60	0.80	0.60	0.80
灰分质量分数/%	≤	0.50							
300%定伸应力/MPa		报告值							
拉伸强度（40min）[a]/MPa	≥	25.0		26.0					
拉断伸长率（40min）[a]/%	≥	450		460					
[a] 采用标准参比炭黑3#（SBR3#）进行评价。									

表2 环保制品用异戊橡胶技术指标

项目		IR60F		IR70F		IR80F		IR90F	
		优等品	合格品	优等品	合格品	优等品	合格品	优等品	合格品
生胶门尼黏度/ ML（1+4）100℃		55~64		65~74		75~84		85~95	
挥发分质量分数/%	≤	0.60	0.80	0.60	0.80	0.60	0.80	0.60	0.80
灰分质量分数/%	≤	0.50							
防老剂264质量分数/%		报告值							
铁质量分数/%	≤	0.002							
铜质量分数/%	≤	0.0001							
丙酮抽出物质量分数/%	≤	2.0							
拉伸强度（40min）[a]/MPa		报告值							
拉断伸长率（40min）[a]/%		报告值							
[a] 采用标准参比炭黑3#（SBR3#）进行评价。									

5 试验方法

5.1 生胶门尼黏度的测定

按ISO 1795-2007中7.2.1规定制备试样，即从实验室样品取250g±5g试样，将开炼机辊距调至1.69mm±0.17mm，辊筒温度保持在23℃±5℃，将试样过辊6次，其中第2次和第5次打卷纵向通过开炼机，第六次直接下片。

按GB/T 1232.1—2008测定。

5.2 挥发分含量的测定

按GB/T 24131—2009方法A测定。

5.3 灰分含量的测定

按 GB/T 4498.1—2013 中方法 A 测定。

5.4 防老剂 264 含量的测定

按附录 A 测定。

5.5 铁含量的测定

按 GB/T 11202—2003 测定。

5.6 铜含量的测定

按 GB/T 7043.2—2001 测定。

5.7 丙酮抽出物含量的测定

按 GB/T 3516—2006 测定。

5.8 300%定伸应力、拉伸强度、拉断伸长率

按 GB/T 30918—2014 中开炼机混炼程序 B 法混炼。按 GB/T 528—2009 测定，采用 2 型裁刀。

6 检验规则

6.1 检验分类与检验项目

异戊橡胶产品检验分为型式检验和出厂检验，正常情况下，每月进行一次型式检验。

本标准第 4 章中所列项目均为型式检验项目，表 1 中门尼黏度、挥发分为出厂检验项目，表 2 中门尼黏度、挥发分、铁质量分数、铜质量分数、丙酮抽出物为出厂检验项目。

6.2 组批规则

异戊橡胶以同一生产线上、相同原料、相同工艺生产的同一牌号的产品组批；生产厂也可以按一定生产周期或储存料仓为一批对产品进行组批。

每批产品应附有质量证明书。质量证明书上应注明产品名称、牌号、生产厂（公司）名称、生产批号、等级等有关内容，并加盖质量检验专用章和检验员章（签字）。

6.3 抽样

异戊橡胶进行质量检验时，按 GB/T 19187 的规定抽样。

6.4 判定规则和复检规则

按 GB/T 19187 中实验室混合样品进行检验，任何一项不符合相应等级要求时，应对保留样品进行复验，复验结果仍不符合技术要求时，则该批产品应降等或定为不合格品。

7 包装、标志、贮存和运输

7.1 包装

内层用低密度聚乙烯薄膜包装。IR60、IR70、IR80、IR90 包装薄膜厚度为 0.045 mm±0.004 mm、

熔点不大于110℃；IR60F、IR70F、IR80F、IR90F包装薄膜的厚度为0.05mm±0.005mm、熔点不大于90℃，或满足用户要求的其他薄膜。

外层用印有商标或特殊标记的内涂膜复合牛皮纸袋或采用用户认可的其他形式包装。每袋净含量25kg或其他包装单元。

7.2 标志

每个包装袋应清楚地标明产品名称、牌号、净含量、生产厂（公司）名称、地址、注册商标、标准编号、等级、生产日期或生产批号等。

7.3 贮存

贮存时，应成行成垛整齐堆放，并保持一定行距，堆放高度不大于10包。贮存条件应符合GB/T 19188的要求。

7.4 运输

在运输过程中，应防止日光直接照射和雨水浸泡，运输车辆应整洁，避免包装破损和杂物混入。

8 保质期

在GB/T 19188规定的条件下贮存，自生产之日起保质期为两年。

附　录　A
（规范性附录）
异戊二烯橡胶中2,6-二叔丁基对甲酚（防老剂264）含量的测定

警告：使用本标准的人员应有正规实验室工作的实践经验。本标准并未指出所有可能的安全问题，使用者有责任采取适当的安全和健康措施，并保证符合国家有关法规规定的条件。

A.1　范围

本附录规定了异戊二烯橡胶中2,6-二叔丁基对甲酚（防老剂264）含量的测定方法。

A.2　原理

用乙醇抽提胶样中的防老剂。将磷钼酸加入稀氨水溶液中生成浅黄色的磷钼酸铵，磷钼酸铵与抽提出的防老剂发生反应，溶液呈蓝色。然后在分光光度计上测定吸光度，计算其防老剂含量。

A.3　仪器设备

A.3.1　天平：精度0.1 mg。
A.3.2　分光光度计：能在波长为680 nm处测量吸光度，附有3 cm比色皿。
A.3.3　索氏提取器：配有磨口烧瓶（60 mL）。
A.3.4　容量瓶：25 mL，100 mL。
A.3.5　吸量管：1.00 mL，5.00 mL，10.00 mL。

A.4　试剂和材料

A.4.1　2,6-二叔丁基对甲酚（防老剂264）：分析纯。
A.4.2　乙醇：分析纯。
A.4.3　磷钼酸：分析纯。
A.4.4　氨水：分析纯，配制成质量分数为2.5%水溶液。

A.5　操作步骤

A.5.1　配制磷钼酸乙醇溶液

称取4.0g磷钼酸（A.4.3）溶于100 mL乙醇（A.4.2）中，滤除混浊物，贮于棕色瓶中，溶液为黄色，如变成黄绿色，应重新配制。

A.5.2　制备标准溶液

称取0.3g防老剂（A.4.1），精确至0.1 mg，将乙醇溶解后加入100 mL容量瓶中，再加乙醇至刻度。取1 mL该溶液于100 mL容量瓶中，加乙醇至刻度，配制成浓度为3×10^{-5} g/mL的防老剂标准溶液。

A.5.3 绘制标准曲线

取6个25 mL容量瓶，分别用吸量管（A.3.5）加入0.50 mL，1.00 mL，2.00 mL，3.00 mL，4.00 mL，5.00 mL防老剂标准溶液（A.5.2），然后各加入4 mL磷钼酸乙醇溶液，10 mL氨水（A.4.4），用蒸馏水稀释至刻度。放置10 min后，立刻在分光光度计（A.3.2）上，用3 cm比色皿在680 nm处测定吸光度。以测得的吸光度（减去空白值）为纵坐标，其相对应的浓度为横坐标绘制工作曲线。

A.5.4 测定

将试样剪成2 mm×2 mm×2 mm小粒，称取试样约1 g，准确至0.1 mg，放入索氏提取器（A.3.3）中，向烧瓶中加入60 mL乙醇，连接烧瓶与冷却器，在水浴上加热回流120 min。然后将抽提液移至100 mL容量瓶中，分别用10 mL乙醇洗涤冷却器和烧瓶3次，将洗涤液倒入容量瓶中，用乙醇稀释至刻度。

取1 mL（V）抽提液加入25 mL容量瓶中，用A.5.3相同的方法制备比色液并测定吸光度，并同时做空白试验。

A.6 结果表示

防老剂264含量w以试样的质量分数计，数值以%表示，按公式（A.1）计算：

$$w = \frac{T \times 25 \times 100}{V \times m} \times 100 \tag{A.1}$$

式中：

T——工作曲线（A.5.3）上查得防老剂浓度，单位为克每毫升（g/mL）；

V——试样的体积，单位为毫升（mL）；

m——试样的质量，单位为克（g）；

25——制备试样时定容的体积，单位为毫升（mL）；

100——定容的抽提液总体积，单位为毫升（mL）。

取两次重复测定结果的算术平均值作为试验结果，所得结果表示到小数点后一位。

A.7 允许差

同一操作者两次平行测定结果之绝对差不大于0.1%。

A.8 试验报告

试验报告应包括以下内容：

a）本标准的编号；

b）关于样品的详细说明；

c）试验结果；

d）测定过程中观察到的任何异常现象；

e）本附录未包括的任何自选操作；

f）试验日期。

ICS 83.040.10
G 34
备案号:55633-2016

SH

中华人民共和国石油化工行业标准

SH/T 1799—2016

合成橡胶胶乳　玻璃化转变温度的测定　差示扫描量热法(DSC)

Sythetic rubber latex-Determination of the glass transition temperature—Differential scanning calorimetry(DSC)

2016-07-11 发布　　2017-01-01 实施

中华人民共和国工业和信息化部　发布

前　言

本标准按照 GB/T 1.1—2009 给出的规则起草。

本标准由中国石油化工集团公司提出。

本标准由全国橡胶与橡胶制品标准化技术委员会合成橡胶分技术委员会（SAC/TC35/SC6）归口。

本标准起草单位：中国石油天然气股份有限公司石油化工研究院、浙江天晨胶业股份有限公司。

本标准参加单位：上海高桥巴斯夫分散体有限公司、中国石油天然气股份有限公司独山子石化分公司、中国石油天然气股份有限公司兰州石化分公司、中国石油天然气股份有限公司大庆石化分公司、中国石油天然气股份有限公司兰州润滑油研究开发中心环烷基油所。

本标准主要起草人：魏玉丽、杨芳、贾慧青、张弘强、李晓银、赵慧晖、杜烨。

合成橡胶胶乳　玻璃化转变温度的测定　差示扫描量热法（DSC）

警告：使用本标准的人员应有正规实验室工作的实践经验。本标准并未指出所有可能的安全问题。使用者有责任采取适当的安全和健康措施，并保证符合国家有关法律法规规定的条件。

1　范围

本标准规定了用差示扫描量热法（DSC）测定合成橡胶胶乳玻璃化转变温度的方法。

本标准适用于羧基丁苯胶乳（XSBRL）、氯丁胶乳（CRL）和羧基丁腈胶乳（XNBRL），其他合成橡胶胶乳也可参照使用。

2　规范性引用文件

下列文件对于本文件的应用是必不可少的。凡是注日期的引用文件，仅注日期的版本适用于本文件。凡是不注日期的引用文件，其最新版本（包括所有的修改单）适用于本文件。

GB/T 19466.1—2004　塑料　差示扫描量热法（DSC）　第1部分：通则（ISO 11357-1：1997，IDT）

SH/T 1149　合成橡胶胶乳　取样（SH/T 1149—2006，ISO 123：2001，MOD）

SH/T 1154—2011　合成橡胶胶乳总固物含量的测定（ISO 124：2008，MOD）

3　术语和定义

GB/T 19466.1—2004 界定的以及下列术语和定义适用于本文件。

3.1

玻璃化转变 glass transition

无定形聚合物或半结晶聚合物中的无定形区域从黏流态或橡胶态到硬的、相对脆的玻璃态的一种可逆变化。

[SH/T 1771—2010，定义 3.1]

3.2

玻璃化转变温度（T_g）　glass transition temperature

发生玻璃化转变的温度范围的特征温度。

注：根据材料的特性及选择的试验方法和测试条件的不同，玻璃化转变温度（T_g）可能和材料已知的 T_g 值不同。

[ISO 11357-2：2013，定义 3.2]

3.3

拐点温度（$T_{i,g}$）　inflection-point temperature

微分 DSC 信号最大值或转变区域斜率最大处对应的温度。

4　方法概要

在规定的惰性气体条件下，用差示扫描量热仪（DSC）测定经干燥后成薄膜的合成橡胶胶乳的热容随温度的变化，通过所得的曲线确定玻璃化转变温度。

5 仪器和材料

5.1 差示扫描量热仪：应符合 GB/T 19466.1—2004 中 5.1 的规定。

5.2 样品皿：应符合 GB/T 19466.1—2004 中 5.2 的规定。

5.3 气源：氮气或氦气，纯度不低于 99.99%。

6 取样和制样

6.1 取样

按 SH/T 1149 规定进行取样。

6.2 制样

按 SH/T 1154—2011 中 6.3 规定干燥胶乳试样。取下胶乳薄膜，将其剪成约 2mm×2mm 的方片，备用。

7 校准

按照仪器说明书校准差示扫描量热仪（5.1）。

8 分析步骤

8.1 仪器准备

8.1.1 试验前，接通仪器电源，使仪器平衡至少 1h。

8.1.2 设定气体流速在 50mL/min±5 mL/min 内，试验过程中气体流速应恒定。

8.2 试样放置

称取按照 6.2 制备的试样约 10mg，精确至 1mg，用盖子密封样品皿（5.2）。用镊子或其他合适的工具将密封好的样品皿放入样品支持器中，确保试样和皿之间、皿和支持器之间接触良好。盖上样品支持器的盖。

注：试样和皿之间、皿和支持器之间接触良好可获得较好的重复性。

8.3 温度扫描

8.3.1 在开始试验前，用氮气或氦气（5.3）吹扫仪器 5min。

8.3.2 以 20℃/min 的速率将温度升至 60℃，并在此温度下保持 10min，以消除试样之前的热历史。

8.3.3 以 10℃/min 的速率将温度降至低于预期玻璃化转变温度约 30℃~50℃，并至少保持温度 2min。

注：若仪器不能够保持规定的降温速率，可调节使其接近规定的速率。

8.3.4 以 20℃/min 的速率进行第 2 次升温，直到温度升至高于玻璃化转变范围上限温度约 30℃。

9 结果表示

将 DSC 曲线上的拐点温度确定为玻璃化转变温度 T_g。

结果保留一位小数，单位为℃。

10 精密度

参见附录A。

11 试验报告

试验报告应至少包括以下内容：

a）本标准的编号；

b）样品的说明；

c）样品皿的类型；

d）试样的质量；

e）所用的DSC型号；

f）惰性气体的类型和流速；

g）升温速率；

h）试验结果 T_g 值（℃）和DSC曲线；

i）试验日期。

附 录 A
(资料性附录)
合成橡胶胶乳玻璃化转变温度精密度

A.1 概述

本附录按 GB/T 6379.2—2004 规定进行了精密度计算，以重复性和再现性表示。

A.2 精密度说明

本附录按照实验室间试验方案（ITP），采用不同水平的 4 种合成橡胶胶乳样品，在 7 个实验室开展精密度试验，试验在一周内完成。

A.3 精密度结果

本精密度结果是按 GB/T 6379.2—2004 规定检验离群值，剔除了一个离群实验室后对 6 个实验室数据计算得到。表 A.1 给出了升温速率为 20℃/min 的 4 种合成橡胶胶乳的精密度结果。

表 A.1 合成橡胶胶乳玻璃化转变温度精密度结果

材料	T_g 平均值/℃	s_r	r	s_R	R
CRL	−38.2	0.200	0.565	0.634	1.793
XNBRL	−18.5	0.447	1.264	1.162	3.288
XSBRL-1	12.4	0.241	0.683	1.047	2.963
XSBRL-2	18.1	0.313	0.886	1.200	3.396
平均值		0.300	0.849	1.011	2.860

说明：

s_r：重复性标准差，用测量单位表示。

s_R：再现性标准差，用测量单位表示。

r：重复性，用测量单位表示。

R：再现性，用测量单位表示。

参 考 文 献

［1］GB/T 6379.2—2004　测量方法与结果的准确度（正确度与精密度）　第2部分：确定标准测量方法重复性与再现性的基本方法

［2］SH/T 1771—2010　生橡胶　玻璃化转变温度的测定　差示扫描量热法（DSC）

［3］ISO 11357-2：2013　Plastics—Differential scanning calorimetry（DSC）—Part 2：Determination of glass transition temperature and glass transition step height

ICS 83.060
G 35

SH

中华人民共和国石油化工行业标准

SH/T 1812—2017

热塑性弹性体
苯乙烯-异戊二烯嵌段共聚物（SIS）

Thermoplastic elastomers—Styrene-isoprene block copolymer（SIS）

2017-07-07 发布　　　　2018-01-01 实施

中华人民共和国工业和信息化部　发布

前　言

本标准按照 GB/T 1.1—2009 给出的规则起草。

本标准由中国石油化工集团公司提出。

本标准由全国橡胶与橡胶制品标准化技术委员会合成橡胶分技术委员会（SAC/TC35/SC6）归口。

本标准主要起草单位：中国石化集团资产经营管理有限公司巴陵石化分公司、山东聚圣科技有限公司、中国石油天然气股份有限公司石油化工研究院。

本标准主要起草人：朱建军、郝燕、张家颂、侣庆法、魏玉丽、许安军、王庆敏、李尚英、肖海军。

热塑性弹性体　苯乙烯-异戊二烯嵌段共聚物（SIS）

1　范围

本标准规定了热塑性弹性体苯乙烯-异戊二烯嵌段共聚物（以下简称SIS）的命名规则、要求、试验方法、检验规则、包装、标志、运输和贮存以及保质期。

本标准适用于以苯乙烯和异戊二烯为主要原料，采用阴离子聚合方法制得的SIS。

2　规范性引用文件

下列文件对于本文件的应用是必不可少的。凡是注日期的引用文件，仅注日期的版本适用于本文件。凡是不注日期的引用文件，其最新版本（包括所有的修改单）适用于本文件。

GB/T 528—2009　硫化橡胶或热塑性橡胶 拉伸应力应变性能的测定

GB/T 3682—2000　热塑性塑料熔体质量流动速率和熔体体积流动速率的测定

GB/T 4498.1—2013　橡胶　灰分的测定　第1部分：马弗炉法

GB/T 6682—2008　分析实验室用水规格和试验方法

GB/T 13646　橡胶 结合苯乙烯含量的测定 分光光度法

GB/T 19187　合成生橡胶抽样检查程序

GB/T 24131—2009　生橡胶 挥发分含量的测定

HG/T 3862　塑料黄色指数试验方法

SH/T 1610—2011　热塑性弹性体 苯乙烯-丁二烯嵌段共聚物（SBS）

3　命名规则

SIS牌号按以下规则命名：

第一位字符组：SIS，为苯乙烯-异戊二烯嵌段共聚物产品代号。

第二位字符组：为SIS的结构类型。其中，“1”表示线型产品，“4”表示星型产品。

第三位字符组：为SIS二嵌段含量范围值。其中，0代表二嵌段含量为0，1代表二嵌段含量为$0<X<20\%$，2代表二嵌段含量为$20\%\leqslant X<27\%$，3代表二嵌段含量为$27\%\leqslant X<37\%$，4代表二嵌段含量为$37\%\leqslant X<47\%$，5代表二嵌段含量为$47\%\leqslant X<57\%$。

第四位字符组：为SIS结合苯乙烯含量中值。

示例：

SIS　1　1　16

16——结合苯乙烯含量中值为16%

1——二嵌段含量范围为$0<X<20\%$

1——聚合物结构为线型

SIS——苯乙烯－异戊二烯嵌段共聚物代号

4 要求

4.1 外观：白色均匀颗粒，无异物。

4.2 SIS 的技术指标见表 1。

表 1 SIS 的技术指标

项　　目		SIS 1015	SIS 1116	SIS 1214	SIS 1516	SIS 4319
挥发分，%（质量分数）	≤	0.70				
灰分，%（质量分数）	≤	0.20				
黄色指数	≤	6.0				
25%甲苯溶液黏度，mPa·s		由供方提供				—
结合苯乙烯含量，%（质量分数）		15.0±2.0	16.0±2.0	14.0±2.0	16.0±2.0	19.0±2.0
二嵌段含量，%（质量分数）		—	16.5±2.0	25.0±2.0	50.0±3.0	30.0±3.0
熔体质量流动速率，g/10min		8.0~12.0	8.0~14.0	8.0~14.0	8.0~14.0	10.0~18.0
拉伸强度，MPa	≥	12.0	10.0	8.0	4.0	6.0
拉断伸长率，%	≥	1050	1050	1000	1100	900

5 试验方法

5.1 挥发分的测定

按照 GB/T 24131—2009 中的烘箱法 B 进行测定。

5.2 灰分的测定

按照 GB/T 4498.1—2013 中的方法 A 进行测定。马弗炉的温度为 750℃±25℃。

5.3 黄色指数的测定

按照 HG/T 3862 进行测定。

5.4 25%甲苯溶液黏度的测定

按照 SH/T 1610—2011 中的附录 B 进行测定。

5.5 结合苯乙烯含量的测定

按照 GB/T 13646 进行测定。

5.6 二嵌段含量的测定

按照附录 A 进行测定。

5.7 熔体质量流动速率的测定

按照 GB/T 3682—2000 中方法 A 进行测定。采用 200℃，5kg 的试验条件。试验前应对样品进行烘干处理，在 100℃±5℃条件下干燥 1h。

5.8 拉伸强度、拉断伸长率的测定

5.8.1 按照 SH/T 1610—2011 附录 A 制备试片。其中，辊筒温度保持在 120℃±5℃，压板和模具的温度调节至 165℃±3℃。

5.8.2 按照 GB/T 528—2009 对哑铃状试样进行测定，哑铃状试样采用 1 型裁刀。

6 检验规则

6.1 检验分类与检验项目

6.1.1 SIS 产品检验项目分为型式检验项目和出厂检验项目。其中，第 4 章所列项目均为型式检验项目；外观、挥发分、黄色指数、25%甲苯溶液黏度、熔体质量流动速率、拉伸强度、拉断伸长率为出厂检验项目。

6.1.2 正常生产时型式检验项目每季度至少检验一次。当存在以下情况时，应进行型式检验：

a）关键生产工艺发生变化或主要设备更新时；

b）主要原料有变化时；

c）产品长期停车后，恢复生产时。

6.2 组批规则

以同一生产线上、相同原料、相同工艺生产的同一牌号的产品组批；一般以每条生产线规定时间段生产的产品或同一胶液罐的产品为一批。

产品以批为单位进行检验和验收。

6.3 抽样方案

按照 GB/T 19187 的规定进行抽样。

6.4 判定规则和复检规则

取按 GB/T 19187 规定的混合实验室样品，按照本标准规定的试验方法进行检验，依据检验结果和要求对产品作出质量判定。检验结果中所有项目都符合本标准要求时，则该批产品判为合格。检验结果中任何一项不符合本标准要求时，取保留样品对不合格项进行复检，按复检结果进行质量判定。

7 包装、标志、运输和贮存

7.1 包装

7.1.1 可采用三合一纸塑包装袋或其他包装形式包装。包装袋材料应保证在运输、码放、贮存时不污染和不泄漏产品。

7.1.2 每包产品的净含量为 20kg 或其他包装单元。

7.2 标志

外包装袋上应有明显的标志，标志内容应包括：产品的名称、牌号、净含量、生产厂（公司）名称、商标、生产日期、标准编号和生产批号等。

每批产品应附有质检报告单。

7.3 运输

运输过程中应避免阳光直接照射和雨淋，运输车辆应整洁，避免包装袋破损和杂物混入。

7.4 贮存

常温下贮存在干燥、通风、清洁的仓库中，远离热源，防止日光直接照射。产品应成行成垛整齐码放并保持一定行距，垛高不高于20层。

8 保质期

在规定的贮存条件下，自生产之日起保质期为24个月。

附 录 A
(规范性附录)
SIS 中二嵌段含量的测定

A.1 方法提要

将样品用四氢呋喃（THF）溶解后，用凝胶渗透液相色谱柱对样品中各组分分离，示差折光检测器（RID）检测，根据保留时间对各峰进行定性分析，校正面积归一化法进行定量。

A.2 仪器设备

A.2.1 高效液相色谱仪，由高压泵、恒温箱、RID 检测器组成。

A.2.2 色谱柱：KF-804、KF-805 凝胶渗透色谱柱；或分离限界大于 300000（聚苯乙烯相对分子质量）的其他凝胶色谱柱。推荐的典型色谱操作条件见表 A.1。

表 A.1 典型色谱操作条件

色谱柱	KF-804、KF-805 串联
流动相	四氢呋喃（THF）
流速，mL/min	1.0
柱温,℃	40
检测温度,℃	40
进样量，μL	20

A.2.3 进样器：25μL 微量注射器。

A.2.4 六通进样阀，带 20μL 定量管。

A.2.5 梨形分液漏斗：250mL。

A.2.6 砂芯漏斗：G4。

A.2.7 容量瓶：25mL。

A.2.8 分析天平：精确至 0.1mg。

A.2.9 恒温水浴锅：温度可控制在 65℃±10 ℃。

A.2.10 真空干燥箱：温度可控制在 100℃±10 ℃。

A.3 试剂

除非另有说明，在分析中仅使用确认为分析纯的试剂和符合 GB/T 6682—2008 中规定的二级水。

A.3.1 四氢呋喃（THF）：经砂芯漏斗（A.2.6）过滤。

A.3.2 盐酸溶液：0.1mol/L。

A.3.3 三嵌段标准样品（SIS）：M_w/M_n 不大于 1.05。

样品筛选：取约 100mL 工业三嵌段 SIS 胶液于 500mL 烧杯中，按 A.4.2 步骤进行色谱分析。在保留时间 t_R=20min 前只有一个组分峰出现时则进行标准胶样的制备，否则重新取样并进行色谱分析，直到符合要求。

标准样品制备：将 50mL 盐酸溶液（A.3.2）缓慢加入 100mL 工业三嵌段 SIS 胶液中，边搅拌边加入，然后将其倒入分液漏斗（A.2.5）中，静置 10min 后分层，放出下层水相；再在胶液中加入 50mL 水，摇动分液漏斗后静置 10min 分层放出下层水相，如此用水反复清洗三次，最后将胶液倒入烧杯中，放在65℃的恒温水浴锅（A. 2. 9）中加热，让溶剂逐渐挥发，待杯内胶液变成黏稠胶体后，将其转入真空干燥箱（A. 2. 10）中，在100℃条件下干燥30min，得到三嵌段标准胶样（SIS）。

A. 3. 4 二嵌段标准样品（SI）：M_w/M_n 不大于1. 05。

制备方法同A. 3. 3。

A. 3. 5 聚苯乙烯（PS）标准样品：数均分子量 M_n 为28000；M_w/M_n 不大于1. 05。

A. 3. 6 SIS标准溶液：2. 0mg/mL。

称取50mg（精确到0. 1mg）的SIS标准胶样（A. 3. 3）于25mL容量瓶（A. 2. 7）中，用THF（A. 3. 1）溶解后稀释至刻度。

A. 3. 7 SI标准溶液：1. 5mg/mL。

称取37. 5mg（精确到0. 1mg）的SI标准胶样（A. 3. 4）于25mL容量瓶中，用THF溶解后稀释至刻度。

A. 3. 8 PS标准溶液：1. 0mg/mL。

称取25mg（精确到0. 1mg）的SIS标准胶样（A. 3. 5）于25mL容量瓶中，用THF溶解后稀释至刻度。

A. 4 分析步骤

A. 4. 1 标准样品的峰面积测定：分别将20μL的SIS标准溶液（A. 3. 6）、SI标准溶液（A. 3. 7）和PS标准溶液（A. 3. 8）注入色谱仪中，并记录各自的峰面积。

A. 4. 2 样品分析：将SIS样品置于105℃±5℃的烘箱中，干燥10min，冷却至室温后称取约20mg（精确到0. 1mg）样品于25mL容量瓶中，用THF溶解后稀释至刻度。将20μL样品注入色谱仪中，立即开始分析，记录各峰的面积，根据保留时间对各峰进行定性分析并定量，SIS典型色谱图见图A. 1。

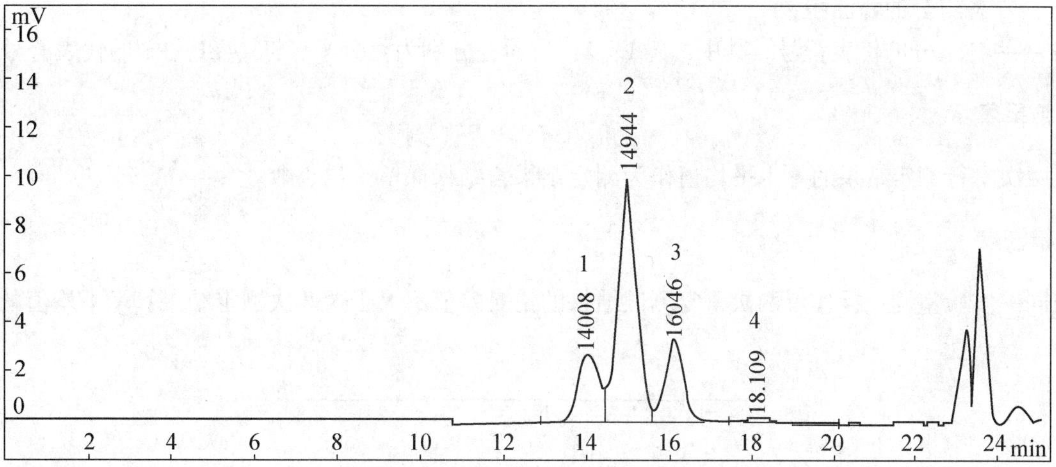

1—大分子；2—SIS；3—SI；4—PS

图A. 1 SIS典型GPC谱图

A. 5 结果计算

A. 5. 1 绝对校正因子的计算

SIS、SI、PS各标准样品的绝对校正因子 f_i 按式（A. 1）计算：

$$f_i = c_i/A_i \tag{A. 1}$$

式中：

c_i ——各标准样品的浓度，单位为 mg/mL；

A_i ——各标准样品的峰面积；

i ——各标准样品的代表符号。其中，$i=2$，3，4 分别为 SIS、SI、PS 的代表符号。

A.5.2 相对校正因子的计算

SI、PS 各标准样品相对 SIS 标准样品的相对校正因子 f'_i 按式（A.2）计算

$$f'_i = f_i / f_2 \tag{A.2}$$

式中：

f_i ——各标准样品的绝对校正因子；

f_2 ——按式（A.1）计算出的 SIS 标准样品的绝对校正因子。

每种牌号的相对校正因子都需要单独计算，如 SIS 中典型的各组分相对校正因子分别为：大分子的 $f'_1 = 1.0000$；SIS 的 $f'_2 = 1.0000$；SI 的 $f'_3 = 0.9949$；PS 的 $f'_4 = 0.6948$。

A.5.3 SIS 中 SI 含量的计算

SIS 中 SI 含量以质量分数 w 计，数值用%表示，按式（A.3）计算：

$$w = \frac{f'_3 A_3}{\Sigma f'_i A_i} \times 100\% \tag{A.3}$$

式中：

f'_3——SI 标准样品的相对校正因子；

A_3 ——SI 组分的峰面积；

f'_i ——各标准样品的相对校正因子；

A_i ——各组分的峰面积；

i ——各组分的代表符号。其中，$i=1$，2，3，4，分别为大分子、SIS、SI、PS 的代表符号。

A.6 结果表示

取两次平行测定结果的算术平均值作为测定结果，结果保留一位小数。

A.7 精密度

在同一实验室同一操作者两次重复测试结果的绝对差值不大于这两次测定结果算术平均值的 5%。

ICS 83.060
G 35

SH

中华人民共和国石油化工行业标准

SH/T 1813—2017

低稠环芳烃充油苯乙烯-丁二烯橡胶(SBR) 1723

Low polycyclic aromatic hydrocarbons oil-extended styrene-butadiene rubber(SBR)1723

2017-07-07 发布　　2018-01-01 实施

中华人民共和国工业和信息化部　发布

前　言

本标准按照 GB/T 1.1—2009 给出的规则起草。

本标准由中国石油化工集团公司提出。

本标准由全国橡胶与橡胶制品标准化技术委员会合成橡胶分技术委员会（SAC/TC35/SC6）归口。

本标准起草单位：中国石油天然气股份有限公司兰州石化分公司、中国石油化工股份有限公司齐鲁分公司、中国石油天然气股份有限公司石油化工研究院、申华化学工业有限公司、福建省福橡化工有限责任公司。

本标准主要起草人：王小为、徐元德、孙秀莲、姚晓晖、黄建鑫、李晓银、高　翰、闫向阳、李铁柱、李文娟。

低稠环芳烃充油苯乙烯-丁二烯橡胶（SBR）1723

1 范围

本标准规定了充油苯乙烯-丁二烯橡胶（SBR）1723［即充油丁苯橡胶（SBR）1723）］产品的要求、试验方法、检验规则以及包装、标志、运输与贮存和保质期。

本标准适用于以苯乙烯和丁二烯和为单体，采用低温乳液聚合法，填充低稠环芳烃橡胶填充油生产的充油丁苯橡胶（SBR）1723。

低稠环芳烃橡胶填充油是指稠环芳烃［polycyclic aromatic hydrocarbons（PAHs）］和苯并（a）芘［benzo（a）pyrene（BaP）］较低，其橡胶产品中PAHs和BaP含量符合相关法规要求的橡胶填充油。

2 规范性引用文件

下列文件对于本文件的应用是必不可少的。凡是注日期的引用文件，仅注日期的版本适用于本文件。凡是不注日期的引用文件，其最新版本（包括所有的修改单）适用于本文件。

GB/T 528—2009 硫化橡胶或热塑性橡胶 拉伸应力应变性能的测定

GB/T 1232.1 未硫化橡胶 用圆盘剪切黏度计进行测定 第1部分：门尼黏度的测定

GB/T 2449.1—2014 工业硫磺 第1部分：固体产品

GB/T 2941 橡胶物理试验方法试样制备和调节通用程序

GB/T 3185—1992 氧化锌（间接法）

GB/T 4498.1—2013 橡胶 灰分的测定 第1部分：马弗炉法

GB/T 6038 橡胶试验胶料的配料、混炼和硫化设备及操作程序

GB/T 8656—1998 乳液和溶液聚合型苯乙烯-丁二烯橡胶（SBR）评价方法

GB/T 8657—2014 苯乙烯-丁二烯生橡胶 皂和有机酸含量的测定

GB/T 8658—1998 乳液聚合型苯乙烯-丁二烯橡胶生胶结合苯乙烯含量的测定 折光指数法

GB/T 9013—2013 工业硬脂酸

GB/T9869—2014 橡胶胶料 硫化特性的测定 圆盘振荡硫化仪法

GB/T 15340—2008 天然、合成生胶取样及其制样方法

GB/T 16584—1996 橡胶 用无转子硫化仪测定硫化特性

GB/T 19187 合成生橡胶抽样检查程序

GB/T 19188 天然生胶和合成生胶贮存指南

GB/T 24131—2009 生橡胶 挥发分含量的测定

GB/T 24797.1—2009 橡胶包装用薄膜 第1部分：丁二烯橡胶（BR）和苯乙烯-丁二烯橡胶（SBR）

SH/T 1718—2015 充油橡胶中油含量的测定

ASTM D3185-06 橡胶标准试验方法 丁苯橡胶（SBR）的评价（包括充油丁苯橡胶）［Standard Test Methods for Rubber-Evaluation of SBR（Styrene-Butadiene Rubber）Including Mixtures With Oil］

3 要求

3.1 外观：充油丁苯橡胶（SBR）1723为深色块状胶，无异物。

3.2 技术要求：充油丁苯橡胶（SBR）1723的技术指标见表1。

表1 SBR1723技术指标

序 号	项 目		优等品	合格品
1	挥发分,%（质量分数）	≤	0.60	0.80
2	灰分,%（质量分数）	≤	0.40	
3	有机酸,%（质量分数）		3.90~5.70	
4	皂,%（质量分数）	≤	0.50	
5	油含量,%（质量分数）		25.3~29.3	24.3~30.3
6	结合苯乙烯,%（质量分数）		22.5~24.5	
7	生胶门尼黏度 *ML*（1+4）（100℃）		44~54	43~55
8	300%定伸应力（145℃，35min），MPa		*M*[a]±2.0	*M*±2.5
9	拉伸强度（145℃，35min），MPa	≥	17.6	
10	拉断伸长率（145℃，35min），%	≥	420	
11	混炼胶门尼黏度 *ML*（1+4）（100℃）		由供方提供	
12	硫化特性[b]（160℃）		报告值	

注：拉伸性能和硫化特性技术指标是采用ASTM IRB No.8参比炭黑的技术指标。也可使用其他标准参比炭黑。

[a] *M* 为技术指标的中值，由供方提供。

[b] 如果需要，由供方提供。

4 试验方法

4.1 挥发分的测定

按GB/T 24131—2009中热辊法A或烘箱法B测定，其中烘箱法B为仲裁法。采用烘箱法B测定时，室温下在开炼机上过辊两遍压成薄片，再在烘箱中干燥2h，干燥过程中试样应与热空气充分接触。

4.2 灰分的测定

按照GB/T 4498.1—2013中的方法A测定。

4.3 有机酸、皂的测定

按照GB/T 8657—2014中的B法测定。

4.4 油含量的测定

按照 SH/T 1718—2015 中的方法 A 测定。

4.5 结合苯乙烯的测定

按照 GB/T 8658—1998 测定。

4.6 生胶门尼黏度的测定

按照 GB/T 15340—2008 方法中 8.3.2.2 规定的过辊法制备试样，按照 GB/T 1232.1 进行测定。

4.7 300%定伸应力、拉伸强度、拉断伸长率的测定

4.7.1 混炼胶的制备

a）试验胶料的配料、混炼的一般要求应符合 GB/T 6038 的规定；

b）试验配方采用 ASTM D3185-06 表 2 中 2B 配方，炭黑及配合剂按照表 2 的规定；

表 2　SBR1723 炭黑及配合剂

炭黑及配合剂	规格要求
标准参比炭黑	ASTM IRB No. 8
硫磺	GB/T 2449.1—2014，优等品
氧化锌	GB/T 3185—1992，B01-05（1 型），优级品
硬脂酸	GB/T 9013—2013，1840 型，一等品

c）混炼程序：按 ASTM D3185-06 中 7.2 方法 A 的规定制备混炼胶；

d）混炼胶调节：混炼后和硫化前将胶料调节 2h～24h，如有可能，在 GB/T 2941 规定的标准实验室温度和湿度下调节。

注：ASTM D3185-06 规定的 2B 配方即 GB/T 8656—1998 规定的 2B 配方。

4.7.2 硫化试片的制备

按 GB/T 8656—1998 第 7 章的规定进行硫化，硫化温度 145℃，硫化时间 35min。硫化试片制备的一般要求应符合 GB/T 6038 的规定，硫化橡胶试片的状态调节应符合 GB/T 2941 的规定。

4.7.3 测定

按 GB/T 528—2009 测定，采用 1 型裁刀。

4.8 混炼胶门尼黏度的测定

从 4.7.1 制备的混炼胶试验样品中剪取试样，按 GB/T 1232.1 测定。

4.9 硫化特性

从 4.7 制备的混炼胶中剪取试样，按 GB/T 8656-1998 中第 6 章的规定设置试验参数，按 GB/T 16584—1996 或 GB/T 9869—2014 的规定进行测定，测定温度 160℃，测定时间 30min。

5 检验规则

5.1 检验分类和检验项目

SBR1723 产品检验分为型式检验和出厂检验。型式检验应检验表 1 中规定的所有项目，正常情况下，每月进行一次型式检验。出厂检验应检验表 1 中的挥发分、有机酸、油含量、结合苯乙烯、生胶门尼黏度、300%定伸应力、拉伸强度、拉断伸长率等项目。

5.2 组批规则和抽样方案

5.2.1 组批规则

以同一生产线，相同原料，相同工艺生产的同一牌号的产品组批，也可以按一定生产周期或储存料仓为一批对产品进行组批，每批不大于 300t。

5.2.2 抽样方案

按 GB/T 19187 的规定进行抽样，出厂检验可在线取样。

5.3 判定规则

5.3.1 出厂判定规则

按 GB/T 19187 规定的混合实验室样品进行检验和验收。采用烘箱法 B 测定挥发分含量时，在进行化学分析测试前需用热辊法干燥胶样。任何一项不符合表 1 技术要求时，取保留样品，对不合格项进行复验，按复验结果进行质量判定。

5.3.2 仲裁判定规则

按照 GB/T 19187 规定对挥发分和生胶门尼黏度分别进行单包检验和验收。其他项目按 5.3.1 规定进行。

6 包装、标志、运输与贮存

6.1 包装

内层包装薄膜应符合 GB/T 24797.1—2009 的规定。

外层用纸塑复合袋或采用用户认可的其他形式包装。每袋净含量 35kg 或其他包装单元。

6.2 标志

每个包装袋应清楚地标明产品名称、牌号、净含量、质量判定、生产厂（公司）名称、地址、商标、标准编号、生产日期或生产批号等。

每批产品应附有质量证明书。

6.3 运输

在运输过程中，应防止日光直接照射和雨水浸泡，运输车辆应整洁，避免包装破损和杂物混入。

6.4 贮存

贮存时，应成行成垛整齐堆放，并保持一定行距，堆放高度不大于 10 包。贮存条件应符合 GB/T 19188 的要求。

7 保质期

自生产之日起保质期为1年。

ICS 83. 040. 10
G 35

SH

中华人民共和国石油化工行业标准

SH/T 1814—2020
代替 SH/T 1814—2017

乙烯-丙烯共聚物（EPM）和乙烯-丙烯-二烯烃三元共聚物（EPDM）中钒含量的测定

Determination of vanadium content in ethylene-propylene copolymer（EPM）and ethylene-propylene-diene terpolymers（EPDM）

2020-12-09 发布　　2021-04-01 实施

中华人民共和国工业和信息化部　发布

目　次

前　言

本标准按照 GB/T 1.1—2009 给出的规则起草。

本标准代替 SH/T 1814—2017《乙烯-丙烯共聚物（EPM）和乙烯-丙烯-二烯烃三元共聚物（EPDM）钒的测定—分光光度法》，与 SH/T 1814—2017 相比，除编辑性修改外，主要技术变化如下：

——修改了标准范围，增加了电感耦合等离子体发射光谱法（见第 1 章）；

——修改了带要求的注内容为文本正文（见 3.2.10.2，2017 版 4.10.2）；

——增加了采用电感耦合等离子体发射光谱法（见第 4 章）；

——增加了电感耦合等离子体发射光谱法测定乙丙橡胶钒含量的精密度（见附录 A.2）。

本标准由中国石油化工集团有限公司提出。

本标准由全国橡胶与橡胶制品标准化技术委员会合成橡胶分技术委员会（SAC/TC35/SC6）归口。

本标准起草单位：中国石油天然气股份有限公司石油化工研究院、中国石油天然气股份有限公司吉林石化分公司、中国石油天然气股份有限公司独山子石化研究院、中国石油化工股份有限公司北京北化院燕山分院。

本标准主要起草人：范国宁、张欣荣、陈跟平、赵慧晖、韩萍、秦鹏、耿占杰、杜烨、李莉、孙枫。

本标准所代替标准的历次版本发布情况为：

——SH/T 1814—2017。

乙烯-丙烯共聚物（EPM）和乙烯-丙烯-二烯烃三元共聚物（EPDM）中钒含量的测定

警示——使用本标准的人员应有正规实验室工作的实践经验。本标准并未指出所有可能的安全问题。使用者有责任采取适当的安全和健康措施，并保证符合国家有关法律法规规定的条件。

1 范围

本标准规定了用分光光度法和电感耦合等离子体发射光谱法测定乙烯-丙烯共聚物（EPM）和乙烯-丙烯-二烯烃三元共聚物（EPDM）（简称乙丙橡胶）中钒含量的方法。

本标准适用于以齐格勒-纳塔型催化剂（铝-钒催化剂）生产的钒含量范围在 0.5 μg/g~40 μg/g 的乙丙橡胶。

2 规范性引用文件

下列文件对于本文件的应用是必不可少的。凡是注日期的引用文件，仅注日期的版本适用于本文件。凡是不注日期的引用文件，其最新版本（包括所有的修改单）适用于本文件。

GB/T 601 化学试剂 标准滴定溶液的制备

GB/T 6682 分析实验室用水规格和试验方法

3 分光光度法

3.1 方法概要

样品灰化后用酸溶解。在酸性介质中，用高锰酸钾将钒氧化为五价，用亚硝酸钠溶液还原过量的高锰酸钾，五价钒与 *N*-苯甲酰基-*N*-苯胲形成有色络合物后被萃取到三氯甲烷中，然后用分光光度计在波长 440 nm 处测量吸光度，计算样品中钒的含量。

3.2 试剂和材料

除非另有说明，在分析中仅使用确认为分析纯的试剂和符合 GB/T 6682 中规定的三级水。

3.2.1 硫酸。

3.2.2 磷酸。

3.2.3 硫酸溶液：体积分数为 50%。

3.2.4 过氧化氢溶液：质量分数为 0.1%。

3.2.5 尿素溶液：质量分数为 20%。

3.2.6 亚硝酸钠溶液：质量分数为 0.3%。

3.2.7 *N*-苯甲酰基-*N*-苯胲氯仿溶液：2 g/L。

将 2 g *N*-苯甲酰基-*N*-苯胲溶于适量的三氯甲烷-乙醇（8+2）混合溶液中，移至 1000 mL 的棕色容量瓶中并用三氯甲烷-乙醇（8+2）混合溶液稀释至刻度，混匀，在冰箱中保存备用。

3.2.8 高锰酸钾标准滴定溶液：c（$\frac{1}{5}KMnO_4$）= 0.02 mol/L，将按 GB/T 601 配制的 c（$\frac{1}{5}KMnO_4$）=

0.1 mol/L 高锰酸钾标准滴定溶液稀释5倍，现用现稀释。

3.2.9 钒标准溶液：10 μg/mL，以下两种标准溶液可任选一种。

3.2.9.1 钒标准溶液：将市售的钒标准溶液稀释至10 μg/mL。

3.2.9.2 钒标准溶液：将钒标准贮备溶液（3.2.10）稀释至10 μg/mL。

3.2.10 钒标准贮备溶液：1 mg/mL，按照下述方法配制溶液并标定。

3.2.10.1 配制

称取2.30 g偏钒酸铵，精确到0.1 mg，将其溶解在50 mL 50%硫酸溶液（3.2.3）中后，转移至1000 mL的容量瓶中，用水稀释至刻度，摇匀备用。

3.2.10.2 标定

用移液管量取10 mL该溶液（3.2.10.1）于300 mL的三角瓶中，加入10 mL 5 mol/L的硫酸溶液，再加入1 g亚硫酸钠，煮沸至溶液变蓝。在煮沸期间通入氮气，氮气导气管管口与液面距离保持在1 cm～2 cm，使亚硫酸气体全部被赶出。加水使体积增至100 mL，将三角瓶置于温度在60℃～80℃之间的水浴中加热，恒温后取出，迅速用高锰酸钾标准滴定溶液（3.2.8）滴定至溶液由蓝色变成微红色，即为滴定终点。

3.2.10.3 空白试验

用10 mL蒸馏水代替10 mL钒标准贮备溶液，按3.2.10.2步骤进行空白试验。

3.2.10.4 结果计算

钒标准贮备溶液浓度以质量浓度ρ计，数值以毫克每毫升（mg/mL）表示，按式（1）计算：

$$\rho=\frac{(V_1-V_2)\ c}{V_0}\times 50.942 \qquad (1)$$

式中：

V_1——滴定样品时消耗高锰酸钾标准滴定溶液的体积的数值，单位为毫升（mL）；

V_2——滴定空白试样时消耗高锰酸钾标准滴定溶液的体积的数值，单位为毫升（mL）；

c——高锰酸钾标准滴定溶液浓度的准确数值，单位为摩尔每升（mol/L）；

V_0——量取钒标准贮备溶液体积的数值，单位为毫升（mL）；

50.942——钒的摩尔质量的数值，单位为克每摩尔（g/mol）。

3.3 仪器

3.3.1 分光光度计：能在波长为440 nm处测量吸光度，并配有光程为2 cm的石英比色皿。

3.3.2 分析天平：能够精确至0.1 mg。

3.3.3 高温炉（或马弗炉）：温度可控制在775 ℃±25℃。

3.3.4 石英烧杯：200 mL。

3.3.5 锥形刻度分液漏斗：500 mL。

3.3.6 容量瓶：100 mL、1000 mL。

3.3.7 移液管：5 mL、10 mL、20 mL、25 mL。

3.3.8 刻度吸管：1 mL、2 mL、5 mL。

3.4 分析步骤

3.4.1 样品的制备

3.4.1.1 称取约20 g剪成小块状的样品，精确到1 mg，置于干燥的石英烧杯（3.3.4）中。将烧杯放在加热器上，用铝箔或蒸发皿盖在烧杯上，加热使样品慢慢炭化至体积剩2 mL～3 mL，取下冷却后，沿烧杯内壁缓慢地加入5 mL硫酸（3.2.1），继续加热直至无烟雾冒出。

注：炭化过程中样品尽可能不要燃烧，当样品燃烧时立即将石英烧杯移离加热器后用铝箔或蒸发皿盖上烧杯把火

熄灭。

3.4.1.2 将石英烧杯放入温度恒定在775 ℃±25 ℃的高温炉（3.3.3）内1 h，使样品灰化。若灰化不完全，再次放置在高温炉内30 min，直至样品灰化完全。取出烧杯冷却至室温，然后加入10 mL 50%硫酸溶液（3.2.3），将烧杯放在加热器上加热至灰分溶解，冷却后移至100 mL的容量瓶中用水稀释至刻度。

3.4.1.3 不加样品，按照3.4.1.1和3.4.1.2步骤制备空白溶液。

3.4.2 测定步骤

用移液管移取适量体积的上述溶液（3.4.1.2）于500 mL的分液漏斗（3.3.5）中，同时移取相同体积的空白溶液（3.4.1.3）做空白试验。用刻度吸管依次加入1 mL 0.1%过氧化氢溶液（3.2.4）、5 mL 50%硫酸溶液（3.2.3）和5 mL磷酸（3.2.2），摇匀，加水使体积增至50 mL。慢慢滴加0.02 mol/L高锰酸钾标准滴定溶液（3.2.8）至粉红色，加入5 mL 20%尿素溶液（3.2.5），在不断摇动下滴加0.3%的亚硝酸钠溶液（3.2.6）至粉红色消退，并过量两滴，加水使体积增至100 mL，用移液管量取10 mL 2 g/L的*N*-苯甲酰基-*N*-苯胲氯仿溶液（3.2.7）加入分液漏斗（3.3.5）中，充分振荡2 min，静置3 min后将氯仿层过滤到2 cm石英比色皿（3.3.1）中。以空白样品作参比，在波长440 nm处测定其吸光度，测定应在2 min内完成。根据吸光度从标准曲线上计算出钒的质量。

注：振动初期注意及时排出气体。

3.4.3 标准曲线的绘制

分别用刻度吸管量取10 μg/mL的钒标准溶液（3.2.9）0 mL、0.5 mL、1 mL、2 mL、3 mL、4 mL、5 mL于7个500 mL的分液漏斗中，按3.4.2步骤进行吸光度的测定。将所得吸光度减去空白溶液的吸光度，以钒的质量为横坐标，吸光度为纵坐标，绘制标准曲线。

3.4.4 结果计算

样品中的钒含量以质量分数w计，数值以微克每克（μg/g）表示，按式（2）计算：

$$w=\frac{m_1}{mV}\times 100 \qquad (2)$$

式中：

m_1——从标准曲线上计算得到的钒的质量的数值，单位为微克（μg）；

m——样品的质量的数值，单位为克（g）；

V——移取试液的体积的数值，单位为毫升（mL）；

100——试液的总体积的数值，单位为毫升（mL）。

计算结果保留到小数点后一位。

4 电感耦合等离子体发射光谱法

4.1 方法概要

样品灰化溶解后，在选定的波长下，采用电感耦合等离子体发射光谱仪测定钒元素的谱线强度，由标准曲线得到样品溶液中钒元素浓度，计算样品中的钒含量。

4.2 试剂和材料

除非另有说明，在分析中仅使用确认为分析纯的试剂和符合GB/T 6682中规定的二级水。

4.2.1 氩气：纯度大于99.99%。

4.2.2 硝酸溶液：体积分数50%。

4.2.3 钒标准溶液：100 μg /mL，市售或采用高浓度标准溶液稀释得到。

4.3 仪器

4.3.1 电感耦合等离子发射光谱仪：波长示值误差±0.05 nm，重复性≤5.0%，稳定性≤5.0%。

4.3.2 分析天平：能够精确至0.1 mg。

4.3.3 高温炉（或马弗炉）：温度可控制在775 ℃± 25℃。

4.3.4 石英坩埚：200 mL。

4.3.5 容量瓶：50 mL、100 mL。

4.3.6 移液管：0.5 mL、1 mL、2 mL、5 mL、10 mL。

4.4 分析步骤

4.4.1 样品的制备

准确称取10 g剪成小块的样品，精确至0.1 mg，置于石英坩埚（4.3.4）中，将坩埚置于温度恒定在775 ℃±25 ℃的高温炉中灼烧1h后，通风一次，继续烧1h使样品灰化，其间再通风一次。若灰化不完全，再次放置高温炉内30 min。取出坩埚冷却至室温，然后加入10 mL体积分数50%的硝酸溶液（4.2.2），加热至灰分溶解，冷却后移至50 mL的容量瓶，少量水冲洗坩埚三次，清洗液转移至容量瓶，用水定容。

4.4.2 系列标准溶液的配制

取6个100 mL容量瓶，分别移取0 mL、0.50 mL、1.00 mL、2.00 mL、5.00 mL、10.00 mL的钒标准溶液（4.2.3）至容量瓶，得到0 μg/mL、0.5 μg/mL、1 μg/mL、2 μg/mL、5 μg/mL、10 μg/mL的钒系列标准溶液。

4.4.3 仪器预热稳定

按照仪器操作规程开机，预热稳定后，点火稳定40 min后进行炬管准直与波长校准。

4.4.4 测试条件设置

推荐仪器操作条件如下：

分析谱线	309.310 nm
RF功率	0.9 kW
等离子气体流量	15.0 L/min
辅助气流量	1.50 L/min
雾化气流量	0.60 L/min
观测高度	9 mm
一次读数时间	15 s
读数次数	3次

4.4.5 标准曲线的绘制

用电感耦合等离子体发射光谱仪测定钒系列标准溶液（4.4.2）中钒元素的谱线强度。以钒的浓度为横坐标，谱线强度为纵坐标，绘制标准曲线。

4.4.6 样品的测定

用电感耦合等离子体发射光谱仪测定试样溶液中钒元素的谱线强度。根据谱线强度从标准曲线上计算出试样溶液中钒的浓度。

4.4.7 结果计算

样品中的钒含量以质量分数 w 计，数值以微克每克（μg/g）表示，按式（3）计算：

$$w=\frac{\rho V}{m} \quad (3)$$

式中：

ρ——从标准曲线上得到的样品溶液中钒的浓度的数值，单位为微克每毫升（μg/mL）；

V——样品溶液的体积的数值，单位为毫升（mL）；

m——试样的质量的数值，单位为克（g）。

取平行测定结果的算数平均值作为测定结果，结果保留到小数点后一位。

5 精密度

参见附录 A。

6 试验报告

试验报告应至少包括下列内容：

a）本标准的编号；

b）关于样品的全部信息；

c）使用的方法；

d）试验结果；

e）本标准未规定的任何自选操作；

f）试验中观察到的异常现象；

g）试验日期。

附　录　A
(资料性附录)
精密度

A.1　分光光度法

A.1.1　总则

按照 GB/T 6379.2 的规定确定了方法的精密度。按照实验室间精密度试验方案（ITP），选择不同水平的三个乙丙橡胶样品，在六个实验室开展精密度试验，试验在一周内的不同三天完成。

A.1.2　精密度结果

A.1.2.1　采用分光光度法测定乙丙橡胶中钒含量的精密度数值见表 A.1，置信概率为 95%。
A.1.2.2　重复性：在重复性条件下获得的两次单独测试结果的绝对值之差不大于表 A.1 中的 r 值。
A.1.2.3　再现性：在再现性条件下获得的两次单独测试结果的绝对值之差不大于表 A.1 中的 R 值。

表 A.1　分光光度法测定乙丙橡胶中钒含量的精密度

材料	平均值 μg/g	实验室内			实验室间			实验室数量
		s_r	r	(r)	s_R	R	(R)	
EPDM-1	2.3	0.17	0.48	20.87	0.20	0.56	24.35	6
EPDM-2	6.7	0.23	0.64	9.55	0.23	0.64	9.55	5
EPDM-3	15.3	0.24	0.67	4.38	1.78	4.98	32.55	5

表中所列符号定义如下：
s_r：重复性标准差，用测量单位表示；
r：重复性，以测量值单位表示；
(r)：重复性，以相对百分数表示；
s_R：再现性标准差，用测量单位表示；
R：再现性，以测量值单位表示；
(R)：再现性，以相对百分数表示。

A.2　电感耦合等离子体发射光谱法

A.2.1　总则

按照 GB/T 6379.2 的规定确定了方法的精密度。按照实验室间精密度试验方案（ITP），选择不同水平的三个乙丙橡胶样品，在六个实验室开展精密度试验，试验在一周内的不同三天完成。

A.2.2　精密度结果

A.2.2.1　采用电感耦合等离子体发射光谱法测定乙丙橡胶中钒含量的精密度数值见表 A.2。
A.2.2.2　重复性：在重复性条件下获得的两次单独测试结果的绝对值之差不大于表 A.2 中的 r 值。
A.2.2.3　再现性：在再现性条件下获得的两次单独测试结果的绝对值之差不大于表 A.2 中的 R 值。

表 A.2　电感耦合等离子体发射光谱法测定乙丙橡胶中钒含量的精密度

材料	平均值 μg/g	实验室内			实验室间			实验室数量
		s_r	r	(r)	s_R	R	(R)	
EPDM-1	2.83	0.11	0.31	10.95	0.28	0.79	27.92	6
EPDM-2	9.36	0.16	0.45	4.81	0.22	0.62	6.6	6
EPDM-3	15.66	0.19	0.54	3.45	0.34	0.96	6.1	6
表中所列符号定义同表 A.1。								

参 考 文 献

[1] GB/T 6379.2—2004 测量方法与结果的准确度（正确度与精密度） 第2部分：确定标准测量方法重复性与再现性的基本方法

ICS 83.040.10
G 35

SH

中华人民共和国石油化工行业标准

SH/T 1815—2017

合成橡胶胶乳中残留单体和其他有机成分的测定　毛细管柱顶空气相色谱法

Determination of residual monomers and other organic components in synthetic rubber lattices —Capillary-column headspace gas chromatography method

(ISO 13741-2:1998,Plastics/rubber—Polymer dispersions and rubber lattices (natural and synthetic)—Determination of residual monomers and other organic components by capillary-column gas chromatography—Part 2:Headspace method,NEQ)

2017-07-07 发布　　　　2018-01-01 实施

中华人民共和国工业和信息化部　发布

前　言

本标准按照 GB/T 1.1—2009 给出的规则起草。

本标准使用重新起草法参考 ISO 13741-2：1998《塑料/橡胶　聚合物分散体和橡胶胶乳（天然的和合成的）用毛细管柱气相色谱法测定残留单体和其他有机成分　第 2 部分：顶空法》编制，与 ISO 13741-2：1998 的一致性程度为非等效。

本标准由中国石油化工集团公司提出。

本标准由全国橡胶与橡胶制品标准化技术委员会合成橡胶分技术委员会（SAC/TC35/SC6）归口。

本标准主要起草单位：中国石油天然气股份有限公司石油化工研究院、上海高桥巴斯夫分散体有限公司、浙江天晨胶业股份有限公司。

本标准主要起草人：王芳、秦鹏、魏玉丽、姚忠、张弘强、高冬梅、耿占杰。

合成橡胶胶乳中残留单体和其他有机成分的测定 毛细管柱顶空气相色谱法

警示：使用本标准的人员应有正规实验室工作的实践经验。本标准并未指出所有可能的安全问题。使用者有责任采取适当的安全和健康措施，并保证符合国家有关法律法规规定的条件。

1 范围

本标准规定了采用毛细管柱顶空气相色谱法测定合成橡胶胶乳中残留单体和其他有机成分的方法。

本标准适用于测定合成橡胶胶乳中苯乙烯、丙烯腈等含量大于 10 mg/kg 的残余单体以及一些副产物，例如乙苯等。

2 规范性引用文件

下列文件对于本文件的应用是必不可少的。凡是注日期的引用文件，仅注日期的版本适用于本文件。凡是不注日期的引用文件，其最新版本（包括所有的修改单）适用于本文件。

GB/T 6682—2008 分析实验室用水规格和试验方法（ISO 3696：1987，MOD）。

3 原理

取一定量的试样放入顶空瓶中，将顶空瓶中的试样用水以及含有内标物的水溶性溶剂稀释后，密封顶空瓶。将顶空瓶在设定温度下加热，达到受热平衡后，顶空瓶内上层的挥发性组分被注入气相色谱仪并测定，内标法定量。

4 试剂或材料

除非另有规定，仅使用分析纯试剂和 GB/T 6682—2008 中规定的一级水。

4.1 载气：氮气或氦气。

4.2 甲基异丁酮：内标物，纯度>99%。

注：也可选择样品中不存在的其他水溶性有机物作内标物。

4.3 待测单体：纯度>99%。

注：根据合成橡胶胶乳的类型，选择实际所需的待测单体。

4.4 1,4-二氧己环：纯度>99%。

4.5 内标溶液：500 μg/mL。

4.6 标准储备溶液，约 18 mg/mL。

取约 4 mL 的 1,4-二氧己环加入到 10 mL 的容量瓶中，再加入所需待测单体各约 210 μL（每种约 0.18 g，精确至 0.1 mg）后，用 1,4-二氧己环稀释至刻度线，摇匀后密封。也可用有准确浓度的标准溶液直接稀释配制。

5 仪器设备

5.1 气相色谱仪：配有分流进样口、火焰离子化检测器（FID），带数据处理系统、顶空系统，柱箱可线性程序升温。
5.2 毛细管柱：长 30 m，内径 0.25 mm，液膜厚度为 1.0 μm，固定相为二甲基聚硅氧烷。
5.3 顶空瓶：体积约 20 mL。
5.4 铝盖和聚四氟乙烯涂膜的隔垫：与顶空瓶配套。
5.5 顶空瓶封口器。
5.6 分析天平：精确至 0.1 mg。
5.7 磁力搅拌器或混匀器。
5.8 容量瓶：10 mL。
5.9 吸量管：1 mL、2 mL。
5.10 微量注射器：50 μL、250 μL。

6 分析步骤

6.1 准备仪器

6.1.1 老化色谱柱：将色谱柱的一端与仪器进样口一端相连，色谱柱的另一端断开，以免柱流失污染检测器。按仪器操作手册上的值设置载气（4.1）流速，然后在 220℃下老化色谱柱 1 h（或更长时间）。
6.1.2 色谱柱老化后，将色谱柱断开的一端与检测器相连，根据分离程度建立仪器的操作条件（见表 1）。给仪器充足的平衡时间，以便获得平稳基线。

注：根据不同仪器的具体情况，选择是否对色谱仪按照 6.1 进行准备。

6.2 测定条件

典型的气相色谱条件见表 1。

表 1 典型的操作条件

检测器	火焰离子化检测器（FID） 氢气、空气和尾吹气（氮气）的流速依据不同品牌的 FID 进行调整
载气	He 或 N_2
柱头压	12psi
分流比	10 : 1
检测器温度	300℃
柱起始温度	30℃
保持时间	10min
程升速率	5℃/min
柱温度	170℃
程升速率	10℃/min
柱最后温度	250℃
进样时间/进样量	在程压下取样 0.02min 或采用大小合适的定量环进样
顶空温度	90℃
平衡时间	1h
注：当分离出现问题，或者气相色谱仪的说明书上对其他条件有明确说明时，上述条件需要变动。	

6.3 校准

6.3.1 为了确保结果可靠，每次分析有必要对仪器的灵敏度和保留时间进行校正。

将 1 mL 水、2 mL 内标溶液（4.5）与少量（体积<50 μL）的标准储备溶液（4.6）加入顶空瓶中，混合，密封顶空瓶，将混合溶液的上层气体注入色谱仪，在表 1 的色谱条件下检测待测物的灵敏度和保留时间。在相同的气相色谱条件下分析样品。

测量 3 到 4 个不同浓度水平的样品。

6.3.2 测量每个待测物的峰面积，它们相对于内标物的相对质量校正因子 f'_i，按公式（1）计算：

$$f'_i = \frac{A_s m_v^o}{A_v m_s^o} \quad \cdots\cdots (1)$$

式中：

A_s——内标物（甲基异丁酮）的峰面积；

m_v^o——溶液（4.6）中待测物的质量，单位为克（g）；

A_v——待测物的峰面积；

m_s^o——溶液（4.6）中内标物的质量，单位为克（g）。

6.3.3 计算每一待测物的平均校正因子。

注：如必要，重复校准过程。

6.3.4 待测物的校正因子

部分待测物的校正因子参见附录 A。

6.4 测定

6.4.1 称取约 0.5 的样品，精确至 0.1 mg，加入到顶空瓶中。加入 1 mL 的水和 2 mL 的内标溶液（4.5），加入磁子，密封顶空瓶。

6.4.2 用磁力搅拌器（5.8）将溶液搅拌 1 h~3 h。

注：搅拌时间与胶乳类型和搅拌速率有关。

6.4.3 在顶空系统 90℃下，将样品溶液平衡 1h，使样品气液平衡后，在表 1 条件下检测顶空瓶中上层气体。

6.4.4 测定内标物的峰面积 A_s 和待测物的峰面积 A_v。合成橡胶胶乳的典型色谱图见图 1。

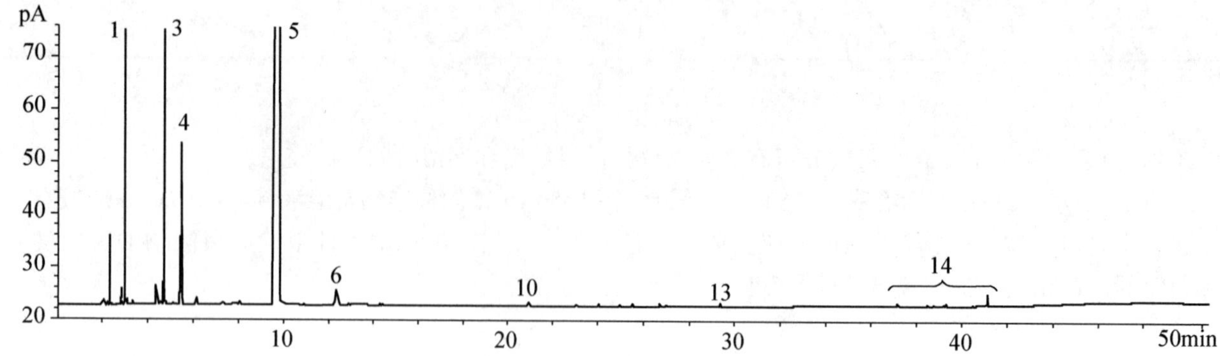

a) 氯丁胶乳的典型色谱图

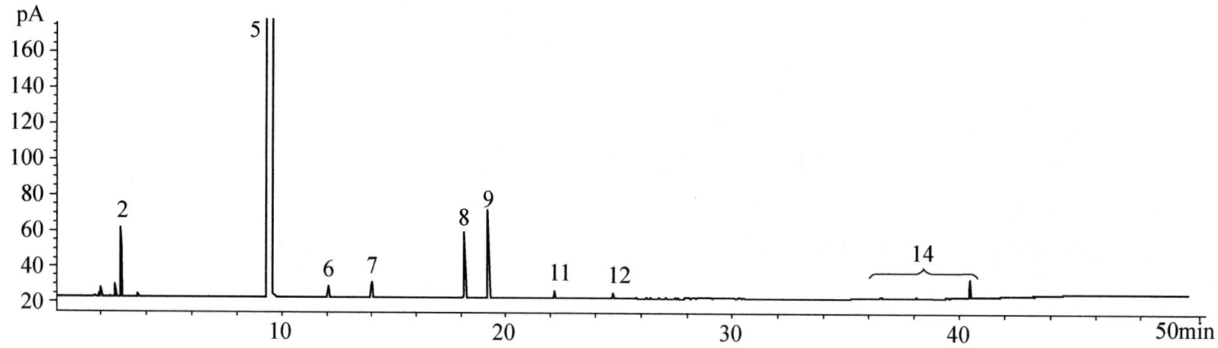

b) 丁腈胶乳的典型色谱图

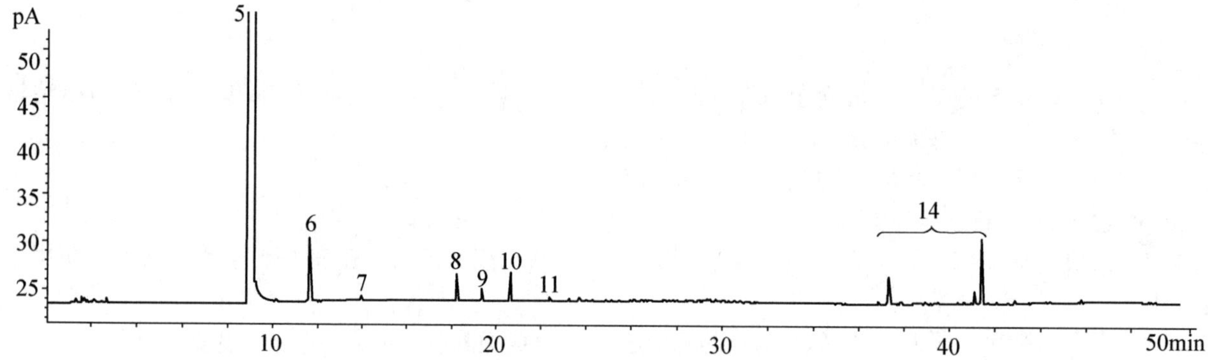

c) 羧基丁苯胶乳的典型色谱图

说明：

1—异丙醇；
2—丙烯腈；
3/4—氯-1，3-丁二烯；
5—1,4-二氧己环（溶剂）；
6—甲基异丁酮（内标物）；
7—甲苯；
8—4-乙烯基环己烯；
9—乙苯；
10—苯乙烯；
11—异丙苯；
12—未知物；
13—C_{12} 以上；
14—隔垫挥发物。

图 1　合成橡胶胶乳的典型色谱图

7 结果计算

胶乳中待测物的含量 W_i 以其质量分数计，数值以毫克每千克（mg/kg）表示，按公式（2）计算：

$$W_i = \frac{A_i m_s f'_i}{A_s m_d} \quad \cdots\cdots (2)$$

式中：

A_i——待测物的峰面积；

m_s——溶液（6.4.1）中内标物的质量，单位为毫克（mg）；

f'_i——由公式（1）得到的待测物的校正因子；

A_s——内标物的峰面积；

m_d——溶液（6.4.1）中样品的质量，单位为千克（kg）。

注：在特殊情况下，采用标准加入法或多次顶空萃取法进行计算可能更合适。

试验结果表示到整数，分析结果小于 10 mg/kg（检测限）时，用 < 10 mg/kg 表示。

8 精密度

精密度参见附录 B。

9 试验报告

试验报告应至少包括以下内容：

a）本标准的编号；

b）试验结果；

c）和表 1 不同的操作条件；

d）使用的校正因子；

e）试验日期。

附 录 A
(资料性附录)
待测物的校正因子

部分待测物校正因子的参考值见表 A.1。

表 A.1 胶乳中待测物的校正因子

待测物	校正因子 f'_i
甲苯	0.3
4-乙烯基环己烯	0.2
乙苯	0.5
苯乙烯	1.2
异丙苯	0.8
注: f'_i 值的大小与色谱柱的选择有关。	

附 录 B
(资料性附录)
精密度结果

B.1 概述

本附录按 GB/T 6379.2—2004[1] 规定进行了精密度计算，以重复性和再现性表示。

B.2 精密度说明

本附录按照实验室间试验方案（ITP），选择不同水平的 3 种合成橡胶胶乳样品，在 6 个实验室开展精密度试验，试验在一周内完成。

B.3 精密度结果

本精密度结果是按 GB/T 6379.2—2004 规定检验离群值，剔除离群值后对剩余实验数据进行计算得到。表 B.1 给出了 3 种胶乳中挥发性组分含量的精密度结果。

表 B.1 胶乳中挥发性组分的精密度结果

胶乳类型	挥发性组分	平均值，mg/kg	s_r	r	s_R	R
丁苯胶乳	甲苯	93	3.91	11.07	4.74	13.41
	4-乙烯基环己烯	71	2.07	5.85	5.07	14.34
	苯乙烯	1237	2.35	6.66	21.28	60.22
氯丁胶乳	异丙醇	60	3.85	10.88	7.40	20.93
丁腈胶乳	甲苯	194	7.88	22.29	9.06	25.63
	4-乙烯基环己烯	130	6.61	18.70	7.84	22.20
	乙苯	61	3.19	9.02	3.19	9.02

说明：
s_r：重复性标准差，用测量单位表示。
s_R：再现性标准差，用测量单位表示。
r：重复性，用测量单位表示。
R：再现性，用测量单位表示。

参 考 文 献

[1] GB/T 6379.2—2004 测量方法与结果的准确度（正确度与精密度） 第2部分：确定标准测量方法重复性与再现性的基本方法

ICS 83.040.10
G 35

SH

中华人民共和国石油化工行业标准

SH/T 1819—2018

羧基丁苯胶乳中残留苯乙烯含量的测定 毛细管柱气相色谱法

Determination of residual styrene in carboxyl styrene-butadiene rubber latex—Capillary-column gas chromatography

2018-04-30 发布 2018-09-01 实施

中华人民共和国工业和信息化部 发布

前　言

本标准按照 GB/T 1.1—2009 给出的规则起草。

本标准由中国石油化工集团公司提出。

本标准由全国橡胶与橡胶制品标准化技术委员会合成橡胶分技术委员会（SAC/TC35/SC6）归口。

本标准起草单位：中国石油天然气股份有限公司石油化工研究院、浙江天晨胶业股份有限公司。

本标准主要起草人：耿占杰、秦鹏、张弘强、高冬梅、吴毅、陈跟平、李晓银、王芳、杜烨、曹帅英。

羧基丁苯胶乳中残留苯乙烯含量的测定　毛细管柱气相色谱法

警示：使用本标准的人员应有正规实验室工作的实践经验。本标准并未指出所有可能的安全问题。使用者有责任采取适当的安全和健康措施，并保证符合国家有关法规规定的条件。

1　范围

本标准规定了采用毛细管柱气相色谱法测定羧基丁苯胶乳中残留苯乙烯含量的方法，方法的检测限为4.0mg/kg。

本标准适用于羧基丁苯胶乳。

2　规范性引用文件

下列文件对于本文件的应用是必不可少的。凡是注日期的引用文件，仅注日期的版本适用于本文件。凡是不注日期的引用文件，其最新版本（包括所有的修改单）适用于本文件。

SH/T 1149　合成橡胶胶乳　取样

3　方法概要

向胶乳样品中加入非离子型表面活性剂和对二甲苯内标物，然后用气相色谱进行检测，并采用内标法确定胶乳中残留苯乙烯的含量。

4　试剂与材料

除非另有说明，在分析中仅使用确认为分析纯及以上纯度的试剂和蒸馏水或相当纯度的水。

4.1　非离子型表面活性剂：辛基苯基聚氧乙烯醚（OP-10）。

4.2　苯乙烯：纯度大于99%，不含干扰对二甲苯出峰的化合物。

4.3　对二甲苯：色谱纯。

4.4　溶液A：将20g非离子型表面活性剂（4.1）溶解于180g水中。

4.5　溶液B：称取约0.15g苯乙烯（4.2），精确到0.1mg，加入50mL的容量瓶（5.5）中，用溶液A（4.4）稀释至刻度线。

4.6　溶液C：称取约0.15g对二甲苯（4.3），精确到0.1mg，加入50mL的容量瓶（5.5）中，用溶液A（4.4）稀释至刻度线。

注：使用该非离子型表面活性剂有助于减少进样针堵塞，并且有助于加入的苯乙烯和对二甲苯均匀分散。

4.7　校准溶液：向样品瓶（5.6）中依次加入约5mL水和10mL溶液A（4.4），准确加入0.1mL溶液B（4.5）和0.1mL溶液C（4.6）。

4.8　载气：氦气或氮气，纯度不低于99.99%（体积分数）。

4.9　燃烧气：氢气，纯度不低于99.99%（体积分数）。

4.10　助燃气：空气，纯度不低于99.9%（体积分数）。

5 仪器

5.1 气相色谱仪：具有分流不分流进样口和氢火焰离子化检测器。
5.2 毛细管色谱柱：柱长 30m，柱径 0.53mm，膜厚 1μm~5μm，固定相为二甲基聚硅氧烷。
5.3 进样针：能吸取并注射 0.2μL 液体。
5.4 移液管：能准确移取 0.1mL 液体。
5.5 容量瓶：50mL。
5.6 样品瓶：容量为 20mL，可密封。
5.7 分析天平：精度至少为 0.1mg。

6 取样

按 SH/T 1149 规定的方法之一取样。

7 分析步骤

7.1 准备仪器

进样口衬管中填充适量的玻璃棉，以过滤样品中的高分子物质和其他难以气化的组分。典型气相色谱分析条件见表 1，典型样品的色谱图见图 1。

表 1 典型气相色谱分析条件

参数项	设定值
载气类型	氦气
进样模式	不分流
进样量，μL	0.2
进样口温度，℃	200
色谱柱压力，kPa	34.5
色谱柱初始温度，℃	60
色谱柱初始温度保持时间，min	20
色谱柱升温速率，℃/min	10
色谱柱最终温度，℃	200
色谱柱最终温度保持时间[a]，min	30
检测器温度，℃	250
检测器空气流量，mL/min	300
检测器氢气流量，mL/min	30

注：本表中柱温适合于膜厚为 2.65μm 的色谱柱。如使用其他膜厚的色谱柱，需适当调整色谱柱温度，使苯乙烯和对二甲苯的色谱峰与其他化合物的色谱峰完全分离。

[a] 根据样品含重组分的多少可适当延长或缩短最终温度保持时间。

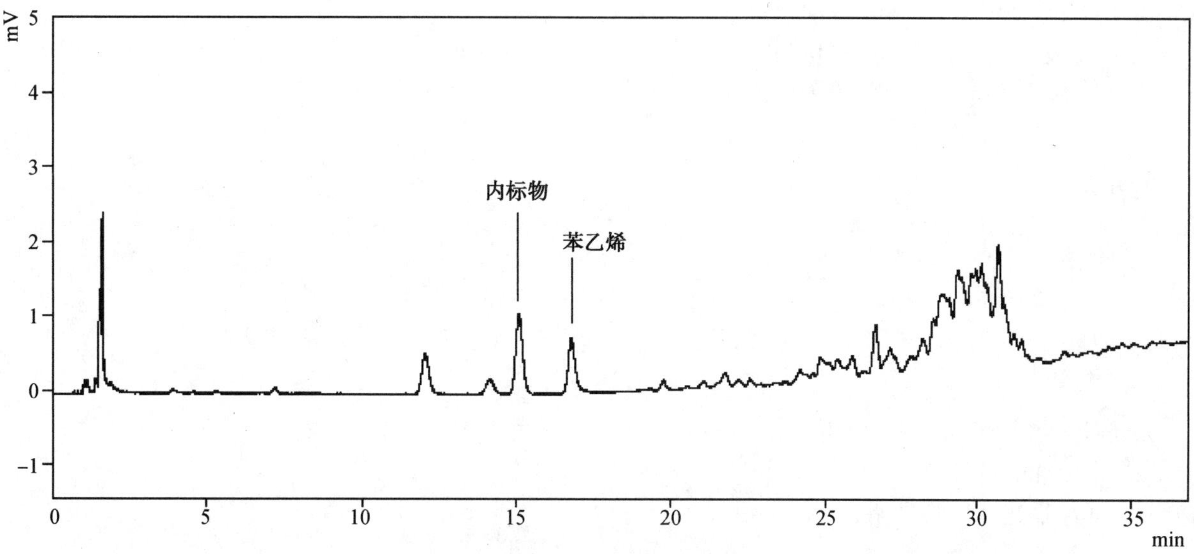

图1　样品的典型色谱图（含内标物）

7.2　测定校正因子

吸取0.2μL校准溶液（4.7），注入色谱仪，获得苯乙烯和对二甲苯的峰面积。苯乙烯相对对二甲苯的校正因子f按式（1）计算。

$$f = \frac{A_s \times m_i}{A_i \times m_s} \qquad (1)$$

式中：

A_s——对二甲苯的峰面积；

m_i——校准溶液中苯乙烯的质量，单位为毫克（mg）；

A_i——苯乙烯的峰面积；

m_s——校准溶液中对二甲苯的质量，单位为毫克（mg）。

7.3　试样分析

7.3.1　称取5g±0.1g胶乳样品，精确至0.1mg，加入样品瓶（5.5）中，加入10.0mL溶液A（4.4）和0.1mL溶液C（4.6），摇匀备用。

注：调节内标物的含量使其峰高接近样品中苯乙烯的峰高，可以提高定量的重复性。

7.3.2　吸取0.2μL混匀后的溶液（7.3.1），注入色谱仪中，记录苯乙烯和对二甲苯的峰面积。如果进样困难，用溶液A（4.4）或水进一步稀释。

8　结果计算

样品中残留苯乙烯含量w以mg/kg表示，按公式（2）计算：

$$w = \frac{m_s \times f \times A_i}{A_s \times m} \times 1000 \qquad (2)$$

式中：

m_s——试样中加入的内标物对二甲苯的质量，单位为毫克（mg）；

f——苯乙烯相对于对二甲苯的校正因子；

A_i——试样中苯乙烯的峰面积；

A_s——试样中对二甲苯的峰面积；

m——胶乳样品的质量，单位为克（g）。

取两次平行测定结果的算术平均值作为试验结果，计算结果保留 1 位小数。

9 精密度

参见附录 A。

10 试验报告

试验报告至少应给出以下内容：

a）本标准的编号；

b）样品描述和试验日期；

c）试验结果；

d）实验过程中观察到的任何异常现象；

e）本标准或引用标准中未包括的任何自选操作。

附　录　A
(资料性附录)
精密度

A.1　总则

本方法的精密度是在 6 个不同实验室按照本标准对三个不同水平样品进行测定，并按照 GB/T 6379.2—2004[1] 对测定结果进行统计计算得到的，方法的精密度数值见表 A.1。

A.2　重复性

在同一实验室，由同一操作者使用相同设备，按相同的测试方法，并在短时间内对同一被测对象相互独立进行测试获得的两次独立测试结果的测定值，在以下给出的平均值的范围内，这两个测试结果的绝对差值不超过重复性限（r），超过重复性限（r）的情况不超过 5%。

A.3　再现性

在不同的实验室，由不同的操作者使用不同的设备，按相同的测试方法，对同一被测对象相互独立进行测试获得的两次独立测试结果的测定值，在以下给出的平均值的范围内，这两个测试结果的绝对差值不超过再现性限（R），超过再现性限（R）的情况不超过 5%。

表 A.1　方法的精密度

样品	平均值，mg/kg	实验室内			实验室间		
		s_r	r	(r)	S_R	R	(R)
1	26.5	2.22	6.2	23.4	3.01	8.4	31.8
2	62.8	2.46	6.9	11.0	3.28	9.2	14.6
3	165.0	3.82	10.7	6.5	5.31	14.9	9.0

注：s_r——实验室内标准偏差；
r——重复性，以测量单位表示；
(r)——相对重复性，用相对百分数表示；
S_R——实验室间标准偏差；
R——再现性，用测量单位表示；
(R)——相对再现性，用相对百分数表示。

ICS 83.080.20
G 31

SH

中华人民共和国石油化工行业标准

SH/T 1826—2019

塑料　超高分子量聚乙烯(PE-UHMW)材料和制品熔融焓和结晶度及熔融温度的测定　差示扫描量热法(DSC)

Plastics—Determination of enthalpy of fusion, degree of crystallinity and melting temperature of ultra-high-molecular weight polyethylene (PE-UHMW) materials and products—Differential scanning calorimetry(DSC)

2019-12-24 发布　　2020-07-01 实施

中华人民共和国工业和信息化部　发布

前　言

本标准按照 GB/T 1.1—2009 给出的规则起草。

本标准由中国石油化工集团有限公司提出。

本标准由全国塑料标准化技术委员会石化塑料树脂产品分会（SAC/TC15/SC1）归口。

本标准负责起草单位：北京燕山石化高科技术有限责任公司。

本标准参加起草单位：上海化工研究院有限公司、中国石油化工股份有限公司齐鲁分公司研究院、中国石油天然气股份有限公司辽阳石化分公司、沃特世科技（上海）有限公司。

本标准主要起草人：郑慧琴、叶纯麟、李震环、侯斌、石洪波、黄鹤柳、沈贤婷、杨胜鹰、段微微。

本标准为首次发布。

塑料　超高分子量聚乙烯（PE-UHMW）材料和制品熔融焓和结晶度及熔融温度的测定　差示扫描量热法（DSC）

警示：使用本标准的人员应有正规实验室工作的实践经验。本标准并未指出所有可能的安全问题。使用者有责任采取适当的安全和健康措施，并保证符合国家有关法规规定的条件。

1　范围

本标准规定了差示扫描量热法（DSC）测定超高分子量聚乙烯（PE-UHMW）材料和制品熔融焓、熔融温度的试验方法，以及结晶度的计算方法。

本标准适用于粉料、成型后的材料、成品或使用过的 PE-UHMW，也适用于经辐照或化学交联的 PE-UHMW。

2　规范性引用文件

下列文件对于本文件的应用是必不可少的。凡是注日期的引用文件，仅注日期的版本适用于本文件。凡是不注日期的引用文件，其最新版本（包括所有的修改单）适用于本文件。

GB/T 2035　塑料术语及其定义

GB/T 19466.1—2004　塑料　差示扫描量热法（DSC）　第1部分：通则

GB/T 19466.3—2004　塑料　差示扫描量热法（DSC）　第3部分：熔融和结晶温度及热焓的测定

3　术语和定义

GB/T 2035、GB/T 19466.1—2004 和 19466.3—2004 界定的以及下列术语和定义适用于本文件。

3.1

结晶度　degree of crystallinity

半结晶聚合物中晶相所占的质量分数，X_C，单位用百分数（%）表示。

4　方法概要

将一种已知质量的 PE-UHMW 放在样品皿中，在保护气体下以一定的升温速率加热至熔融终止温度以上，记录熔融温度曲线，同时测定样品皿与空白参比皿的热流。熔融峰曲线与基线所包围的面积表示熔融焓，用样品质量进行归一化处理，再用 100%结晶聚乙烯的理论熔融焓值进行归一化处理，即得到试样的结晶度。

5　仪器和材料

5.1　差示扫描量热仪

见 GB/T 19466.1—2004 5.1。

5.2 样品皿

铝制DSC样品皿，用来装试样和参比样，样品皿上压盖，并由相同质量的同种材料制成。在测量条件下，样品皿不与试样和气氛发生物理或化学变化。

5.3 分析天平

称量准确度：±0.01mg。

注：使用准确度为0.01mg的天平时，聚乙烯熔融焓的重复性标准偏差为1.2%[1]。

5.4 标准样品

参见GB/T 19466.1—2004附录A，使用标准样品铟和锡。

5.5 气源

氮气或其他惰性气体，纯度至少99.9%。

6 试样

6.1 PE-UHMW试样可以为粉料、细粒，也可为薄膜或薄片的碎片状物。推荐细粒粒径尺寸或碎片厚度不大于0.25mm。

6.2 机械加工过程会影响材料的晶体结构，如果从大片PE-UHMW样品上取样，推荐使用干净、锋利的刀片或其他类似的工具切取薄片，不应使用能生热使PE-UHMW熔融的工具切取试样，也可使用孔钻或打孔器从PE-UHMW膜上切取试样。

6.3 试样应平整，确保与样品皿接触良好。

6.4 推荐每个测试位置至少取三个样品进行测试。

注：样品中需要进行DSC分析的位置定义为"测试位置"。

7 试验条件和试样的状态调节

见GB/T 19466.1—2004第7章。

8 校准

见GB/T 19466.1—2004第8章。

9 试验步骤

9.1 仪器准备

9.1.1 试验前，接通仪器电源，使其平衡至少30min。

9.1.2 将具有相同质量的两个空样品皿放置在样品支持器上，调节到实际测量的条件。在要求的温度范围内，DSC曲线应是一条直线。当得不到一条直线时，在确认重复性后记录DSC曲线。

9.1.3 在整个测试中，DSC测试室内应以干燥的氮气或其他惰性气体，在50mL/min±5mL/min的流动速率下吹扫，并且所有校准和测试都应使用相同的气体和吹扫速率。

9.2 试样的放置

9.2.1 选择容积适当的样品皿，并保证其清洁；
9.2.2 用两个相同的样品皿，一个作试样皿，（放置试样的样品皿），另一个作参比皿（不放置试样的样品皿）；
9.2.3 称量样品皿及盖，精确到0.01mg；
9.2.4 将试样放在样品皿内，用盖将样品皿密封。检查样品皿底部确保其平整。如果不平，则重新准备试样；
9.2.5 称量放入试样后的样品皿。试样质量应在5mg~10mg，精确到0.01mg。重复试验的试样之间质量偏差不大于2mg。对于含添加剂的材料或制品，试样质量指的是减掉添加剂质量后的聚合物基体质量。

9.3 样品皿的放置

用镊子或其他合适的工具将样品皿放入样品支持器中，盖上样品支持器的盖，确保试样和皿之间、皿和支持器之间接触良好。

9.4 试验

9.4.1 将试样在室温下稳定至少3min。
9.4.2 将试样从室温以10℃/min的升温速率加热至200℃。记录第一次升温过程热焓曲线；
9.4.3 在该温度下保持5min；如有需要，可进行再次冷却-加热的循环操作。
9.4.4 以10℃/min的降温速率降至室温，保持5min；
9.4.5 重复9.4.2，记录第二次升温过程热焓曲线。

注：第一次升温扫描获得的信息可以说明聚合物经受的热历史（如加工和试样制备）。若想得到不受热历史影响的试样的结晶度可使用第二次升温扫描的结果。一般对于原料采用第二次升温，对于制品要体现其受加工热历史的影响，多采用第一次升温。

9.4.6 试验期间若发现有任何因化学反应造成的重量损失，应降低温度上限，并应在报告中注明。

10 试验结果

10.1 结果计算

10.1.1 在一个加热周期中连接曲线上50℃和160℃对应的点建立一条平直基线。如果熔融过程在160℃没有结束，可以将基线向更高的温度方向移动，但必须记录此变化。
10.1.2 从加热周期中开始到产生热转变焓的熔融吸热曲线下的面积进行积分，得到吸热过程的热量变化，用热量除以试样质量，得出单位质量试样的熔融焓，即试样的熔融焓 ΔH_m 。
10.1.3 结晶度计算见公式（1）：

$$X_C = \frac{\Delta H_m}{\Delta H_f} \times 100 \qquad (1)$$

式中：

X_C——试样的结晶度，单位为百分数（%）；
ΔH_m——试样的熔融焓，单位为千焦每千克（kJ/kg）；
ΔH_f——100%结晶的理论熔融值，293.0 kJ/kg。

注：目前报导新的聚乙烯 100%结晶的理论熔融焓值为 293.0kJ/kg，以前常用的 100%结晶的理论熔融焓值为 289.3kJ/kg[1]。

10.1.4 对于含添加剂的材料，公式（1）中的ΔH_m应按公式（2）计算：

$$\Delta H_m = \frac{\text{试样实测熔融焓 } \Delta H}{\text{试样基体的质量分数}} \tag{2}$$

10.1.5 试验曲线数据处理得到熔融峰温度（T_p）和外推起始温度（T_{ei}）的示例如图 1 所示。从熔融峰温度向熔融吸热曲线做切线，与基线的交点即为外推起始温度。

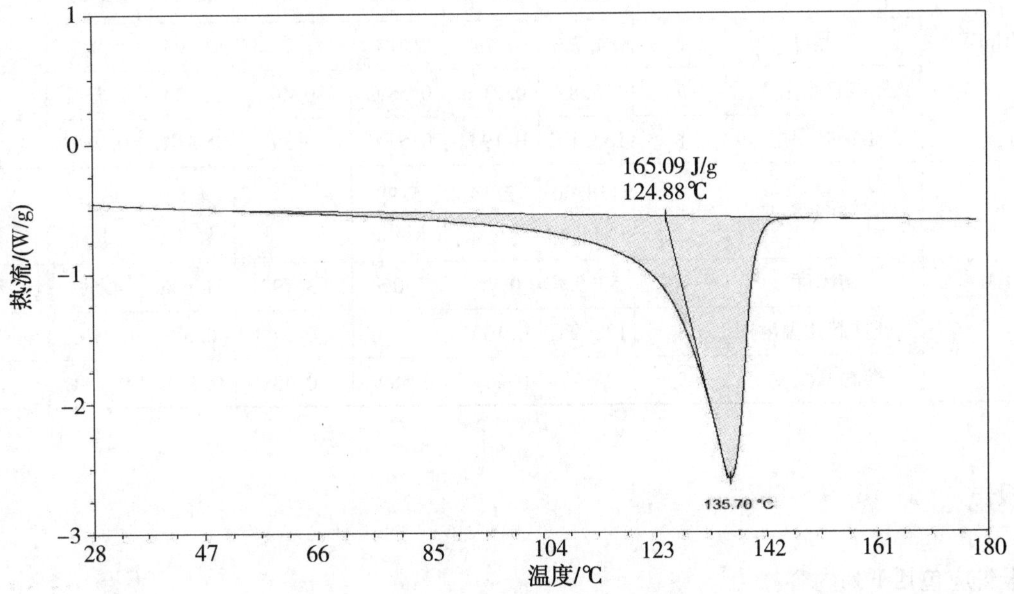

图 1 DSC 熔融吸热曲线典型图例

注：熔融峰积分区间 50℃～160℃。该样品的 T_{ei} 为 124.88℃，T_p 为 135.70℃，ΔH_f 为 165.09J/g。

10.2 结果表示

粉料和细粒试样以第二次升温扫描的三次重复试验平均值为报告结果；薄膜或薄片的碎片试样以第一次升温扫描的三次重复试验平均值为报告结果。

熔融焓修约到小数点后两位，结晶度修约到小数点后一位，外推起始温度和熔融峰温度修约到小数点后一位。

11 精密度

2018 年对 2 个 PE-UHMWE 原料模压样品，进行了测定熔融焓和结晶度及外推起始温度和熔融峰温度的精密度试验，结果见表 1。

注：本标准的精密度按 GB/T 6379.2—2004 进行计算[2]，其中 S_r 为重复性标准偏差，S_R 为再现性标准偏差，r 为重复性限，R 为再现性限。表 1 中数据只是有限的试验结果，并不能覆盖所有材料、批号、试验条件及实验室，因此，严格地说，不能将其视为判别接收或拒收的依据。

附录 A 给出了 ASTM F2625-10（2016）提及的有关 PE-UHMW 样品的精密度数据，以供参考。

表 1　2 个 PE-UHMW 原料模压样品熔融焓和结晶度及外推起始温度和熔融峰温度的精密度

序号	样品	参数	实验室参加数（个）	平均值 m	实验室内			实验室间		
					标准偏差 S_r	重复性限 r	重复性变异系数 r/m（%）	标准偏差 S_R	再现性限 R	再现性变异系数 R/m（%）
1	PE-UHMW 1	熔融焓	8	160. 39 kJ/kg	2. 13 kJ/kg	5. 97 kJ/kg	3. 72	5. 34 kJ/kg	14. 95 kJ/kg	9. 32
2		结晶度	8	54. 7%	0. 7%	2. 0%	3. 72	1. 8%	5. 1%	9. 32
3		外推起始温度	7	125. 8℃	0. 21℃	0. 58℃	0. 46	0. 80℃	2. 23℃	1. 77
4		熔融峰温度	8	135. 1℃	0. 19℃	0. 53℃	0. 39	0. 33℃	0. 93℃	0. 69
5	PE-UHMW 2	熔融焓	8	158. 00 kJ/kg	2. 14 kJ/kg	5. 98 kJ/kg	3. 79	4. 83 kJ/kg	13. 52 kJ/kg	8. 56
6		结晶度	8	53. 9%	0. 7%	2. 0%	3. 79	1. 6%	4. 6%	8. 56
7		外推起始温度	8	128. 0℃	0. 16℃	0. 46℃	0. 37	0. 8℃	2. 1℃	1. 67
8		熔融峰温度	9	135. 7℃	0. 21℃	0. 58℃	0. 43	0. 35℃	0. 97℃	0. 71

12　试验报告

试验报告应包括下列内容：

a）注明参照本标准；

b）标明试验样品的全部资料信息，包括试样形状、制样方式以及材料的热历史；

c）所用 DSC 仪器类型；

d）所用样品皿的类型；

e）标准样品，其特征值及用量；

f）所用的气体及流速；

g）试样质量；

h）升、降温速率；

i）试验结果，应包括熔融焓（kJ/kg）和结晶度，外推起始温度，熔融峰温度。如果在积分曲线上观察到多个峰，应分别记录；

j）试验中的异常情况；

k）试验日期。

附 录 A
(资料性附录)
2个PE-UHMW样品的外推起始温度、熔融峰温度和结晶度的精密度

ASTM F2625-10 (2016)[1] 给出了差示扫描量热法（DSC）测定2个PE-UHMW样品的外推起始温度、熔融峰温度和结晶的的精密度，见表A.1。

表A.1 国际实验室间相关研究的精密度结果

样品	外推起始温度（℃）	外推起始温度的不确定度		熔融峰温度（℃）	熔融峰温度的不确定度		结晶度（%）	结晶度的不确定度	
	平均值	S'_r（%）	S'_R（%）	平均值	S'_r（%）	S'_R（%）	平均值	S'_r（%）	S'_R（%）
PE-UHMW 1	127.57	0.49	0.42	136.68	0.27	0.87	58.24	2.61	8.57
PE-UHMW 2	127.13	0.61	0.71	136.63	0.13	0.72	60.24	3.32	10.25
注：表中的S'_r和S'_R是以标准偏差表示的外推起始温度、熔融峰温度和结晶度三个参数的相对不确定度。									

对2个PE-UHMW样品统一模压制样后，在世界范围7个实验室中开展循环试验（Round Robin Test，RRT），其中一个实验室的数据由于设备问题而被排除。数据的重复性和再现性依据ASTM E691[3] 进行计算。

参 考 文 献

[1] ASTM F2625-10 Standard Test Method for Measurement of Enthalpy of Fusion, Percent Crystallinity, and Melting Point of Ultra-High-Molecular Weight Polyethylence by Means of Differential Scanning Calorimetry
[2] GB/T 6379.2—2004 测量方法与结果的准确度 第2部分：确定标准测量方法重复性与再现性的基本方法
[3] ASTME 691 Practice for Conducting an Interlaboratory Study to Determine the Precision of a Test Method

ICS 83.080.01
G 31

SH

中华人民共和国石油化工行业标准

SH/T 1827—2019

塑料 结晶度的测定 X射线衍射法

Plastics—Determination of crystallinity—X-ray diffractometry

2019-12-24 发布　　2020-07-01 实施

中华人民共和国工业和信息化部 发布

前　言

本标准按照 GB/T 1.1—2009 给出的规则起草。

本标准由中国石油化工集团有限公司提出。

本标准由全国塑料标准化技术委员会石化塑料树脂产品分会（SAC/TC15/SC1）归口。

本标准负责起草单位：中国石油天然气股份有限公司石油化工研究院、北京燕山石化高科技术有限责任公司。

本标准参加起草单位：天津大学、上海交通大学、中国石油化工股份有限公司北京化工研究院、中国石油化工股份有限公司镇海炼化分公司、中国石油天然气股份有限公司辽阳石化分公司、布鲁克（北京）科技有限公司、赛默飞世尔科技（中国）有限公司、丹东浩元仪器有限公司、丹东通达科技有限公司、上海若祎新材料科技有限公司。

本标准主要起草人：李瑞峰、郑慧琴、王正元、王伟众、吴彦瑾、张立军、任敏巧、金文仁、居威材、王通、杜海燕、姜传海、孟鸿诚、石洪波、钟喆、韦丽明。

本标准为首次发布。

塑料 结晶度的测定 X 射线衍射法

警告：使用本标准的人员应有正规实验室工作的实践经验。本标准并未指出所有可能的安全问题。使用者有责任采取适当的安全和健康措施，并保证符合国家有关法规规定的条件。

1 范围

本标准规定了用 X 射线衍射法测定聚乙烯（PE）和聚丙烯（PP）结晶度的方法。

本标准适用于颗粒或粉末状聚乙烯和聚丙烯（α 晶型、$\beta+\alpha$ 晶型）压塑或注塑试样结晶度的测定。

本标准不适用于填充聚乙烯和聚丙烯结晶度的测定。

注：聚乙烯和聚丙烯制品结晶度的测定可参照本标准，高乙烯含量的乙丙共聚聚丙烯也可参照本标准。

2 规范性引用文件

下列文件对于本文件的应用是必不可少的。凡是注日期的引用文件，仅注日期的版本适用于本文件。凡是不注日期的引用文件，其最新版本（包括所有的修改单）适用于本文件。

GB/T 1845.2 塑料 聚乙烯（PE）模塑和挤出材料 第 2 部分：试样制备和性能测定

GB/T 2546.2 塑料 聚丙烯（PP）模塑和挤出材料 第 2 部分：试样制备和性能测定

GB/T 2918 塑料试样状态调节和试验的标准环境

JJG 629—2014 多晶 X 射线衍射仪

3 术语和定义

下列术语和定义适用于本文件。

3.1

结晶度（X 射线衍射法）Crystallinity by X-ray diffraction

根据部分结晶聚合物的 X 射线衍射强度峰总面积中晶区部分贡献的百分数计算的结晶度[1] X_c。

4 方法概要

聚合物的结晶度与结晶相 X 射线衍射峰积分面积成正比，在规定的试验条件下，收集 2θ 角度 5°～35°范围内试样的铜 K_α X 射线衍射数据，采用化学计量学分峰程序软件获得被测晶面衍射峰和非晶散射峰的 2θ 角度及峰面积计数值，以结晶峰峰面积之和与其加非晶峰峰面积之和的比值，经校正后得到试样的结晶度。

5 标准物质

符合 JJG 629—2014 技术要求的粉末 α-SiO_2 或 Si 标准物质。

6 仪器设备

6.1 X 射线衍射仪

符合 JJG 629—2014 技术要求的 X 射线衍射仪，配置铜靶（K_α 辐射），旋转样品台，仪器按 JJG 629—2014 进行 8h 测定的衍射强度稳定性不大于 1.5%（以相对极差表示）。

注：若仪器光学系统配置或调试不合适，造成散射光进入探测器，低角度背底会出现一个馒头峰，则仪器无法完成结晶度的测定。

6.2 软件

X 射线衍射数据处理软件，带 Pearson Ⅶ分峰程序。

7 样品

7.1 试样制备

7.1.1 PE 试样制备

按 GB/T 1845.2 规定采用压塑（Q）或注塑（M）方法制备试样，试样厚度 1.0mm ± 0.1mm。

7.1.2 PP 试样制备

按 GB/T 2546.2 规定采用压塑（Q）或注塑（M）方法制备试样，试样厚度 1.0 mm ± 0.1 mm。

7.2 取样

用冲压设备或直尺和刀片在压塑（Q）或注塑（M）方法制备的试样中部裁取一片试片，要求试片平整如镜面，无弯折，测试面清洁无灰尘等机械杂质并保持干燥，试片尺寸按所用仪器规定。

注：从制品上取样时，可用机加工方法或其他合适方法从制品上制取 1.0mm ± 0.1mm 的薄片，然后按照上述方法取样。

8 状态调节

按 GB/T 2918 规定，在温度为 23℃ ±2℃ 条件下进行状态调节。状态调节时间分别按照 GB/T 1845.2 和 GB/T 2546.2 规定。

9 试验步骤

9.1 试验条件

按 GB/T 2918 规定，在温度为 23℃ ±2℃ 条件下进行测试。

9.2 校准仪器

启动 X 射线衍射仪（6.1），待仪器稳定后，用标准物质（5）验证仪器衍射强度稳定性不大于 1.5%/8 小时（以相对极差表示）。

9.3 设定仪器工作条件

设定 X 射线衍射仪工作条件（见表 1）。

表 1 仪器工作条件

<table>
<tr><th colspan="2">参数项</th><th>单位</th><th>设定值</th></tr>
<tr><td colspan="2">铜靶 K_α</td><td>nm</td><td>0.1542</td></tr>
<tr><td colspan="2">2θ 扫描范围</td><td>(°)</td><td>5~35（测试时）</td></tr>
<tr><td colspan="2">2θ 扫描范围</td><td>(°)</td><td>5~90（求 k 值时）</td></tr>
<tr><td colspan="2">工作电压</td><td>kV</td><td>20~50</td></tr>
<tr><td colspan="2">工作电流</td><td>mA</td><td>1~250</td></tr>
<tr><td colspan="2">扫描步长</td><td>(°)</td><td>0.01~0.02</td></tr>
<tr><td colspan="2">扫描速度</td><td>(°)·min^{-1}</td><td>1~5</td></tr>
<tr><td colspan="2">发散狭缝</td><td rowspan="3"></td><td rowspan="3">需进行狭缝优化</td></tr>
<tr><td colspan="2">防散射狭缝</td></tr>
<tr><td colspan="2">接收狭缝</td></tr>
<tr><td rowspan="3">衍射峰峰面积计数值</td><td>PE（200）晶面</td><td></td><td>≥10000</td></tr>
<tr><td>PP α 晶型（130）晶面</td><td></td><td>≥10000</td></tr>
<tr><td>PP $\beta+\alpha$ 晶型（111）晶面</td><td></td><td>≥10000</td></tr>
</table>

9.4 测试

平行做两份试验。在 X 射线衍射仪样品台上，装调试片，关闭试样室，开始测试。

10 试验数据处理

10.1 获取峰位置 2θ 值和峰面积计数值

采用 X 射线衍射仪配置的数据处理软件，对试样的 X 射线衍射数据首先进行 Savitzky-Golay 9 点或 11 点抛物平滑，剥离 $K_{\alpha2}$，扣除背底（B. G.），然后采用 Pearson-Ⅶ分峰程序进行峰形拟合，根据衍射曲线峰型分出晶体衍射峰和非晶体散射峰，获取被测试样晶体衍射峰、非晶体散射峰的峰位置 2θ 值和峰面积计数值。非晶体散射峰和对称的晶体衍射峰应进行对称拟合；若测得的晶体衍射峰为非对称的，则按其峰形进行非对称拟合。

注 1：文献中的非晶体散射峰的峰位置 2θ 值并不统一，且某些文献中存在非晶体散射峰非对称分峰的不合理现象。

注 2：PE 和 PP（α 晶型、$\beta+\alpha$ 晶型）典型的化学计量学（Pearson-Ⅶ）峰形拟合图见附录 A。

10.2 计算

按公式（1）计算被测试样的结晶度，附录 B 为公式（1）中的因子及其推算公式中系数的计算方法：

$$X_c = \frac{\sum F_{ci} \times I_{ci}}{\sum F_{ci} \times I_{ci} + k \times \sum F_{ai} \times I_{ai}} \times 100 \quad \cdots\cdots (1)$$

式中：

X_c——结晶度，单位为%（质量分数）；

F_{ci}——各个晶面衍射峰的校正因子，计算见公式（B.1）；

I_{ci}——各个晶面衍射峰的峰面积计数值；

k——计算时所采用衍射强度与其观察到的全部衍射强度之比，根据实测值获得的校正系数，计算见公式（B.7）；

F_{ai}——非晶散射峰的校正因子，计算见公式（B.1）；

I_{ai}——非晶散射峰的峰面积计数值。

10.3 结果表述

取两次平行测定结果的算术平均值为测定结果，数据保留小数点后一位。

11 精密度

2018年在8个实验室，对3个典型PE和4个典型PP的压塑试样进行了X射线衍射法测定结晶度的精密度试验，每个实验室对每个样品重复测定2次，精密度计算结果见表2。

注1：本标准的精密度按GB/T 6379.2—2004[2] 进行计算，其中 S_r 为重复性标准差，S_R 为再现性标准差，r 为重复性限，R 为再现性限。

注2：精密度试验用样品，是从结晶度为37.8%~81.2%的样品中筛选的。

表2 X射线衍射法结晶度测试的精密度数据

序号	样品	实验室参加数（个）	结晶度平均值（%）	实验室内			实验室间		
				重复性标准差 S_r	重复性限 r	重复性变异系数（%）	再现性标准差 S_R	再现性限 R	再现性变异系数（%）
1	PE1	8	42.9	0.4	1.1	2.6	0.8	2.3	5.4
2	PE2	8	55.6	0.4	1.1	2.0	0.9	2.5	4.5
3	PE3	8	68.8	0.5	1.4	2.0	0.8	2.3	3.3
4	PP1（α晶型）	8	47.5	1.0	2.8	5.9	1.0	2.8	5.9
5	PP2（α晶型）	8	48.6	0.9	2.5	5.1	0.9	2.5	5.1
6	PP3（α晶型）	8	58.5	0.6	1.7	2.9	0.9	2.5	4.3
7	PP4（β+α晶型）	8	81.2	0.6	1.7	2.1	1.1	3.1	3.8

12 试验报告

试验报告应包括下列内容：

a）注明参照本标准；

b）试验样品的全部资料信息；

c）仪器工作条件；

d）试样制备、取样及试样状态调节、试验条件等详细情况；

e）试样尺寸；

f）试验结果，包括两次的测试结果和算术平均值；

g）测定中观察到的任何异常现象的细节及其说明，例如背底不合格、试样晶型不相符等；

h）分析日期等。

附 录 A
(资料性附录)
PE 和 PP (α 晶型、β+α 晶型) 典型的化学计量学 (Pearson-Ⅶ) 峰形拟合图

A.1 PE

PE 典型的化学计量学（Pearson-Ⅶ）峰形拟合图见图 A.1。

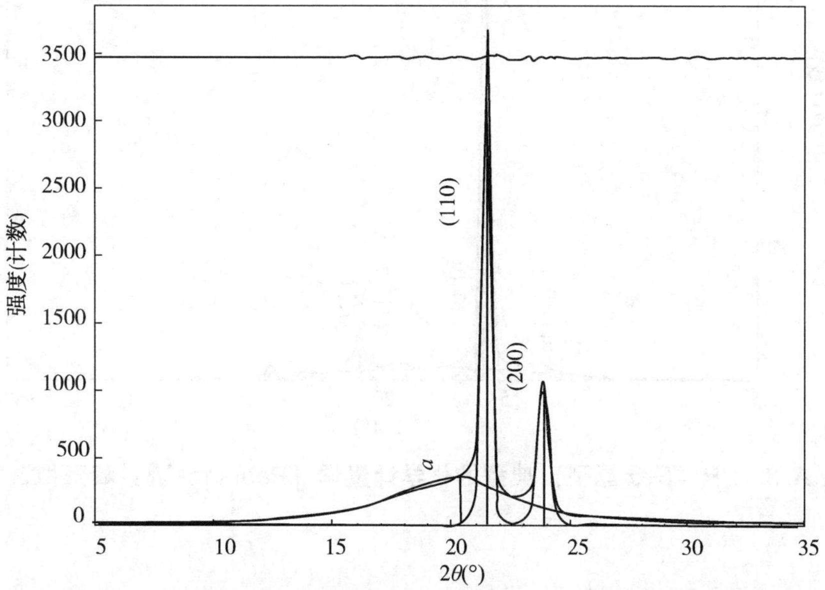

图 A.1 PE 典型的化学计量学（Pearson-Ⅶ）峰形拟合图

A.2 PP (α 晶型)

PP（α 晶型）典型的化学计量学（Pearson-Ⅶ）峰形拟合图见图 A.2。

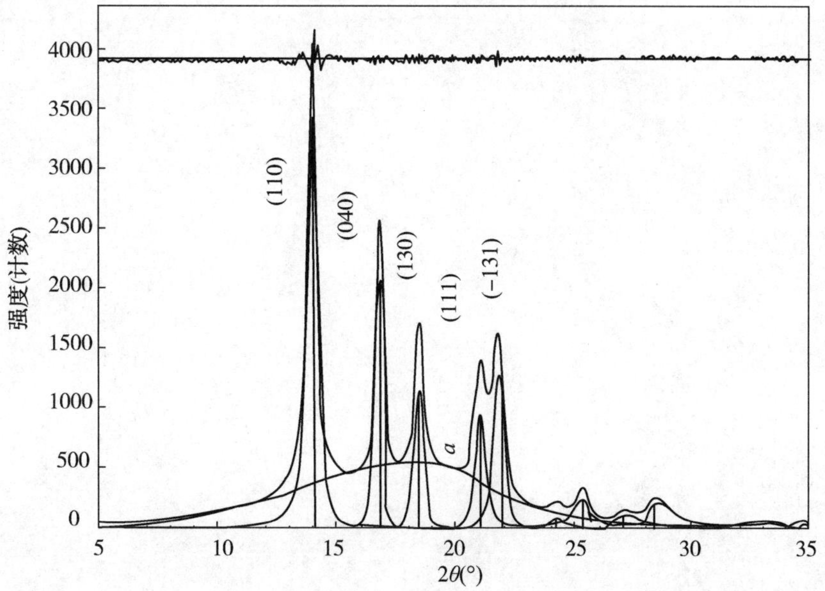

图 A.2 PP（α 晶型）典型的化学计量学（Pearson-Ⅶ）峰形拟合图

A.3 PP（β+α 晶型）

PP（β+α 晶型）典型的化学计量学（Pearson-Ⅶ）峰形拟合图见图 A.3。

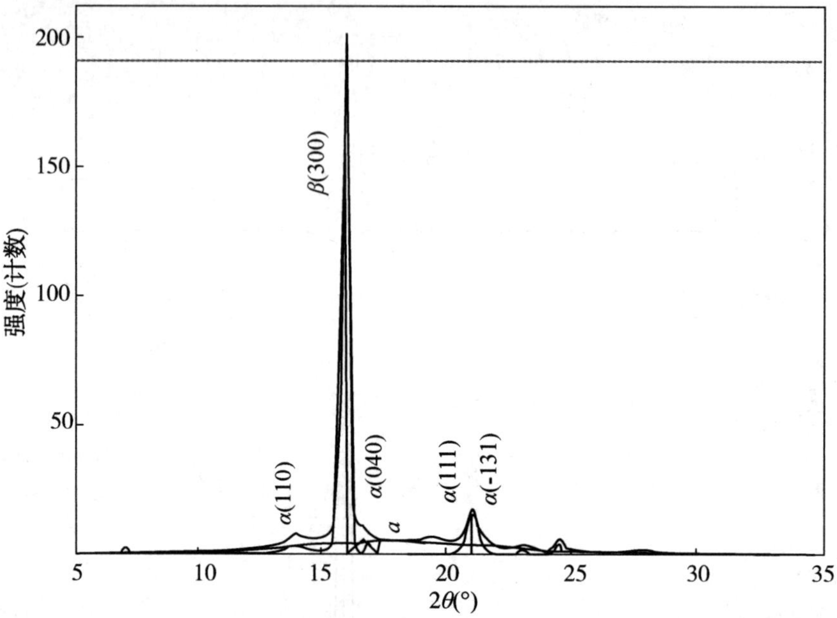

图 A.3 PP（β+α 晶型）典型的化学计量学（Pearson-Ⅶ）峰形拟合图

附 录 B
(规范性附录)
公式（1）中因子及其推算公式中系数的计算方法

B.1 公式（1）中校正因子的计算

公式（1）中被测晶面衍射峰和非晶散射峰的校正因子按公式（B.1）计算：

$$F_R^{-1}=f_j^2\times L_p\times T \quad \text{(B.1)}$$

式中：

F_R——各晶面衍射峰的校正因子（F_c）和非晶散射峰的校正因子（F_a）；

f_j——PE、PP 分子每个重复单元中所含有的全部原子散射因子，PE 计算见公式（B.2），PP 计算见公式（B.3）；

L_p——角因子，计算见公式（B.5）；

T——温度因子，计算见公式（B.6）。

对各个峰均需按照式（B.1）进行校正因子的计算。

B.2 公式（B.1）中 f_j 的计算

a）PE 的 f_j 值计算见公式（B.2）：

$$f_j^2=2f_C^2+4f_H^2 \quad \text{(B.2)}$$

b）PP 的 f_j 值计算见公式（B.3）：

$$f_j^2=3f_C^2+6f_H^2 \quad \text{(B.3)}$$

式（B.2）和式（B.3）中：

f_j——PE、PP 分子每个重复单元中所含有的全部原子散射因子；

f_C——碳原子的散射因子；

f_H——氢原子的散射因子。

B.3 公式（B.2）和式（B.3）中 f_C 和 f_H 值的计算

公式（B.2）和式（B.3）中 f_C 和 f_H 值的计算见公式（B.4）。

$$f_R=\sum_{i=1}^{4}a_i\exp\left(-b_i\sin^2\theta/\lambda^2\right)+c \quad \text{(B.4)}$$

式中：

R——C 或 H；

θ——晶面衍射峰位置对应的角度的一半；

λ——X 射线的波长，0.1541 nm。

a_i，b_i，c——系数，见表 B.1。

对各个峰均需按照式（B.4）进行 f_C 和 f_H 值的计算。

表 B.1 公式（B.4）中各系数值

原子	a_1	b_1	a_2	b_2	a_3	b_3	a_4	b_4	c
C	2.310000	20.843900	1.020000	10.207500	1.588600	0.568700	0.865000	51.651200	0.215600
H	0.489918	20.659300	0.262003	7.740390	0.196767	49.551900	0.049879	2.201590	0.001305

B.4 公式（B.1）角因子 L_p 的计算

公式（B.1）中角因子 L_p 的计算见公式（B.5）。

$$L_p = (1+\cos^2 2\theta)/(\cos\theta\sin^2\theta) \tag{B.5}$$

式中：

θ ——晶面衍射峰和非晶散射峰位置对应的角度的一半。

对各个峰均需按照式（B.5）进行角因子的计算。

B.5 公式（B.1）中温度因子 T 的计算

公式（B.1）中温度因子 T 的计算见公式（B.6）。

$$T=\exp\left[-10\left(\sin\theta/\lambda\right)^2\right] \tag{B.6}$$

式中：

θ——晶面衍射峰和非晶散射峰位置对应的角度的一半；

λ——X 射线波长，0.1541 nm；

10——温度因子的一个近似常数[3,4]。

对各个峰均需按照式（B.6）进行温度因子的计算。

B.6 公式（1）中 k 值的计算

公式（1）中 k 值的计算见公式（B.7）。

$$k=\sum I_{ci,cal}/\sum I_{ci,total} \tag{B.7}$$

式中：

$k<1.00$；

$I_{ci,cal}$——所采用的衍射峰的峰面积计数值；

$I_{ci,total}$——衍射峰的峰面积总和。

参 考 文 献

[1] 全国科学技术名词审定委员会. 材料科学技术名词 [M]. 第1版. 北京：科学出版社，2011
[2] GB/T 6379.2—2004 测量方法与结果的准确度（正确度与精密度） 第2部分：确定标准测量方法重复性与再现性的基本方法
[3] 殷敬华，莫志深. 现代高分子物理学（下册）[M]. 第1版. 北京：科学出版社，2001
[4] 周公度. 晶体结构测定 [M]. 第1版. 北京：科学出版社，1981

ICS 83.080.20
G 32

SH

中华人民共和国石油化工行业标准

SH/T 1828—2020

塑料　纺粘法非织造布用聚丙烯树脂

Plastics—Polypropylene resin for spunbonded nonwovens

2020-12-09 发布　　2021-04-01 实施

中华人民共和国工业和信息化部　发布

前　言

本标准按照 GB/T 1.1—2009 给出的规则起草。

本标准由中国石油化工集团有限公司提出。

本标准由全国塑料标准化技术委员会石化塑料树脂产品分会（SAC/TC15/SC1）归口。

本标准起草单位：中国石油化工股份有限公司洛阳分公司、道恩集团有限公司、北京燕山石化高科技术有限责任公司、中国石油化工股份有限公司镇海分公司、中国石油化工股份有限公司济南分公司、中国石油天然气股份有限公司独山子石化公司、山东俊富非织造材料有限公司、连云港柏德实业有限公司、东华能源股份有限公司。

本标准主要起草人：曹豫新、张日勇、于晓宁、杨春梅、赵均、郑慧琴、刘慧敏、石海龙、赵磊、孟鸿诚、杨玉东、彭文忠、王红英、关莉、贾明亮。

本标准为首次发布。

塑料　纺粘法非织造布用聚丙烯树脂

1　范围

本标准规定了纺粘法非织造布用聚丙烯树脂的命名、要求、试验方法、检验规则、标志和随行文件、包装、运输和贮存。

本标准适用于丙烯在催化剂作用下聚合制得的、含有添加剂的颗粒状丙烯均聚物，用于纺粘法以及纺粘/熔喷组合工艺生产的非织造布（无纺布）。

2　规范性引用文件

下列文件对于本文件的应用是必不可少的。凡是注日期的引用文件，仅注日期的版本适用于本文件。凡是不注日期的引用文件，其最新版本（包括所有的修改单）适用于本文件。

GB/T 1040.2—2006　塑料　拉伸性能的测定　第2部分：模塑和挤塑塑料的试验条件

GB/T 2412—2008　塑料　聚丙烯（PP）和丙烯共聚物热塑性塑料等规指数的测定

GB/T 2546.1—2006　塑料　聚丙烯（PP）模塑和挤出材料　第1部分：命名系统和分类基础

GB/T 2546.2—2003　塑料　聚丙烯（PP）模塑和挤出材料　第2部分：试样制备和性能测定

GB/T 2547—2008　塑料　取样方法

GB/T 2918　塑料　试样状态调节和试验的标准环境

GB/T 3682.1—2018　塑料　热塑性塑料熔体质量流动速率（MFR）和熔体体积流动速率（MVR）的测定　第1部分：标准方法

GB 4806.6　食品安全国家标准　食品接触用塑料树脂

GB/T 6595—1986　聚丙烯树脂"鱼眼"测试方法

GB/T 8170　数值修约规则与极限数值的表示和判定

GB/T 9345.1—2008　塑料　灰分的测定　第1部分：通用方法

GB/T 17037.1—2019　塑料　热塑性塑料材料注塑试样的制备　第1部分：一般原理及多用途试样和长条形试样的制备

GB/T 36214.4—2018　塑料　体积排除色谱法测定聚合物的平均分子量和分子量分布　第4部分：高温法

HG/T 3862—2006　塑料黄色指数试验方法

SH/T 1541.1—2019　塑料　颗粒外观试验方法　第1部分：目测法

3　命名

3.1　总则

纺粘法非织造布用聚丙烯树脂产品的命名按照GB/T 2546.1—2006的规定，并按以下方法进行：

命名方式	命名		
	特 征 项 目 组		
	字符组 1	字符组 2	字符组 3

字符组 1：按照 GB/T 2546.1—2006 中 3.1 规定，丙烯均聚物材料以代号“PP-H”表示；
字符组 2：按照 GB/T 2546.1—2006 中 3.2 规定，纤维级的聚丙烯材料以代号“Y”表示；
字符组 3：特征性能（见 3.2）。
字符组 1 和字符组 2 之间用空格隔开。

3.2 特征性能

纺粘法非织造布用聚丙烯树脂以熔体质量流动速率作为特征性能，并用熔体质量流动速率标称值的两位有效数字为代号。

3.3 示例

某种纺粘法非织造布用（Y）聚丙烯均聚物（PP-H），熔体质量流动速率的标称值为 35.0 g/10min（35）。该材料命名如下：

PP-H　Y　35

字符组1：聚丙烯代号
字符组2：纤维类
字符组3：熔体质量流动速率的标称值

命名：PP-H Y35

4 要求

4.1 纺粘法非织造布用聚丙烯树脂为本色颗粒，无杂质。
4.2 对于食品接触用的树脂，应符合 GB 4806.6 的要求。
4.3 对于有邻苯二甲酸酯类限量要求的树脂，应符合相关标准的要求。
4.4 纺粘法非织造布用聚丙烯树脂的其他技术要求见表 1。

表 1 纺粘法非织造布用聚丙烯树脂的技术要求

序号	项　目		单位	要　求		
				PP-H Y35	PP-H Y40	PP-H Y50
1.1	颗粒外观	黑粒	个/kg	0		
1.2		色粒和黑斑粒	个/kg	≤5		
1.3		大粒和小粒	g/kg	≤50		
1.4		蛇皮粒和拖尾粒	个/kg	报告		
2	熔体质量流动速率（MFR）		g/10 min	35.0±3.5	40.0±4.0	50.0±5.0
3	等规指数		%	≥96.0	≥95.0	≥95.0

表 1（续）

序号	项　　目		单位	要　　求		
				PP-H Y35	PP-H Y40	PP-H Y50
4	灰分（质量分数）		%	≤0.030		
5.1	拉伸性能	拉伸弹性模量（E_t）	MPa	≥1.20×10^3		≥1.10×10^3
5.2		拉伸屈服应力（σ_y）	MPa	≥30.0		
5.3		拉伸断裂应力（σ_B）	MPa	≥13.0		
5.4		拉伸断裂标称应变（ε_{tB}）	%	≥2.0×10^2		≥3.0×10^2
6.1	鱼眼	≥0.8 mm	个/1520cm^2	≤5		
6.2		0.4 mm~0.8 mm		≤20		
7	黄色指数		—	≤1.0		
8	分子量分布（M_w/M_n）		—	≤5.0		
9	气味		级	报告		

5 试验方法

5.1 试样制备

5.1.1 注塑试样的制备

纺粘法非织造布用聚丙烯树脂注塑试样的制备应符合 GB/T 2546.2—2003 中 3.2 的规定，并使用表 2 规定的条件进行注塑制样。

表 2　试样的注塑条件

熔体温度 ℃	模具温度 ℃	平均注射速率 mm/s	保压时间 s	总循环时间 s
200	40	200±20	40	60

用 GB/T 17037.1—2019 中相应的模具注塑制备符合 GB/T 1040.2—2006 中的 1A 型试样。

5.1.2 流延薄膜试样的制备

5.1.2.1　流延薄膜机至少具备的条件

a）冷却辊温度：26 ℃±2 ℃~40 ℃±2 ℃，可根据材料 *MFR* 的不同进行调整；

b）螺杆长径比：不小于 25；

c）口模宽度：不小于 250 mm；

d）口模狭缝间隙：0.3 mm~0.4 mm。

5.1.2.2　流延膜制备条件

a）熔体温度：可根据材料的 MFR 的不同进行调整；

b）牵引速度：8 m/min±0.5 m/min。

5.1.2.3　流延膜厚度

膜厚度：0.030 mm±0.005 mm。

5.1.2.4　流延膜制备要求

a）每次流延膜制备前，需仔细清理口模狭缝，确保无结焦；

b）用于料筒和机头置换的待检样品量不得少于 1.5 kg；

c）流延膜制备过程中不使用风刀及过滤网。

5.2 试样的状态调节和试验的标准环境

试样的状态调节按 GB/T 2918 的规定进行，状态调节的条件为温度 23 ℃±2 ℃，调节时间至少 40 h，但不超过 96 h。

试验应在 GB/T 2918 规定的标准环境下进行，环境的温度为 23 ℃±2 ℃，相对湿度为 50%±10%。

5.3 颗粒外观

按 SH/T 1541.1—2019 的规定进行。

分别报告黑粒、色粒和黑斑粒、大粒和小粒、蛇皮粒和拖尾粒的值。

5.4 熔体质量流动速率

按 GB/T 3682.1—2018 中方法 A 或方法 B 的规定进行，仲裁时采用方法 B。选用 B 法测定熔体质量流动速率时，熔体密度值为 0.7386 g/cm^3。试验条件为 M（温度：230 ℃、负荷：2.16 kg）。试验时，在装试样前应用氮气吹扫料筒 5 s~10 s，氮气压力为 0.05 MPa。

5.5 等规指数

按 GB/T 2412—2008 的规定进行。

5.6 灰分

试验按 GB/T 9345.1—2008 的规定进行，采用直接燃烧法（A 法），煅烧温度为 850℃±50℃。

5.7 拉伸试验

试样为按 5.1.1 制备的 1A 型试样。

试样的状态调节按 5.2 的规定进行。

试验按 GB/T 1040.2—2006 的规定进行，测定拉伸弹性模量时，试验速度为 1 mm/min；测定其他拉伸性能时，试验速度为 50 mm/min。

5.8 鱼眼

按 5.1.2 制备流延薄膜试验样品。

试验样品的状态调节按 5.2 的规定进行。

从距膜端大于 1 m 处开始裁取试样，试样尺寸符合 GB/T 6595—1986 的规定。

试验按 GB/T 6595—1986 的规定进行。

5.9 黄色指数

试样采用颗粒料。

按 HG/T 3862—2006 的规定进行。

5.10 分子量分布

试验按 GB/T 36214.4—2018 的规定进行，溶剂使用三氯苯，流速为 1 mL/min，柱温为 150 ℃。

5.11 气味

5.11.1 仪器

5.11.1.1 测试罐：带有无气味的封口和盖子，且容量为 1 L 的玻璃容器。试验前容器必须清洁、无气味。

5.11.1.2 烘箱：具有空气循环系统，能够保持温度在 80 ℃±2 ℃。

5.11.2 试样

试样采用颗粒料，称样量为 50 g±5 g。

5.11.3 试验步骤

将试样置于容量为 1 L 的测试罐中，盖上盖子密封。将测试罐置于预先调节到 80℃±2 ℃的烘箱中 2 h±10 min。从烘箱中取出测试罐，冷却至 60℃±5℃。

由经过气味培训的五个人组成的小组对其气味进行评级。气味的等级应符合表 3 的规定。气味等级分为 1 级~6 级，同时也允许出现介于两种评判等级之间的情况，可取半级评定（如 3.5 级、4.5 级等）。如果小组中有评级相差两级及以上的，应重新测试。试验结果以五人小组评级的算术平均值表示，精确至小数点后一位。

表 3 气味的等级

等　级	描　述
1	无气味
2	有气味，但无干扰性气味
3	有明显气味，但无干扰性气味
4	有干扰性气味
5	有强烈干扰性气味
6	有不能忍受的气味

6 检验规则

6.1 检验分类

纺粘法非织造布用聚丙烯树脂的检验分为型式检验和出厂检验两类。

6.2 检验项目

表 1 中所有项目为型式检验项目。当有下列情况时应进行型式检验：

a）新产品试制定型鉴定时；

b）正式生产后，若原材料或工艺有较大改变，可能影响产品性能时；

c）产品装置检修，恢复生产时；

d）出厂检验结果与上次型式检验结果有较大差异时；

e）上级质量监督机构提出进行型式检验要求时。

纺粘法非织造类聚丙烯树脂的出厂检验项目至少应包括颗粒外观（黑粒、色粒和黑斑粒、大粒和小粒、蛇皮粒和拖尾粒）、熔体质量流动速率、拉伸屈服应力、拉伸弹性模量、鱼眼和黄色指数。

6.3 组批规则

纺粘法非织造布用聚丙烯树脂以同一生产线上、相同原料、相同工艺所生产的同一牌号的产品组批，生产厂也可按一定生产周期或贮存料仓为一批对产品进行组批。产品以批为单位进行检验和验收。

6.4 抽样方案

纺粘法非织造布用聚丙烯树脂可在料仓的取样口抽样，也可根据生产周期等实际情况确定具体的抽样方案。

包装后产品的取样应按 GB/T 2547—2008 的规定进行。

6.5 判定规则

纺粘法非织造布用聚丙烯树脂应由生产厂的质量检验部门按照本标准规定的试验方法进行检验，依据检验结果和本标准中的技术要求对产品作出质量判定，并提出证明。所有试验结果的判定按 GB/T 8170 标准中修约值比较法进行。检验结果若某项指标不符合本标准要求时，可重新取样对该项目进行复验。以复验结果作为该批产品的质量判定依据。

7 标志和随行文件

7.1 标志

纺粘法非织造布用聚丙烯树脂产品的外包装袋上应有明显的标志。标志内容可包括：商标、生产厂名称、厂址、标准号、产品名称、牌号、批号和净含量等。

7.2 随行文件

产品出厂时，每批产品应附有产品质量检验合格证。合格证上应注明产品名称、牌号、批号、执行标准，并盖有质检专用章。

8 包装、运输和贮存

8.1 包装

纺粘法非织造布用聚丙烯树脂可用内衬聚乙烯薄膜袋的聚丙烯编织袋、经涂膜的聚丙烯编织袋、重载膜包装袋或其他包装形式。包装材料应保证在运输、码放、贮存时不污染和泄漏。

每袋产品的净含量可为 25 kg 或其他。

8.2 运输

纺粘法非织造布用聚丙烯树脂为非危险品。在运输和装卸过程中严禁使用铁钩等锐利工具，切忌抛掷。运输工具应保持清洁、干燥并备有厢棚或苫布。运输时不得与沙土、碎金属、煤炭及玻璃等混合装运，更不可与有毒及腐蚀性或易燃物混装。严禁在阳光下暴晒或雨淋。

8.3 贮存

纺粘法非织造布用聚丙烯树脂应贮存在通风、干燥、清洁并保持有良好消防设施的仓库内。贮存时，应远离热源，并防止阳光直接照射，严禁在露天堆放。

纺粘法非织造布用聚丙烯树脂贮存期一般从生产之日起，不超过12个月。

ICS 83.080.20
G 32

SH

中华人民共和国石油化工行业标准

SH/T 1829—2020

塑料　聚乙烯和聚丙烯树脂中微量元素含量的测定　电感耦合等离子体发射光谱法

Plastics—Determination of trace elements in polyethylene and polypropylene—Inductively coupled plasma optical emission spectrometry (ICP-OES)

2020-12-09 发布　　2021-04-01 实施

中华人民共和国工业和信息化部　发布

前　　言

本标准按照 GB/T 1.1—2009 给出的规则起草。

本标准由中国石油化工集团有限公司提出。

本标准由全国塑料标准化技术委员会石化塑料树脂产品分技术委员会（SAC/TC15/SC1）归口。

本标准起草单位：中国石油天然气股份有限公司石油化工研究院、北京燕山石化高科技术有限责任公司、中国石油天然气股份有限公司独山子石化分公司研究院、中国石油天然气股份有限公司辽阳石化分公司、中国石油化工股份有限公司石油化工科学研究院。

本标准主要起草人：杨晓彦、薛慧峰、王晓丽、陈泱、安谧、孙欣婵、王飞、修远、孙丽君、孙枫、张以夫、王宏宇、王会能、高建国。

本标准为首次发布。

塑料　聚乙烯和聚丙烯树脂中微量元素含量的测定 电感耦合等离子体发射光谱法

警示——使用本标准的人员应有正规实验室工作的实践经验。本标准并未指出所有可能的安全问题。使用者有责任采取适当的安全和健康措施，并保证符合国家有关法规规定的条件。

1　范围

本标准规定了采用电感耦合等离子体发射光谱法（ICP－OES）测定聚乙烯和聚丙烯树脂中镁（0.10 mg/kg～50.00 mg/kg）、铝（0.20 mg/kg～100.00 mg/kg）、钙（0.40 mg/kg～130.00 mg/kg）、锌（0.50 mg/kg～200.00 mg/kg）、铬（0.10 mg/kg～3.00 mg/kg）、钛（0.10 mg/kg～6.00 mg/kg）等微量元素含量的方法。

注：对于微量元素浓度范围超出规定的试样也可采用本标准进行测定，但其精密度未经验证。

本标准适用于粉末状、颗粒状聚乙烯和聚丙烯树脂及其共聚物和共混物。

2　规范性引用文件

下列文件对于本文件的应用是必不可少的。凡是注日期的引用文件，仅注日期的版本适用于本文件。凡是不注日期的引用文件，其最新版本（包括所有的修改单）适用于本文件。

GB/T 622　化学试剂　盐酸

GB/T 626　化学试剂　硝酸

GB/T 6379.2　测量方法与结果的准确度（正确度与精密度）　第2部分：确定标准测量方法重复性与再现性的基本方法

GB/T 6679　固体化工产品采样通则

GB/T 6682　分析实验室用水规格和实验方法

GB/T 8170　数值修约规则与极限数值的表示和判定

GB/T 9345.1—2008　塑料　灰分的测定　第1部分：通用方法

3　方法概要

称取一定量的试样至烧杯中，将装有试样的烧杯放在电热板上加热至炭化，再移至马弗炉中灼烧去积炭。用硝酸溶解试样残渣并将溶液定量转移至容量瓶中，用水稀释至刻度，用电感耦合等离子体发射光谱仪进行测定。

4　仪器

4.1　电感耦合等离子体发射光谱仪：波长范围能够覆盖160 nm～760 nm。

4.2　分析天平：分度值为0.1 mg。

4.3　烧杯：石英材质，250 mL。

注：推荐烧杯直径为70 mm。

4.4 容量瓶：25 mL 和 100 mL。

4.5 移液管：1 mL、5 mL、10 mL 和 20 mL。

4.6 量筒：5 mL 和 10 mL。

4.7 玻璃瓶：100 mL，带盖密封玻璃瓶。

4.8 马弗炉：温度能控制在 750 ℃±50 ℃范围内。

4.9 电热板：温度可调，工作温度应达 500 ℃。

注：也可使用其他合适的加热源。

4.10 干燥器。

4.11 通风橱。

5 试剂与材料

5.1 本标准所用试剂和水，除非另有规定，应使用分析纯试剂和符合 GB/T 6682 要求的二级水。

5.2 硝酸：符合 GB/T 626 中分析纯的要求。

警示——硝酸具有腐蚀性，在使用硝酸过程中应在通风橱中进行，并佩戴手套和护目镜，避免吸入或接触皮肤。如果溅到身上，应立即用大量水冲洗，严重时应立即就医。

5.3 硝酸溶液：硝酸（5.2）与水的体积比为 1∶1。

5.4 盐酸：符合 GB/T 622 中分析纯的要求。

警示——盐酸具有腐蚀性，在使用盐酸过程中应在通风橱中进行，并佩戴手套和护目镜，避免吸入或接触皮肤。如果溅到身上应立即用大量水冲洗，严重时应立即就医。

5.5 盐酸溶液：盐酸（5.4）与水的体积比为 1∶5。

5.6 氩气：纯度不低于 99.995%（体积分数）。

5.7 金属元素标准溶液：镁、铝、钙、锌、铬、钛，浓度分别为 1000 mg/L。

6 采样

按 GB/T 6679 的要求采取试样。

7 准备工作

7.1 清洗烧杯

用量筒（4.6）量取 10 mL 盐酸溶液（5.5）倒入烧杯中（4.3），将烧杯置于电热板（4.9）上煮沸 10 min，冷却至室温后倒出清洗液，用水将烧杯冲洗干净，烘干至恒重，放入干燥器（4.10）中备用。

7.2 100 mg/L 标准贮存溶液制备

用移液管（4.5）分别移取 10.00 mL 浓度为 1000 mg/L 的镁、铝、钙、锌、铬、钛金属元素标准溶液（5.7）到 100 mL 的容量瓶（4.4）中，再用洁净移液管分别向容量瓶中加入 4.00 mL 硝酸（5.2），用水稀释至刻度，得到镁、铝、钙、锌、铬、钛的浓度为 100 mg/L 的标准贮存溶液。

注：可使用市售的浓度为 100 mg/L 的含镁、铝、钙、铁、锌、铬的多元素混合标准溶液。

7.3 空白溶液制备

用移液管（4.5）移取 4.00 mL 硝酸（5.2）到 100 mL 容量瓶（4.4）中，用水稀释至刻度，摇匀，得到标准空白溶液。

7.4 标准工作溶液制备

取4个100 mL容量瓶（4.4），用移液管分别移入1.00 mL、5.00 mL、10.00 mL、20.00 mL的100 mg/L标准贮存溶液（7.2），再用移液管分别加入4.00 mL硝酸（5.2），用水稀释至刻度，摇匀，得到浓度为1 mg/L、5 mg/L、10 mg/L、20 mg/L的镁、铝、钙、锌、铬、钛标准工作溶液。

7.5 试样溶液制备

警示——试样溶液制备过程应在通风橱中进行。由于硝酸具有腐蚀性，因此，所有硝酸处理应在通风橱中操作，佩戴手套并拉低通风橱可视窗。

7.5.1 称取25 g试样（精确到0.1 mg）至烧杯（4.3）中，按照GB/T 9345.1—2008方法A中5.3.3和5.3.4的规定煅烧试样至完全灰化，灰化温度为750 ℃±50 ℃。灰化结束后取出烧杯放入干燥器（4.10）中冷却至室温。

注：用户可根据微量元素含量增加或减少取样量。

7.5.2 用量筒（4.6）量取10 mL硝酸溶液（5.3），加入烧杯中。将烧杯放在电热板（4.9）上加热，调节电热板温度，使试液保持微沸，蒸发试液至1 mL，取下烧杯，冷却至室温。

7.5.3 将试液转移至25 mL容量瓶（4.4）中，用水冲洗烧杯至少三次，冲洗液均倒入容量瓶中，用水将试液稀释至刻度，摇匀待测。

8 测试步骤

8.1 标准曲线的绘制

启动电感耦合等离子体发射光谱仪并点燃等离子体火炬，各待测元素的推荐使用波长见表1，电感耦合等离子体发射光谱仪推荐测试参数见表2。待电感耦合等离子体发射光谱仪稳定后，分别吸入空白溶液（7.3）、1 mg/L、5 mg/L、10 mg/L、20 mg/L标准工作溶液（7.4）绘制标准曲线。

8.2 试样溶液测定

吸入待测试样溶液，测定试样溶液中镁、铝、钙、锌、铬、钛元素的浓度，并根据试样质量和定容体积计算试样中镁、铝、钙、锌、铬、钛元素的质量分数。如果试样溶液中存在不溶物，应静置试样溶液，待不溶物完全沉降后取上层清液进行测试。如果试样溶液中一个或多个元素的浓度较高超出了标准曲线的测试范围，则用空白溶液（7.3）将试样溶液稀释到标准曲线的测试范围内，再重新测定。

表1 待测元素和推荐使用的谱线波长

元　素	波长，nm
镁（Mg）	279.553
铝（Al）	396.153
钙（Ca）	317.933
锌（Zn）	206.200
铬（Cr）	267.716
钛（Ti）	334.941
注：如果发生谱线重叠，也可使用其他波长。	

表 2　电感耦合等离子体发射光谱仪推荐测试参数

工作参数	设定值
功率，kW	1.4
等离子气流量，L/min	16
辅助气流量，L/min	0.5
雾化气流量，L/min	0.8
泵速，mL/min	1.5
注：由于不同电感耦合等离子体发射光谱仪的工作条件有所不同，试验人员可按照电感耦合等离子体发射光谱仪手册或试验结果优化测试参数。	

9　结果计算

试样中的微量元素含量以质量分数 w_X 计，数值以毫克每千克（mg/kg）表示，按式（1）计算：

$$w_X = \frac{C_X V F}{m} \quad (1)$$

式中：

w_X——试样中的微量元素含量，单位为毫克每千克（mg/kg），X 为待测元素符号；

C_X——试样溶液中被测元素浓度，单位为毫克每升（mg/L），X 为待测元素符号；

V——定容体积，单位为毫升（mL）；

F——试样稀释倍数；

m——试样质量，单位为克（g）。

10　结果表示

每个试样应重复测定两次，取两次测定结果的算术平均值作为最终实验结果，按 GB/T 8170 的规定进行数值修约，各元素含量的测定结果精确到 0.01 mg/kg。

11　精密度

本标准在 8 个实验室对 13 个试样开展试验室间精密度实验，并按照 GB/T 6379.2 的规定对数据进行统计计算，精密度数据参见附录 A。

12　试验报告

报告至少包括下列内容：

a）有关试样的全部资料：试样名称、批号、采样地点、采样日期、采样时间等；

b）本标准编号；

c）分析结果；

d）标准溶液来源、电感耦合等离子体发射光谱仪测试条件参数；

e）测定中观察到的异常现象的说明；

f）分析人员的姓名和分析日期等。

附 录 A
(资料性附录)
精密度数据统计结果

A.1 本标准的精密度数据通过8家实验室对13个聚乙烯和聚丙烯试样各进行两次重复测试得到。

A.2 按照GB/T 6379.2对精密度实验结果进行数理统计，并计算精密度结果（见表A.1~表A.7）。

A.1 精密度样品信息

序　号	样品编号
1	PP-1
2	PE-1
3	PE-2
4	ethylene-propylene copolymer（乙烯丙烯共聚物）
5	PP-2
6	PP-3
7	PE-3
8	PE-4
9	PE-5
10	PP-4
11	PE-6
12	PE-7
13	PE-8

A.2 镁元素精密度数据

单位为mg/kg

序号	样品编号	平均值	实验室数	s_r	s_R	r	R
1	ethylene-propylene copolymer	3.36	6	0.18	0.19	0.52	0.55
2	PE-1	4.28	6	0.09	0.15	0.26	0.42
3	PP-1	4.56	8	0.10	0.28	0.28	0.79
4	PP-2	4.90	7	0.07	0.17	0.20	0.49
5	PE-4	5.05	7	0.15	0.57	0.41	1.62
6	PE-8	5.30	7	0.21	0.96	0.60	2.71
7	PE-6	17.02	7	0.35	1.48	0.99	4.20
8	PP-3	36.18	7	0.69	3.61	1.96	10.21

A.3 铝元素精密度数据

单位为 mg/kg

序号	样品编号	平均值	实验室数	S_r	S_R	r	R
1	PE-3	6.78	5	0.11	1.16	0.30	3.28
2	PE-1	11.33	8	0.73	1.12	2.05	3.18
3	PE-6	18.57	7	0.31	1.36	0.89	3.85
4	PE-4	22.42	6	1.20	2.39	3.39	6.76
5	PP-1	32.27	8	1.49	2.96	4.22	8.38
6	PP-3	36.16	8	1.41	4.79	4.00	13.56
7	PP-2	49.33	7	1.06	4.26	3.01	12.05
8	PP-4	99.05	8	3.39	9.25	9.59	26.19
9	ethylene-propylene copolymer	56.29	8	2.62	4.55	7.42	12.87

A.4 钙元素精密度数据

单位为 mg/kg

序号	样品编号	平均值	实验室数	S_r	S_R	r	R
1	PE-5	4.35	7	0.15	0.46	0.43	1.29
2	PE-4	30.89	6	1.36	2.81	3.85	7.94
3	ethylene-propylene copolymer	32.88	7	1.56	3.52	4.41	9.97
4	PE-2	39.80	8	0.40	4.69	1.14	13.27
5	PP-2	45.88	7	1.32	2.67	3.73	7.55
6	PP-1	68.41	8	1.60	6.01	4.53	17.00
7	PE-6	100.28	8	3.22	6.04	9.12	17.09
8	PE-3	117.82	6	2.63	8.39	7.45	23.75

A.5 锌元素精密度数据

单位为 mg/kg

序号	样品编号	平均值	实验室数	S_r	S_R	r	R
1	PE-4	48.67	5	0.96	5.31	2.71	15.03
2	PE-5	199.02	6	6.47	14.68	18.30	41.55

A.6 铬元素精密度数据

单位为 mg/kg

序号	样品编号	平均值	实验室数	S_r	S_R	r	R
1	PE-5	1.02	7	0.06	0.40	0.18	1.12
2	PE-8	2.64	7	0.28	0.62	0.79	1.75

A.7 钛元素精密度数据

单位为 mg/kg

序号	样品编号	平均值	实验室数	S_r	S_R	r	R
1	ethylene-propylene copolymer	0.52	7	0.03	0.05	0.08	0.13
2	PP-3	0.55	7	0.02	0.05	0.05	0.13
3	PP-2	0.59	7	0.02	0.06	0.05	0.17
4	PE-1	1.47	6	0.05	0.18	0.13	0.52
5	PE-2	2.29	7	0.11	0.18	0.30	0.52
6	PE-6	5.33	6	0.08	0.32	0.22	0.89

ICS 83.040.10
G 35

SH

中华人民共和国石油化工行业标准

SH/T 1830—2020

丙烯腈-丁二烯橡胶中壬基酚含量的测定 气相色谱-质谱法

Determination of nonylphenols content in acrylonitrile-butadiene rubber—Gas chromatography-mass spectrometry(GC-MS)

2020-12-09 发布

2021-04-01 实施

中华人民共和国工业和信息化部 发布

前　言

本标准按照 GB/T 1.1—2009 给出的规则起草。

本标准由中国石油化工集团有限公司提出。

本标准由全国橡胶与橡胶制品标准化技术委员会合成橡胶分技术委员会（SAC/TC 35/SC6）归口。

本标准起草单位：中国石油天然气股份有限公司石油化工研究院、中国石油天然气股份有限公司兰州石化分公司、青岛奥诺轮胎有限公司、怡维怡橡胶研究院有限公司、申华化学工业有限公司、中国石油化工股份有限公司北京北化院燕山分院 、宁波顺泽橡胶有限公司。

本标准主要起草人：秦鹏、耿占杰、翟月勤、王芳、姚晓晖、范国宁、陈跟平、张兆庆、周瑞彬、王超。

本标准为首次发布。

丙烯腈-丁二烯橡胶中壬基酚含量的测定　气相色谱-质谱法

警示——使用本标准的人员应有正规实验室工作的实践经验。本标准并未指出所有可能的安全问题。使用者有责任采取适当的安全和健康措施，并保证符合国家有关法律法规规定的条件。

1　范围

本标准规定了采用气相色谱-质谱法测定丙烯腈-丁二烯生橡胶中壬基酚含量的方法。

本标准适用于丙烯腈-丁二烯生橡胶，壬基酚单组分含量最低检出限为 1.4 mg/kg。

2　规范性引用文件

下列文件对于本文件的应用是必不可少的。凡是注日期的引用文件，仅注日期的版本适用于本文件。凡是不注日期的引用文件，其最新版本（包括所有的修改单）适用于本文件。

GB/T 15340 天然、合成生胶取样及其制样方法

3　方法概要

向样品中加入无水乙醇，在超声波条件下萃取样品中的壬基酚，萃取液经浓缩定容、固相萃取柱净化处理后，采用气相色谱-质谱法，选定特征离子中的多个碎片离子进行测定，用内标校正曲线法定量。

4　试剂或材料

除非另有规定，仅使用分析纯试剂。

4.1　无水乙醇。

4.2　二氯甲烷。

4.3　壬基酚混合标准样品：纯度>99%。

4.4　2,6 二叔丁基对甲酚（BHT）。

4.5　壬基酚母液：称取 0.05 g 壬基酚混合标准样品（4.3），精确至 0.1 mg，加入 50 mL 容量瓶（5.6）中，用无水乙醇（4.1）溶解并定容，配制成壬基酚含量约为 1000 mg/L 的壬基酚母液。

4.6　标准溶液：用吸量管（5.7）分别移取 0.1 mL、0.5 mL、1.0 mL、2.5 mL、5.0 mL 的壬基酚母液（4.5），依次加入 5 个 25 mL 容量瓶（5.6）中，用无水乙醇稀释至刻度，配制成壬基酚浓度范围为 4 mg/L~200 mg/L 的系列标准溶液，浓度范围应包含样品测试液中壬基酚的浓度。

4.7　内标溶液：200 mg/L。称取 BHT（4.4）0.05 g，精确至 0.1 mg，加入 250 mL 容量瓶（5.6）中，用无水乙醇溶解并定容，配制成 BHT 浓度约为 200 mg/L 的内标溶液。

5　仪器设备

5.1　气相色谱质谱联用仪：配有分流进样口、电子轰击源（EI）、单四极杆质量分析器，具有选择离

子扫描和全扫描模式。

5.2　毛细管柱：30 mm×0.25 mm×0.55 μm，固定相为5%苯基改性的甲基聚硅氧烷。

5.3　超声波水浴装置：功率不小于300 W。

5.4　石墨化炭黑固相柱：规格500 mg/6 mL。

5.5　分析天平：可精确至0.1 mg。

5.6　容量瓶：10 mL、25 mL、50 mL、250 mL。

5.7　吸量管：1 mL、5 mL。

5.8　具塞锥形瓶：50 mL。

5.9　旋转蒸发器：配100 mL蒸发烧瓶。

5.10　微量注射器或移液枪：可准确移取50 μL液体。

5.11　氮吹仪。

6　取样和制样

按照GB/T 15340取样。将样品剪成粒径不大于3 mm的颗粒。

7　分析步骤

7.1 萃取

7.1.1　称取约2 g剪碎后的颗粒样品，精确至0.01 g，放入50 mL具塞锥形瓶（5.8）中。

7.1.2　向具塞锥形瓶中加入20 mL无水乙醇，加塞并密封，置于超声波水浴装置（5.3）中，在初始温度60℃水浴温度下超声萃取60 min，萃取完成后，倾出萃取液至100 mL蒸发烧瓶中。用少量无水乙醇清洗样品表面和锥形瓶三次，清洗液并入蒸发烧瓶中。

7.1.3　重复7.1.2步骤一次，合并两次萃取液及清洗液。

7.1.4　将蒸发烧瓶固定于旋转蒸发器（5.9）上，在水浴条件下旋转浓缩至2 mL~3 mL，转移至10 mL容量瓶（5.6），每次用无水乙醇2 mL清洗蒸发烧瓶，清洗三次，将清洗液转入容量瓶并以无水乙醇定容。

7.2　纯化

7.2.1　用10 mL无水乙醇平衡、净化石墨化炭黑固相柱（5.4）后，移取7.1.4制得的溶液1mL加入柱上，加压使溶液以2 mL/min~3 mL/min的流速流出，流出液弃之。

7.2.2　加入2 mL二氯甲烷（4.2），以2 mL/min~3 mL/min的流速洗脱，收集流出液，在氮吹仪（5.11）上氮吹至二氯甲烷基本挥发完全，控制氮气流速以防止溶液溅出，然后加入1.0mL无水乙醇，充分溶解剩余物。

7.2.3　用微量注射器或移液枪（5.10）加入50.0 μL内标溶液（4.7），与7.2.2中无水乙醇溶液充分混合均匀，制得样品测试液。

7.3　准备仪器

7.3.1　将色谱柱的一端与仪器进样口一端相连，色谱柱的另一端断开。按仪器操作手册上的值设置载气流速，然后在300℃下老化色谱柱1 h（或更长时间）。

7.3.2　色谱柱老化后将色谱柱断开的一端与检测器相连，根据分离程度建立仪器的操作条件（见表

1)。给仪器充足的平衡时间，以便获得良好的真空度和平稳基线。

注：根据不同仪器的具体情况，选择是否对色谱仪按照7.3进行准备。

7.4 测定条件

典型的气相色谱-质谱操作条件见表1。

表1 典型的操作条件

气相色谱仪		质谱仪	
载气种类及流速	氦气（He），1.0 mL/min	传输线温度	280℃
进样口温度	280℃	四极杆温度	150℃
进样量	1.0 μL	离子源温度	230℃
分流比	20：1	电离能量	70 eV
柱起始温度	80℃	选择碎片离子	121、135、149
保持时间	1 min	溶剂延迟时间	3 min
升温速率	10℃/min		
柱最终温度	280℃		
保持时间	10 min		

7.5 内标校正曲线的绘制

移取1.0 mL系列标准溶液（4.6），分别加入50.0 μL内标溶液，混合均匀，在表1给出的操作条件下进行测定，记录壬基酚混合峰和内标物BHT的峰面积，并计算壬基酚混合峰和内标物BHT的峰面积比值K，建立壬基酚浓度C对峰面积比值K的标准工作曲线，得到线性关系式$C=f(K)$，线性相关系数r应不小于0.99。

7.6 测定

在表1的测试条件下，对7.2.3制得的样品测试液进行测定，记录壬基酚混合峰和内标物BHT的峰面积，并计算壬基酚混合峰和内标物BHT的峰面积比值。根据标准溶液中壬基酚出峰的保留时间进行定性，由关系式$C=f(K)$得到样品测试液中壬基酚的浓度c_i。

典型的壬基酚谱图见图1。

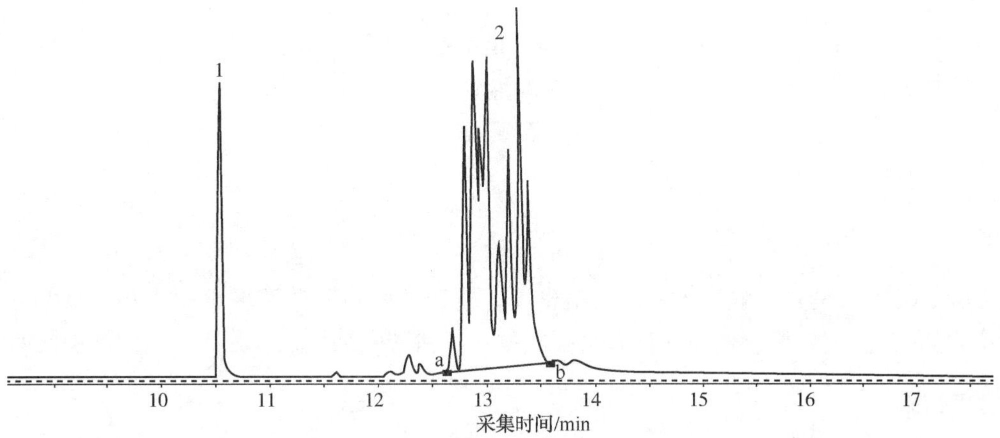

说明：

1——2，6 二叔丁基对甲酚；

2——壬基酚（基线 a 至 b 部分）。

图 1 样品中壬基酚的气相色谱质谱离子流图

8 结果计算

样品中壬基酚含量以质量分数 w 计，单位以毫克每千克（mg/kg）表示，按式（1）计算：

$$w = \frac{c \times V \times 10}{m} \quad \cdots\cdots (1)$$

式中：

c——由关系式 $C=f(K)$ 得到的样品测试液中壬基酚浓度的数值，单位为毫克每升（mg/L）；

V——样品测试液体积的数值，单位为毫升（mL）；

10——样品测试液稀释因子的数值；

m——样品质量的数值，单位为克（g）。

取两次重复测定结果的平均值作为试验结果，保留至小数点后一位。

9 精密度

参见附录 A。

10 试验报告

试验报告应至少包括下列内容：

a）本标准的编号；

b）关于样品的全部信息；

c）试验结果；

d）本标准未规定的任何自选操作；

e）试验中观察到的异常现象；

f）试验日期。

附 录 A
（资料性附录）
精密度

A.1 总则

按照 GB/T 6379.2 的规定确定了方法的精密度。按照实验室间精密度试验方案（ITP），选择不同水平的两个丙烯腈-丁二烯橡胶样品，在五个实验室开展精密度试验，试验在一周内的不同两天完成。

A.2 精密度结果

A.2.1 精密度数值见表 A.1，置信概率为 95%。

A.2.2 重复性：在重复性条件下获得的两次单独测试结果的绝对值之差不大于表 A.1 中的 r 值。

A.2.3 再现性：在再现性条件下获得的两次单独测试结果的绝对值之差不大于表 A.1 中的 R 值。

表 A.1 精密度数值

材料	平均值 mg/kg	实验室内			实验室间			实验室数量
		s_r	r	(r)	s_R	R	(R)	
NBR-1	110.36	4.02	11.37	10.30	19.39	54.89	49.74	5
NBR-2	779.59	11.76	33.27	4.27	27.17	76.90	9.86	5

表中所列符号定义如下：

s_r：重复性标准差，用测量单位表示；

r：重复性，以测量值单位表示；

(r)：重复性，以相对百分数表示；

s_R：再现性标准差，用测量单位表示；

R：再现性，以测量值单位表示；

(R)：再现性，以相对百分数表示。

参 考 文 献

[1] GB/T 6379.2—2004 测量方法与结果的准确度（正确度与精密度） 第2部分：确定标准测量方法重复性与再现性的基本方法

ICS 83.040.10
G 35

SH

中华人民共和国石油化工行业标准

SH/T 1831—2020

丙烯腈-丁二烯橡胶中游离丙烯腈含量的测定　顶空气相色谱法

Determination of free acrylonitrile content in acrylonitrile-butadiene rubber—Headspace gas chromatography (HS-GC)

2020-12-09 发布　　2021-04-01 实施

中华人民共和国工业和信息化部　发布

前　言

本标准按照 GB/T 1.1—2009 给出的规则起草。

本标准由中国石油化工集团有限公司提出。

本标准由全国橡胶与橡胶制品标准化技术委员会合成橡胶分技术委员会（SAC/TC35/SC6）归口。

本标准起草单位：中国石油天然气股份有限公司石油化工研究院、申华化学工业有限公司、平度市子海橡胶制品加工厂、中国石油天然气股份有限公司吉林石化分公司、怡维怡橡胶研究院有限公司、赛轮集团股份有限公司。

本标准主要起草人：秦鹏、耿占杰、吴毅、王芳、范国宁、翟月勤、刘洪录、姚晓晖、林庆菊、陈跟平。

本标准为首次发布。

丙烯腈-丁二烯橡胶中游离丙烯腈含量的测定　顶空气相色谱法

警示——使用本标准的人员应有正规实验室工作的实践经验。本标准并未指出所有可能的安全问题。使用者有责任采取适当的安全和健康措施，并保证符合国家有关法律法规规定的条件。

1　范围

本标准规定了采用顶空气相色谱法测定丙烯腈-丁二烯生橡胶中游离丙烯腈含量的方法。

本标准适用于丙烯腈-丁二烯生橡胶，游离丙烯腈含量最低检出限为 1.8 mg/kg。

2　规范性引用文件

下列文件对于本文件的应用是必不可少的。凡是注日期的引用文件，仅注日期的版本适用于本文件。凡是不注日期的引用文件，其最新版本（包括所有的修改单）适用于本文件。

GB/T 15340　天然、合成生胶取样及其制样方法

3　方法概要

取一定量的试样放入顶空瓶中，加入溶剂，密封顶空瓶。在设定温度下加热顶空瓶，达到热平衡后，用气相色谱仪测定顶空瓶内气相中的挥发性组分，通过外标工作曲线法定量。

4　试剂或材料

除非另有规定，仅使用分析纯试剂。

4.1　四氢萘。

4.2　丙烯腈。

4.3　2,6-二叔丁基对甲酚（BHT）。

4.4　BHT-四氢萘溶液：称取 BHT（4.3）0.1 g，精确至 0.1 mg，加入 500 mL 容量瓶（5.5）中，用四氢萘（4.1）稀释至刻度，充分溶解，制备成浓度约为 200 mg/L 的 BHT-四氢萘溶液。

4.5　标准储备溶液：称取丙烯腈（4.2）0.05 g，精确至 0.1 mg，加入 50 mL 容量瓶（5.5）中，用四氢萘（4.1）稀释至刻度，混合均匀，制备成丙烯腈浓度约为 1000 mg/L 的标准储备溶液。

4.6　标准溶液：用吸量管（5.6）依次移取 0.1 mL、0.3 mL、0.5 mL、1.0 mL 的标准储备液（4.5），分别加入 50 mL 容量瓶（5.5）中，用 BHT-四氢萘溶液（4.4）稀释至刻度，配制成丙烯腈浓度范围为 2.0 mg/L~20.0 mg/L 的标准溶液。再移取 0.5 mL 配制好的 20.0 mg/L 丙烯腈标准溶液，加入 50 mL 容量瓶中，用 BHT-四氢萘溶液至刻度，配制成丙烯腈浓度为 0.2 mg/L 的标准溶液。标准溶液浓度范围应包含样品待测液中丙烯腈的浓度。

5　仪器设备

5.1　气相色谱仪：配有分流进样口、火焰离子化检测器（FID），带顶空自动进样系统。

5.2 石英毛细管柱：50 mm×0.32 mm×0.33 μm，固定相为硝基对苯二甲酸改性的聚乙二醇。
5.3 顶空瓶：体积约 22 mL，配有铝盖和聚四氟乙烯涂膜的隔垫。
5.4 分析天平：能够精确至 0.1 mg。
5.5 容量瓶：50 mL、100 mL、500 mL。
5.6 吸量管：1 mL、5 mL。

6 取样和制样

按照 GB/T 15340 取样。将样品剪成粒径不大于 3 mm 的颗粒。

7 分析步骤

7.1 准备仪器

7.1.1 将色谱柱的一端与仪器进样口一端相连，色谱柱的另一端断开。按仪器操作手册上的值设置载气流速，然后在 180℃下老化色谱柱 1 h（或更长时间）。
7.1.2 色谱柱老化后将色谱柱断开的一端与检测器相连，根据分离程度建立仪器的操作条件（见表 1）。给仪器充足的平衡时间，以便获得平稳基线。

注：根据不同仪器的具体情况，选择是否对色谱仪按照 7.1 进行准备。

7.2 测定条件

典型的气相色谱操作条件见表 1。

表 1 典型的操作条件

检　测　器	火焰离子化检测器（FID）
载气	He 或 N_2
柱头压	82.7 kPa（12 psi）
分流比	10：1
进样口温度	200℃
检测器温度	250℃
柱起始温度	60℃
保持时间	5 min
升温速率	5℃/min
柱最终温度	150℃
保持时间	20 min
进样时间/进样量	在瓶内加压 137.9 kPa（20 psi）下取样 0.1 min 或采用大小合适的定量环进样
顶空温度	100℃
恒温振荡时间	150 min
注：当分离出现问题，或者气相色谱仪的说明书上对其他条件有明确说明时，上述条件需要变动。	

7.3 校准

为了确保结果可靠，必要时按照表1的色谱条件对仪器的灵敏度和保留时间进行校准。

7.4 外标工作曲线的建立

准备5个顶空瓶，分别称取不含游离丙烯腈的丙烯腈-丁二烯橡胶样品0.3 g，精确至0.1 mg，加入顶空瓶中，再分别移取5.0 mL系列标准溶液（4.6），密封顶空瓶，在表1给出的操作条件下进行测定，建立游离丙烯腈浓度 C 对峰面积 A 的标准工作曲线，得到线性关系式 $C=f(A)$，线性相关系数 r 应不小于0.99。

7.5 测定

称取0.3 g样品颗粒，精确至0.1 mg，加入到顶空瓶中。移取5 mL BHT-四氢萘溶液（4.4），密封顶空瓶。在顶空温度100℃下，将样品溶液恒温振荡150 min，使样品气液平衡后，在表1条件下检测顶空瓶中气相挥发性组分。比对标准溶液和样品的色谱图，利用保留时间定性。图1为表1操作条件下丙烯腈-丁二烯橡胶中游离丙烯腈的典型色谱图。

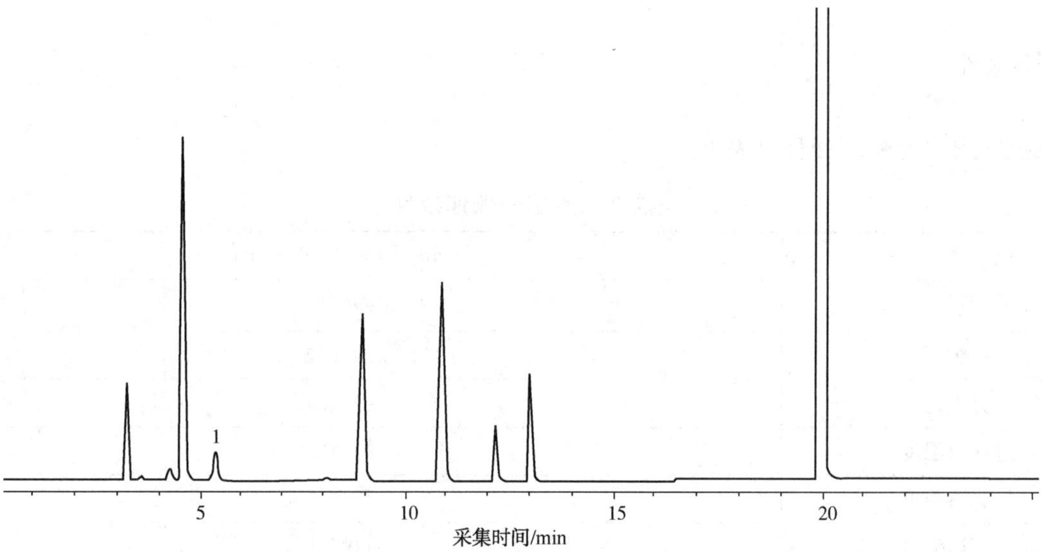

说明：

1——丙烯腈。

图1 丙烯腈-丁二烯橡胶中游离丙烯腈的典型色谱图

8 结果计算

样品中游离丙烯腈的含量以质量分数 w 计，单位以毫克每千克（mg/kg）表示，按式（1）计算：

$$w=\frac{c\times V}{m} \qquad (1)$$

式中：

c——由关系式 $C=f(A)$ 得到的样品溶液中丙烯腈浓度的数值，单位为毫克每升（mg/L）；

V——样品溶液体积的数值，单位为毫升（mL）；

m——样品质量的数值，单位为克（g）。

取两次测定结果的平均值作为试验结果，所得结果保留至小数点后一位。

9 精密度

参见附录A。

10 试验报告

试验报告应至少包括下列内容：

a）本标准的编号；

b）关于样品的全部信息；

c）试验结果；

d）本标准未规定的任何自选操作；

e）试验中观察到的异常现象；

f）试验日期。

附 录 A
(资料性附录)
精密度

A.1 总则

按照 GB/T 6379.2 的规定确定了方法的精密度。按照实验室间精密度试验方案（ITP），选择不同水平的两个丙烯腈-丁二烯橡胶样品，在五个实验室开展精密度试验，试验在一周内的不同两天完成。

A.2 精密度结果

A.2.1 精密度数值见表 A.1，置信概率为 95%。
A.2.2 重复性：在重复性条件下获得的两次单独测试结果的绝对值之差不大于表 A.1 中的 r 值。
A.2.3 再现性：在再现性条件下获得的两次单独测试结果的绝对值之差不大于表 A.1 中的 R 值。

表 A.1 精密度数值

材料	平均值 mg/kg	实验室内			实验室间			实验室数量
		s_r	r	(r)	s_R	R	(R)	
NBR-1	16.41	0.75	2.13	12.98	1.23	3.49	21.27	5
NBR-2	59.45	0.57	1.61	2.71	2.22	6.29	10.58	4

表中所列符号定义如下：
s_r：重复性标准差，用测量单位表示；
r：重复性，以测量值单位表示；
(r)：重复性，以相对百分数表示；
s_R：再现性标准差，用测量单位表示；
R：再现性，以测量值单位表示；
(R)：再现性，以相对百分数表示。

参 考 文 献

[1] GB/T 6379.2—2004 测量方法与结果的准确度（正确度与精密度） 第2部分：确定标准测量方法重复性与再现性的基本方法

ICS 83.040.10
G 35

SH

中华人民共和国石油化工行业标准

SH/T 1832—2020

异戊二烯橡胶微观结构的测定 核磁共振氢谱法

Determination of the microstructure of isoprene rubber—^{1}H-NMR method

2020-12-09 发布　　　　2021-04-01 实施

中华人民共和国工业和信息化部 发布

前　言

本标准按照 GB/T 1.1—2009 给出的规则起草。

本标准由中国石油化工集团有限公司提出。

本标准由全国橡胶与橡胶制品标准化技术委员会合成橡胶分技术委员会（SAC/TC35/SC6）归口。

本标准起草单位：怡维怡橡胶研究院有限公司、抚顺伊科思新材料有限公司、青岛宏驰轮胎有限公司、北京燕山石化高科技术有限责任公司、中国石油化工股份有限公司北京北化院燕山分院、中国石油天然气股份有限公司石油化工研究院、镇江奇美化工有限公司。

本标准主要起草人：王超、吴爱芹、李晓银、彭金瑞、刘爱芹、林庆菊、卜少华、王超先、陶红辉。

本标准为首次发布。

异戊二烯橡胶微观结构的测定　核磁共振氢谱法

警示——使用本标准的人员应有正规实验室工作的实践经验。本标准并未指出所有可能的安全问题。使用者有责任采取适当的安全和健康措施，并保证符合国家有关法规规定的条件。

1　范围

本标准规定了采用核磁共振氢谱法测定异戊二烯橡胶（IR）中顺式1,4结构（*cis*-1,4）、反式1,4结构（*trans*-1,4）和3,4结构（3,4）含量的方法。

本标准适用于IR生橡胶。

2　规范性引用文件

下列文件对于本文件的应用是必不可少的。凡是注日期的引用文件，仅注日期的版本适用于本文件。凡是不注日期的引用文件，其最新版本（包括所有的修改单）适用于本文件。

GB/T 3516—2006　橡胶　溶剂抽出物的测定

GB/T 6379.2　测量方法与结果的准确度（正确度与精密度）　第2部分：确定标准测量方法重复性与再现性的基本方法

GB/T 15340　天然、合成生胶取样及制样方法

3　方法概要

将经抽提干燥过的IR样品溶解在氘代氯仿中，在给定的参数条件下，测定试样的核磁共振氢谱。通过不同化学环境下质子的化学位移及其积分面积，计算得到*cis*-1,4结构、*trans*-1,4结构和3,4结构的含量。

4　试剂

4.1　氘代氯仿（$CDCl_3$）：纯度大于99.8%（摩尔分数），含不大于0.03%（体积分数）的四甲基硅烷（TMS）作为内标，NMR级。

4.2　丙酮：分析纯。

5　仪器

5.1　核磁共振波谱仪：具有400MHz或更高频率的傅立叶变换核磁共振仪（FT-NMR）。

5.2　抽提器：符合GB/T 3516—2006的规定。

5.3　真空烘箱：温度可控制在50℃~60℃，真空度小于133Pa。

5.4　分析天平：能够精确至0.1mg。

6 取样和制样

按照 GB/T 15340 的规定取样。

按照 GB/T 3516—2006 中方法 A 的规定，用丙酮（4.2）抽提样品，在 50℃～60℃的真空烘箱中，干燥抽提后的 IR 试样至恒重。

7 分析步骤

7.1 取 10mg～15mg 抽提过的 IR 试样，放入 5mm 核磁样品管内，加入 0.5mL 或 0.6mL 氘代氯仿（4.1）至室温下完全溶解。

7.2 设定核磁共振氢谱测试条件：

a）脉冲程序　单脉冲

b）试验温度　室温

c）数据点　32K

d）中心频率　5×10^{-6}

e）扫描宽度　15×10^{-6}～20×10^{-6}

f）脉冲角度　30°

g）脉冲间隔时间　5s

h）扫描次数　32 次

7.3 将配置好的样品放入仪器内进行测定。对收集到的 FID 信号进行傅立叶变换、相位校正，并将 TMS 的化学位移定标为 0×10^{-6}。

7.4 记录谱图，按表 1 将 8×10^{-6}～0×10^{-6} 范围内谱峰准确积分。表 1 所列 *A*、*B*、*C* 是对 IR 样品溶液在核磁共振氢谱中信号积分面积的限定。图 1、图 2 所示为 *A*、*B*、*C* 在核磁共振氢谱中积分面积的示例。对于稀土催化体系或其他特殊工艺合成的异戊二烯橡胶，反式 1,4 结构含量极少或没有，面积 *C* 积分值取零。

表 1　积分信号面积的限定

面积	信号积分范围
A	从约 5.60×10^{-6} 处到约 4.83×10^{-6} 处的最小强度点
B	从约 4.83×10^{-6} 处到约 4.40×10^{-6} 处的最小强度点
C	从约 1.61×10^{-6} 处的最小强度点到 1.590×10^{-6}

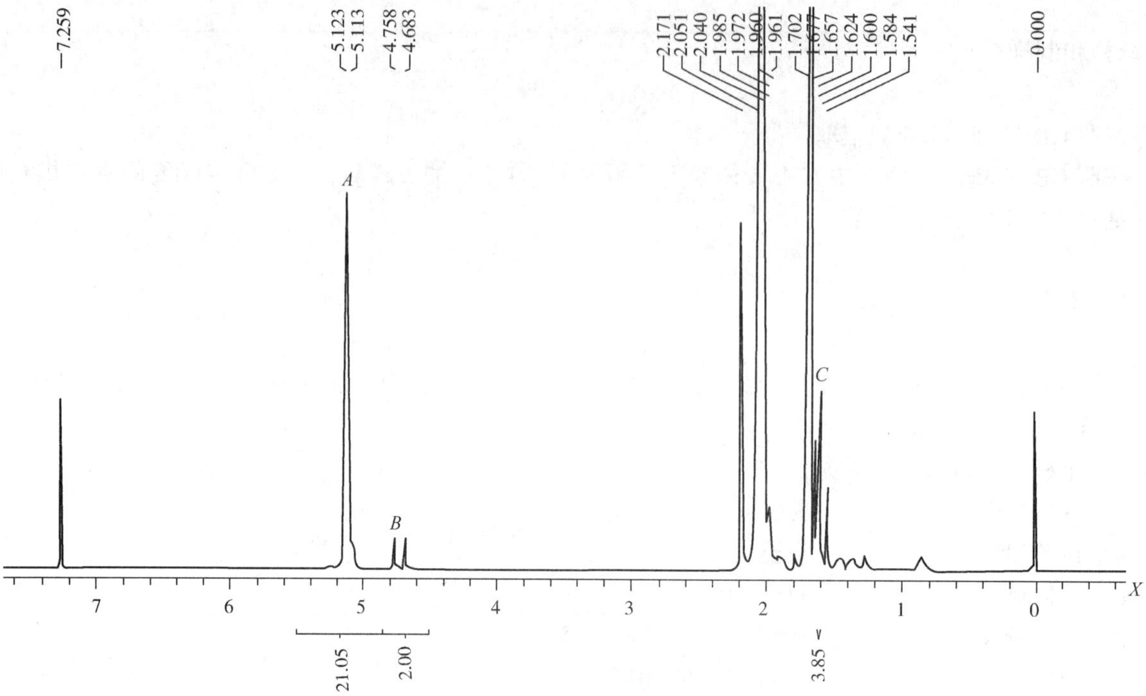

说明：

X——化学位移（×10^{-6}）；

A、*B*、*C* ——信号强度积分面积。

图 1　IR 典型核磁共振氢谱示例

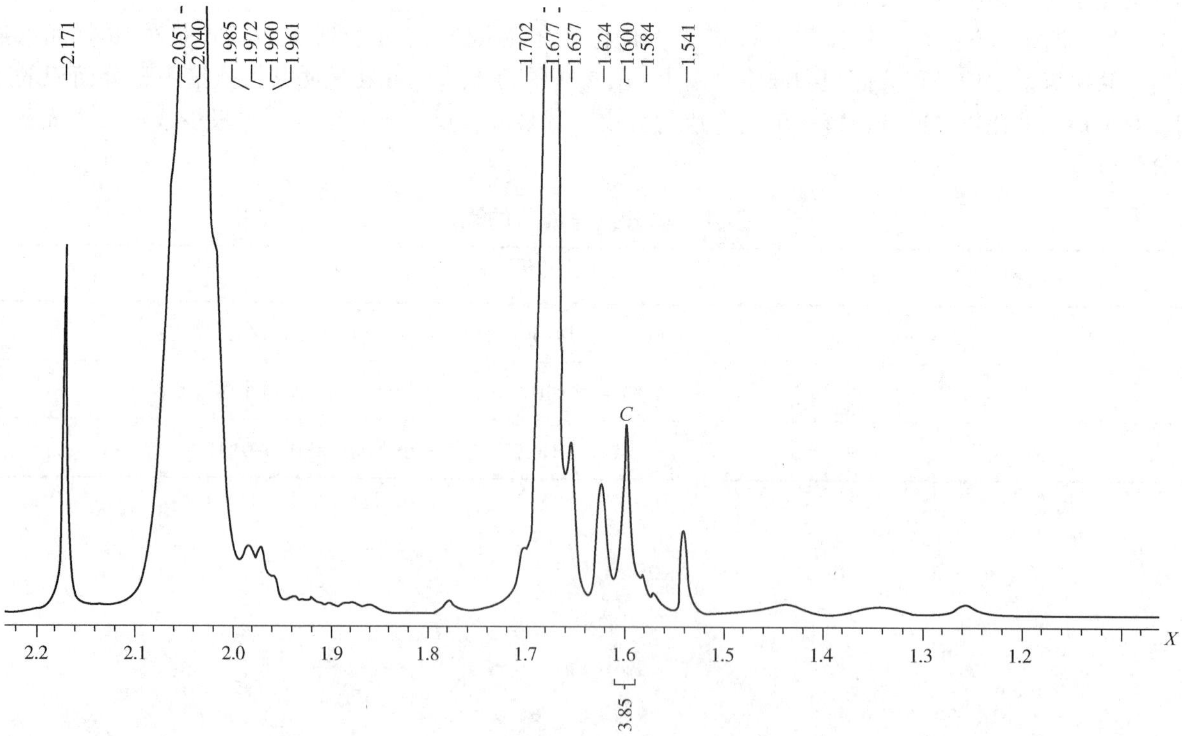

说明：

X——化学位移（×10^{-6}）；

C ——信号强度积分面积。

图 2　IR 典型核磁共振氢谱示例（部分放大）

8 结果计算

IR 中 cis-1,4、trans-1,4、3,4 三种微观结构的含量以试样的质量分数计，数值以%表示，按式（1）~式（3）计算：

$$c_{\text{cis-1,4}}\% = \frac{6A-2C}{6A+3B} \times 100 \quad \cdots\cdots (1)$$

$$c_{\text{trans-1,4}}\% = \frac{2C}{6A+3B} \times 100 \quad \cdots\cdots (2)$$

$$c_{3,4}\% = \frac{B}{2A+B} \times 100 \quad \cdots\cdots (3)$$

式中：

A——从约 5.60×10^{-6} 处到约 4.83×10^{-6} 处的最小强度点的积分面积；

B——从约 4.83×10^{-6} 处到约 4.40×10^{-6} 处的最小强度点的积分面积；

C——从约 1.61×10^{-6} 处的最小强度点到 1.590×10^{-6} 的积分面积。

9 精密度

9.1 总则

按照 GB/T 6379.2 的规定确定方法的精密度，精密度数值（95%置信概率）见表 2~表 4。表中的数值是测定结果的平均值和试验方法精密度的估算值。

9.2 重复性

在重复性条件下，两次独立测试结果的绝对差值应不大于 r。

9.3 再现性

在再现性条件下，两次独立测试结果的绝对差值应不大于 R。

表 2 IR 中顺式 1,4 结构含量的精密度

试样	平均值 %	实验室内			实验室间		
		s_r	r	(r)	s_R	R	(R)
IR-1	97.5	0.10	0.27	0.28	0.30	0.86	0.88
IR-2	88.4	0.11	0.30	0.34	0.41	1.17	1.32

表中所列符号定义如下：

s_r：重复性标准差，用测量单位表示；

r：重复性，以测量值单位表示；

(r)：重复性，以相对百分数表示；

s_R：再现性标准差，用测量单位表示；

R：再现性，以测量值单位表示；

(R)：再现性，以相对百分数表示。

表 3　IR 中反式 1,4 结构含量的精密度

试样	平均值 %	实验室内			实验室间		
		s_r	r	(r)	s_R	R	(R)
IR-1	1.9	0.09	0.26	13.84	0.23	0.65	33.82
IR-2	7.4	0.11	0.30	4.06	0.35	1.00	13.47
表中所列符号定义同表 2。							

表 4　IR 中 3,4 结构含量的精密度

试样	平均值 %	实验室内			实验室间		
		s_r	r	(r)	s_R	R	(R)
IR-1	0.6	0.08	0.23	38.71	0.11	0.31	51.15
IR-2	4.2	0.11	0.30	7.21	0.20	0.56	13.55
表中所列符号定义同表 2。							

10　试验报告

试验报告应包括以下内容：

a）本标准的编号；

b）关于样品的详细说明；

c）所用仪器型号和实验条件；

d）试验结果；

e）与规定方法的所有偏离；

f）试验日期。

ICS 83.080.20
CCS G 31

SH

中华人民共和国石油化工行业标准

SH/T 1836—2023

塑料　超高分子量聚乙烯（PE-UHMW）熔体体积流动速率（MVR）的测定

Plastics - Determination of the melt volume-flow rate (MVR) of ultra-high molecular weight polyethylene (PE-UHMW)

2023-04-21 发布　　2023-11-01 实施

中华人民共和国工业和信息化部　发布

前　言

本文件按照 GB/T 1.1—2020《标准化工作导则　第 1 部分：标准化文件的结构和起草规则》的规定起草。

请注意本文件的某些内容可能涉及专利。本文件的发布机构不承担识别专利的责任。

本文件由中国石油化工集团有限公司提出。

本文件由全国塑料标准化技术委员会石化塑料树脂产品分会（SAC/TC15/SC1）归口。

本文件起草单位：上海化工研究院有限公司、承德市金建检测仪器有限公司、北京燕山石化高科技术有限责任公司、北京华塑晨光科技有限责任公司、中国石化扬子石油化工有限公司、中国石油天然气股份有限公司辽阳石化分公司、陕西延长中煤榆林能源化工有限公司、中国石油化工股份有限公司北京北化院燕山分院、华南理工大学、建研院检测中心有限公司、滨州伟创高分子材料有限公司、上海联乐化工科技有限公司、九江中科鑫星新材料有限公司。

本文件主要起草人：沈贤婷、任雨峰、郑慧琴、陈宏愿、陈明华、张以夫、王会能、王超先、冯彦洪、冯玲英、李鑫、张建民、张香玲、李建龙、张耀月、李祈利。

本文件于 2023 年首次发布。

引　言

超高分子量聚乙烯（PE-UHMW）具有抗冲击、耐磨损、耐低温、自润滑等特性，是性能优异的热塑性工程塑料。近年来PE-UHMW改性技术和成型工艺发展迅速，加工方式从传统的柱塞、模压转变为更高效的挤出、注塑，因此也带来了对材料熔体流动性能的关注。

以熔体质量流动速率（MFR）或熔体体积流动速率（MVR）测定热塑性塑料的熔体流动性能是业内普遍认可的方法。然而，GB/T 21461.1对PE-UHMW的定义之一为“在温度为190℃、21.6kg条件下，熔体质量流动速率（MFR）小于0.1g/10min的聚乙烯材料”，即无法按现行国家标准GB/T 3682测定熔体流动速率。

为解决上述“有熔体流动性而测不得”的矛盾，本方法通过扩大口模孔径、提升试验温度、添加抗氧剂防交联等多种手段，使部分PE-UHMW树脂及制品的MVR值可以测得，解决了PE-UHMW的熔体流动速率表征问题，方便PE-UHMW成型加工时确定合适的工艺范围。

本方法的雏形最早出现在QB/T 2668.1—2017《超高分子量聚乙烯管材》附录，后写入ISO 21304-2:2021《塑料　超高分子量聚乙烯（PE-UHMW）模塑和挤出材料　第2部分：试样制备和性能测定》附录，经再次完善后，最终形成本文件。

塑料　超高分子量聚乙烯（PE-UHMW）熔体体积流动速率（MVR）的测定

警示——使用本文件的人员应有正规实验室工作的实践经验。本文件并未指出所有可能的安全问题。使用者有责任采取适当的安全和健康措施，并保证符合国家有关法规规定的条件。

1　范围

本文件规定了采用三倍截面积口模（三倍口模）测定超高分子量聚乙烯（PE-UHMW）熔体体积流动速率的方法。

本文件适用于测定 230℃/21.6kg、三倍口模条件下的熔体体积流动速率大于或等于 $0.1cm^3/10min$ 的 PE-UHMW 树脂及制品的熔体体积流动速率。

本文件还适用于测定其他聚乙烯的熔体体积流动速率。

2　规范性引用文件

下列文件中的内容通过文中的规范性引用而构成本文件必不可少的条款。其中，注日期的引用文件，仅该日期对应的版本适用于本文件；不注日期的引用文件，其最新版本（包括所有的修改单）适用于本文件。

GB/T 3682.1　塑料　热塑性塑料熔体质量流动速率（MFR）和熔体体积流动速率（MVR）的测定　第 1 部分：标准方法

3　术语和定义

GB/T 3682.1 界定的以及下列术语和定义适用于本文件。

3.1

三倍截面积口模（三倍口模）　triple bore area die

标称长度 8.000mm、标称内径 3.628mm 的口模。其口模的内孔截面积为 GB/T 3682.1 中标准口模内孔截面积的三倍。

4　符号

下列符号适用于本文件。

MVR_T：以三倍口模测得的熔体体积流动速率。

5　材料

5.1　抗氧剂

推荐的抗氧剂为四[β-（3,5-二叔丁基-4-羟基苯基）丙酸]季戊四醇酯（抗氧剂 1010）和亚磷酸三（2,4-二叔丁基苯基）酯（抗氧剂 168）比例为 1:2 的复合抗氧剂，其他同等效果的抗氧剂亦可使用，但需在试验报告中标明。

6 仪器

6.1 熔体流动速率仪

应满足 GB/T 3682.1 中仪器的要求，但口模应满足本文件 6.2 的要求。

6.2 口模

口模应由碳化钨或硬化钢制成。口模长度为 8.000mm±0.025mm；内孔应圆而直，内径为 3.628mm 且均匀，其任何部位的公差应在±0.005mm 范围内。

注：口模内径为 3.628mm 引自 ISO 21304-2:2021 中附录 A。

口模内壁硬度应不小于维氏硬度 500（*HV*5～*HV*100），表面粗糙度（算术平均偏差）应小于 *Ra* 0.25。

口模内径应用塞规进行定期检查，若超出公差范围，则舍弃口模。如果塞规不可通过的一头可以任意通过孔径，则舍弃口模。

口模末端应为平面，垂直于孔径轴线且没有明显的加工痕迹。应检查口模平面，确保孔径周围区域无缺陷。任何表面缺陷都可能导致试验错误，应舍弃存在缺陷的口模。

口模可在料筒中自由移动，但试验中在口模外部即口模与料筒之间不能存有试样。

口模的设计不应使其突出于料筒底部，安装后口模孔应与料筒孔同轴。

6.3 活塞位移传感器/计时器

测量活塞移动距离和时间的装置，精度要求应符合表 1 的规定。

表 1 活塞距离和时间的测量精度要求

MVR_T/（cm^3/10min）	距离/mm	时间/s
>0.1～1.0	±0.02	±0.1
>1.0～100	±0.1	±0.1
>100	±0.1	±0.01

位移测量装置与活塞或负荷直接接触时，负荷变化不应超过标称值的±0.5%。

计时装置与活塞或负荷直接接触时，负荷变化不应超过标称值的±0.5%。

7 试样

7.1 试样形状

只要能够装入料筒内膛，试样可为任何形状，例如：粒料、薄膜条、粉料和模塑切片或挤出碎片。碎片的最大长度宜小于 4mm。

试样的形状对确定试验结果的再现性有很重要的影响。因此应控制试样形状增加实验室内试验结果的可比性，并减少试验差异。

7.2 试样预处理

7.2.1 树脂和混配料

为减少交联或降解，应在 PE-UHMW 树脂和混配料中加入 0.5%（质量分数）的抗氧剂（5.1），混合均匀。

7.2.2 制品

PE-UHMW 制品应制成任意方向尺寸小于 4mm 的碎片。制备过程中应避免性能出现变化。

PE-UHMW 制品测试前无需添加抗氧剂。

8 仪器的温度校验和清理

8.1 仪器的温度校验

熔体流动速率仪的温度控制系统应按 GB/T 3682.1 定期进行校验。

8.2 仪器的清理

警示——操作条件可能使受试材料或清理仪器的材料部分分解，或引起释放有害挥发物，也有可能造成烧伤的危险，使用者有责任建立安全而无害的试验操作，并且符合所有管理要求。

试验仪器，包括料筒、活塞和口模都应在每次试验后按 GB/T 3682.1 彻底清理。其中清理口模用的钻头或木钉的直径应为 3.61mm。

9 试验

9.1 仪器预热

确保料筒、活塞和口模都已彻底清理，将熔体流动速率仪升温至 230℃并使料筒和活塞恒温至少 15min。

9.2 试样质量及活塞最小位移的选择

根据预先估计的 MVR_T，按表 2 选择试样质量及活塞最小位移，试样质量应满足一次加料进行至少 3 次测量。

表 2 试样质量及活塞最小位移

MVR_T/（cm^3/10min）	试样质量/g	活塞最小位移/mm
0.1～0.15	2.5～3.0	0.5
＞0.15～0.4	2.5～3.0	1
＞0.4～1	3.0～4.0	2
＞1～5	3.0～5.0	5
＞5	3.0～7.0	5
注：由于受仪器位移分辨率的影响，选择比表中最小位移更大的活塞位移可减少试验误差，但仍需满足一次加料进行至少 3 次测量。		

9.3 装料及预热

将试样快速装入料筒，装料时用装料杆压实试样，立即放入活塞。整个装料过程应在 1min 内完成。

试样为粉末状时应使用口模塞，防止粉末流出，待粉末塑化后移开。试样为非粉末状时可不使用口模塞。

MVR_T 小于或等于 5cm³/10min 时，将 21.6kg 负荷加载在活塞上，开始计时预热 5min～10min。

注：建议不采用外力清除多余试样，无论采用手动或施加额外负荷。合适的加料量及预热时间能使预热完成开始试验时活塞杆下标线到达或少量超过料筒顶面。

当 MVR_T 大于 5cm³/10min 时，先预加 2.16kg 负荷进行 4min 预热，随后把剩余负荷加到活塞上，待试样稳定 1min 后，移走口模塞（若有）。

9.4 测量

开始测量活塞移动规定距离所用的时间，连续测量 3 次。

测量结果可能由于采用不同的活塞位移而改变，为提高重复性，同一样品的每次测量都应保持相同位移。

当活塞杆上标线达到料筒顶面时停止测量。

从装料结束到完成最后一次测量的时间不应超过 25min。

10 结果计算和表示

按公式（1）计算熔体体积流动速率（MVR_T）的值，单位为立方厘米每 10 分钟（cm³/10min）：

$$MVR_T(230,\ 21.6)=\frac{A\times 600\times l}{t} \qquad (1)$$

式中：

（230，21.6）—— 试验条件为温度 230℃、负荷 21.6kg；

A —— 料筒标准横截面积和活塞头的平均值，取 0.711cm²；

600 —— cm³/s 转换为 cm³/10min 的系数（10min=600 s）；

l —— 活塞移动的预定距离，单位为厘米（cm）；

t —— 单个测量时间的平均值，单位为秒（s）。

结果用三位有效数字表示，小数点后最多保留两位小数，并记录试验温度和使用的负荷。例如：MVR_T=0.15cm³/10min（230℃/21.6kg），MVR_T=15.0cm³/10min（230℃/21.6kg）。

11 精密度

应考虑影响测量值和可能导致降低重复性的因素，这些因素包括：

a） 在预热或试验阶段，材料的热降解或交联可引起熔体流动速率的变化。

b） 对填充或增强材料，填料的长度、分布和取向可影响熔体流动速率。

2021 年在 7 个实验室对 PE-UHMW 树脂、混配料、管材、异型材及 PE-HD 树脂等 8 个样品进行了 MVR_T 测试方法的精密度试验，精密度计算结果见附录 A。

12 试验报告

试验报告应包括下列内容：

a） 注明引用本文件；
b） 试样的详细说明，包括装入料筒时的物理状态、预处理时是否加抗氧剂及抗氧剂信息、制品的取样位置等；
c） 采用三倍截面积口模；
d） 试验条件：230℃、负荷 21.6kg、所用预热时间（当超过 5min 时）、预压负荷（如有）、活塞移动的预定距离；
e） 熔体体积流动速率（MVR_T），单位为立方厘米每 10 分钟（$cm^3/10min$）；
f） 报告试样的任何异常情况，例如变色、发黏、挤出物扭曲（鲨鱼皮）或熔体流动速率的异常变化等；
g） 试验日期。

附 录 A
（资料性）
精密度数据统计结果

2021 年在 7 个实验室对 PE-UHMW 树脂、混配料、管材、异型材及 PE-HD 树脂等 8 个样品进行了 MVR_T 测试方法的精密度试验。按照 GB/T 6379.2 对精密度实验结果进行数理统计，并计算精密度结果，见表 A.1。

表 A.1 PE-UHMW 树脂和制品及 PE-HD 树脂等 8 个样品的精密度数据

序号	样品	黏均分子量[a]/10^4	实验室参加数/个	MVR_T 平均值 $\bar{m}$ /(cm^3/10min)	实验室内			实验室间		
					标准偏差 S_r/(cm^3/10min)	重复性限 $r(2.8S_r)$/(cm^3/10min)	重复性相对误差 $r/\bar{m}$ /%	标准偏差 S_R/(cm^3/10min)	再现性限 $R(2.8S_R)$/(cm^3/10min)	再现性相对误差 $R/\bar{m}$ /%
1	PE-HD 树脂	64	6	7.85	0.51	1.42	18.1	0.92	2.59	33.0
2	PE-UHMW 树脂 1	134	6	2.08	0.16	0.45	21.6	0.18	0.50	24.1
3	PE-UHMW 树脂 2	170	6	0.67	0.01	0.04	6.2	0.05	0.13	18.9
4	PE-UHMW 树脂 3	200	6	0.38	0.03	0.08	22.4	0.07	0.18	48.7
5	PE-UHMW 混配料	350[b]	6	0.90	0.10	0.27	30.5	0.31	0.87	97.2
6	PE-UHMW 管材 1（制备时不含抗氧剂）	200[b]	7	8.26	0.88	2.46	29.8	1.60	4.48	54.2
7	PE-UHMW 管材 2（制备时含抗氧剂）	250[b]	7	3.25	0.66	1.84	56.6	0.73	2.05	63.0
8	PE-UHMW 注塑异型材	200[b]	6	2.02	0.11	0.30	14.7	0.39	1.08	53.6

[a] 黏均分子量按 GB/T 32679—2016 表 A.1 中公式计算。

[b] 混配料、管材及异型材的黏均分子量无法直接测得，为制造商声明的其所用 PE-UHME 树脂的黏均分子量。

表 A.1 中的数据只是有限的试验结果，并不能覆盖所有材料、批号、试验条件及实验室，因此，严格地说，不能将其视为判别接收或拒收的依据。

参 考 文 献

[1] GB/T 6379.2—2004 测量方法与结果的准确度（正确度与精密度） 第2部分：确定标准测量方法重复性与再现性的基本方法

[2] GB/T 21461.1—2008 塑料 超高分子量聚乙烯（PE-UHMW）模塑和挤出材料 第1部分：命名系统和分类基础

[3] GB/T 32679—2016 超高分子量聚乙烯（PE-UHMW）树脂

[4] QB/T 2668.1—2017 超高分子量聚乙烯管材

[5] ISO 21304-2:2021 Plastics — Ultra-high-molecular-weight polyethylene (PE-UHMW) moulding and extrusion materials — Part 2: Preparation of test specimens and determination of properties

ICS 83.080.20
CCS G 31

SH

中华人民共和国石油化工行业标准

SH/T 1837—2023

塑料　聚丙烯树脂粉料中氯含量的测定 电位滴定法

Plastics — Determination of chloride content in Polypropylene resin powder — Potentiometric titration

2023-04-21 发布　　2023-11-01 实施

中华人民共和国工业和信息化部　发布

前　言

本文件按照 GB/T 1.1—2020《标准化工作导则　第 1 部分：标准化文件的结构和起草规则》的规定起草。

请注意本文件的某些内容可能涉及专利。本文件的发布机构不承担识别专利的责任。

本文件由中国石油化工集团有限公司提出。

本文件由全国塑料标准化技术委员会石化塑料树脂产品分会（SAC/TC15/SC1）归口。

本文件起草单位：上海化工研究院有限公司、承德市金建检测仪器有限公司、北京燕山石化高科技术有限责任公司、北京华塑晨光科技有限责任公司、中国石化扬子石油化工有限公司、中国石油天然气股份有限公司辽阳石化分公司、陕西延长中煤榆林能源化工有限公司、中国石油化工股份有限公司北京北化院燕山分院、华南理工大学、建研院检测中心有限公司、滨州伟创高分子材料有限公司、上海联乐化工科技有限公司、九江中科鑫星新材料有限公司。

本文件主要起草人：沈贤婷、任雨峰、郑慧琴、陈宏愿、陈明华、张以夫、王会能、王超先、冯彦洪、冯玲英、李鑫、张建民、张香玲、李建龙、张耀月、李祈利。

本文件于 2023 年首次发布。

塑料　聚丙烯树脂粉料中氯含量的测定　电位滴定法

警示——使用本文件的人员应有正规实验室工作的实践经验。本文件并未指出所有可能的安全问题。使用者有责任采取适当的安全和健康措施，并保证符合国家有关法规规定的条件。

1　范围

本文件规定了采用电位滴定法测定聚丙烯树脂粉料中氯含量的方法。

本文件适用于氯含量大于 9mg/kg 试样的测定。

2　规范性引用文件

下列文件中的内容通过文中的规范性引用而构成本文件必不可少的条款。其中，注日期的引用文件，仅该日期对应的版本适用于本文件；不注日期的引用文件，其最新版本（包括所有的修改单）适用于本文件。

GB/T 601　化学试剂　标准滴定溶液的制备

GB/T 626　化学试剂　硝酸

GB/T 6679　固体化工产品采样通则

GB/T 6682　分析实验室用水规格和试验方法

3　术语和定义

本文件没有需要界定的术语和定义。

4　方法概要

称取一定量的试样至铂金坩埚中，并向坩埚内加入氢氧化钾乙醇溶液，将装有试样的坩埚放置于电热板上加热至炭化，再移至马弗炉或微波马弗炉中完全灰化。用硝酸溶解试样残渣并将溶液全部转移至烧杯中，用水稀释至定容体积，在电位滴定仪上进行氯含量的测定。

5　试剂或材料

警示——硝酸具有腐蚀性，在使用硝酸过程中应在通风橱中进行，并佩戴手套和护目镜，避免吸入或接触皮肤。如果溅到身上，应立即用大量水冲洗，严重时应立即就医。

除非另有规定，本标准应使用分析纯试剂。

5.1　水：GB/T 6682，二级水。

5.2　浓硝酸（HNO_3）：符合 GB/T 626 分析纯的要求。

5.3　硝酸溶液（HNO_3）。

量取 24mL 浓硝酸（5.2），用水稀释至 1000mL。

5.4 氢氧化钾乙醇溶液（$KOH-C_2H_5OH$）：浓度为 20g/L。

称取 20.0g 氢氧化钾，溶于 1000mL 95%乙醇中。

5.5 淀粉溶液（$C_6H_{10}O_5$）n：浓度为 10g/L。

称取 10.0g 淀粉，溶于 1000mL 水中。

5.6 氯化钠标准溶液（NaCl）：浓度为 2.75g/L。

称取 0.22g 氯化钠基准试剂，溶于 70mL 水中，加 10mL 淀粉溶液（5.5）配制氯化钠标准溶液。

5.7 硝酸银标准溶液（$AgNO_3$）：浓度为 0.1mol/L。

按照 GB/T 601 制备硝酸银标准溶液。

5.8 硝酸银溶液（$AgNO_3$）：浓度为 0.01mol/L。

硝酸银标准溶液（5.7）用水稀释 10 倍，使用前制备，当日有效。

5.9 pH 试纸（1～14）。

6 仪器设备

6.1 自动电位滴定仪：带有银电极。

6.2 分析天平：分度值为 0.1mg。

6.3 铂金坩埚：100mL，推荐铂金坩埚直径为 760mm，壁厚 0.2mm、底厚 3.5mm、高度 35mm。

6.4 烧杯：100mL。

6.5 量筒：100mL。

6.6 移液管：A 级，10mL。

6.7 马弗炉：温度可控制在 600℃±25℃、850℃±50℃。

6.8 微波马弗炉：功率 1400W±50W，温度可控制在 600℃±25℃、850℃±50℃。

6.9 电热板：温度可调，工作温度可达 500℃。

6.10 烘箱：温度可控制在 105℃±2℃。

7 样品

按照 GB/T 6679 采取试样。

8 试验步骤

8.1 清洗坩埚

将铂金坩埚放置于马弗炉（6.7）或微波马弗炉（6.8）中，在 850℃±50℃温度下煅烧 30min 后，取出冷却至室温。用水将坩埚冲洗干净，烘箱（6.10）烘干备用。

8.2 试样溶液制备

8.2.1 称取约 20g 试样至铂金坩埚中，加入 45mL 氢氧化钾乙醇溶液（5.4）使之完全润湿待测试样，把盛有试样的铂金坩埚放在电热板（6.9）上加热，至试样炭化完全。

注：若滴定体积达到仪器最大值或未出现点位滴定突跃终点，根据氯离子含量减少或增加试样量和氢氧化钾乙醇溶液加入量。

8.2.2 将铂金坩埚盖上盖子（确保不损失含灰分的物质），移入马弗炉（6.7）或微波马弗炉（6.8）中煅烧约 2h，至试样完全灰化，灰化温度为 600℃±25℃，灰化结束后取出铂金坩埚冷却至室温。

8.2.3 用量筒（6.5）量取 10mL 硝酸溶液（5.3），沿铂金坩埚内壁滴入坩埚中，至煅烧残渣全部溶解。如果煅烧残渣无法完全溶解，可再次移入 10mL 硝酸溶液（5.3），重复此步骤至残渣完全溶解。此时用 pH 试纸（5.9）对溶液 pH 值进行测定，如果试样溶液呈碱性，则应在试样试液中滴加适量的硝酸（5.2）或硝酸溶液（5.3），使试样溶液的 pH 值达到 6～7。

8.2.4 如果按照 8.2.3 仍无法使灰分完全溶解，可将铂金坩埚放在电热板（6.9）上加热，调节电热板温度，使试液保持微沸至灰分完全溶解后取下铂金坩埚，冷却至室温。

8.2.5 将试样溶液（8.2.3）转移至 100mL 烧杯（6.4）中，用水冲洗铂金坩埚至少三次，冲洗液均倒入烧杯（6.4）中，用水将试液稀释至 100mL，摇匀待测。

8.3 滴定

8.3.1 开启自动电位滴定仪（6.1）稳定 2 min，将烧杯置于自动电位滴定仪（6.1）上，以硝酸银溶液（5.8）为滴定剂进行自动滴定。滴定头和电极插入待测溶液（8.2.5）液面以下 2cm～3cm 位置，保持滴定头和电极不触碰烧杯内壁及搅拌浆。

8.3.2 随着硝酸银溶液（5.8）的不断加入，待测溶液（8.2.5）中氯离子含量不断变化，溶液中的电极电位（由自动电位滴定仪测得）随之变化。当在化学反应计量点附近时，电极电位发生突跃，即为反应终点，记录此时自动电位滴定仪显示的硝酸银溶液（5.8）的消耗体积 V_1。

8.4 空白试验

取未加试样的铂金坩埚按步骤 8.2.1 至 8.2.5 制备空白待测溶液，按照步骤 8.3.1 至 8.3.2 进行空白试验，并记录自动电位滴定显示的硝酸银溶液（5.8）消耗体积 V_2。

9 结果计算和表示

试样中的氯离子含量按式（1）计算：

$$w = \frac{35.5 \times c(V_1 - V_2)}{m} \times 10^3 \quad \cdots\cdots (1)$$

式中：

w——试样中的氯离子含量，单位为毫克每千克（mg/kg）；

c——硝酸银标准滴定溶液的实际浓度，单位为摩尔每升（mol/L）；

V_1——试样消耗的硝酸银标准溶液体积，单位为毫升（mL）；

V_2——空白试验消耗的硝酸银标准溶液体积，单位为毫升（mL）；

m——样品质量，单位为克（g）；

35.5——氯离子的摩尔质量，单位为克每摩尔（g/mol）。

每一试样平行测两次，以算术平均值作为测定结果，结果保留小数点后一位。

10 精密度

在 8 个实验室对 1 个聚丙烯粉料样品开展精密度试验，精密度数据结果见附录 A。

11 试验报告

报告至少包括如下内容：

a） 有关试样的全部资料：试样名称、批号、采样地点、采样日期、采样时间等；

b） 本文件编号；

c） 分析结果；

d） 标准溶液来源、自动电位滴定仪的测试条件参数；

e） 测定中观察到的异常现象的说明；

f） 分析人员的姓名和分析日期等。

附 录 A
（资料性）
精密度数据统计结果

本文件的精密度数据通过 8 家实验室对同一个聚丙烯粉料样品重复 6 次试验得到。

按照 GB/T 6379.2[1]对精密度试验结果进行数理统计，并计算精密度结果，见表 A.1。

表 A.1 聚丙烯粉料氯离子含量精密度数据

序号	样品	实验室参加数/个	平均值 $\overline{w}$ /（mg/kg）	实验室内			实验室间		
				标准偏差 S_r/（mg/kg）	重复性限 r（$2.8S_r$）/（mg/kg）	重复性相对误差 $r/\overline{w}$ /%	标准偏差 S_R/（mg/kg）	再现性限 R（$2.8S_R$）/（mg/kg）	再现性相对误差 $R/\overline{w}$ /%
1	PP	8	17.8	0.6	1.7	9.5	0.7	2.0	11.2

参 考 文 献

[1] GB/T 6379.2 测量方法与结果的准确度（正确度与精密度） 第2部分：确认标准测量方法重复性与再现性的基本方法

ICS 83.080.20
CCS G 31

SH

中华人民共和国石油化工行业标准

SH/T 1838—2023

塑料　乙烯-α-烯烃共聚物短链支化分布的测定　差示扫描量热法（DSC）

Plastics—Determination of short chain branching distribution of ethylene-α-olefin copolymer—Differential scanning calorimetry (DSC)

2023-04-21 发布　　2023-11-01 实施

中华人民共和国工业和信息化部　发布

前　言

本文件按照 GB/T 1.1—2020《标准化工作导则　第 1 部分：标准化文件的结构和起草规则》的规定起草。

请注意本文件的某些内容可能涉及专利。本文件的发布机构不承担识别专利的责任。

本文件由中国石油化工集团有限公司提出。

本文件由全国塑料标准化技术委员会石化塑料树脂产品分技术委员会（SAC/TC15/SC1）归口。

本文件起草单位：中国石油天然气股份有限公司石油化工研究院、中国石油天然气股份有限公司独山子石化分公司、广东德冠包装材料有限公司、北京燕山石化高科技术有限责任公司、武汉金牛经济发展有限公司、建研院检测中心有限公司、山东清河化工科技有限公司。

本文件主要起草人：卢晓英、孙枫、袁文静、徐文树、杨黎黎、盛力、刘峰、李鑫、杨红玲、张庆录、黄伟欢、黄鹤柳。

本文件于 2023 年首次发布。

引　言

短链支化分布是乙烯-α-烯烃共聚物的一个基本的结构参数，其与分子量分布都是影响乙烯-α-烯烃共聚物材料性能的重要影响因素。保持共聚组分 α-烯烃的类型和含量不变，通过调控共聚物的短链支化分布可改变乙烯-α-烯烃共聚物的结晶性能，进而影响材料性能。因此，获得有关短链支化分布的信息是非常重要的。

Muller 等人研究发现连续自成核与退火（successive self-nucleation and annealing, SSA）热分级技术可区分支化度不同的聚合物链段[1-3]。经过 SSA 处理后的乙烯-α-烯烃共聚物，在 DSC 升温曲线中显示出一系列的熔融峰。多重熔融峰对应不同厚度片晶的熔融，其与链段的支化度相关[1-8]。根据经验公式，可通过熔融温度计算该组分的平均支化度[4,6,8]；通过熔融峰的积分面积计算该组分的含量，从而得到乙烯-α-烯烃共聚物的短链支化分布（distribution of short chain branching, SCBD）。

塑料 乙烯-α-烯烃共聚物短链支化分布的测定 差示扫描量热法（DSC）

1 范围

本文件规定了采用差示扫描量热法（DSC）中连续自成核与退火（SSA）热分级方法测定乙烯-α-烯烃共聚物短链支化分布的方法。

本文件适用于乙烯-α-烯烃共聚物及其制品的短链支化分布的测定。

2 规范性引用文件

下列文件中的内容通过文中的规范性引用而构成本文件必不可少的条款。其中，注日期的引用文件，仅该日期对应的版本适用于本文件；不注日期的引用文件，其最新版本（包括所有的修改单）适用于本文件。

GB/T 19466.1 塑料 差示扫描量热法（DSC） 第1部分：通则

3 术语和定义

GB/T 19466.1 界定的以及下列术语和定义适用于本文件。

3.1

短链支化 short chain branching

α-烯烃与乙烯共聚形成的短支链。

3.2

支化度 degree of branching

F

1000个主链碳原子上支链的个数。

3.3

短链支化分布 distribution of short chain branching

$\boldsymbol{D}_{\mathrm{F}}$

试样中不同短链支化链段分布的多分散性，用不同短链支化度组分质量与试样质量的一系列百分比随支化度的变化表示。

3.4

自成核 self-nucleation

SN

以自身未熔融晶种为成核点进行晶体生长的现象。

3.5

连续自成核与退火 successive self-nucleation and annealing

SSA

在DSC中进行的热循环处理过程，包含对试样依次进行自成核和退火步骤。

3.6

自成核温度　self-nucleation temperature

T_S

SSA 程序中设定的使试样发生自成核或（和）退火的一系列恒温温度。

注：T_{S1} 是首个自成核温度，是指自成核区（见附录 A）内的最低温度。

3.7

结晶度　degree of crystallinity

χ_C

试样中结晶部分所占的质量分数，单位为%。

4　方法概述

应用 DSC 对试样进行 SSA 处理，使支化度不同的乙烯-α-烯烃共聚物链段基于结晶性能的差异形成不同厚度的片晶。随后不同厚度的片晶在 DSC 升温扫描过程中表现出多重熔融峰。根据经验公式由多重熔融峰的峰值温度计算各组分的支化度和结晶度。由每个熔融峰的相对峰面积与其结晶度比值计算各组分的相对质量，从而得到各组分的质量百分数，即为短链支化分布。

5　仪器和材料

差示扫描量热仪和材料应满足 GB/T 19466.1 的要求。

6　试样

按照 GB/T 19466.1 的规定进行试样制备。

试样质量为 2.0mg～3.0mg。

用刀片切取（0.5±0.1）mm 厚度的试样。对于厚壁制品，取样时应避开试样内外表面。

7　试样状态调节和试验条件

按照 GB/T 19466.1 规定进行状态调节。

8　校准

按照 GB/T 19466.1 规定进行校准。

9　操作步骤

9.1　仪器准备

9.1.1　接通仪器电源，使其平衡至少 30min。

9.1.2　应使用实际测量中使用的相同吹扫气和气体流速进行仪器校准。气体和流速有任何变化，都需要重新校准。保护气流量和吹扫气流量可根据不同型号仪器正常运行需要进行设定，推荐流量为 50mL/min。

9.1.3 将具有相同质量的两个空样品皿放置在样品支持器上，调节到实际测量的条件。在要求的温度范围内，DSC 曲线应是一条直线。当得不到一条直线时，在确认重复性后记录 DSC 曲线。

9.2 将试样放在样品皿内

9.2.1 选择容积适当的样品皿，并保证其清洁；

9.2.2 用两个相同的样品皿，一个作试样皿，另一个作参比皿（可用空样品皿或不空的样品皿）；

9.2.3 称量样品皿及盖，精确到 0.01mg，应避免用手直接处理试样或样品皿；

9.2.4 将试样放在样品皿内，应用镊子或戴手套处理试样；

9.2.5 如果需要，用盖将样品皿密封，密封带盖的样品皿不得导致样品皿底部的任何变形；

9.2.6 再次称量样品皿。

9.3 把样品皿放入仪器内

用镊子或其他合适的工具将样品皿放入样品支持器中，确保试样和皿之间、皿和支持器之间接触良好。盖上样品支持器的盖。

9.4 确定试样的首个自成核温度

按附录 A 确定试样的首个自成核温度 T_{S1}。

9.5 测量

9.5.1 升降温速率 v_1 通常设为 20℃/min。经相关方协商，可采用其他的升温或降温速率。在一个完整的热循环中，应使用相同的升降温速率。

注：高扫描速率使记录的转变有高的灵敏度，低扫描速率能提供较好的分辨能力。选择适当的扫描速率对观察细微的转变是重要的。

9.5.2 在开始升温操作之前，用氮气预先吹扫清洁 5min。

9.5.3 以 20℃/min 的升温速率进行第一次升温过程，将样品皿加热到最高熔融温度 T_{max} 并恒温 3min，消除试验材料的热历史（见图 1）。

注：最高熔融温度通常高于试样熔融外推终止温度 $T_{ef,m}$ 约 30℃。

9.5.4 以 20℃/min 的速率冷却至最低温度 T_{min}，并保持 5min（见图 1）。最低温度应足够低，以允许在冷却过程中充分结晶以形成初始标准状态。

注：最低温度通常比外推结晶终止温度 $T_{ef,c}$ 低约 50℃。如果测试试样需要，可选择更低的最低温度。

9.5.5 以相同的速率（见 9.5.4）升温至首个自成核温度 T_{S1}。

注：选择适当的 T_{S1} 对结果的一致性至关重要。

9.5.6 在该温度下恒温 20min。

注：恒温时间太长导致测试时间冗长，恒温时间太短会导致分峰效果不理想。

9.5.7 以相同的速率冷却至最低温度 T_{min}，并在该温度下保持 5min。

9.5.8 以相同的速率升温至下一个 $T_{S(i+1)}$=（T_{Si}−ΔT）℃（i=1，…），T_{Si}≥70℃。ΔT 通常在 3℃、4℃、5℃和 6℃之间选择，其中，5℃最常用。也可根据需要选择其他的温度间隔。

注：温度间隔 ΔT 对热分级的分辨率很重要，太小的温度间隔可能会导致分峰效果不理想。

9.5.9 重复 9.5.6，9.5.7，9.5.8。

9.5.10 以 5℃/min 的最终升温速率 v_f（见图 1）升温至最高熔融温度 T_{max} 并记录该升温曲线。

注：此步骤的升温速率过高会导致分峰效果不理想。

9.5.11 降温到室温，取出样品皿。

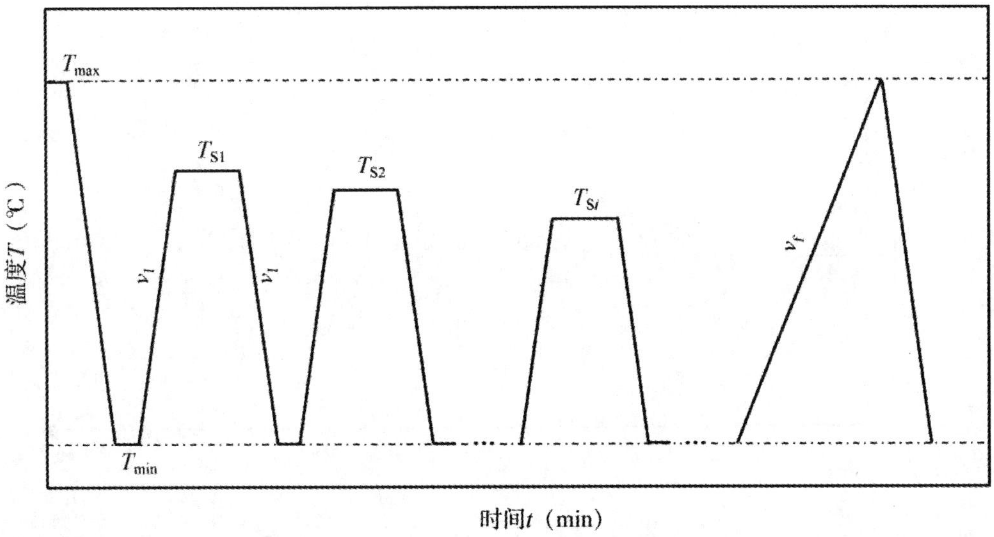

标引序号说明：

T_{max}——最高熔融温度；

T_{min}——最低温度；

v_1——升温和降温速率；

v_f——最终升温速率；

T_{S1}——首个自成核温度；

T_{Si}——自成核温度，$T_{S(i+1)}$=（T_{Si}−ΔT）℃（i=1，…），T_{Si}≥70℃

图 1　SSA 温度扫描程序的示意图

10　计算和结果表示

10.1　熔融峰温度和熔融峰相对峰面积

由经过 SSA 处理后试样最终的熔融曲线获得多个熔融峰温度 T_{mi}（见图 2）。

通过分峰软件对最终熔融曲线上的多重熔融峰进行高斯拟合分峰，得到 DSC 曲线上每一个熔融峰与基线之间的相对面积 S_i（见图 3）。

注：基线的选择会对试验结果有影响，宜根据仪器供应商提供的基线确定方法及实际曲线形状确定合适的基线。

拟合后的峰的个数和峰形应与直接从 DSC 获得的加热熔融曲线峰形保持一致。如果在低温区曲线和基线之间还有面积，但是不能明显看出峰值位置，拟合峰位设置应与相邻峰峰值保持 SSA 测试程序中相同的温度间隔，直到曲线与基线重合为止。数据的拟合精度应满足相关性系数（R^2）大于 0.95。

注：低温熔融峰的峰值和峰面积会对拟合曲线的相关性系数有影响。

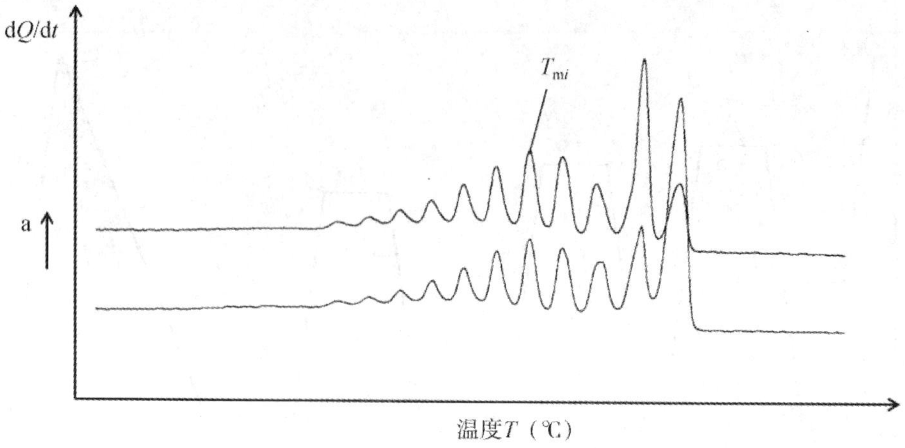

标引序号说明：

dQ/dt——热流率；

T_{mi}——熔融峰温度；

a——吸热方向。

图 2　SSA 分级后典型试样的最终熔融曲线

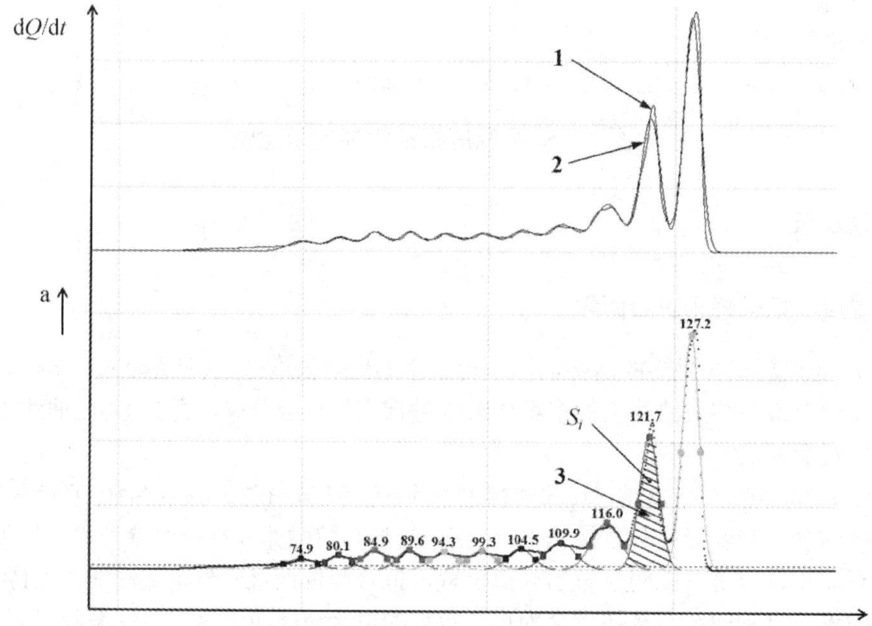

标引序号说明：

1——典型试样经 SSA 处理后得到最终升温熔融曲线；

2——曲线 1 经拟合分峰后的曲线；

3——拟合分峰后得到的单个熔融峰；

dQ/dt——热流率；

a——吸热方向；

S_i——每个熔融峰的相对峰面积。

图 3　SSA 分级后典型试样的最终熔融曲线拟合分峰示意图

10.2 计算支化度

支化度 F_i 的值用公式（1）～公式（3）计算[4,6,8]。

对于乙烯/1-丁烯共聚物：

$$F_i = \frac{134 - T_{mi}}{1.55} \quad \cdots\cdots（1）$$

式中：

F_i——每一个组分的支化度，单位为1000个主链碳原子上的支链个数（CH_3/1000C）。

T_{mi}——每一个峰的峰值温度，单位为摄氏度（℃）。

对于乙烯/1-己烯共聚物：

$$F_i = \frac{133 - T_{mi}}{1.69} \quad \cdots\cdots（2）$$

式中：

F_i——每一个组分的支化度，单位为1000个主链碳原子上的支链个数（CH_3/1000C）。

T_{mi}——每一个峰的峰值温度，单位为摄氏度（℃）。

对于乙烯/1-辛烯共聚物：

$$F_i = \frac{134 - T_{mi}}{2.18} \quad \cdots\cdots（3）$$

式中：

F_i——每一个组分的支化度，单位为1000个主链碳原子上的支链个数（CH_3/1000C）。

T_{mi}——每一个峰的峰值温度，单位为摄氏度（℃）。

10.3 计算结晶度

结晶度 χ_{ci} 的值用公式（4）～公式（6）计算[4,6,8]。

对于乙烯/1-丁烯共聚物：

$$\chi_{ci} = (-0.0132F_i + 0.82) \times 100 \quad \cdots\cdots（4）$$

式中：

F_i——每一个组分的支化度，单位为1000个主链碳原子上的支链个数（CH_3/1000C）。

χ_{ci}——每一个组分的结晶度，单位为百分号（%）。

对于乙烯/1-己烯共聚物：

$$\chi_{ci} = (-0.0134F_i + 0.77) \times 100 \quad \cdots\cdots（5）$$

式中：

F_i——每一个组分的支化度，单位为1000个主链碳原子上的支链个数（CH_3/1000C）。

χ_{ci}——每一个组分的结晶度，单位为百分号（%）。

对于乙烯/1-辛烯共聚物：

$$\chi_{ci} = (-0.0251F_i + 0.86) \times 100 \quad \cdots\cdots（6）$$

式中：

F_i——每一个组分的支化度，单位为1000个主链碳原子上的支链个数（CH_3/1000C）。

χ_{ci}——每一个组分的结晶度，单位为百分号（%）。

10.4 计算短链支化分布

短链支化分布 D_{Fi} 的值用公式（7）计算。

$$D_{Fi} = \frac{S_i/\chi_{ci}}{\sum(S_i/\chi_{ci})} \times 100 \quad \cdots\cdots(7)$$

式中：

D_{Fi}——每一组分占试样质量的百分比，单位为百分号（%）。

S_i——每个熔融峰的相对峰面积。

χ_{ci}——每一个组分的结晶度，单位为百分号（%）。

10.5 结果表示

结果宜采用表格形式表示（见表 1）。其中，T_{mi} 和 F_i 保留小数点后一位有效数字，χ_{ci} 和 D_{Fi} 圆整到三位有效数字。

表 1 测试试样中每一级分的 T_m，S，F，χ_c，D_F

T_{S1}（℃）	ΔT（℃）	t（min）	v_1（℃/min）	v_f（℃/min）		峰 1	峰 2	峰 3	…	峰 i−1	峰 i
					T_m（℃）	T_{m1}	T_{m2}	T_{m3}	…	$T_{m(i-1)}$	T_{mi}
					S	S_1	S_2	S_3	…	$S_{(i-1)}$	S_i
					F（CH_3/1000）	F_1	F_2	F_3	…	$F_{(i-1)}$	F_i
					χ_c（%）	χ_{c1}	χ_{c2}	χ_{c3}	…	$\chi_{c(i-1)}$	χ_{ci}
					D_F（%）	D_{F1}	D_{F2}	D_{F3}	…	$D_{F(i-1)}$	D_{Fi}

11 精密度

由于未获得足够的实验室间的数据，本试验方法的精密度尚未知道。在获得这些实验室间数据后下个版本将增加精密度的说明。

附录 B 给出了三种乙烯-α-烯烃共聚物原料测得的数据，仅供参考。

12 试验报告

试验报告应包括下列内容：

a） 注明引用本文件；

b） 有关试样的全部信息；

c） SSA 温度程序参数，包括首个自成核温度 T_{S1}、升降温速率 v_1、最终升温速率 v_f，温度间隔 ΔT，在 T_{Si} 时的恒温时间 t；

d） 测试结果，包括经过 SSA 处理后试样的最终 DSC 升温曲线、每个峰的相对峰面积 S_i、每一组分的支化度 F_i 和结晶度 χ_{ci}、短链支化分布 D_{Fi}。

e） 任何额外信息，包括任何偏离本程序的细节，以及本文件中未规定的可能对结果产生影响的任何条件或操作；

f） 试验日期。

附 录 A
（规范性）
自成核处理

A.1 测试步骤

A.1.1 在开始升温操作之前，用氮气预先清洁 5min。

A.1.2 以 20℃/min 的升温速率进行第一次升温过程，将样品皿加热到最高熔融温度 T_{max} 并恒温 3min，消除试验材料的热历史（见图 A.1）。最高熔融温度通常高于试样熔融外推终止温度 $T_{ef,m}$ 约 30℃。

A.1.3 以 20℃/min 的速率冷却至最低温度 T_{min}，并保持 5min（见图 A.1）。最低温度通常比外推结晶终止温度 $T_{ef,c}$ 低约 50℃。如果测试试样需要，可选择更低的最低温度。最低温度应足够低，以允许在冷却过程中充分结晶以形成初始标准状态，该降温过程中的峰值结晶温度记作“标准”结晶温度（或标准 T_C）

A.1.4 以 20℃/min 的速率升温至 T_1=140℃，并在该温度下保持 5min。

A.1.5 以 20℃/min 的速率降温至最低温度 T_{min} 并记录曲线。

A.1.6 以 20℃/min 的速率升温至最高熔融温度 T_{max} 并记录曲线，并在该温度下保持 3min。

A.1.7 以 20℃/min 的速率降温至最低温度 T_{min}，并在该温度下保持 5min。

A.1.8 以 20℃/min 的速率升温至 T_2=135℃，并在该温度下保持 5min。

A.1.9 以 20℃/min 的速率降温至 T_{min} 并记录曲线。

A.1.10 以 20℃/min 的速率升温至最高熔融温度 T_{max} 并记录曲线，并在该温度下保持 3min。

A.1.11 以 20℃/min 的速率降温至 T_{min}，并在该温度下保持 5min。

A.1.12 以 20℃/min 的速率升温至 T_3=131℃，并在该温度下保持 5min。

A.1.13 以 20℃/min 的速率降温至 T_{min} 并记录曲线。

A.1.14 以 20℃/min 的速率升温至最高熔融温度 T_{max} 并记录曲线，并在该温度下保持 3min。

A.1.15 以 20℃/min 的速率降温至 T_{min}，并在该温度下保持 5min。

A.1.16 以 20℃/min 的速率升温至 T_i=（$T_{(i-1)}$−1）℃（i=4，5，6，…），T_i≥120℃，并在该温度下保持 5min。

A.1.17 重复 A.1.13、A.1.14、A.1.15、A.1.16。

A.1.18 以 20℃/min 的速率升温至最高熔融温度 T_{max}

A.1.19 降温至室温，取出样品皿。

自成核过程的温度程序示意图如图 A.1 所示。

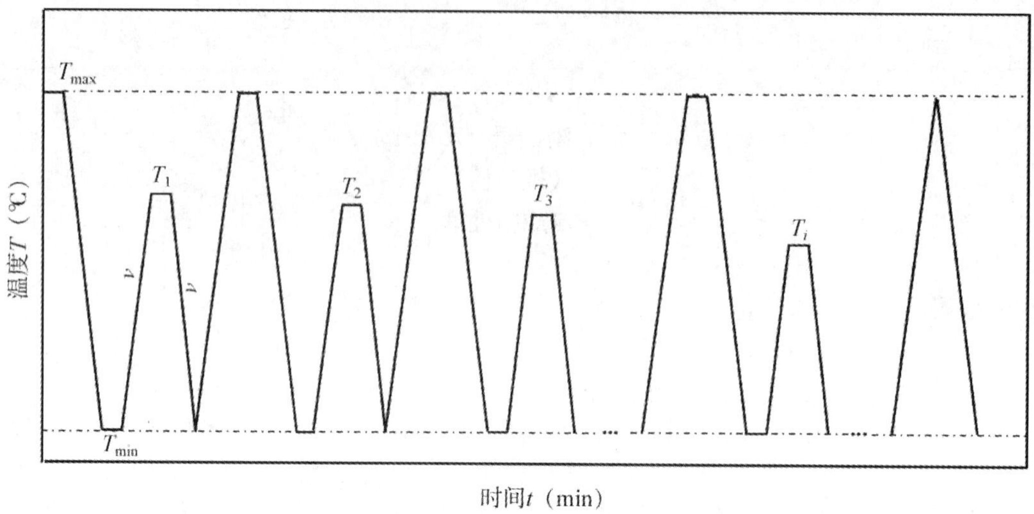

标引序号说明：

T_{max}——最高熔融温度；

T_{min}——最低温度；

v——升温和降温速率；

T_1，T_2，T_3——自成核温度，分别为 140℃，135℃和 131℃。

图 A.1　自成核试验步骤示意图

A.2　首个自成核温度的确定

典型试样经自成核程序处理后获得的降温和熔融曲线示意图如图 A.2 所示。图 A.2（a）和图 A.2（b）给出了在 T_i 温度下自成核处理后随后的降温和升温曲线图。

试样的状态被分为三个区域[3]：熔融区（$D_Ⅰ$）、自成核区（$D_Ⅱ$）和自成核退火区（$D_Ⅲ$）。

当自成核温度 T_i 处于熔融区（$D_Ⅰ$）时，试样为完全熔融状态，也就是说随后降温曲线上所获得的结晶温度与标准 T_c（见 A.1.3）相同。

当自成核温度 T_i 处于自成核区（$D_Ⅱ$）时，试样在 T_i 温度下处理 5min 后，随后的降温过程中的结晶温度较标准 T_c 有偏移[图 A.2（a）]，同时，随后的升温过程不显示任何退火的痕迹，表现为熔融曲线没有出现肩峰或更高的熔融温度 T_{m2}（见图 A.2）。

当自成核温度 T_i 处于自成核退火区（$D_Ⅲ$）时，试样在 T_i 温度下处理时处于部分熔融状态，未熔融的部分在该温度下重结晶，也就是随后的升温过程中由于这些重结晶晶体的熔化会导致熔融曲线上出现肩峰或更高的熔融温度 T_{m2}[图 A.2（b）]。

首个自成核温度 T_{S1} 是自成核温度区域（$D_Ⅱ$）内的最低温度。自成核试验中，在 T_{S1} 温度下恒温一定时间，聚合物熔体具有最高的自成核程度，表现为随后降温过程中的结晶温度较标准 T_c 偏移最大，同时，随后的升温过程不显示任何退火的痕迹，表现为熔融曲线没有出现肩峰或更高的熔融温度 T_{m2}（见图 A.2）。

特殊地，如果试样在 T_1=140℃或 T_2=135℃或 T_3=131℃恒温一定时间，随后降温过程中的结晶温度比标准 T_c 高，则应从更高的 T_i 开始，以 1℃的温度间隔，开展后续的自成核试验。要求重新选择的 T_i 应满足，在该温度下恒温一定时间，试样在后续降温过程中的结晶温度与标准 T_c 相同。

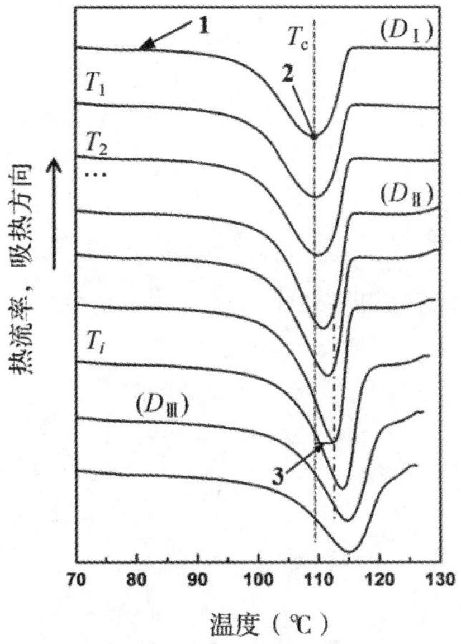

（a）自成核处理中典型试样在给定的 T_i 下恒温 5min 后的 DSC 降温曲线

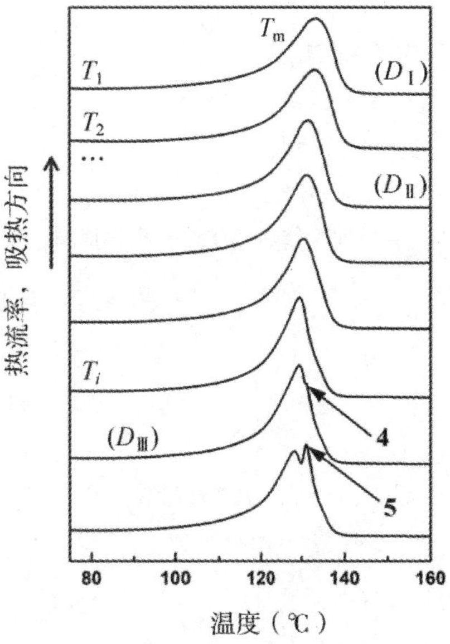

（b）自成核处理中典型试样在给定的 T_i 下恒温 5min 后的 DSC 升温曲线

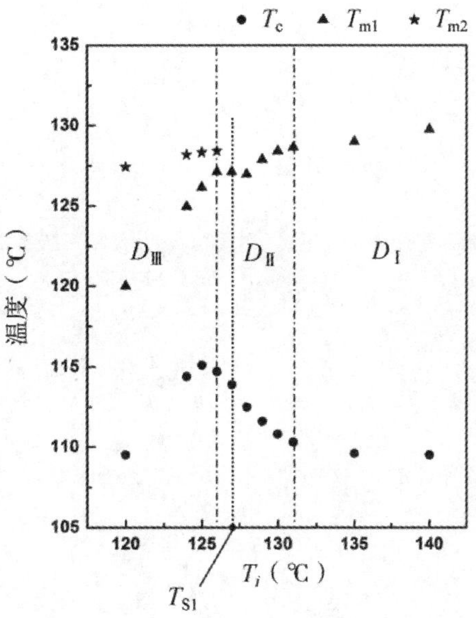

（c）自成核处理后典型试样的三个温度区

标引序号说明：

1——A.1.3 步骤中记录的标准结晶曲线；

2——标准结晶温度，标准 T_c；

3——在 T_i 温度下自成核后随即得到的结晶温度与标准 T_c 的偏移量；

4——肩峰示例，T_{m2}；

5——更高熔融峰示例，T_{m2}；

$D_Ⅰ$——熔融温度区；

$D_Ⅱ$——自成核温度区；

$D_Ⅲ$——自成核和退火温度区；

T_c——结晶温度；

T_{m1}——第一个熔融温度；

T_{m2}——肩峰或更高的熔融峰；

T_{S1}——首个自成核温度；

T_i——系列自成核温度；

T_1，T_2——分别为第一个和第二个自成核温度，分别为 140℃和 135℃。

图 A.2　自成核处理后典型试样的曲线图

附 录 B
（资料性）
实验室间比对数据

B.1 概述

3 个实验室参与此次比对试验。试验使用了 3 种不同的乙烯-α-烯烃共聚物原料，原料包括管材料、中空料和薄膜料三大类，共聚单体类型涵盖丁烯、己烯和辛烯三种类型，每个原料在每个实验室测试两次。各实验室通过连续自成核与退火（SSA）法测定试样的短链支化分布，其中 SSA 温度扫描程序中首个自成核温度（T_{S1}）为各实验室按附录 A 确定的实测值。

B.2 实验室间比对数据

每个试样的短链支化分布试验结果见表 B.1、表 B.2、表 B.3。

表 B.1　试样 1 的短链支化分布

实验室	T_{S1}（℃）	ΔT（℃）	t（min）	v_1（℃/min）	v_f（℃/min）	测试次数		峰 1	峰 2	峰 3	峰 4	峰 5	峰 6	峰 7
A	127	5	20	20	5	1	T_m（℃）	131.4	127.8	121.6	116.6	111.5	105.6	101.1
							S	7.9381576	6.7040409	2.2938459	1.1503096	0.7854027	0.5871817	0.5831346
							F（CH_3/1000）	1.7	4.0	8.0	11.2	14.5	18.3	21.2
							χ_c（%）	79.8	76.7	71.4	67.2	62.8	57.8	54.0
							D_F（%）	36.9	32.4	11.9	6.40	4.60	3.80	4.00
						2	T_m（℃）	131.1	127.4	121.4	116.8	111.1	106.2	103.8
							S	6.9956244	7.1087591	2.1787913	1.1189319	0.8007893	0.5574217	0.6220037
							F（CH_3/1000）	1.9	4.2	8.1	11.1	14.8	17.9	19.5
							χ_c（%）	79.5	76.4	71.3	67.4	62.5	58.3	56.3
							D_F（%）	33.6	35.6	11.7	6.30	4.90	3.60	4.20
B	128	5	20	20	5	1	T_m（℃）	132.9	130.1	125.5	120.6	115.3	110.4	104.7
							S	4.826	4.281	1.737	1.240	0.797	0.421	0.400
							F（CH_3/1000）	0.7	2.5	5.5	8.7	12.1	15.2	18.9
							χ_c（%）	81.0	78.7	74.7	70.6	66.1	61.9	57.0
							D_F（%）	33.0	30.1	12.9	9.70	6.70	3.80	3.90
						2	T_m（℃）	133.0	129.3	123.6	118.3	113.3	107.6	101.5
							S	5.138	4.478	1.760	0.757	0.623	0.404	0.239
							F（CH_3/1000）	0.7	3.0	6.7	10.1	13.4	17.1	21.0
							χ_c（%）	81.1	78.0	73.1	68.6	64.4	59.5	54.4
							D_F（%）	35.8	32.5	13.6	6.24	5.48	3.84	2.49

表 B.1 试样 1 的短链支化分布（续）

实验室	T_{S1}（℃）	ΔT（℃）	t（min）	v_1（℃/min）	v_f（℃/min）	测试次数		峰 1	峰 2	峰 3	峰 4	峰 5	峰 6	峰 7
C	128	5	20	20	5	1	T_m（℃）	130.8	128.1	123.1	118.0	113.1	108.4	103.5
							S	3.706311	2.660721	1.1410642	0.566923	0.3607887	0.2432028	0.164434
							F（CH_3/1000）	2.1	3.8	7.1	10.4	13.5	16.5	19.7
							χ_c（%）	79.3	76.9	72.7	68.3	64.2	60.2	56.1
							D_F（%）	39.7	29.3	13.3	7.04	4.76	3.43	2.49
						2	T_m（℃）	131.4	128.3	123.2	117.9	112.9	108.0	103.0
							S	3.916219	2.828081	1.195523	0.598252	0.385453	0.266103	0.177067
							F（CH_3/1000）	1.7	3.7	7.0	10.4	13.6	16.8	20.0
							χ_c（%）	79.8	77.2	72.8	68.3	64.1	59.9	55.6
							D_F（%）	39.4	29.4	13.2	7.03	4.83	3.57	2.56

表 B.2 试样 2 的短链支化分布

实验室	T_{S1}（℃）	ΔT（℃）	t（min）	v_1（℃/min）	v_f（℃/min）	测试次数		峰 1	峰 2	峰 3	峰 4	峰 5	峰 6
A	129	5	20	20	5	1	T_m（℃）	132.8	129.9	124.2	119.3	114.4	111.8
							S	8.8356308	5.9669067	2.9540437	1.0780358	0.5510639	0.6178554
							F（CH_3/1000）	0.1	1.8	5.2	8.1	11.0	12.5
							χ_c（%）	76.8	74.5	70.0	66.1	62.2	60.2
							D_F（%）	42.2	29.4	15.5	6.00	3.20	3.80
						2	T_m（℃）	132.8	130	124.2	119.4	114.5	109.4
							S	9.892862	6.14125	2.8311797	0.8877627	0.7784428	0.5114521
							F（CH_3/1000）	0.1	1.8	5.2	8.0	10.9	14.0
							χ_c（%）	76.8	74.6	70.0	66.2	62.3	58.3
							D_F（%）	45.0	28.8	14.1	4.70	4.40	3.10

表 B.2 试样 2 的短链支化分布（续）

实验室	T_{S1}（℃）	ΔT（℃）	t（min）	v_1（℃/min）	v_f（℃/min）	测试次数		峰 1	峰 2	峰 3	峰 4	峰 5	峰 6
B	129	5	20	20	5	1	T_m（℃）	134.5	131.0	126.3	120.7	115.8	110.1
							S	5.832	4.840	2.267	0.780	0.583	0.506
							F（CH_3/1000）	0	1.2	4.0	7.3	10.2	13.5
							χ_c（%）	78.2	75.4	71.7	67.2	63.3	58.9
							D_F（%）	37.3	32.1	15.8	5.80	4.60	4.30
						2	T_m（℃）	134.8	131.3	126.5	121.3	116.6	111.4
							S	5.746	4.212	1.995	0.843	0.488	0.454
							F（CH_3/1000）	0	1.0	3.8	6.9	9.7	12.8
							χ_c（%）	78.4	75.7	71.9	67.7	64.0	59.8
							D_F（%）	39.7	30.2	15.1	6.70	4.10	4.10
C	129	5	20	20	5	1	T_m（℃）	133.9	130.4	125.6	121.2	116.6	111.4
							S	20.21142	13.9318	5.494039	2.360813	1.493679	0.99997
							F（CH_3/1000）	0	1.5	4.4	7	9.7	12.8
							χ_c（%）	77.7	74.9	71.1	67.6	64.0	59.9
							D_F（%）	43.5	31.1	12.9	5.80	3.90	2.80
						2	T_m（℃）	134.7	130.9	125.8	120.8	115.7	110.1
							S	16.28359	11.1806	4.5672	1.982883	1.217755	0.808633
							F（CH_3/1000）	0	1.3	4.3	7.2	10.2	13.6
							χ_c（%）	78.3	75.3	71.3	67.3	63.3	58.8
							D_F（%）	43.1	30.7	13.3	6.10	4.00	2.80

表 B.3　试样 3 的短链支化分布

实验室	T_{S1}（℃）	ΔT（℃）	t（min）	v_l（℃/min）	v_f（℃/min）	测试次数		峰 1	峰 2	峰 3	峰 4	峰 5	峰 6	峰 7	峰 8	峰 9	峰 10	峰 11
A	123	5	20	20	5	1	T_m（℃）	127.8	122	116.3	109.3	104.2	99.2	94.2	89.5	84.7	79.7	75.2
							S	5.486778	3.6609372	1.9368865	1.3621425	0.969174	0.8230841	0.7478855	0.8111562	0.7462053	0.5863519	0.7275717
							F（CH_3/100）	2.8	5.5	8.1	11.3	13.7	16.0	18.2	20.4	22.6	24.9	27.0
							χ_c（%）	78.9	72.2	65.6	57.6	51.7	45.9	40.2	34.8	29.2	23.5	18.3
							D_F（%）	20.30	14.8	8.60	6.90	5.50	5.20	5.40	6.80	7.40	7.30	11.6
						2	T_m（℃）	127.7	121.9	116.2	109.4	104.3	99.2	94.1	89.6	84.8	79.7	74.9
							S	5.1677932	3.4272216	1.8012942	1.0905235	0.7124752	0.6484591	0.579695	0.5653285	0.5971912	0.438857	0.4191167
							F（CH_3/100）	2.9	5.6	8.2	11.37	13.6	16.0	18.3	20.4	22.6	24.9	27.1
							χ_c（%）	78.7	72.1	65.5	57.7	51.8	46.0	40.1	34.9	29.4	23.5	18.0
							D_F（%）	23.4	17.0	9.80	6.70	4.90	5.00	5.20	5.80	7.20	6.70	8.30
B	123	5	20	20	5	1	T_m（℃）	128.1	122.2	116.7	111.2	105.2	99.8	94.4	89.2	85.1	81.1	75.6
							S	3.870	2.018	0.841	0.771	0.502	0.464	0.432	0.419	0.258	0.251	0.236
							F（CH_3/100）	2.7	5.4	7.9	10.4	13.2	15.7	18.2	20.6	22.4	24.3	26.8
							χ_c（%）	79.2	72.4	66.1	59.8	52.8	46.6	40.4	34.4	29.7	25.1	18.7
							D_F（%）	27.8	15.8	7.20	7.30	5.40	5.70	6.10	6.90	4.90	5.70	7.20
						2	T_m（℃）	128.0	122.2	117.0	111.2	105.2	100.0	95.0	89.8	84.3	79.4	74.5
							S	3.926	1.942	0.916	0.797	0.522	0.435	0.410	0.428	0.460	0.190	0.259
							F（CH_3/100）	2.8	5.4	7.8	10.5	13.2	15.6	17.9	20.3	22.8	25.0	27.3
							χ_c（%）	79.1	72.4	66.5	59.8	52.9	46.9	41.1	35.1	28.8	23.2	17.5
							D_F（%）	27.0	14.6	7.50	7.30	5.40	5.00	5.40	6.60	8.70	4.50	8.00

表 B.3　试样 3 的短链支化分布（续）

实验室	T_{S1}（℃）	ΔT（℃）	t（min）	v_l（℃/min）	v_f（℃/min）	测试次数		峰 1	峰 2	峰 3	峰 4	峰 5	峰 6	峰 7	峰 8	峰 9	峰 10	峰 11
C	126	5	20	20	5	1	T_m（℃）	125.6	119.3	114	108.9	104	99	94.0	89.1	84.5	80.0	75.1
							S	6.4016	1.3955	0.8611	0.6571	0.5694	0.5348	0.5199	0.5062	0.4202	0.3167	0.3524
							F（CH_3/100）	3.9	6.7	9.2	11.5	13.8	16.1	18.3	20.6	22.7	24.8	27.0
							χ_c（%）	76.3	69.1	63.0	57.1	51.5	45.7	39.9	34.3	29.0	23.8	18.2
							D_F（%）	36.9	8.90	6.00	5.10	4.90	5.20	5.70	6.50	6.40	5.90	8.50
						2	T_m（℃）	125.7	119.3	114.1	109.1	104.0	99.1	94.1	89.1	84.5	80.1	75.1
							S	6.3498	1.426	0.8692	0.6672	0.5734	0.5265	0.5156	0.5025	0.4164	0.3139	0.3507
							F（CH_3/100）	3.8	6.7	9.1	11.4	13.8	16.0	18.3	20.6	22.7	24.7	27.0
							χ_c（%）	76.4	69.1	63.1	57.3	51.5	45.8	40.1	34.3	29.0	23.9	18.2
							D_F（%）	36.7	9.10	6.10	5.10	4.90	5.10	5.70	6.50	6.30	5.80	8.50

参 考 文 献

[1] Muller A J, Hernandez Z H, Amal M L, et a1. Polym. Bull. 1997, 9 pp. 465

[2] Muller A J, Amal M L. Prog. Polym. Sci. 2005, 30 pp. 559

[3] Muller A J, Michell R M, Perez R A, et al. Eur. Polym. J. 2015, 65 pp. 132

[4] Starck P. Polym. Int. 1996, 40 pp. 111

[5] Chen F, Shanks R A, Amarasinghe G. Polym. Int. 2004, 53 pp. 1795

[6] Addison E, Ribeiro M, Defieux A, et a1. Polymer 1992, 33 pp. 4337

[7] Amal M L, Balsamo V, Muller A J, et a1. J. Therln. Anal. Calorym. 2000, 59 pp. 451

[8] Chen F, Shanks R A, Amarasinghe G. Polym. Int. 2004, 53 pp. l79

ICS 83.040.10
CCS G 35

SH

中华人民共和国石油化工行业标准

SH/T 1839—2023

溴化异丁烯-异戊二烯橡胶（BIIR）中溴含量的测定　X荧光光谱法

Determination of bromine content of brominated isobutene-isoprene rubber—X fluorescence spectrometry

2023-04-21 发布　　2023-11-01 实施

中华人民共和国工业和信息化部　发布

前　言

本文件按照 GB/T 1.1—2020《标准化工作导则　第 1 部分：标准化文件的结构和起草规则》的规定起草。

请注意本文件的某些内容可能涉及专利。本文件的发布机构不承担识别专利的责任。

本文件由中国石油化工集团有限公司提出。

本文件由全国橡胶与橡胶制品标准化技术委员会合成橡胶分技术委员会（SAC/TC 35/SC 6）归口。

本文件起草单位：山东京博中聚新材料有限公司、中国石油化工股份有限公司北京燕山分公司、中国石油天然气股份有限公司石油化工研究院、浙江信汇新材料股份有限公司、镇江奇美化工有限公司、黄河三角洲京博化工研究院有限公司、厦门海关技术中心、国家石化有机原料合成树脂质检中心。

本文件主要起草人：李成、任学斌、于洪洸、曹庚振、吴星维、贾慧青、赵传华、肖彦亮、姜涛、朱桃红。

本文件为 2023 年首次发布。

溴化异丁烯-异戊二烯橡胶（BIIR）中溴含量的测定　X 荧光光谱法

1　范围

本文件描述了采用 X 射线荧光光谱仪测定溴化异丁烯-异戊二烯橡胶（BIIR）中溴含量的方法。

本文件适用于溴含量质量分数在 1.00%～3.00%范围的 BIIR。

2　规范性引用文件

下列文件中的内容通过文中的规范性引用而构成本文件必不可少的条款。其中，注日期的引用文件，仅该日期对应的版本适用于本文件；不注日期的引用文件，其最新版本（包括所有的修改单）适用于本文件。

GB/T 15340　天然、合成生胶取样及其制样方法

3　术语和定义

本文件没有需要界定的术语和定义。

4　方法概要

将试样置于从 X-射线源发射出来的射线束中，产生的特征 X-射线经晶体分光后，通过探测器测量溴元素特征 X-射线的波长（能量）强度。根据建立的标准曲线和测量的 X-射线荧光强度，计算出样品中溴的质量分数。

5　试剂与材料

5.1　溴代十六烷，分析纯。

5.2　正己烷，分析纯。

5.3　异丁烯-异戊二烯橡胶，挥发分（质量分数）不大于 0.3%。

5.4　聚四氟乙烯薄膜，厚度 0.1 mm±0.01 mm。

5.5　注射器，1 mL。

5.6　烧杯，1000 mL。

6　仪器设备

6.1　X 射线荧光光谱仪

6.1.1　波长色散 X 射线荧光光谱仪应配备以下部件：

a）　分光晶体：标准样品和待测样品使用相同的晶体；

b）　探测器：闪烁计数器；

c） 光路：真空；

d） X 射线光管：铑靶或其他靶材。

6.1.2 能量色散 X 射线荧光光谱仪应配备以下部件：

a） 探测器：半导体探测器；

b） X 射线光管：铑靶或其他靶材。

6.2 热压机

a） 温度可控制在 125 ℃±1 ℃；

b） 压力不小于 50 kN；

c） 压盘使用面积不小于 150 mm×150 mm。

6.3 分析天平

精度 0.1 mg。

6.4 模具

尺寸 100 mm×96 mm×7 mm，孔径 38 mm±5 mm，也可按照 X 荧光光谱仪的样品架尺寸进行加工。模具的示意图见图 1。

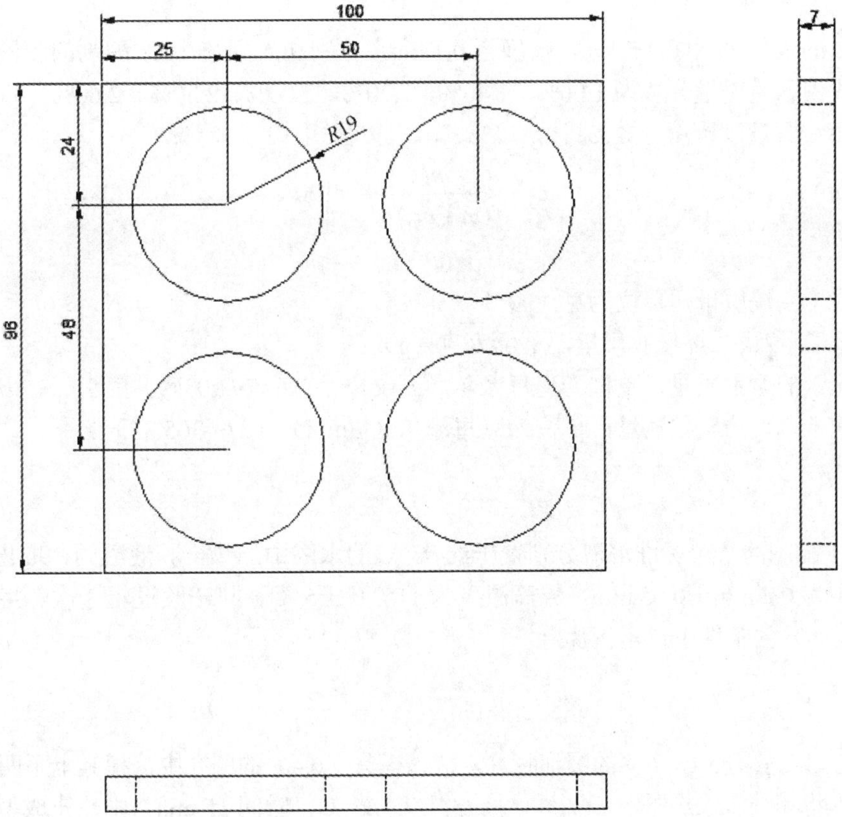

图 1 模具的示意图（单位：mm）

6.5 恒温水浴

温度可控制在 95 ℃左右。

6.6 开炼机

辊距可控制在 0.2 mm±0.05 mm，辊筒温度可控制在 115 ℃±5 ℃。

7 取样和制样

7.1 取样

按照 GB/T 15340 取样。

7.2 制样

7.2.1 胶液的配制

分别称取约 50 g 的异丁烯-异戊二烯橡胶（5.3），精确至 0.1 mg，将其剪成长约 2 mm、宽约 1.5 mm 的小条，放置于 7 个烧杯（5.6）中，每个烧杯中加入约 650 mL 正己烷（5.2），使用聚四氟乙烯薄膜（5.4）密封，放到振荡器上振荡 12 h，直至样品完全溶解。

7.2.2 标准样品的制备

7.2.2.1 配制标准溶液

称取一定量的溴代十六烷（5.1），精确至 0.1 mg，分别加入到按 7.2.1 配制的胶液中，搅拌使其混合均匀，配制成溴含量质量分数为 1.00%、1.40%、1.70%、2.00%、2.30%、2.60%、3.00%的标准溶液。

标准溶液中溴含量以质量分数 ω_0 计，以%表示，按公式（1）计算：

$$\omega_0 = \frac{mM_1}{(m+m_0)M_2} \times 100 \qquad (1)$$

式中：

m——溴代十六烷质量，单位为克（g）；

m_0——异丁烯-异戊二烯橡胶质量，单位为克（g）；

M_1——溴元素的摩尔质量，单位为克每摩尔（g/mol）（M_1=79.90）；

M_2——溴代十六烷的摩尔质量，单位为克每摩尔（g/mol）（M_2=305.35）。

7.2.2.2 烘干

将按 7.2.2.1 配制的 7 个标准溶液分别置于约 95 ℃的水浴中加热至胶液凝固，取出烧杯中的干胶。设定开炼机辊距为 0.2 mm±0.05 mm，辊筒温度为 115 ℃±5 ℃，将干胶过辊 3 次。将干胶折叠，在辊距为 2 mm±0.2 mm 的条件下过辊下片。

7.2.2.3 制片

将胶样裁切为质量约 5 g～6 g 的圆形胶片，放入模具（6.4）的圆孔中，模具上下两面盖上聚四氟乙烯薄膜（5.4），将模具放入热压机（6.2）（推荐温度 125 ℃，时间 15 min）中热压成型，热压过程中排气 3 次，热压后将模具夹至光滑的冷却板中冷却至室温，用镊子将胶片取出，得到表面光滑的测试试片。

8 试验步骤

8.1 准备仪器

打开 X 射线荧光光谱仪（6.1）主机及工作站，仪器稳定 30 min 以上。

8.2 谱峰强度的测定

典型测定参数见表 1，依次对 7.2.2 制备的标准样品试片进行扫描，每个标准试片重复扫描 3 次，记录谱峰强度，取其平均值作为该试片溴元素的谱峰强度。

表 1 典型测定参数

项目	参数
温度	36.5 ℃±0.5 ℃
光路氛围	真空或空气
X 射线	电压 50 kV，电流 4.00 mA
探测时间	40 s
溴的峰位置	Br-KA：29.950 度

8.3 标准曲线的绘制

以溴元素的谱峰强度为横坐标，溴含量为纵坐标绘制标准曲线，标准曲线线性相关系数不应低于 0.99。

8.4 试样的测定

按照 7.2.2.3 制备测试试片，按照 8.2 规定进行 X 荧光光谱扫描，记录溴元素的谱峰强度。

注：为获得好的重复性，建议在 45 min 内完成测定。

9 结果计算

样品中溴含量以质量分数 ω 计，以%表示，按公式（2）计算：

$$\omega = A \times I + B \qquad (2)$$

式中：

A——标准曲线回归方程中斜率；

I——溴元素谱峰强度；

B——标准曲线回归方程中截距。

取两次重复测定结果的算术平均值作为试验结果，结果保留到小数点后两位。

10 精密度

见附录 A。

11 试验报告

试验报告应至少包括下列内容：

a） 本文件的编号；

b） 关于样品的详细信息；

c） 试验结果；

d） 本文件未规定的任何自选操作；

e） 试验中观察到的异常现象；

f） 试验日期。

附 录 A
（资料性）
精密度

A.1 总则

按照 GB/T 6379.2 的规定确定了方法的精密度。按照实验室间精密度试验方案（ITP），选择两个不同溴含量的样品，在七个不同实验室开展精密度试验，每个实验室在连续两周内的不同两天对样品进行测定，两次试验间隔为一周。每个样品每次重复测定两次。

本次精密度试验使用的溴含量标准样品由负责起草单位统一制备，分发至参加实验室，各实验室按照本方法的要求建立标准曲线。

A.2 精密度结果

A.2.1 精密度数值（95%置信水平）见表 A.1。

A.2.2 重复性：在重复性条件下获得的两次独立测试结果的绝对差值或相对差值不大于表 A.1 中的 r 值或（r）值。

A.2.3 再现性：在再现性条件下获得的两次独立测试结果的绝对差值或相对差值不大于表 A.1 中的 R 值或（R）值。

表 A.1 精密度数值

材料	平均值/%	实验室内			实验室间			实验室数量
		s_r	r	(r)	s_R	R	(R)	
BIIR-1	1.75	0.0272	0.0769	4.39	0.0505	0.143	8.17	7
BIIR-2	2.14	0.0296	0.0837	3.91	0.0468	0.132	6.17	7

表中所列符号定义如下：

s_r： 重复性标准差，用测量单位表示；

r： 重复性，以测量值单位表示；

（r）：重复性，以相对百分数表示；

s_R： 再现性标准差，用测量单位表示；

R： 再现性，以测量值单位表示；

（R）：再现性，以相对百分数表示。

参 考 文 献

[1] GB/T 6379.2—2004 测量方法与结果的准确度（正确度与精密度） 第2部分：确定标准测量方法重复性与再现性的基本方法

ICS 83.040.10
CCS G 35

SH

中华人民共和国石油化工行业标准

SH/T 1840—2023

充油苯乙烯-丁二烯橡胶（SBR）中多环芳烃含量的测定　气相色谱-质谱法

Determination of the content of polycyclic aromatic hydrocarbons in oil-extended styrene-butadiene rubber (SBR) — Gas chromatography-mass spectrum method

2023-04-21 发布　　2023-11-01 实施

中华人民共和国工业和信息化部　发布

前　言

本文件按照 GB/T 1.1—2020《标准化工作导则　第 1 部分：标准化文件的结构和起草规则》的规定起草。

请注意本文件的某些内容可能涉及专利。本文件的发布机构不承担识别专利的权利。

本文件由中国石油化工集团有限公司提出。

本文件由全国橡胶与橡胶制品标准化技术委员会合成橡胶分技术委员会（SAC/TC35/SC6）归口。

本文件起草单位：中国石油天然气股份有限公司石油化工研究院、宁波海关技术中心、怡维怡橡胶研究院有限公司。

本文件主要起草人：秦鹏、王芳、陈跟平、耿占杰、翟月勤、李晓银、张樱、吴毅、刘雪娇、范国宁。

本文件为 2023 年首次发布。

充油苯乙烯-丁二烯橡胶（SBR）中多环芳烃含量的测定 气相色谱-质谱法

警示——使用本文件的人员应有正规实验室工作的实践经验。本文件并未指出所有可能的安全问题，使用者有责任采取适当的安全和健康措施，并保证符合国家有关法规规定的条件。

1 范围

本文件描述了用气相色谱-质谱联用仪（GC-MS）测定充油苯乙烯-丁二烯橡胶（SBR）中苯并[a]蒽、䓛、苯并[b]荧蒽、苯并[k]荧蒽、苯并[j]荧蒽、苯并[e]芘、苯并[a]芘和二苯并[a,h]蒽等 8 种多环芳烃含量的方法。

本文件适用于充油苯乙烯-丁二烯橡胶。

2 规范性引用文件

下列文件中的内容通过文中的规范性引用而构成本文件必不可少的条款。其中，注日期的引用文件，仅该日期对应的版本适用于本文件；不注日期的引用文件，其最新版本（包括所有的修改单）适用于本文件。

GB/T 15340 天然、合成生胶取样及其制样方法

3 术语和定义

下列术语和定义适用于本文件。

3.1

多环芳烃 Polycyclic Aromatic Hydrocarbons (PAHs)

分子中含两个或两个以上苯环的芳烃。

4 方法概要

将试样配制成均匀甲苯溶液，用 GC-MS 选择离子扫描（SIM）模式进行多环芳烃检测；以多环芳烃混合标准工作溶液中多环芳烃的保留时间和定量离子、参考离子为参照进行多环芳烃定性分析，用外标法进行定量分析。

5 试剂与材料

5.1 氦气，纯度≥99.995%（体积分数）。

5.2 甲苯，分析纯。

5.3 多环芳烃（PAHs）混合标准溶液，1000 mg/L，以甲苯为溶剂，包含苯并[a]蒽、䓛、苯并[b]荧蒽、苯并[k]荧蒽、苯并[j]荧蒽、苯并[e]芘、苯并[a]芘和二苯并[a,h]蒽等 8 种多环芳烃。

5.4 PAHs 混合标准母液，准确移取 1.0 mLPAHs 混合标准溶液（5.3），置于 100 mL 容量瓶中，用甲苯（5.2）定容，配制成 PAHs 浓度为 10 mg/L 的混合标准母液。2 ℃～8 ℃密封避光保存，保存期 3 个月。

5.5 PAHs 混合标准工作溶液：准确移取适量 PAHs 混合标准母液（5.4），用甲苯稀释至所需浓度配制成 PAHs 混合标准工作溶液，至少配制 5 个浓度点，且浓度范围应包含样品中 PAHs 的浓度范围。2 ℃～8 ℃密封避光保存，保存期为 2 周。

6 仪器与设备

6.1 气相色谱-质谱联用仪（GC-MS）：电子轰击源(EI)，具有选择离子扫描和离子提取功能。

6.2 毛细管柱：30 m×0.25 mm×0.25 μm，(50%-苯基)-甲基聚硅氧烷，也可选用具有同等分离效果的色谱柱。

6.3 分析天平：精度 1 mg。

6.4 吸量管：1 mL，分度值 0.1 mL。

6.5 容量瓶：20 mL、100 mL。

7 取样

按 GB/T 15340 的规定取样。

8 分析步骤

8.1 试样的制备

称取约 2 g 试验样品，并剪成约 2 mm×2 mm×2 mm 的颗粒。称取 0.5 g 试样，精确至 1 mg，置于 20 mL 容量瓶中，加入 15 mL 甲苯，室温静置或震荡溶解约 1 h，用甲苯定容至刻度线，充分混匀形成均匀透明的溶液。

8.2 GC-MS 操作条件

典型操作条件见表 1，也可使用能达到同等分离效果的操作条件。

表 1 GC-MS 操作条件

GC 条件	载气种类	He
	载气流速	1.2 mL/min
	分流比	10:1
	进样量	1.0 μL
	进样口温度	300 ℃
	柱起始温度	65 ℃
	保持时间	1 min
	程序升温速率 1	15 ℃/min
	保持温度	220 ℃
	保持时间	0 min

表 1　GC-MS 操作条件（续）

GC 条件	程序升温速率 2	6 ℃/min
	最后柱温	320 ℃
	最后保持时间	20 min
MS 条件	EI 电离能量	70 eV
	EI 源温度	230 ℃
	传输线温度	280 ℃
	四极杆温度	150 ℃
	离子扫描	溶剂延迟：20 min。设置条件见表 2

表 2　SIM 扫描设置条件

扫描离子组编号	名称	CAS No.	定量离子	参考离子	起止时间[a]，min	总驻留时间，ms
1	苯并[a]蒽	56-55-3	228	226，229	20≤*t*<24	100
	䓛	218-01-9				
2	苯并[b]荧蒽	205-99-2	252	126，253	24≤*t*<30	100
	苯并[k]荧蒽	207-08-9				
	苯并[j]荧蒽	205-82-3				
	苯并[e]芘	192-97-2				
	苯并[a]芘	50-32-8				
3	二苯并[a,h]蒽	53-70-3	278	139，279	*t*≥30	100

[a] 扫描离子组的起止时间由测试的目标组分保留时间确定。

8.3　工作曲线的绘制

在确定的 GC-MS 操作条件下，分别注入 1.0 μL PAHs 混合标准工作溶液（5.5）进行测定，每个混合标准工作溶液测定两次。提取多环芳烃定量离子下的质谱离子流图，记录每一种多环芳烃组分的峰面积 A，取两次测定结果的平均值。以峰面积对 PAHs 混合标准工作溶液的浓度 c 作图，通过线性拟合，得到定量关系式 $c=f(A)$，相关系数 R^2 应不小于 0.99。

8.4　测定

在确定的 GC-MS 操作条件下，将 1.0 μL 试样溶液注入到 GC-MS 中进行测定，提取多环芳烃的定量离子下的质谱离子流图，记录每一种多环芳烃的峰面积。

8.5　定性分析

8 种多环芳烃的标准质谱离子见附录 A。

根据 PAHs 混合标准工作溶液中多环芳烃的出峰保留时间和定量离子、参考离子进行定性分析（典型的 GC-MS 图见图 1），定性需满足以下条件：

a）在相同的色谱条件下被测试样中多环芳烃的保留时间与 PAHs 混合标准工作溶液相比，保留时间偏差应在±0.08 min 内。

b）每个多环芳烃组分应同时出现 3 个特征离子（1 个定量离子和 2 个定性离子），且 3 个特征离子的丰度比应与 PAHs 混合标准工作溶液的丰度比接近。一般情况下，最大允许偏差为±50%。

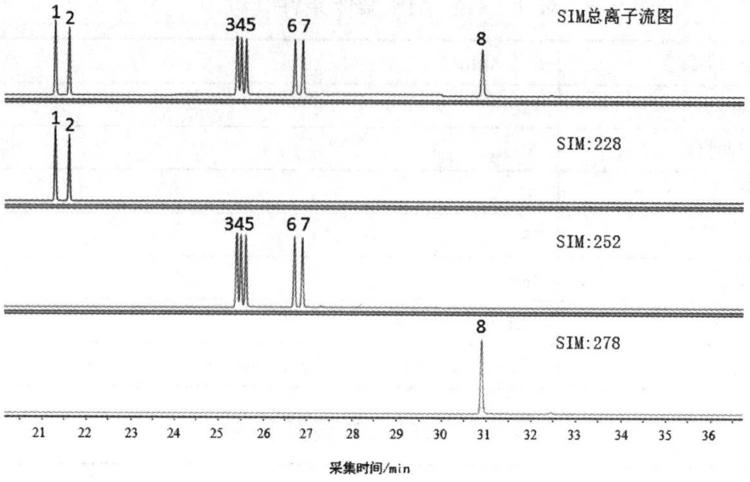

标引序号说明：

1—苯并[a]蒽；2—䓛；3—苯并[b]荧蒽；4—苯并[k]荧蒽；5—苯并[j]荧蒽；6—苯并[e]芘；7—苯并[a]芘；8—二苯并[a,h]蒽。

图 1　PAHs 混合标准工作溶液的典型 GC-MS 图

8.6　定量分析

根据多环芳烃组分对应的线性关系式 $c=f(A)$，计算出各组分在试样溶液中的浓度 c_i，单位以 mg/L 表示。

8.7　方法的检测限

本方法 8 种多环芳烃的检测限见表 3。

表 3　8 种多环芳烃的检测限

序号	名称	检测限， mg/kg
1	苯并[a]蒽	0.22
2	䓛	0.17
3	苯并[b]荧蒽	0.05
4	苯并[k]荧蒽	0.04
5	苯并[j]荧蒽	0.04
6	苯并[e]芘	0.04
7	苯并[a]芘	0.04
8	二苯并[a,h]蒽	0.02

9　结果计算

试样中 8 种多环芳烃含量 ω_i 结果以 mg/kg 表示，按公式（1）进行计算。

$$\omega_i = \frac{c_i V}{m} \quad\cdots\cdots (1)$$

式中：

c_i——由线性关系式得到的目标组分浓度的数值，单位为毫克每升（mg/L）；

V——样品溶液体积的数值，单位为毫升（mL）；

m——试样质量的数值，单位为克（g）。

取两次重复测定结果的平均值作为试验结果，结果保留到小数点后两位。

10 精密度

见附录 B。

11 试验报告

试验报告至少应给出以下内容：

a） 本文件的编号；

b） 关于样品的详细说明；

c） 试验结果；

d） 在试验过程中观察到的任何异常现象；

e） 本文件或引用文件中未包括的任何自选操作；

f） 试验日期。

附　录　A
（资料性）
标准质谱离子图

苯并[a]蒽、䓛的典型标准质谱离子图见图 A.1。苯并[b]荧蒽、苯并[k]荧蒽、苯并[j]荧蒽、苯并[e]芘、苯并[a]芘的典型标准质谱离子图见图 A.2。二苯并[a,h]蒽的典型标准质谱离子图见图 A.3。

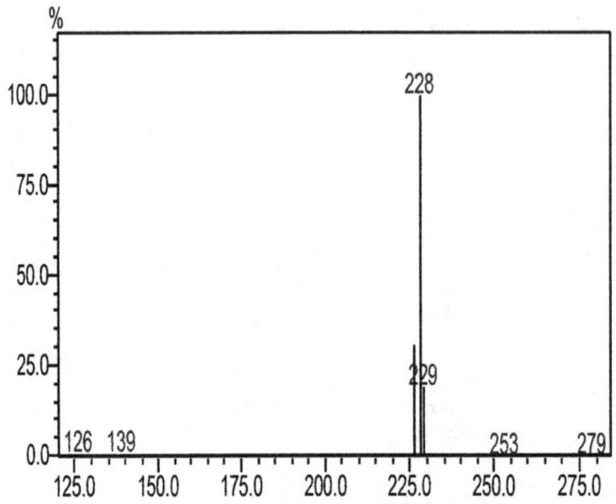

图 **A**.1　苯并[**a**]蒽、䓛的典型标准质谱离子图

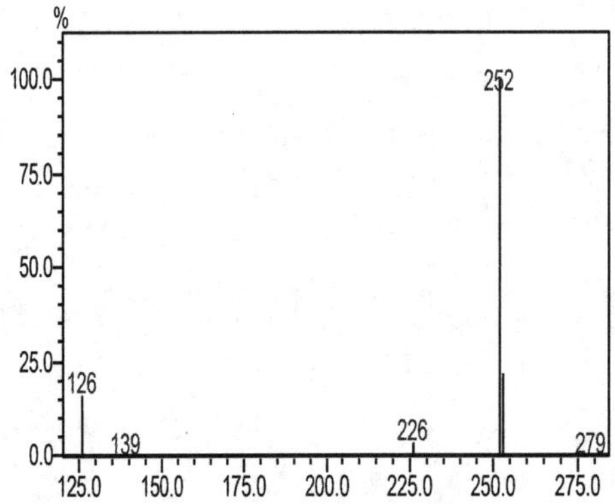

图 **A**.2　苯并[**b**]荧蒽、苯并[**k**]荧蒽、苯并[**j**]荧蒽、苯并[**e**]芘、苯并[**a**]芘的典型标准质谱离子图

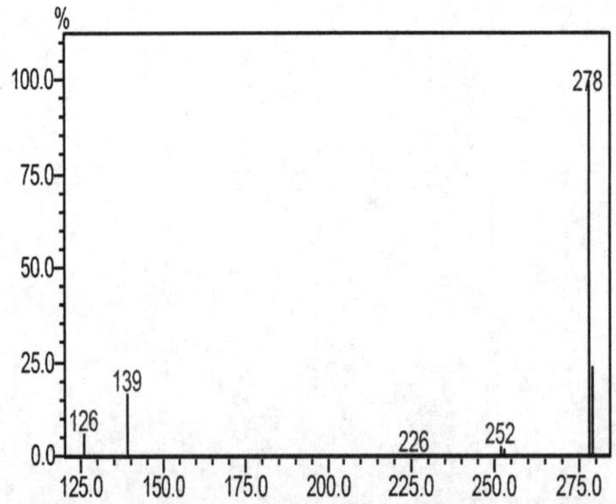

图 **A**.3　二苯并[**a,h**]蒽的典型标准质谱离子图

附 录 B
（资料性）
精密度

B.1 总则

按照 GB/T 6379.2 的规定确定了方法的精密度。按照实验室间精密度试验方案（ITP），选择两个不同的充油 SBR 样品，在三个不同实验室开展精密度试验，每个实验室在连续两周内的不同两天对样品进行测定，两次试验间隔为一周。每个样品每次重复测定两次。

B.2 精密度结果

B.2.1 精密度数值（95%置信水平）见表 B.1。
B.2.2 重复性：在重复性条件下获得的两次独立测试结果的差值不大于 r 值或（r）值。
B.2.3 再现性：在再现性条件下获得的两次独立测试结果的差值不大于 R 值或（R）值。

表 B.1 精密度数值

材料	组分	平均值，mg/kg	实验室内			实验室间		
			s_r	r	（r）	s_R	R	（R）
SBR-1	苯并[a]蒽	0.75	0.15	0.42	56.00	0.34	0.95	126.67
	䓛	4.10	0.34	0.96	23.41	1.15	3.25	79.27
	苯并[b]荧蒽	5.10	0.39	1.10	21.57	0.43	1.21	23.73
	苯并[k]荧蒽	0.63	0.16	0.46	73.02	0.19	0.54	85.71
	苯并[j]荧蒽	1.93	0.35	0.98	50.78	1.52	4.31	223.32
	苯并[e]芘	15.19	0.65	1.83	12.05	1.89	5.35	35.22
	苯并[a]芘	3.04	0.06	0.17	5.59	0.50	1.41	46.38
	二苯并[a,h]蒽	6.54	0.45	1.27	19.42	3.12	8.83	135.02
SBR-2	苯并[a]蒽	2.26	0.10	0.29	12.83	0.67	1.90	84.07
	䓛	5.53	0.33	0.94	17.00	1.36	3.86	69.80
	苯并[b]荧蒽	6.78	0.10	0.28	4.13	0.20	0.57	8.41
	苯并[k]荧蒽	2.26	0.19	0.52	23.01	0.25	0.72	31.86
	苯并[j]荧蒽	3.17	0.58	1.64	51.74	1.79	5.08	160.25
	苯并[e]芘	17.40	1.20	3.38	19.43	1.67	4.16	23.91
	苯并[a]芘	4.88	0.36	1.01	20.70	0.63	1.78	36.48
	二苯并[a,h]蒽	8.37	0.44	1.24	14.81	3.04	8.60	102.75

参 考 文 献

[1] GB/T 6379.2 测量方法与结果的准确度（正确度与精密度） 第2部分：确定标准测量方法重复性与再现性的基本方法

ICS 83.060
CCS G 35

SH

中华人民共和国石油化工行业标准

SH/T 1841—2023

乙烯-丙烯-二烯烃橡胶（EPDM）

Rubber, ethylene-propylene-diene (EPDM)

2023-04-21 发布　　2023-11-01 实施

中华人民共和国工业和信息化部　发布

前　　言

本文件按照 GB/T 1.1—2020《标准化工作导则　第 1 部分：标准化文件的结构和起草规则》的规定起草。

请注意本文件的某些内容可能涉及专利。本文件的发布机构不承担识别专利的责任。

本文件由中国石油化工集团有限公司提出。

本文件由全国橡胶与橡胶制品标准化技术委员会合成橡胶分技术委员会（SAC/TC35/SC6）归口。

本文件起草单位：中国石油天然气股份有限公司吉林石化分公司、中国石油天然气股份有限公司石油化工研究院、陕西延长石油延安能源化工有限责任公司。

本文件主要起草人：朱婧、李莉、翟月勤、王皖林、刘洪录、李恒、祁国庆、金香梅、米海岩、杨磊、赵坤、李宝成、张茜新、孙逊。

本文件为 2023 年首次发布。

乙烯-丙烯-二烯烃橡胶（EPDM）

1　范围

本文件规定了乙烯-丙烯-二烯烃橡胶（EPDM）（简称“三元乙丙橡胶”）的产品牌号、要求、试验方法、检验规则、标志和随行文件及包装、运输和贮存。

本文件适用于以正己烷为溶剂，乙烯、丙烯和5-乙叉降冰片烯（以下简称ENB）为单体，在齐格勒-纳塔型催化剂（铝-钒催化剂）作用下，采用溶液聚合法生产的EPDM。

2　规范性引用文件

下列文件中的内容通过文中的规范性引用而构成本文件必不可少的条款。其中，注日期的引用文件，仅该日期对应的版本适用于本文件；不注日期的引用文件，其最新版本（包括所有的修改单）适用于本文件。

GB/T 528　硫化橡胶或热塑性橡胶　拉伸应力应变性能的测定

GB/T 1232.1　未硫化橡胶　用圆盘剪切黏度计进行测定　第1部分：门尼黏度的测定

GB/T 4498.1—2013　橡胶 灰分的测定　第1部分：马弗炉法

GB/T 5577　合成橡胶牌号规范

GB/T 9881　橡胶　术语

GB/T 15340—2008　天然、合成生胶取样及其制样方法

GB/T 19187　合成生胶抽样检查程序

GB/T 19188　天然生胶和合成生胶贮存指南

GB/T 21464　橡胶　乙烯-丙烯-二烯烃（EPDM）三元共聚物中5-乙叉降冰片烯（ENB）或双环戊二烯（DCPD）含量的测定

GB/T 24131.1—2018　生橡胶 挥发分含量的测定　第1部分：热辊法和烘箱法

GB/T 42268—2022　乙烯-丙烯-二烯烃橡胶（EPDM）　评价方法

SH/T 1751—2005　乙烯-丙烯共聚物（EPM）和乙烯-丙烯-二烯烃三元共聚物（EPDM）中乙烯的测定

SH/T 1814—2020　乙烯-丙烯共聚物（EPM）和乙烯-丙烯-二烯烃三元共聚物（EPDM）中钒含量的测定

3　术语和定义

GB/T 9881界定的术语和定义适用于本文件。

4　产品牌号

按照GB/T 5577规定，本文件所列产品牌号分别为EPDM 4550、EPDM 4670、EPDM 7520，牌号示例见图1。本文件规定的三元乙丙橡胶牌号与对应原牌号见附录A。

示例：

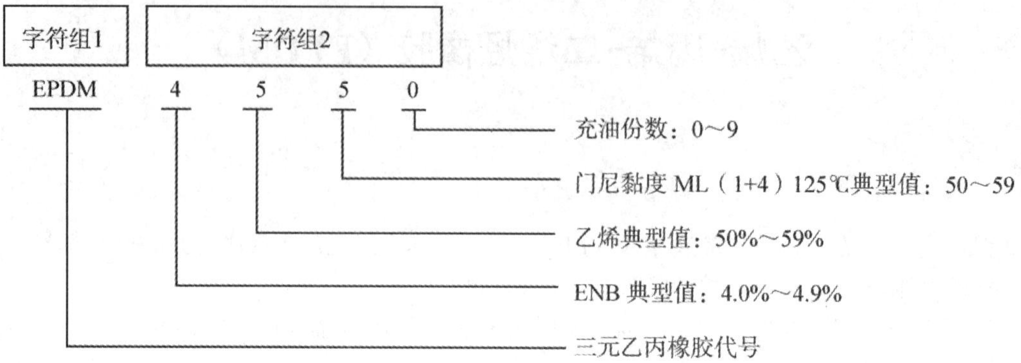

图 1　产品牌号示例

5　要求

5.1　EPDM 初级形态为白色或淡黄绿色粒状或块状胶，无异物。

5.2　EPDM 技术指标应符合表 1 规定。

表 1　EPDM 的技术指标

项　　目		EPDM 4550		EPDM 4670		EPDM 7520	
		优等品	合格品	优等品	合格品	优等品	合格品
挥发分（质量分数）/%	≤	0.50	0.75	0.50	0.75	0.50	0.75
灰分（质量分数）/%	≤	0.10	0.30	0.10	0.30	0.10	0.30
ENB 含量（质量分数）/%		3.0～5.0		3.0～5.0		6.7～8.7	
乙烯含量（质量分数）/%		52.5～57.5		66.0～71.0		49.5～54.5	
钒含量（质量分数）/（μg/g）	≤	10	25	10	25	10	25
门尼黏度 ML（1+4）125℃		50～60		65～75		23～33	
300%定伸应力（160 ℃、20 min）/MPa		报告值		报告值		—	
拉伸强度（160 ℃、20 min）/MPa		报告值		报告值		报告值	
拉断伸长率（160 ℃、20 min）/%		报告值		报告值		报告值	

6　试验方法

6.1　挥发分

按照 GB/T 24131.1—2018 中 5.3.2.2 或 6.3.2.2 规定的方法进行测定，其中 6.3.2.2 为仲裁法。

6.2　灰分

按照 GB/T 4498.1—2013 中方法 A 进行测定。

6.3　ENB 含量

按照 GB/T 21464 进行测定。

6.4 乙烯含量

按照 SH/T 1751—2005 中方法 A 进行测定，从校正曲线上读取乙烯质量百分数 ω_1 。

样品中乙烯含量以质量分数 ω 计，按公式（1）计算：

$$\omega=(1-\omega_0)\times\omega_1 \qquad (1)$$

式中：

ω_0 —— 样品中 ENB 质量分数，单位为%。

ω_1 —— 从校正曲线上读取乙烯质量分数，单位为%。

6.5 钒含量

按照 SH/T 1814—2020 第 3 章或第 4 章的规定进行测定，其中第 3 章为仲裁法。

6.6 门尼黏度

按照 GB/T 15340—2008 中 8.3.2.1 制备试样，按照 GB/T 1232.1 测定。

生胶为粒料时，在约 160 ℃的硫化机上压制成厚度约 6 mm 试片，再按 GB/T 1232.1 的规定制备试样，进行测试。

6.7 300%定伸应力、拉伸强度、拉断伸长率

6.7.1 试验样品的混炼

6.7.1.1 标准配方

EPDM 4550、EPDM 7520 采用 GB/T 42268—2022 表 1 中配方 1，投胶量为基础配方量的 5.5 倍。

EPDM 4670 采用 GB/T 42268—2022 表 1 中配方 2，投胶量为基础配方量的 4.5 倍。

6.7.1.2 混炼程序

按照 GB/T 42268—2022 中规定的混炼程序制备硫化试片，其中：

——EPDM 4550 按照“6.3.2.3 方法 A2——LIM 两段混炼”程序混炼；

——EPDM 4670、EPDM 7520 按照“6.3.2.4 方法 A3——LIM 初混炼和开炼机终混炼两段混炼”程序混炼。

6.7.2 300%定伸应力、拉伸强度、拉断伸长率

按照 GB/T 42268—2022 中第 8 章进行评价。试片在 160 ℃下硫化 20 min。采用 GB/T 528 规定的 1 型裁刀裁剪试片。

7 检验规则

7.1 检验分类及检验项目

7.1.1 型式检验

第 5 章中所列要求均为型式检验项目。在转产、长期停产后复产、工艺有重大变化或合同规定等情况下，应进行型式检验。在正常情况下每个月至少进行一次型式检验。

7.1.2 出厂检验

EPDM 出厂检验项目为初级形态及表 1 中挥发分、灰分、ENB 含量、乙烯含量、门尼黏度，钒含量。

7.2 组批规则和抽样方案

7.2.1 组批规则

产品以同一生产线上、相同原料、相同工艺生产的同一牌号进行组批，生产厂也可以按照一定生产周期或贮存料仓进行组批，每批不超过 100 t。

7.2.2 抽样方案

按照 GB/T 19187 确定抽样方案，也可以由供需双方确定抽样方案。出厂检验可在生产线上抽样，样品总量应不低于 2.0 kg。

7.3 判定规则

产品以批为单位进行检验和验收，由质量检验部门用混合实验室样品测试，依据第 5 章的要求对产品做出质量判定。当检验结果某项指标不符合本文件要求时，应取保留的实验室样品对不符合项进行复验。如复验结果仍不满足要求，应按 7.2.2 重新抽样进行检验，以此检验结果作为该批产品质量判定依据。

8 标志和随行文件

8.1 标志

外包装上应有明显的标志。标志内容可包括：产品名称、牌号、生产厂名称、厂址、注册商标、批号（生产日期）、净含量等。

8.2 随行文件

产品出厂时，每批产品应附有产品质量证明书。证明书上应注明产品名称、牌号、批号、等级、执行标准等，并加盖质量检验专用章。

9 包装、运输和贮存

9.1 包装

内衬聚乙烯薄膜或印有标识的聚乙烯薄膜，其厚度为 0.04 mm～0.06 mm，熔点不大于 105 ℃。外层可用纸塑复合袋或聚丙烯编织袋包装，也可采用用户认可的其他形式包装。每袋净含量 25 kg 或其他包装单元。

9.2 运输

在运输过程中，应防止日光直接照射和雨水浸泡，运输车辆应整洁，避免包装破损和杂物混入。

9.3 贮存

贮存时，应成行成垛整齐堆放，并保持一定行距，堆放高度不大于 10 包。贮存条件应符合 GB/T 19188 的要求，贮存期限自生产日期起为 2 年。

附 录 A
（资料性）
本文件中三元乙丙橡胶牌号与生产企业原牌号对应信息

本文件规定的三元乙丙橡胶牌号与生产企业原牌号对应信息见表A.1。

表A.1 三元乙丙橡胶新牌号与生产企业原牌号对应信息

新牌号	原牌号
EPDM 4550	EPDM Y-05H4D4
EPDM 4670	EPDM J-3080
EPDM 7520	EPDM J-4045

ICS 83.060
CCS G 35

SH

中华人民共和国石油化工行业标准

SH/T 1842—2023

液体异戊二烯橡胶

Liquid isoprene rubber

2023-04-21 发布　　　　2023-11-01 实施

中华人民共和国工业和信息化部　发布

前　言

本文件按照GB/T 1.1—2020《标准化工作导则　第1部分：标准化文件的结构和起草规则》的规定起草。

请注意本文件的某些内容可能涉及专利。本文件的发布机构不承担识别专利的责任。

本文件由中国石油化工集团有限公司提出。

本文件由全国橡胶与橡胶制品标准化技术委员会合成橡胶分技术委员会（SAC/TC35/SC6）归口。

本文件起草单位：青岛竣翔科技有限公司、山东玉皇化工有限公司、濮阳乐亨化科新材料有限公司、怡维怡橡胶研究院有限公司、赛轮集团股份有限公司、抚顺伊科思新材料有限公司、青岛科技大学。

本文件主要起草人：王萌、李寿、张杰、刘海燕、贺留洋、尹颀、任衍峰、李云涛、张美婷、曹兰。

本文件为2023年首次发布。

液体异戊二烯橡胶

1 范围

本文件规定了液体异戊二烯橡胶（简称“液体异戊橡胶”）产品的术语和定义、牌号命名、技术要求、试验方法、检验规则、标志和随行文件及包装、运输和贮存。

本文件适用于异戊二烯单体在锂系催化体系下经溶液聚合制得的液体异戊橡胶。

2 规范性引用文件

下列文件中的内容通过文中的规范性引用而构成本文件必不可少的条款。其中，注日期的引用文件，仅该日期对应的版本适用于本文件；不注日期的引用文件，其最新版本（包括所有的修改单）适用于本文件。

GB/T 325.4 包装容器 钢桶 第4部分：200L及以下全开口钢桶

GB/T 2794 胶黏剂黏度的测定

GB/T 5577—2022 合成橡胶牌号规范

GB/T 6680 液体化工产品采样通则

GB/T 19188 天然生胶和合成生胶贮存指南

GB/T 21863 凝胶渗透色谱法（GPC） 用四氢呋喃做淋洗液

GB/T 24131.1—2018 生橡胶 挥发分含量的测定 第1部分：热辊法和烘箱法

3 术语和定义

本文件没有需要界定的术语和定义。

4 牌号命名

液体异戊橡胶按照GB/T 5577—2022进行牌号命名，根据重均分子量划分牌号，由两个字符组组成，橡胶代号前加L，用“-”隔开。

字符组1：液体异戊橡胶代号，L-IR。

字符组2：特征信息，用四位阿拉伯数字表示，前两位数字应符合GB/T 5577—2022中B.1中的规定，后两位数字表示重均分子量：03（3000～3999）；04（4000～4999）；……；30（30000～39999）；40（40000～49999）；50（50000～59999）。

牌号示例见图1。

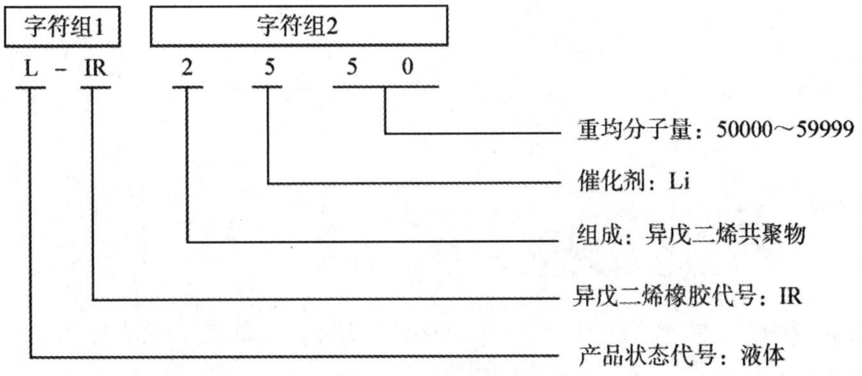

图1　牌号示例

5　技术要求

5.1　外观

浅黄色或无色透明液体，无杂质。

5.2　技术指标

液体异戊橡胶的技术指标应符合表1的规定。

表1　液体异戊橡胶技术指标

项目		L-IR 2550	L-IR 2530
重均分子量（M_w）		50000～59999	30000～36000
黏度/Pa·s		400～600	60～120
挥发分含量（质量分数）/ %	≤	0.70	0.70

6　试验方法

6.1　外观

取约50 g样品，置于100 mL玻璃烧杯中，自然光下目测。

6.2　重均分子量

按照GB/T 21863的规定进行。

6.3　黏度

按照GB/T 2794的规定进行，试验温度为（38±0.5）℃。

6.4　挥发分

按照GB/T 24131.1—2018中第6.3.2条烘箱法的规定进行。

7 检验规则

7.1 检验项目

本文件第 5 章中所列项目均为出厂检验项目。

7.2 组批规则和抽样方案

7.2.1 组批规则

液体异戊橡胶产品应以同一生产线、相同原料、相同工艺生产的同一牌号的产品组批；生产厂也可以按一定生产周期或存储灌为一批对产品进行组批。

7.2.2 抽样方案

按 GB/T 6680 的规定进行采样，每批次抽样量不低于 500 g。出厂检验可在生产线上抽样。

7.3 判定规则

出厂检验全部符合本文件第 5 章的要求，则该批产品判定为合格。若不合格，应重新双倍取样，混合后进行复检，以双倍取样复检结果作为该批产品的质量判定依据。

8 标志和随行文件

8.1 标志

产品包装容器或包装袋应有明显的标志。标志内容可包括：产品名称、牌号、净含量、生产厂（公司）名称、地址、注册商标、标准编号、生产日期或生产批号等。

8.2 随行文件

产品出厂时，每批产品应附有产品质量证明书。证明书上应注明产品名称、牌号、批号、执行标准等，并加盖质量检验专用章。

9 包装、运输和贮存

9.1 包装

产品应采用符合 GB/T 325.4 规定的全开口钢桶包装；或采用用户认可的其他形式包装。每种包装净含量可为 2.0 kg、20 kg、150 kg 或其他。

9.2 运输

在运输过程中，应防止日光直接照射和雨水浸泡，运输车辆应整洁，避免包装破损和杂物混入。

9.3 贮存

按 GB/T 19188 的规定进行贮存，贮存期为自生产日期起 1 年。

附录　上册（有机原料类）目录

有机原料类